1. 茄猝倒病病苗
2. 黄瓜立枯病
3. 甜（辣）椒灰霉病危害状
4. 茄灰霉病危害状

5. 番茄苗腐霉根腐病（王万立 供图）

6. 黄瓜苗腐霉根腐病（王万立 供图）

7. 茄苗沤根

8. 辣椒苗沤根——叶黄色叶缘焦枯，根褐色无新根

9. 沤根茄苗——根褐色，皮层腐烂

10. 小地老虎幼虫

11. 小地老虎成虫

12. 华北蝼蛄（左）和东方蝼蛄

13. 蛴螬

14. 种蝇

15. 东方行军蚁

16. 番茄黄化曲叶病毒病

17. 番茄病毒病——蕨叶型

18. 番茄病毒病——条斑型

19. 番茄早疫病

20. 番茄早疫病——茎或叶柄上的褐色凹陷病斑

21. 番茄晚疫病

22. 番茄叶霉病

23. 番茄叶霉病——叶背生紫灰色霉

24. 番茄灰霉病——残存花瓣侵染发病

25. 番茄灰霉病——残留柱头侵染发病

26. 番茄菌核病病枝

27. 番茄菌核病病果

28. 茄子菌核病病株和菌核

29. 番茄白绢病

30. 番茄斑枯病病叶

31. 番茄枯萎病病根剖面

32. 番茄枯萎病病株（王万立 供图）

33. 番茄青枯病病株

34. 番茄青枯病——病茎段浸入水中,有细菌溢出

35. 番茄细菌性斑点病病叶(王万立 供图)

36. 番茄细菌性斑点病病茎(王万立 供图)

37. 番茄根结线虫（茆振川 供图）

38. 番茄筋腐病（王万立 供图）

39. 番茄脐腐病

40. 番茄空洞果——横剖见明显空腔

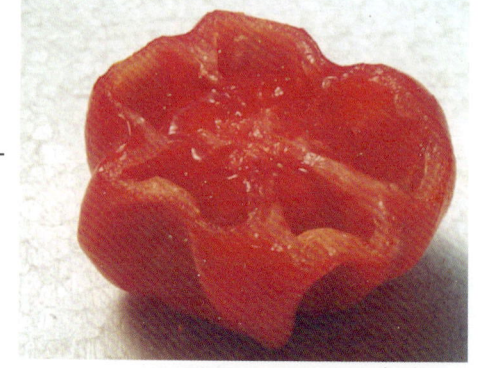

41. 番茄空洞果——外形棱起明显

42. 甜(辣)椒病毒病——病果生圆形或近圆形斑

43. 甜(辣)椒病毒病

44. 甜(辣)椒疫病病叶、病蕾

45. 甜(辣)椒根腐病病枝、病果

46. 甜(辣)椒根腐病——根及根茎部为褐色水浸状,皮层腐烂

47. 甜(辣)椒炭疽病——果斑凹陷,黑色小粒点有时呈环纹状排列

48. 甜(辣)椒疮痂病病果

49. 甜（辣）椒疮痂病病枝

50. 甜（辣）椒白粉病

51. 甜（辣）椒日烧病

52. 茄黄萎病病株

53. 茄黄萎病——削面见维管束变褐

54. 茄绵疫病病叶

55. 茄绵疫病——湿度大时果斑处有白霉

56. 茄子绵疫病

57. 茄子褐纹病病果

58. 茄子褐纹病——叶斑边缘深褐色，中间灰或灰白色，生小黑点

59. 黄瓜枯萎病——病藤横断面维管束黄褐色至褐色

60. 黄瓜霜霉病病叶

61. 黄瓜霜霉病——
叶背生灰黑色霉层

62. 黄瓜白粉病病叶

63. 黄瓜白粉病病叶

64. 黄瓜疫病病瓜

65. 黄瓜疫病——藤、叶柄病处溢缩倒折

66. 黄瓜棒孢叶斑病病叶背面（李宝聚 供图）

67. 黄瓜棒孢叶斑病病叶正面（李宝聚 供图）

68. 黄瓜炭疽病病叶

69. 黄瓜灰霉病病叶

70. 黄瓜灰霉病

71. 黄瓜菌核病病瓜

72. 黄瓜菌核病病藤

73. 黄瓜苗期蔓枯病（王万立 供图）

74. 黄瓜蔓枯病（王万立 供图）

75. 黄瓜细菌性角斑病——叶背有膜状白痕

76. 黄瓜细菌性角斑病——病斑多角形，后期常穿孔

77. 黄瓜细菌性缘枯病病叶

78. 黄瓜花叶病毒病

79. 黄瓜根结线虫病危害状

80. 黄瓜畸形瓜——细腰瓜、弯瓜、大肚瓜

81. 西葫芦花叶病——病叶黄化、叶面凹凸不平

82. 西葫芦花叶病——病瓜，淡褐色凹陷环斑

83. 西葫芦灰霉病病瓜

84. 西葫芦白粉病病叶

85. 西葫芦白粉病病藤及病叶柄

86. 南瓜白粉病病叶

87. 苦瓜根结线虫病

88. 南瓜绿斑驳花叶病毒病病叶（王万立 供图）

89. 豇豆病毒病——浓、淡绿相间花叶，叶面凹凸不平

90. 豇豆病毒病——叶脉变黄

91. 豇豆病毒病——叶有增厚感，亦可出现一种或两种颜色的斑纹

92. 豇豆锈病冬孢子堆

93. 豇豆锈病夏孢子堆

94. 豇豆煤霉病

95. 豇豆煤霉病——
叶背面生灰黑色霉

96. 豇豆疫病病叶和病叶柄

97. 豇豆疫病——苗期病藤常为红褐色、缢缩倒折

98. 豇豆根腐病病株

99. 豇豆根腐病——根茎及根部红褐色水渍状,直至皮层腐烂

100. 菜豆炭疽病病荚

101. 菜豆炭疽病危害子叶

102. 菜豆枯萎病（王万立 供图）

103. 菜豆细菌性疫病病叶

104. 菜豆花叶病——
花叶、叶面凹凸不平

105．嫩荚豌豆褐斑病

106．大白菜病毒病——矮化畸形，叶片皱缩，不能结球

107．大白菜病毒病——内层叶生灰褐色小点

108．大白菜病毒病——叶柄生褐色条斑，叶面有疱斑

109.红菜薹苔病毒病——花叶、叶面凹凸不平

110.萝卜病毒病——花叶、畸形

111.大白菜霜霉病病叶

112.甘蓝霜霉病病叶

113. 甘蓝霜霉病病叶背生霜状白霉

114. 萝卜霜霉病危害花薹、种荚

115. 大白菜软腐病

116. 大白菜软腐病——外叶萎蔫下垂,叶球外露

117. 甘蓝软腐病

118. 花椰菜软腐病——花球被害

119. 萝卜软腐病

120. 大白菜黑斑病病叶

121. 大白菜黑斑病——迎光检视病斑轮纹明显

122. 大白菜白斑病病叶

123. 大白菜炭疽病

124. 大白菜干烧心

125. 大白菜干烧心——叶球中部发病

126. 青菜病毒病（李惠明供图）

127. 萝卜褐心——肉质根发育不充分，表皮粗糙

128. 萝卜褐心——纵剖肉质根可见褐色

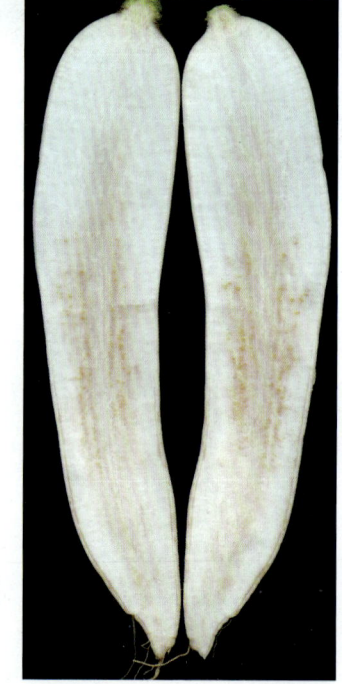

129. 萝卜糠心

130. 萝卜裂根

131. 甘蓝枯萎病
（杨宇红 供图）

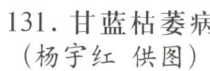

132. 甘蓝黑胫病
（王万立 供图）

133. 甘蓝黑腐病——"V"字形病斑多在叶缘发生

134. 萝卜黑腐病 ——外表无明显异常，内部变黑

135. 甘蓝菌核病

136. 甘蓝菌核病——菌丝集结为菌核

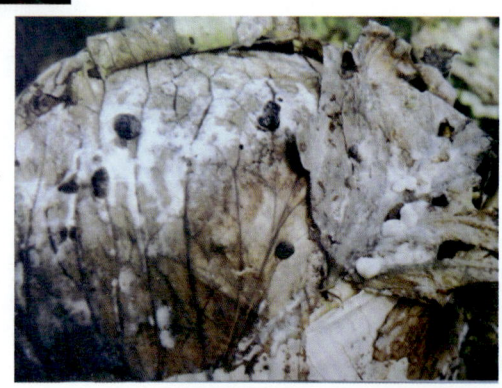

137．萝卜菌核病——留种株花薹内的菌核

138．大白菜根肿病病根

139．甘蓝根肿病病根

140．菠菜病毒病

141. 菠菜霜霉病——叶背病菌霉层

142. 西芹斑枯病

143. 芹菜叶斑病（石延霞 供图）

144. 芹菜叶斑病（石延霞 供图）

145. 芹菜黑心病（王万立 供图）

146. 芹菜灰霉病病叶正面（石延霞 供图）

147. 芹菜灰霉病病叶背面（石延霞 供图）

148. 芹菜菌核病（石延霞 供图）

149. 莴苣菌核病病株

150. 莴苣霜霉病病叶

151. 莴苣霜霉病——
叶背生白色霜状霉

152. 蕹菜白锈病病叶

153.蕹菜白锈病——藤、叶柄被害可致肿胀畸形

154.蕹菜白锈病——叶背生白色疱斑,严重时叶片畸形

155.芦笋茎枯病病茎

156.黄花菜锈病

157. 韭菜灰霉病病叶

158. 韭菜疫病

159. 大葱霜霉病

160. 大葱紫斑病

161. 大葱紫斑病——病斑放大,可见黑褐色霉

162. 姜斑点病(李长松 供图)

163. 姜斑点病田间症状(李长松 供图)

164. 大蒜病毒病(李长松 供图)

165. 大蒜叶枯病（李长松 供图）

166. 烟粉虱成虫（焦晓国 供图）

167. 烟粉虱卵

168. 烟粉虱伪蛹（红眼期）

169.烟粉虱各虫态
（焦晓国 供图）

170.粉虱在茄子叶背刺吸危害

171.温室白粉虱成虫

172.粉虱危害菜豆

173. 丽蚜小蜂寄生粉虱伪蛹

174. 美洲斑潜叶蝇成虫

175. 美洲斑潜蝇幼虫

176. 美洲斑潜蝇危害黄瓜苗

177. 美洲斑潜蝇危害番茄叶

178. 叶螨危害菜豆

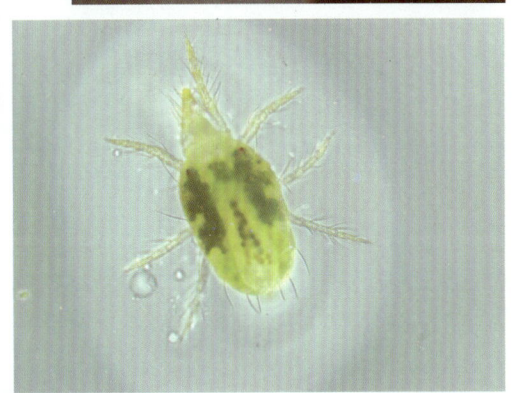

179. 二斑叶螨雌成螨

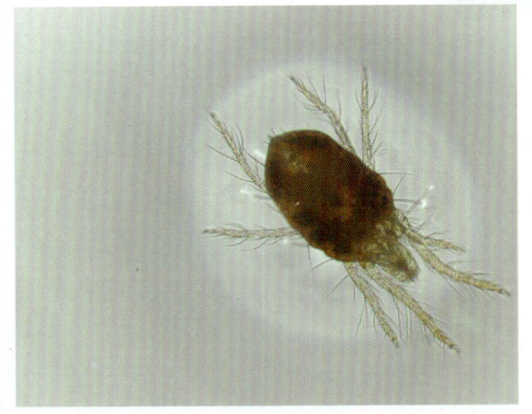

180. 截形叶螨雌成螨

181. 叶螨危害茄子

182. 侧多食跗线螨危害甜椒

183. 侧多食跗线螨雄性成螨携带若螨

184. 侧多食跗线螨危害茄子

185. 棉铃虫成虫

186. 棉铃虫幼虫（褐色型）

187. 棉铃虫幼虫蛀茎

188. 烟青虫

189. 烟青虫危害状

190. 烟青虫幼虫（董钧锋 供图）

191. 瓜蚜危害状

192. 瓜蚜（石宝才 供图）

193. 黄守瓜

194. 瓜绢螟成虫

195. 瓜绢螟幼虫

196. 瓜实蝇

197. 西花蓟马成虫

198. 西花蓟马危害黄瓜

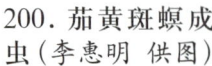

199. 西花蓟马危害

200. 茄黄斑螟成虫（李惠明 供图）

201. 茄黄斑螟幼虫

202. 马铃薯甲虫成虫（郭文超 供图）

203. 马铃薯甲虫幼虫及危害状（郭文超 供图）

204. 马铃薯瓢虫成虫

205. 马铃薯瓢虫幼虫

206. 马铃薯瓢虫蛹

207. 马铃薯瓢虫危害茄子

208. 茄二十八星瓢虫

209. 茄二十八星瓢虫危害状

210. 豇豆荚螟成虫

211. 豇豆荚螟幼虫

212. 豆荚螟成虫

213. 豆芫菁

214. 蚕豆象

215. 豌豆彩潜蝇成虫

216. 豌豆彩潜蝇幼虫

217. 豌豆彩潜蝇危害状

218. 豌豆彩潜蝇蛹

219. 桃蚜有翅蚜

220. 桃 蚜

221. 萝卜蚜有翅蚜

222. 萝卜蚜无翅蚜

223. 萝卜蚜危害状

224. 小菜蛾成虫

225. 小菜蛾幼虫

226. 菜粉蝶

227. 菜青虫

228. 菜粉蝶蛹

229. 菜青虫危害状（苗期）

230. 菜青虫危害状（结球期）

231. 甜菜夜蛾成虫

232. 甜菜夜蛾初孵幼虫

233. 甜菜夜蛾幼虫

234. 甜菜夜蛾危害辣椒

235. 甜菜夜蛾危害大葱

236. 斜纹夜蛾成虫

237. 斜纹夜蛾幼虫

238. 斜纹夜蛾老熟幼虫

239. 甘蓝夜蛾卵块

240. 甘蓝夜蛾危害大白菜

241. 甘蓝夜蛾幼虫

242. 甘蓝夜蛾蛹

243. 菜螟幼虫

244. 黄曲条跳甲

245. 小猿叶甲成虫

246. 小猿叶甲幼虫

247. 灰巴蜗牛

248. 同型巴蜗牛

249. 黄蛞蝓

250. 韭菜迟眼蕈蚊成虫

251. 韭菜根部的迟眼蕈蚊幼虫（韭蛆）

252. 韭菜迟眼蕈蚊蛹

253. 葱蓟马

254. 葱蓟马危害状

255. 葱斑潜叶蝇(石宝才供图)

256. 葱斑潜蝇危害状

新编蔬菜病虫害防治手册

（第三版）

主 编
朱国仁 王少丽

编 著 者
朱国仁 王少丽 张友军
司凤举 司升云 徐宝云
司 越

金盾出版社

内 容 提 要

本书内容包括:蔬菜病虫害防治基础知识,蔬菜病虫害综合防治原理和技术,蔬菜苗床病害和苗期地下害虫,茄科蔬菜病害,葫芦科蔬菜病害,豆科蔬菜病害,十字花科蔬菜病害,绿叶蔬菜和其他蔬菜病害以及蔬菜主要虫害。系统介绍了125种蔬菜病害和50种害虫,并配有256幅照片辅助说明。本书内容全面,通俗易懂,技术可操作性强,适合广大蔬菜种植户参考使用。

图书在版编目(CIP)数据

新编蔬菜病虫害防治手册/朱国仁,王少丽主编. — 3版. — 北京:金盾出版社,2015.1(2018.2重印)
 ISBN 978-7-5082-9819-1

Ⅰ.①新… Ⅱ.①朱…②王… Ⅲ.①蔬菜—病虫害防治—手册 Ⅳ.①S436.3-62

中国版本图书馆CIP数据核字(2014)第270717号

金盾出版社出版、总发行

北京市太平路5号(地铁万寿路站往南)
邮政编码:100036 电话:68214039 83219215
传真:68276683 网址:www.jdcbs.cn
北京军迪印刷有限责任公司印刷、装订
各地新华书店经销

开本:850×1168 1/32 印张:17.5 彩页:64 字数:385千字
2018年2月第3版第34次印刷
印数:628 001~633 000册 定价:45.00元

(凡购买金盾出版社的图书,如有缺页、倒页、脱页者,本社发行部负责调换)

前 言

病虫害是蔬菜生产中的主要生物灾害,直接影响蔬菜的产量和产品质量。国内外的蔬菜生产发展实践表明,植物保护系统为现代蔬菜产业的发展做出了重要贡献。

我国是世界最大的蔬菜生产和消费国,蔬菜(含瓜类)播种面积和产量,分别占世界总量的43%和49%;近年出口额约百亿美元,成为世界主要的蔬菜出口国之一。全国从事蔬菜生产及其产业链吸纳的就业人数1.8亿,蔬菜产值占全国种植业总产值的33%,居首位,对全国农民人均纯收入贡献率为14%。蔬菜产业在农村发展、农业增效和农民增收中,促进城乡居民就业,平衡农产品国际贸易,保障城乡居民基本消费需求和提高生活质量方面,均发挥了重要的作用。我国蔬菜产业的发展,除了国家的产业振兴和增加财政投入等政策性因素之外,还得益于科学技术的进步,蔬菜病虫害综合防治技术体系起到了不可或缺的保障作用。但是,随着我国蔬菜耕作制度、生产条件的变化,设施栽培面积迅速扩大和轮作倒茬困难,气候变暖和蔬菜产品、种苗在国内外广泛流通,使蔬菜病虫的发生危害呈现加重趋势,新的危险性病虫不断增加。基层农业技术人员和农民生产者的农药知识有限,盲目用药的现象比较普遍,是造成蔬菜产品质量安全问题、病虫抗药性快速上升、影响蔬菜出口的直接原因。

本书第一、第二版分别于1990年5月和1994年10月出版,由中国农业科学院蔬菜花卉研究所等单位的专家朱国仁、李宝栋、赵建周、剧正理、郑建秋、蒋玉文编著,至2011年先后印刷26次发行59万册,受到了广大读者的欢迎,并获得金盾出版社首届畅销书奖。为了适应蔬菜产业发展、科学技术不断进步的新形势,对病虫防治和保障蔬菜产品质量安全的新要求,第三版编著者结合在蔬菜病虫科学研究和防治工作的实践,积极吸收近年来新的科技成果,对原版内容做了全面的修订。增补了蔬菜病虫害防治基础知识和新发生的病虫害,蔬菜集约化育苗的病虫防控技术,充实了综合防治原理和技术的内容,较系统的介绍125种蔬菜病害的症状识别和50种害虫的形态特征、发生规律和防治方法,并附有病虫彩图256幅,主要由司凤举和司升云提供。本书努力做到理论联系生产实践,撰写内容的科学性、先进性和实用性,通俗易懂,图文并茂。全书着重从3个方面予以加强和创新,一是根据市场需求,因地制宜的选用主要蔬菜抗病、优质、高产品种,包括同种蔬菜不同的类型,在保护地和露地不同茬口适用的抗病品种,同时要注意品种的抗病性表现,适时更换新品种。二是注重农业防治技术在病虫综合防治中的基础地位,倡导在蔬菜生产全程坚持清洁生产的理念,提高病虫的防控水平,对多种病虫可起到有效的预防作用。三是较全面地介绍了菜田农药的科学合理使用知识,包括国家制定的相关法规,安全合理用药的技术要点,主要病虫的抗药性状况、形成原因及其轮换用药的治理对策等。全书以发展无公害蔬菜生产的病虫综合防治新技术为特点,以增加蔬菜产量,保障蔬菜产品质量安全和提高经济效益为核心,为推动产业升级服务。适于广大菜农、蔬菜生产技术人员和蔬菜管理部门人员阅读,也可供农业院校师生及有关科技人员参考。

  在编写过程中,部分内容参考农业部公益性行业(农业)科研专项的研究成果,高建昌、顾兴芳、尚庆茂等专家,对抗病品种等内容提出宝贵意见,一并致谢。由于我们水平有限,时间较紧,书中如有不妥之处,请同行专家和读者指正。

编著者

目 录

第一章　蔬菜病虫害防治基础知识 …………………………… (1)
　一、蔬菜病害 ……………………………………………………… (1)
　　（一）蔬菜病害及其发生原因 ………………………………… (1)
　　（二）蔬菜病害的诊断 ………………………………………… (1)
　　（三）非侵染性病害和侵染性病害 …………………………… (5)
　　（四）蔬菜病害的侵染循环 …………………………………… (9)
　二、蔬菜害虫 ……………………………………………………… (11)
　　（一）蔬菜害虫及其划分的类别 ……………………………… (11)
　　（二）昆虫是动物界中最繁盛的类群 ………………………… (12)
　　（三）蔬菜害虫的主要类型 …………………………………… (14)
　　（四）蔬菜害虫的生物学特征 ………………………………… (17)
　　（五）害虫发生与环境条件的关系 …………………………… (18)
第二章　蔬菜病虫害综合防治原理和技术 …………………… (21)
　一、蔬菜病虫害综合防治策略 …………………………………… (21)
　二、蔬菜病虫害综合防治技术 …………………………………… (23)
　三、菜田农药的安全合理使用 …………………………………… (35)
　　（一）严格遵守国家禁止使用农药的规定 …………………… (35)
　　（二）科学合理用药 …………………………………………… (36)
　　（三）安全用药 ………………………………………………… (45)
第三章　蔬菜苗床病害和苗期地下害虫 ……………………… (53)
　一、菜苗猝倒病 …………………………………………………… (53)
　二、菜苗立枯病 …………………………………………………… (57)
　三、菜苗灰霉病 …………………………………………………… (58)
　四、菜苗根腐病 …………………………………………………… (60)

五、菜苗沤根	(61)
六、蔬菜集约化育苗的病虫防控技术	(63)
七、小地老虎	(69)
八、蝼蛄	(72)
九、蛴螬	(75)
十、灰地种蝇	(79)
十一、东方行军蚁	(82)

第四章 茄科蔬菜病害 (86)

一、番茄黄化曲叶病毒病	(86)
二、番茄病毒病	(90)
三、番茄早疫病	(95)
四、番茄晚疫病	(99)
五、番茄叶霉病	(103)
六、番茄灰霉病	(106)
七、番茄菌核病	(113)
八、番茄白绢病	(116)
九、番茄斑枯病	(117)
十、番茄白粉病	(120)
十一、番茄芝麻斑病	(123)
十二、番茄枯萎病	(124)
十三、番茄青枯病	(128)
十四、番茄细菌性斑点病	(131)
十五、番茄根结线虫病	(133)
十六、番茄筋腐病	(136)
十七、番茄畸形果	(138)
十八、番茄脐腐病	(140)
十九、番茄空洞果病	(142)
二十、甜（辣）椒病毒病	(144)

二十一、甜(辣)椒疫病 …………………………………… (148)
二十二、甜(辣)椒根腐型疫病 ……………………………… (153)
二十三、甜(辣)椒镰孢根腐病 ……………………………… (154)
二十四、甜(辣)椒炭疽病 …………………………………… (156)
二十五、甜(辣)椒疮痂病 …………………………………… (159)
二十六、甜(辣)椒灰叶斑病 ………………………………… (161)
二十七、甜(辣)椒白粉病 …………………………………… (163)
二十八、甜(辣)椒日灼病 …………………………………… (166)
二十九、甜(辣)椒其他重要土传病害 ……………………… (168)
二十、茄子黄萎病 …………………………………………… (170)
三十一、茄子绵疫病 ………………………………………… (174)
三十二、茄子褐纹病 ………………………………………… (176)

第五章 葫芦科蔬菜病害 ………………………………… (179)

一、黄瓜枯萎病 ……………………………………………… (179)
二、黄瓜霜霉病 ……………………………………………… (183)
三、黄瓜白粉病 ……………………………………………… (187)
四、黄瓜疫病 ………………………………………………… (190)
五、黄瓜棒孢叶斑病 ………………………………………… (192)
六、黄瓜炭疽病 ……………………………………………… (196)
七、黄瓜灰霉病 ……………………………………………… (198)
八、黄瓜菌核病 ……………………………………………… (202)
九、黄瓜黑星病 ……………………………………………… (204)
十、黄瓜蔓枯病 ……………………………………………… (206)
十一、黄瓜细菌性角斑病 …………………………………… (208)
十二、黄瓜细菌性缘枯病 …………………………………… (211)
十三、黄瓜花叶病毒病 ……………………………………… (211)
十四、黄瓜绿斑驳花叶病毒病 ……………………………… (213)
十五、黄瓜根结线虫病 ……………………………………… (215)

- 十六、黄瓜畸形瓜 …………………………………… (217)
- 十七、西葫芦病毒病 ………………………………… (219)
- 十八、西葫芦灰霉病 ………………………………… (222)
- 十九、西葫芦白粉病 ………………………………… (223)
- 二十、苦瓜疫病 ……………………………………… (224)
- 二十一、苦瓜其他重要病害 ………………………… (226)

第六章 豆科蔬菜病害 …………………………………… (229)
- 一、豇豆病毒病 ……………………………………… (229)
- 二、豇豆锈病 ………………………………………… (231)
- 三、豇豆煤霉病 ……………………………………… (234)
- 四、豇豆疫病 ………………………………………… (236)
- 五、豇豆重要土壤根病 ……………………………… (238)
- 六、菜豆炭疽病 ……………………………………… (239)
- 七、菜豆根腐病 ……………………………………… (241)
- 八、菜豆枯萎病 ……………………………………… (244)
- 九、菜豆细菌性疫病 ………………………………… (246)
- 十、菜豆花叶病毒病 ………………………………… (248)
- 十一、菜豆其他重要病害 …………………………… (249)
- 十二、菜用豌豆白粉病 ……………………………… (252)
- 十三、菜用豌豆褐斑病 ……………………………… (254)
- 十四、菜用豌豆其他重要病害 ……………………… (256)

第七章 十字花科蔬菜病害 ……………………………… (259)
- 一、大白菜病毒病 …………………………………… (259)
- 二、大白菜霜霉病 …………………………………… (262)
- 三、大白菜软腐病 …………………………………… (265)
- 四、大白菜细菌性角斑病 …………………………… (268)
- 五、大白菜黑斑病 …………………………………… (269)
- 六、大白菜白斑病 …………………………………… (272)

七、大白菜炭疽病 …………………………………………… (274)

八、大白菜干烧心病 ………………………………………… (276)

九、白菜病毒病 ……………………………………………… (278)

十、萝卜肉质根生理病害 …………………………………… (280)

十一、榨菜病毒病 …………………………………………… (282)

十二、甘蓝枯萎病 …………………………………………… (284)

十三、甘蓝黑胫病 …………………………………………… (288)

十四、十字花科蔬菜黑腐病 ………………………………… (290)

十五、十字花科蔬菜菌核病 ………………………………… (293)

十六、十字花科蔬菜根肿病 ………………………………… (296)

第八章 绿叶蔬菜和其他蔬菜病害 …………………………… (300)

一、菠菜病毒病 ……………………………………………… (300)

二、菠菜霜霉病 ……………………………………………… (301)

三、菠菜炭疽病 ……………………………………………… (303)

四、芹菜斑枯病 ……………………………………………… (305)

五、芹菜叶斑病 ……………………………………………… (308)

六、芹菜软腐病 ……………………………………………… (309)

七、芹菜病毒病 ……………………………………………… (311)

八、芹菜黑心病 ……………………………………………… (314)

九、芹菜其他重要病害 ……………………………………… (316)

十、莴苣和生菜菌核病 ……………………………………… (317)

十一、莴苣和生菜霜霉病 …………………………………… (319)

十二、蕹菜白锈病 …………………………………………… (321)

十三、芦笋茎枯病 …………………………………………… (323)

十四、芦笋根腐病 …………………………………………… (327)

十五、芋疫病 ………………………………………………… (328)

十六、芋软腐病 ……………………………………………… (331)

十七、黄花菜锈病 …………………………………………… (333)

十八、黄花菜叶斑病 …………………………………… (335)

十九、韭菜灰霉病 ……………………………………… (337)

二十、韭菜疫病 ………………………………………… (339)

二十一、大葱和洋葱霜霉病 …………………………… (341)

二十二、大葱和洋葱紫斑病 …………………………… (343)

二十三、葱类锈病 ……………………………………… (345)

二十四、姜腐烂病 ……………………………………… (347)

二十五、姜斑点病 ……………………………………… (350)

二十六、姜炭疽病 ……………………………………… (351)

二十七、大蒜病毒病 …………………………………… (352)

二十八、大蒜叶枯病 …………………………………… (355)

第九章 蔬菜主要虫害 ………………………………… (358)

一、烟粉虱 ……………………………………………… (358)

二、温室白粉虱 ………………………………………… (363)

三、美洲斑潜蝇 ………………………………………… (366)

四、南美斑潜蝇 ………………………………………… (369)

五、叶螨 ………………………………………………… (371)

六、侧多食跗线螨 ……………………………………… (374)

七、棉铃虫 ……………………………………………… (376)

八、烟青虫 ……………………………………………… (380)

九、瓜蚜 ………………………………………………… (381)

十、黄守瓜 ……………………………………………… (384)

十一、瓜绢螟 …………………………………………… (387)

十二、瓜实蝇 …………………………………………… (390)

十三、棕榈蓟马 ………………………………………… (393)

十四、西花蓟马 ………………………………………… (396)

十五、茄黄斑螟 ………………………………………… (399)

十六、马铃薯甲虫 ……………………………………… (401)

目 录

十七、马铃薯瓢虫 …………………………………………（405）
十八、茄二十八星瓢虫 ……………………………………（407）
十九、豇豆荚螟 ……………………………………………（408）
二十、豆荚螟 ………………………………………………（411）
二十一、豆芫菁 ……………………………………………（414）
二十二、豌豆象 ……………………………………………（416）
二十三、蚕豆象 ……………………………………………（419）
二十四、豌豆彩潜蝇 ………………………………………（420）
二十五、豆蚜 ………………………………………………（422）
二十六、菜蚜 ………………………………………………（425）
二十七、小菜蛾 ……………………………………………（429）
二十八、菜粉蝶 ……………………………………………（435）
二十九、甜菜夜蛾 …………………………………………（438）
三十、斜纹夜蛾 ……………………………………………（442）
三十一、甘蓝夜蛾 …………………………………………（445）
三十二、菜螟 ………………………………………………（449）
三十三、黄曲条跳甲 ………………………………………（451）
三十四、大猿叶虫 …………………………………………（455）
三十五、小猿叶虫 …………………………………………（457）
三十六、蜗牛 ………………………………………………（459）
三十七、野蛞蝓 ……………………………………………（462）
三十八、菠菜潜叶蝇 ………………………………………（464）
三十九、葱地种蝇 …………………………………………（466）
四十、韭菜迟眼蕈蚊 ………………………………………（469）
四十一、葱蓟马 ……………………………………………（473）
四十二、葱斑潜蝇 …………………………………………（476）

第一章 蔬菜病虫害防治基础知识

一、蔬菜病害

(一)蔬菜病害及其发生原因

蔬菜在生长发育、休眠或产品贮藏运输期间,在一定的环境条件下,因受病原物的侵染与之发生相互作用,或受非生物因素的不良影响,使植株的生理功能、组织结构、外部形态等发生持续的、有害的异常变化,从而产量降低、品质变劣,甚至完全失去经济价值,严重时菜株死亡,这种现象就叫蔬菜病害。

蔬菜病害发生的原因称为病原,按不同性质可分为非生物因素和生物因素两大类。非生物因素一般是指植株生长周围的环境,如温度、水分、土壤、肥料、光线等的不适宜;生物因素是指引起蔬菜发病的寄生物即病原物,主要有真菌、细菌、病毒、线虫和寄生性种子植物等。

(二)蔬菜病害的诊断

蔬菜在感病后所表现出来的异常状态称为蔬菜病害的症状,包括内部的和外部的两部分。不同病害的症状具有相对的稳定性和特异性,并且许多病害通常都是把比较显著的症状作为病害的名称,故症状是蔬菜病害诊断的重要依据。

1. 症状识别 在一般情况下围绕病株的外部症状,参照蔬菜病虫害图谱及其文字描述,多半可以对常见的蔬菜病害做出基本的诊断。

(1)病状　是指蔬菜作物发病后，所表现出来的不正常状态。

①变色　指寄主被害部分细胞内的色素发生变化，但其细胞并没有死亡。变色主要发生在叶上，可以是全株性的或局部性的，包括花叶、黄化、褪色及着色。

②斑点与坏死　主要发生在叶、茎(枝)、果上，寄主组织局部受害后，形成各种形状、大小、颜色不同的斑点或病斑，后病斑出现坏死形成坏死斑。如若坏死斑在后期脱落则形成穿孔；如若斑点或病斑发生在芽或花上，扩大和相互联合造成局部或全部死亡称为枯焦。

③腐烂　多发生在植物柔嫩、多肉、多汁、含水分较多的根、茎、叶、花和果实上。病组织死亡、崩溃、变质进而腐烂，可细分为5种类型。

a. 猝倒：多发生在幼茎木栓化前。幼苗茎基部坏死腐烂，病部常缢缩呈线状，病苗倒伏时子叶尚为绿色，如茄果类、瓜类猝倒病。

b. 立枯：多发生在幼苗生长中、后期。幼苗的根或茎基部与地面接触处发病，病斑初呈椭圆形凹陷，经扩展或病斑联合，最后病部缢缩干枯，整株枯死，病苗多不倒伏，如茄苗立枯病。

c. 干腐：在病组织崩解过程中，如果细胞的消解较慢，腐烂组织中的水分能及时迅速蒸发或组织坚硬，含水分较少则形成干腐，如马铃薯干腐病。

d. 湿腐：在病组织崩溃时，如若细胞的消解很快，伴随有汁液流出而不能及时蒸发则形成湿腐。

e. 软腐：先是病部细胞的中胶层受到破坏，腐烂组织的细胞离析，以后再发生细胞的消解，成为黏滑状腐烂，如大白菜等软腐病。

④萎蔫　主要是指病株的维管束受到病原物的毒害或破坏，影响水分向上输送，即使供给水分亦不能恢复常态的枝叶萎垂现象。萎蔫可是整株性的，也可是局部性的。按其症状和病原物的不同，可分为青枯、枯萎和黄萎3种类型。

第一章 蔬菜病虫害防治基础知识

⑤畸形 蔬菜被病原物侵染后,病部细胞数目增多,细胞体积增大,表现为促进性的病变;或细胞数目减少,细胞体积变小,表现为抑制性的病变,致使被害株全株或局部畸形,可细分为7种类型。

a. 矮缩:感病后植株的生长发育受阻滞,主要表现为节间缩短形成植株矮小的现象,如辣椒病毒病。

b. 卷叶:病叶叶片两侧沿叶脉向上卷曲,叶较厚较脆,严重时呈卷筒状,如马铃薯卷叶病。

c. 蕨叶:病株叶片叶肉发育不良,甚至完全不发育,叶片变成线状或蕨叶状,如番茄蕨叶病。

d. 丛枝:病株茎节缩短,叶腋丛生不定枝,枝叶密集丛生,形同扫帚状,如豇豆丛枝病。

e. 肿瘤:受害部分细胞增生,形成不定型的瘤状肿大,如十字花科根肿病。

f. 发根:由于受病原物的危害,使被害植株的根发生分枝过多的现象。

g. 变叶:指染病植株花器受害后,花瓣转绿变成小叶,或花瓣肥肿呈叶片状久不凋落的"花变叶"现象,如十字花科蔬菜白锈病。

(2)病征 指病原生物在寄主病部表面的特征性表现。

①霉状物 是真菌性病害常见的病征,它是由真菌的菌丝体、孢子梗及孢子密集而成。霉的颜色、形状结构、疏密等变化很大,如菠菜霜霉病(霉层)、茄绵疫病(棉絮状)。

②粉状物 由一些真菌的孢子密集在一处所表现的特征。因着生的位置、形状、颜色等不同又可分为白粉(如瓠瓜白粉病)、黑粉(如甜玉米黑粉病)等。

③锈状物 是锈病菌夏孢子密集形成的显著特征。锈病菌的锈粉颜色从鲜黄色至棕褐色,初在寄主表皮下呈疱状凸起,成熟后表皮破裂散出铁锈色粉状物,如豇豆锈病。

④粒状物 粒状物初生在寄主表皮下,后突出表皮呈小粒点,

不同病害病斑上产生的粒状物的大小、形状、色泽、排列等有所不同,如辣椒炭疽病(小黑点);也有由菌丝体集结而成的较大的粒状物,如番茄、甘蓝菌核病(鼠粪状颗粒)。

⑤索状物 由许多菌丝体连结而成,呈绳索状,又称根状菌索或菌丝束,具有抵抗不良环境的作用。

⑥胶状物 是细菌性病害所具有的特征性结构。在病部表面溢出细菌细胞及胶质物混合在一起形成菌脓(或称菌胶团),具黏性,易溶解于水,白色或黄色,干燥时形成菌胶粒或菌膜,如黄瓜细菌性角斑病。

2. 病害诊断程序 若是根据症状不能识别或辨认病害,则需进一步对病样做解剖检查、显微镜观察、分离培养或人工诱发等才能做出正确的诊断。一般病害的诊断程序如下:

第一步,首先了解和观察送检样品,进行分析判断,根据病理程序的有无区分病害和伤害。伤害由外界机械力引起,而且往往是突然发生的,没有渐进的变化过程,没有病理程序。

第二步,确定为病害后,进一步进行症状观察,最好到现场考察,有利于分析诊断。从症状入手进行全面了解或检查,如发生范围、田间分布、发病时间、发病部位、病部特点(大小、色泽、气味、组织松软或硬实等)、内部病变、是否有病征及发病田块的生态环境等。根据侵染性病害和非侵染性病害的田间发病特点,可区分这两类不同性质的病害。在侵染性病害中,可根据症状分析出病害的类型或具体病害。如要分析的样品病部有霉状物病征,可诊断属于真菌性病害;若叶斑背面有胶状物病征,则为细菌性病害。根据病株的主要症状,可以对常见的病害做出基本的诊断。如黄瓜植株萎蔫,茎基部缢缩变细、常有纵裂,下部叶片转黄绿色,维管束变为黄色或黄褐色等,可诊断为黄瓜枯萎病。

第三步,为进一步确诊需进行显微镜检查。有病征时可直接镜检,若无则常需要保湿,创造适于病征出现的条件,可判定属哪一类的病害或确诊不太熟悉的病害。如辣椒定植前落叶,病叶上散生中间灰白色、边缘褐色,圆形或不正圆形的小斑点,镜检见分生孢子暗色,无喙,砖格状纵横分隔较多,知为茄匐柄霉,可诊断该病为辣椒灰叶斑病。检查病组织内有无病原物时,常常需要染色。可进一步确认非侵染性病害和侵染性病害,甚至可识别病害类型。

第四步,对一些偶发性的或不熟识的病原物,依柯赫法则进行分离培养,并根据相关资料鉴定病原菌。如20世纪70年代初,黄瓜死藤(秧)突然大发生,当时不少单位进行分离、鉴定病原菌,诊断出主要为黄瓜疫病所致,提出了综合防治措施,解决了生产问题。

第五步,对病毒病及线虫病害,直接利用病株的病原物,按侵入途径进行接种,接种株发病后,又重复进行第二次接种。若得到相同的结果,即证实了引起发病的是该病毒或线虫。根据需要亦可进一步鉴定。

对确定属于非侵染性病害的病株,若需要做进一步诊断,应进行下列实验。化学诊断:对病株组织或土壤进行化学分析,测定所含元素的量,并与正常植株的元素量值作对比分析,主要用于营养元素缺乏(缺素症)和盐碱害。人工诱发:根据病害发生的可能性,人为创造一个与发病环境相似的条件诱发生病,观察表现的症状是否相同。排除病因:在明白了病害发生的原因后进行,即排除引起发病的不适宜的环境条件。

(三)非侵染性病害和侵染性病害

1. 非侵染性病害(生理病害) 由非生物因素即蔬菜作物所处的不适宜的环境条件引起,如温度过高或过低、日照过强或过弱、营养物质和水分的过多、过少或不均衡、土壤通气不良及空气中的有害物质等,都能直接影响蔬菜的生长发育,使其表现为不正常(异常状态)而生病。非生物因素引起的病害无传染性,称为非侵染性病害或生理病害。这类病害决定于寄主植物和环境的关系,不适宜的环境条件是非侵染性病害的病原。

田间发病特点:这类病害在田间分布比较集中,发病面积较大而且较均匀,发病时间比较一致,发病部位大致相同,当环境条件恢复正常时,病害即停止发展,并且植株有可能逐步恢复正常。

2. 侵染性病害(传染性病害) 由生物因素侵染所致,引起蔬菜作物发病的生物因素称为寄生物(病原物)。寄生物侵染引起的病害具有传染性,能在田间传染扩散蔓延,故称为侵染性病害即传染性病害。侵染性病害的病原除了寄主植物和病原物外,还包括一个宜于发病的环境条件,环境条件是发病的诱因。

田间发病特点:这类病害在田间开始出现时,大多是分散的,有一定的发生规律,具有从点到面的扩展趋势;有些病害与昆虫的活动有密切关系,如病毒病可以通过昆虫传染,扩大病区。

(1)真菌病害 真菌是一类低等真核微生物,细胞中有真正的细胞核,没有叶绿素,不能进行光合作用,营养方式为异养吸收型。以孢子繁殖,大多能连续多次产生大量的无性孢子,有性孢子常在寄主生长后期产生一次。一般具有发达分枝的菌丝体,菌丝的细胞壁含甲壳质或纤维质或二者兼而有之。真菌的发育过程大多可分为营养阶段和繁殖阶段,生活史一般包括无性阶段和有性阶段。

致病特点:从植株表面直接侵入和自然孔口侵入的真菌,一般寄生性都比较强,孢子萌发时芽管形成附着器较普遍。从表皮直接侵入的真菌,还分泌一种分解酶,以穿过寄主的细胞壁。从伤口侵入的多属寄生性较弱的真菌,孢子萌发时则以芽管直接从伤口侵入,多不形成附着器。

专性寄生真菌的寄生性都比较强,只能从活的细胞和组织中吸取养分,对寄主的破坏力较小,危害的表现也是缓慢的。非专性寄生真菌侵入后,产生酶或毒素等,杀死寄主细胞和组织,从死亡的细胞组织中吸取养分。这类真菌的腐生能力一般都较强,对植物细胞和组织的直接破坏强烈而迅速,对幼嫩多汁的植物组织破坏更大,而且寄主范围一般较广。

真菌病害有病状,病征出现时多为霉状物、粉状物、锈状物、粒状物或索状物。

(2)**细菌病害** 植物病原细菌属于原核生物界,是单细胞的微生物,每一个细菌细胞都是一个独立生活的个体。除少数细菌具有光合色素(细菌叶绿素)外,大多数细菌是异养的,都是非专性寄生的,可以在人工培养基上培养。

植物病原细菌都是短杆状的,两端略圆或尖细;具鞭毛,端生或周生,能在液体中自行向前移动;大多数不产生明显的荚膜,没有明显的细胞核(因其没有核膜,称为原核);大多数不产生芽孢,革兰氏染色绝大多数为阴性;以裂殖方式进行繁殖。

致病特点:细菌缺乏直接侵入的能力,都可从伤口侵入,但不一定能从自然孔口侵入。能从自然孔口侵入的,都有较强的寄生性,凡是寄生性较弱的多从伤口侵入。有些叶病细菌产生一种细菌毒素,干扰寄主细胞代谢并间接影响叶绿素合成。有些萎蔫病原细菌,产生胶状多糖化合物(高分子黏性物质),此类细菌在寄主导管里繁殖,堵塞水分的运行。软腐细菌产生的酶,能水解细胞壁组成部分和细胞壁之间的果胶质,使寄主细胞彼此分离,致病部最后呈黏滑状腐烂。根癌细菌体内含有一种 Ti 质粒(诱癌质粒)可以转移到蔬菜细胞的细胞核中,并可传到后代。因而当寄主正常细胞转化为癌细胞之后,即使在发病部位除去了根癌细菌,蔬菜细胞仍可无休止地继续发生肿大(不正常生长)。

细菌病害有病状、病征出现时通常为胶状物。

(3)**病毒病害** 植物病原病毒是一类非细胞形态的生物,是微小的颗粒体,必须用电子显微镜进行观察。形状分为球形(多面体)、杆状(螺旋体)及条状或线状等 3 种类型。病毒的质粒由核酸和蛋白质两部分组成,主要依靠核酸,采用样板复制的方式进行增殖。

大多数病毒对外界环境条件的稳定性比别的微生物强,但也有少数病毒离开活体后很快就丧失它的传染性,其一般属性为:

①传染性　蔬菜病原病毒可以通过汁液、昆虫媒介或嫁接传染。

②滤过性　病株汁液通过细菌滤器后仍保持传染性。

③稳定性　植物病毒的稳定性主要表现于稀释终点、失毒温度、体外保毒期及对一般化学物质(如升汞、酒精、硫酸铜及甲醛等)的抵抗力都强;对酸碱度的反应不一致,但肥皂液很易使其失去侵染力,所以除垢剂常是病毒的消毒剂。

致病特点:病毒缺乏直接从寄主表皮角质层和自然孔口侵入的能力,只能从伤口侵入。由于病毒是专性寄生物,在植物细胞受伤但不丧失活力的情况下才能侵入。由昆虫传播入侵的病毒,也是从伤口侵入的一种类型。病毒的质粒由核酸和蛋白质两部分组成,在作用上核酸提供侵染力,蛋白质则提供对寄主的专化性和对核酸的保护作用。

病毒病害有病状,无病征。

(4)线虫病害　植物寄生线虫是一种微小的低等动物,一般长不超过1~2毫米,宽30~50微米。除少数雌雄异型外,一般都是细长而两端稍尖、中间稍粗,不分节的乳白色透明线状体。体形两侧对称,由皮肌囊包裹全身,无附肢,常作蠕虫状运动。植物寄生线虫的体壁最外层是不透水的角质外皮,有保持体形、膨压和防御外来毒物渗透的作用。有复杂而专化的器官,以消化和生殖系统最显著。口腔内有可以自由伸缩的口针,用以刺伤寄主,吸取汁液。除极少数可以孤雌生殖外,绝大多数经过雌、雄成虫交尾进行有性繁殖。幼虫经几次蜕皮后成为成虫。

致病特点:植病线虫大多数是专性寄生的,寄生性都比较专化,通常一种线虫只能危害少数植物,有生理小种分化现象。植病线虫对寄主的致病性包括机械损伤和分泌物两方面,寄主细胞发育过度及细胞异常分裂是较为常见的组织病变。

植株地下部分受害,使吸收水分和无机盐的功能受阻,多表现为类似缺水、缺肥的现象;也可使病株的根分枝过多,阻滞根伸长,根尖肿大,根部坏死等致根部生长不良。根部线虫亦可传播一些病原物,或加剧一些病害的严重程度,如易引致烂根的病菌进入,增加维管束病害的侵染机会。根结线虫分泌的唾液,使寄主被害部产生大的多核细胞(巨型细胞),引起根部肿大以致畸形扭曲。

(四)蔬菜病害的侵染循环

侵染循环是指病害从前一个生长季节开始发病,到下一个生长季节再度发病的过程,有人称为病害循环,是病害防治研究的中心内容。

1. 越冬和越夏 是指病原物怎样度过寄主的休眠期而成为下一个生长季节的病原物的来源问题,与寄主的生长季节有密切关系。如果这一段时间是冬季,称为越冬,如果是夏季称为越夏。

2. 初侵染和再侵染 越冬或越夏后的病原物,在寄主植物生长期间第一次侵染的,称为初次侵染。病原物在初次侵染的病株上,产生繁殖器官又传播到健康植株上危害,如是在寄主植物生长期间反复进行的,称为再侵染。

3. 病原物传播 病原物必须传到寄主植物上,并与之接触才有可能进行侵染。其传播途径主要有:

(1)风力(气流)传播 对真菌起主导作用。大多孢子成熟后很易脱落并因小而轻,被风吹走而传播。

(2)雨水传播 病原细菌、集结成孢子团的真菌孢子及一些分布在地面上的病原物,需遇水溶解或雨水的反溅;土中的病原菌也可以随流水或灌溉水传播。

(3)昆虫传播 与病毒的关系最密切,与细菌也有一定的关系。病毒主要是通过传毒昆虫在病、健株间吸食传病。

(4)人为传播 是人们无意识地传播病原物,如带有病原物的种苗调运、含有病原物肥料的施用及一些农事操作(整枝打杈等)。

4. 蔬菜病害流行条件及环境因素的影响

蔬菜病害流行必须有大量的感病寄主植物,有大量的致病力强的病原物,外界环境条件有利于病害的发生和发展,三者缺一不可。

在寄主植物和病原物都具备的前提下,环境条件是病害能否流行的决定因素。环境因素包括:

(1)气象条件 主要是温度、湿度(与雨、露、雾紧密相关)、光照等,这些对病原物的繁殖、侵入、扩展都有直接关系,而且寄主植物在一定的气候条件下,对病原物能否侵入也有影响。其中温度和湿度,尤其是湿度对病害流行影响较大。如黄瓜疫病在出现中心病株后,温度总能满足要求,因而降雨就成为黄瓜疫病流行与否的决定因素。故在长江中下游地区,凡雨季来得早,雨日多,降水量大的年份发病常早、普遍而重。

(2)栽培条件 包括轮作或连作、种植密度、肥水管理、农药使用等均会直接影响病原物在田间的数量、病原菌对杀菌剂的敏感性,田间小气候及寄主植物的抗病性等。如温室、大棚栽培的黄瓜,在开花结瓜期温度较低,空气湿度大,花器生长发育不良,抵抗力弱,最易感病,导致黄瓜菌核病主要在保护地及日光温室发生。长期使用同种或作用机制同类的杀菌剂防治某种病害,只能杀死病原菌群体中比较敏感的部分,而其中一部分则能生存和繁殖下来,使药效下降,在这种情况下,生产者往往增加用药量和施药次数,进一步增加了药剂的选择压力,加速抗药性病原群体的形成,最终导致药剂防治彻底失败而造成病害流行。如霜霉病、白粉病和灰霉病等,在分别使用内吸性杀菌剂甲霜灵、硫菌灵、三唑酮和多菌灵等2~3年后,即可形成抗药病原群体。

(3)土壤条件 主要指土壤酸碱度、温湿度、土壤结构等,对寄主植物根系和土壤中病原物生长发育的影响,植物的根部病害与土壤关系最密切。如大白菜根肿病,土壤酸碱度对发病的影响较大,酸性土壤适于病菌的侵入、发育,当土壤 pH5.6~6.5 时发病很重,pH7.2 以上一般发病较轻或不发病,故大白菜根肿病主要发生在长江流域及其以南地区,北方发生较少。

综上所述,在分析每一种病害流行的时候,其中有主要的或决定性的因素。

二、蔬菜害虫

(一) 蔬菜害虫及其划分的类别

蔬菜害虫是指危害蔬菜作物及其产品的昆虫,还包括危害蔬菜作物的螨类和软体动物。害虫取食作物的组织、器官和吸食寄主的汁液,分泌排泄物形成污染,一些害虫还能传播植物的传染性病害,使蔬菜产量降低和质量下降,造成明显的经济损失称为虫害。

蔬菜从播种到收获和蔬菜产品、种子运输贮藏期间,可遭受到多种害虫的发生危害,据估计,我国蔬菜害虫(螨)的种类至少在500种以上。人们为了便于总结、交流科学技术和综合防控害虫的需要,将蔬菜害虫划分为蔬菜苗期、生长期和贮存期害虫。按照危害蔬菜作物不同,分为十字花科蔬菜害虫、茄科(茄果类)蔬菜害虫、葫芦科(瓜类)蔬菜害虫、豆科(豆类)蔬菜害虫,以及绿叶蔬菜害虫和水生蔬菜害虫等。依据害虫在植株上的危害部位,可分为地下害虫、食叶类害虫、潜叶类害虫、钻蛀性害虫等。根据口器类型、取食方式和危害特点不同,分为刺吸类、咀嚼类、嚼吸类、锉吸类、虹吸类、舐吸类等害虫。也可根据蔬菜的不同生产方式,分为露地蔬菜害虫、保护地(设施)蔬菜害虫等。另一方面,由于自然界生物间的生物链关系,每种害虫也受到几种、数十种、甚至百余种

自然天敌、病原微生物的制约与控制,构成了蔬菜—害虫—有益生物间复杂的系统关系。了解有关昆虫的基础知识,会提高人们对科学防控害虫重要性、长期性和复杂性的理解与认知。

(二)昆虫是动物界中最繁盛的类群

昆虫在地球上生活已超过4亿年的漫长历史了,而人类的历史距今不过100万年而已。近些年的研究表明,全世界的昆虫可能达到1 000万种,约占全球生物多样性的一半。至今已定名的昆虫约100万种,占动物界已知种类(150万种)的2/3。昆虫在长期进化过程中经过自然选择,从形态结构、生理功能到生活习性都发生了一系列的变化,以适应各种环境条件,是动物界中最繁盛的家族,蔬菜害虫也成了蔬菜生产中的重要生物灾害。

1. 体躯小的优势 大部分昆虫、螨类个体较小,存活和繁衍种群所需的资源较少,只要有少量的食物和狭窄的空间,就能满足对食物营养与栖境场所的需求,而存活下来并大量繁殖后代。体小还具避敌、减少损伤、随风迁飞扩大分布区域等优势。

2. 体壁的保护和口器的进化 昆虫的体壁特化为几丁质的外骨骼,具有防止体内水分散失、蒸发和有害物质的侵入,支撑柔软的身体和保护内脏器官的功能,使它们适应陆地生活的环境。此外,害虫的口器从原始的咀嚼式演化为吸收式(刺吸、锉吸、虹吸和舐吸式等类型),从取食固体食物变为能取食液体食物,不仅扩大了食物的范围、优化了营养,而且也改善了同蔬菜寄主的关系,在一般的情况下,蔬菜不会因失去部分汁液而死亡,而且不同类群的害虫具有不同的口器类型,可以分享不同的食物,缓和了对食物资源的竞争,改善了害虫与食物源和环境的关系。

3. 发达的运动器官 胸部是害虫的运动中心,着生3对足,一般还有2对翅。昆虫是动物界中最早具有飞行能力的类群,也是无脊椎动物中唯一具翅的类群。足和翅保障了昆虫既能行走、跳跃,又善飞翔的能力,对于觅食、求偶、避敌、迁移扩散、扩大分布区域等方面有重要意义。

4. 具有变态和不同发育阶段 昆虫在个体发育过程中,需经过一系列的内部生理、外部形态和行为习性上的显著变化,称为变态。例如,蚜虫、蝼蛄等的一生有卵、若虫和成虫3个虫态,称为不完全变态(或称渐变态)。小菜蛾、甜菜夜蛾、潜叶蝇、黄条跳甲等多数昆虫,一生中有卵、幼虫、蛹和成虫4个虫态,称为完全变态。蓟马和粉虱有卵、若虫和成虫3个虫态,但末龄若虫不吃不动,与完全变态的蛹相似称为伪蛹,介于上述两种变态的中间类型称为过渐变态。昆虫的不同虫态在形态、食性和栖境等方面的差异很大,有利于同种或同类昆虫充分的利用食物和空间的资源,完成个体发育和繁衍种群。在周期性、极端不利的环境条件出现之前,不同种类(类群)则以不同虫态进入休眠(冬眠、夏眠)、滞育,安全度过不良的环境条件,保持种群的延续。

5. 世代多、繁殖力强 大多数昆虫具有惊人的繁殖能力,加之生命周期短(世代多)和生殖方式多样,强大的生殖潜能是种群繁盛的基础。例如,蚜虫一年可发生20～30代,在蔬菜生长季节5～6天可以繁殖一代,每头成蚜可营孤雌胎生方式产仔蚜数十头,即使蚜虫种群数量死亡90%以上,只要环境条件适宜,短期内可以恢复并建立庞大的种群。

6. 适应环境能力强 包括对温度、湿度、干旱、饥饿、生产方式变化和杀虫药剂等方面。其中,使用农药引起了菜田环境发生了剧烈而不利于害虫的变化,害虫种群内自然存在的抗药性较强的个体经药剂多次选择,在其种群内逐渐累积并遗传下来。针对敏感性降低的害虫种群,人们不得不加大用药量和增加用药次数,其后果是给害虫造成了更高的选择压力,使其种群内的抗性个体数量逐渐增多,抗性基因频率进一步升高,当达到约为20%时,害虫种群发生质的变化而成为抗性种群。由此可见,害虫产生抗药性是适应环境条件变化的一种生存对策,农药的选择作用是导致害虫抗性产生的根本原因,抗性产生的速度、抗性水平与农药的使用次数和使用剂量密切相关。害虫产生抗药性是一种普遍现象,具体表现是虫越治越多,危害越来越重,用药次数和施药成本显著增加,蔬菜产品及环境受农药污染加重。由于害虫的抗药性可以遗传给后代,增加了害虫防治的难度。

(三)蔬菜害虫的主要类型

昆虫隶属于节肢动物门、昆虫纲(或称六足纲)。昆虫的体躯由 18～21 个体节组成,分为头、胸、腹 3 个体段。头部有触角、触须、复眼各 1 对,单眼 2～3 个或无,口器 1 个,是感觉、通讯联络和取食中心。胸部由 3 节组成,每节腹面两侧各生足 1 对,一般有 2 对翅,是昆虫的运动中心。腹部含有大部分的内脏器官、生殖系统和外生殖器,是营养代谢和生殖中心。昆虫分类学以昆虫间的亲缘关系为基础,依据形态特征等方法,将它们归类为不同的目、科、属、种分类阶元。目的区分、种的识别及其信息存取系统的利用,可指导蔬菜生产实践,防控害虫、保护和利用自然天敌,实现可持续发展。传统的昆虫分类下设 35 个目,分子生物学技术的应用,不断改进人们对昆虫分类阶元间亲缘关系的理解。近年形态学与 DNA 的研究显示,早期的"同翅目"与半翅目属于并系群,半翅目被分成 2 个主要亚目(或群组):早期的同翅目、半翅目,现分别为同翅亚目(Homoptera)和异翅亚目(Heteroptera),这种观点逐渐被国内、外所采用。主要蔬菜害虫及部分益虫的分目知识,以及害螨和有害软体动物的知识介绍如下。

1. 鳞翅目 以翅面上布满鳞片而得名,包括蝶和蛾两类,完全变态类昆虫。成虫体小至大型,体、翅和附肢密被扁平的小鳞片,构成多种颜色和形状的花纹。成虫翅 2 对、膜质,前翅大于后翅,翅脉上具中室。口器虹吸式,下颚外颚叶特化成喙,取食时伸

第一章 蔬菜病虫害防治基础知识

到花中吮吸花蜜,平时呈发条状卷曲于头下。触角多节,棍棒状(蝶)或丝状、羽状、齿状等(蛾)。幼虫统称青虫、毛虫,口器咀嚼式,多足型,胸足3对,腹足多数5对、少数2对或退化。幼虫食根和叶,蛀食茎、花和果实,是蔬菜害虫的一个主要类群,如小菜蛾、豇豆荚螟、棉铃虫、甜菜夜蛾、斜纹夜蛾、小地老虎等。

2. 半翅目

(1)同翅亚目　个体一般较小,属不完全变态。口器刺吸式,从头部后方伸出。触角多为刚毛状或丝状,3～11节。翅2对,前翅质地均一,膜质或皮革质,静止时呈屋脊状覆于体背上,因前翅质地相同而得名(与异翅目相对应)。雌虫常有发达的产卵器。成、若虫刺吸植物汁液,并能传播植物病毒病,是蔬菜害虫的另一个主要类群,如多种蚜虫、白粉虱、烟粉虱、飞虱和叶蝉等。

(2)异翅亚目　通称椿象或蝽,不全变态类昆虫。体小至大型,成虫体壁坚硬、扁平。触角一般4或5节,刺吸式口器,从头的前端伸出,静止时沿身体腹面向后伸。前胸背板大,中胸小盾片发达;前翅基半部增厚为革质,端半部膜质称半鞘翅是本亚基本特征,后翅膜质。许多种类有臭腺。菜椿、瘤缘椿等为植食性害虫,但猎蝽、姬猎蝽、花蝽等科为肉食性昆虫,是重要的害虫天敌。

3. 鞘翅目　成虫统称甲虫,全变态类昆虫。体小或大型,体壁一般较坚硬。口器咀嚼式,上颚发达,复眼较发达,触角一般10～11节,有丝状、棒状、锯齿状或筛片状等。前胸背板发达,中胸仅露出三角形的小盾片。前翅质地坚硬、角质化称鞘翅,静止时在背中央相遇成一直线;后翅膜质,静止时折叠于前翅之下。食性复杂,大多数甲虫及猿叶虫、马铃薯瓢虫幼虫取食作物叶片;金龟子、黄条跳甲、黄守瓜等幼虫在土壤中取食根或块茎;豌豆象和蚕豆象幼虫蛀食种子。多种肉食性瓢虫、步甲、虎甲等是重要的捕食性天敌。

4. 双翅目　包括蚊、蝇、蠓、蚋、虻等,全变态类昆虫。成虫体小型到中型,中胸发达,前后胸退化,仅具一对发达的膜质前翅,后翅退化为平衡棒是本目特征。口器刺吸式、刮吸式或舐吸式。幼虫(蛆)体分节,头有或无,口器和眼退化,无分节的足。双翅目中某些植食性的类群,如潜叶蝇、种蝇、瓜实蝇等是重要的蔬菜害虫。寄生蝇、食蚜蝇是天敌昆虫,能捕食大量蚜虫、蓟马、粉虱、叶蝉等害虫。

5. 缨翅目 通称蓟马,过渐变态。体微小至小型,头锥形,口器锉吸式、不对称。触角短,6~10节。前胸发达,能活动,中、后胸愈合,足粗壮,前足节有能伸缩的泡囊。前、后翅膜质,狭长,具少数翅脉或无,翅缘具长缨毛是基本特征。成、若虫刮破植物表皮,口针吸取汁液,有的种类同时还可传播植物病毒病。棕榈蓟马、黄蓟马、西花蓟马、葱蓟马是重要蔬菜害虫;肉食性种类能捕食其他蓟马、蚜虫、粉虱、叶螨等害虫。

6. 直翅目 包括蝗虫、蝼蛄、蟋蟀等蔬菜害虫,属不全变态类型。体中至大型,具典型的咀嚼式口器,上颚强大而坚硬。前胸背板发达,背面隆起呈马鞍状,常向侧下方延伸覆盖住侧区。翅通常2对,前翅狭长,加厚成皮革质,停息时覆盖在体背,后翅膜质,静止时成扇状折叠于前翅下。后足发达善跳,尾须明显,雌虫具发达的产卵器,雄虫多具发声器。

7. 膜翅目 包括蜂类和蚂蚁,完全变态类昆虫,高等种类具有不同程度的社会生活习性。体小、中和大型各异,口器咀嚼式或嚼吸式。翅膜质2对,前翅常较后翅为大,翅脉高度特化,翅脉和翅室较少。腹部第一节并入后胸,第二节常细缩成柄形,雌虫常具针状产卵器。膜翅目昆虫的绝大多数种类是传粉昆虫,或寄生性或捕食性天敌;只有少数为植食性的蔬菜害虫,如菜叶蜂、东方行军蚁等。

8. 螨类 常称蜘蛛,蔬菜害螨属于蛛形纲的真螨目和蜱螨目,一生中经过卵、幼螨、若螨和成螨4个阶段。体微小,由颚体(相似昆虫的口器)和卵圆形的躯体组成,躯体不分节,无翅,成螨有足4对或2对。朱砂叶螨、截形叶螨、二斑叶螨等红蜘蛛、侧多食跗线螨(白蜘蛛)及番茄刺皮瘿螨,以刺吸寄主植物嫩芽、叶片或果实汁液造成危害。益螨有捕食性和寄生性两类,植绥螨、钝绥螨等是重要的捕食性天敌。

9. 有害软体动物　常见的有蜗牛和蛞蝓,属于软体动物门、腹足纲,一生中经过卵、幼体(幼贝)和成体(成贝)3个阶段。身体柔软,不分节,可区分为头、足、内脏团3个部分,常常分泌有黏液。成、幼贝以齿舌刮食蔬菜的幼芽、嫩叶、嫩茎,幼苗受害重时可造成缺苗断垄。

(四)蔬菜害虫的生物学特征

1. 世代与生活史　昆虫的卵或若虫,从离开母体发育到成虫性成熟并能产生后代为止的个体发育史,称为一个世代,简称一代或一化。从卵内孵化出的幼虫(或初产的若虫)称为第一龄幼虫(若虫),以后每脱一次皮增加1龄,相邻两龄之间的天数称为龄期。幼虫(若虫)的龄数随种类相对稳定,龄期则因不同种类和食料、温度等条件而异。二化性和多化性昆虫由于产卵期和发生期较长,使各虫态发育进度参差不齐,造成同一时间出现不同代别的相同虫态,这种现象称为世代重叠。

昆虫的生活史(年生活史)又称生活周期,系指从越冬虫态开始活动在一年中的发生过程,包括发生世代数、各世代发生时期及其与寄主作物生育阶段的关系、各虫态的历期及越冬和越夏的虫态、场所和时期长短等。

2. 重要的生活习性

(1)食性　昆虫不同种类或同种昆虫的不同虫态,取食范围和嗜食的种类不同,甚至差异很大。昆虫在长期的演化进程中,对食物形成一定的选择性即食性。

按取食的食物性质,通常可分为植食性、肉食性、腐食性和杂食性。

按取食范围的广狭,可分为单食性、寡食性、多食性3类。单食性是以某一种植物为食料;寡食性是以1个科或少数近缘科食物为食料;多食性是以多个科的植物为食料。

(2)趋性　趋性是指昆虫对外界刺激(如光、温度、湿度和某些化学物质等)所产生的趋向或背向行为活动。趋向活动为正趋性,负向活动为负趋性。昆虫的趋性主要有趋光性、趋化性、趋温性、趋湿性等。

(3)假死性　假死性是指昆虫受到某种刺激或震动时,身体蜷缩、静止不动,或从停留处跌落下来呈假死状态,稍停片刻即恢复正常而离去的现象。

(4)群居性　同种昆虫的个体大量聚集在一起生活的习性称为群居性。可分为临时性群居和永久性群居。临时性群居指昆虫仅在某一虫态或某一阶段内群居生活,然后分散。永久性群居往往出现在昆虫个体的整个生育期,一旦形成群居后很久不会分散,趋向于群居型生活。

(5)扩散和迁移性　扩散是指昆虫个体小范围内的分散或集中活动,也可称为蔓延、传播或分散。一般可分为以下几种类型:完全靠外部因素传播,由虫源地(株)向外扩散,由于趋性所引起的分散或集中。

迁飞(迁移),是指一种昆虫成群地从一个发生地长距离地转移到另一个发生地的现象。迁飞既不是无规律的突然发生,也不是在个体发育过程中对某些不良环境因素的暂时性反应,而是在进化过程中长期适应环境的遗传特性,是一种种群行为。迁飞通常可分为4种类型:无固定繁育基地的连续性迁飞型、有固定繁育基地的迁飞型、越冬或越夏迁飞型、蚜虫迁飞类型。

(五)害虫发生与环境条件的关系

蔬菜害虫是以蔬菜作物为中心的蔬菜生态系统的一个组成部

第一章 蔬菜病虫害防治基础知识

分,其发生危害规律受到环境因素的综合影响。

1. 气候因素 主要是温度、湿度、降水、光照和风等,其中以温度最为重要。

(1) 温度 昆虫是变温动物,昆虫的体温随环境温度的变化而改变,同时体内的新陈代谢过程也受体温变化的影响。昆虫发育速度快慢、存活率和繁殖量高低、发生代数多少与温度有密切关系。昆虫正常的生命活动范围一般在8℃~36℃,最适温度范围因虫而异,大多在18℃~26℃之间。持续高温酷暑昆虫死亡率逐渐增加,40℃以上则昏迷或死亡,冬季低温严寒也会引起大量死亡。但全球性气候变暖,有利于多种害虫的发生危害。

(2) 湿度和降雨 昆虫主要是从环境中摄取水分,因此环境湿度、水分、食物含水量的变化对昆虫有重要影响。多数昆虫产卵时要求高湿度,昆虫在孵化、蜕皮、化蛹和成虫羽化期间,新形成的表皮保水能力差,湿度低容易引起畸形或死亡。而外界湿度偏低时,植物组织内含水量也较低,刺吸式口器昆虫从取食的汁液中获得的干物质量增加,反而有利于生长发育和繁殖。降雨会改变空气和土壤湿度而影响昆虫,此外,毛毛细雨一般有利于昆虫的活动,而大雨、暴雨对蚜虫、红蜘蛛等有明显的机械杀伤和致死作用。

(3) 光照 在一个地区,昼夜和一年中的光照和黑暗的交替变化是有规律的,昆虫适应光周期的变化而形成了"生物钟"。例如,鳞翅目中蝶类在白天活动,而蛾类则在夜晚觅食、求偶和产卵。对高纬度地区多化性昆虫如菜粉蝶等,光周期的变化为滞育越冬发出信号,菜粉蝶适时化蛹而避免在严冬时冻死。

气候因素的综合作用,对蔬菜害虫的分布区域、发生代数多少、发生期早晚、种群密度高低有重要影响。

2. 食物因素 蔬菜害虫利用蔬菜作物合成的有机物,获得生命活动过程所需要的能源。作危害虫食料的蔬菜作物,可以充分满足害虫的需要。由于蔬菜种类多,相应的害虫种类亦多,估计在

500种以上。各类昆虫的食性有明显的分化,地区和季节间种植不同的蔬菜种类,决定了主要害虫的分布区域和发生危害时期。不同蔬菜、同种蔬菜不同生育期或不同器官,对害虫的营养价值都有差别,直接影响害虫的发育速率、存活率、生殖力和种群数量。例如,朱砂叶螨取食大豆叶片与取食茄子叶片相比,幼期发育时间缩短约30%,产卵量提高7倍。

3. 土壤因素 几乎大多数昆虫均与土壤环境有直接或间接的关系,土壤温度、湿度、质地和酸碱度等,与小地老虎、蝼蛄、蛴螬、根蛆等地下害虫生长发育、存活繁殖和活动危害的关系更为密切。

4. 天敌因素 在菜田生态系统中害虫的天敌很多,主要有3类。一是病原微生物,如昆虫病毒、寄生性真菌、细菌、线虫等,引起害虫感染流行病而大量死亡。苏云金杆菌、颗粒体病毒、核型多角体病毒已被开发为商品制剂防治小菜蛾、菜青虫、甜菜夜蛾、棉铃虫等多种害虫。二是菜田中寄生性和捕食性天敌,如以幼体寄生在多种害虫体内的赤眼蜂、蚜茧蜂、茧蜂、姬蜂、金小蜂等寄生蜂和寄生蝇,以及瓢虫、草蛉、食蚜蝇、花蝽、捕食螨等捕食性天敌,一些种类已进行商品生产用于防治蔬菜害虫。三是鸟类、蟾蜍、青蛙、蜥蜴、蜘蛛等食虫动物,也发挥了抑制害虫种群数量的作用。

环境中不同的生态因素相互联系,对害虫的影响是各种因素综合作用的结果。据估计,取食农作物的昆虫种类中造成危害损失的仅占1%~5%,绝大多数种类的种群密度长期维持在相当低的水平,无疑这是生物和非生物环境因素共同作用的结果。而人类生产活动如新品种的推广、播期和生产方式的变更等,对菜田生态环境有深刻的影响。设施蔬菜栽培的迅速发展,人们利用防寒保温或遮阳、降温和防暴雨等设施、设备,创造了适宜蔬菜生长发育的温度、湿度、营养等条件。但是蔬菜作物换茬勤、棚室消毒等管理措施,却削弱了自然天敌对害虫的抑制作用,因而有利于多种害虫安全越冬、越夏,周年发生和加重危害。

第二章 蔬菜病虫害综合防治原理和技术

一、蔬菜病虫害综合防治策略

病虫害是蔬菜生产中的主要生物灾害，直接影响蔬菜产品的产量和质量。据有关部门估算，如果没有植物保护系统的支撑，我国常年因病虫害造成的蔬菜损失率在30%以上，高于其他作物。此外，在防治病虫过程中不合理使用化学农药等，还会污染生态环境和影响产品的食用安全。因此，加强蔬菜病虫害的综合防治工作，对保障蔬菜产业的可持续发展有重要意义。

我国的蔬菜生产分为有机食品、绿色食品和无公害食品蔬菜3个层次，本书主要介绍无公害蔬菜病虫害综合防治内容。1975年我国制定了"预防为主，综合防治"的植物保护工作方针。综合防治又称综合治理（IPM），是对有害生物进行科学管理的体系。即从农业生产的全局和生态系统的整体观点出发，根据有害生物和环境之间的关系，充分发挥自然控制因素的作用，因地制宜协调应用必要的措施，将有害生物控制在经济受害允许水平以下，以获得最佳的经济、生态和社会效益。结合蔬菜病虫防治工作的特点，应着重处理好两个方面的关系。

第一是防和治的关系，强调预防为主，防重于治，即在病虫未发生或造成显著危害前，采取适当的必要措施，使病虫不能发生或不能大发生，保护蔬菜免遭损失或少受损失。但是，当病虫已经发生时，治也是必要的，那是以治来弥补防的不足。

第二是各项防治措施的关系，即要互相协调，取长补短，有机结合。植物保护工作的实践业已证明,任何一种防治方法都不是万能的,依靠单一的方法防治病虫害,有很大的片面性和局限性。但也不是防治方法愈多愈好,应避免把一些不必要的措施凑合在一起,以增加生产成本、相互抵消甚至产生负面作用。在综合防治中,要以农业防治为基础,因时因地制宜,合理运用生物防治、物理防治和化学防治等措施,达到经济、安全、有效地控制病虫危害的目的。

综合防治技术不是一成不变的,而是随着社会经济发展和科学技术进步在不断提高。实施可持续发展战略是21世纪我国的基本国策之一,要求蔬菜产业和植物保护实现可持续发展,对蔬菜病虫害实现可持续控制,从而对综合防治策略和技术提出了更高的要求。2006年4月农业部召开了全国植保工作会议,提出了"公共植保,绿色植保"的理念,倡导转变植保防灾方式,充分发挥抗病(虫)品种、生态调控和非化学防治措施,对病虫害的防控作用,逐步减少对化学农药的依赖,大力推进农作物病虫害绿色防控的植物保护措施。"十二五"期间(2011—2015)率先在大中城市蔬菜基地、南菜北运蔬菜基地、北方反季节蔬菜基地和农业部园艺产品标准园区,示范推广农作物病虫害绿色防控技术。力争到"十二五"末,全国蔬菜病虫害绿色防控覆盖面达到播种面积的50%以上,绿色防控实施区域内化学农药使用量减少20%以上,确保蔬菜生产安全、蔬菜产品质量安全以及生态环境安全。绿色防控是贯彻"预防为主、综合防治"植保方针,实施绿色植保战略的重要举措,是无公害蔬菜生产的重要组成部分,实现"从菜田到餐桌"的质量控制体系的核心内容之一。因此,首先要搞好生产基地的选择与建设,使环境空气、灌溉水和土壤环境质量达到国家规定的标准(NY5010—2002)。在不同菜田生态区,以蔬菜作物为中心,根据主要病虫发生流行规律和次要病虫发生特点,应用综合防治新技术体系,并融入无公害

第二章 蔬菜病虫害综合防治原理和技术

蔬菜生产技术规程中,实现蔬菜产业可持续发展。

二、蔬菜病虫害综合防治技术

人类的生产和社会活动对蔬菜病虫害大发生有重要影响,有时甚至起主导作用。例如,节能型设施栽培和反季节栽培的迅速发展,种苗和产品国内调运和国际交流频繁,现行以农户为主的小规模、分散经营模式和耕作管理方法,化学防治为主要措施杀伤天敌、引发多种病虫产生抗药性等,使菜田环境发生深刻变化,新的病虫不断出现,有利多种病虫周年发生、危害程度明显加重。另一方面又必须看到,人类的生产活动又是防治病虫的主要手段,防治技术水平在不断提高。

病虫害防治技术分为植物检疫、农业防治、生物防治、物理机械防治和化学防治五类。现把各种防治手段及其行之有效的主要措施,按不同时期的基本功能列于表1,并对产前、产中的防治技术作简要评述。

表 1 蔬菜病虫害综合防治技术体系

时期	作用	植物检疫	农业防治	物理防治	生物防治	化学防治
产前	预防病虫发生	无公害蔬菜生产基地选择与建设,制定科学种植和植保计划				
		严禁危险性病虫传入	选用无病种苗和无性繁殖材料 抗病耐虫品种 换根嫁接、无土栽培◆ 调节播期、轮作	温汤浸种或热力消毒 太阳能或蒸气消毒土壤	保护天敌和有益微生物 生物制剂处理种苗和土壤	种苗处理棚室消毒◆ 苗床土壤处理

续表1

时期	作用	植物检疫	农业防治	物理防治	生物防治	化学防治
产中	控制病虫危害	封锁疫区,铲除入侵的检疫对象	抗病耐虫品种 种植诱虫作物 轮作、间套作、土壤耕作 优化群体结构 科学施肥、浇水,增强寄主抗性 控温调湿、高温高湿闷棚◆	防虫网、遮阳网与防雨棚◆ 灯光、色板诱杀或忌避 人工防除	微生物和农用抗生素制剂 性信息素 释放天敌	高效、安全杀虫、杀螨、杀菌剂 食饵诱杀 灌根挑治
产后	药残检测 保质保鲜 市场准入和出口	内检 外检	适期采收 货堆通气	低温冷藏 快速预冷 气调贮藏 涂膜贮藏 辐射贮藏	生防菌拮抗剂	仓库、运输工具消毒 防腐剂

注:◆设施栽培防治技术

(一)实施植物检疫

由国家或地方政府颁布法规,授权植物检疫机构执行,依靠行政手段和技术措施,防止危险性病虫杂草随植物、产品、包装物和运输工具的人为引入和传播,这是一项预防为主、防患于未然的工作。

病虫的分布具有明显的区域性,自然条件下远距离传播的可能性较小。病虫在原产地受到多种有益生物的制约,植物的抗性以及相应的农业措施等的控制,其发生危害通常不严重。但如果传播到新的地区,其气候、食料及其他环境条件适宜它们存活,又缺乏适当天敌的控制,以及人们缺乏防控的经验,常会严重发生发

第二章 蔬菜病虫害综合防治原理和技术

展并暴发成灾,造成巨大经济损失。在全球气候变化、产业结构调整和国际贸易一体化的新形势下,危险性病虫的传播和危害呈严重发展的趋势。我国目前发生的蚕豆象、豌豆象、马铃薯块茎蛾是新中国成立前从国外传入后在国内蔓延的。棕榈蓟马约于20世纪70年代传入华南,现已扩展到长江流域、华东、华北、东北和西南及西藏等20多个省(自治区、直辖市)。20世纪80~90年代,对外检疫对象菜豆象、巴西豆象、四纹豆象已经传入我国局部地区并建立了种群。世界经济一体化和国际贸易的发展,有利于危险性病虫的传播蔓延。美洲斑潜蝇、南美斑潜蝇、三叶草斑潜蝇、B和Q生物型烟粉虱、马铃薯甲虫、西花蓟马和红火蚁等;蚕豆染色病毒、黄瓜绿斑驳花叶病毒、番茄黄化曲叶病毒、甘蓝枯萎病和瓜果类细菌性果斑病菌等,均是近20年来从国外传入的,给我国蔬菜生产造成了很大损失。此外,防止国内或地方检疫对象番茄溃疡病、黄瓜黑星病、白菜根肿病、马铃薯环腐病和癌肿病、马铃薯茎蛾的人为传播也不容忽视。其中,黄瓜绿斑驳花叶病毒病是世界许多国家和地区的重要检疫性病毒,严重威胁西瓜、甜瓜、黄瓜等作物生产。20世纪初期从进口的瓜类种子传入我国,在辽宁、河北、北京个别地区发现并造成严重危害。2006年国家有关部门和植物检疫机构启动了铲除计划,疫情得到了有效控制,保护了我国瓜类蔬菜生产安全。

可见,植物检疫工作与蔬菜生产的关系非常密切。对于广大菜农、蔬菜生产技术人员和蔬菜管理部门人员,都应学习、了解和认真执行国家或省(市、自治区)关于植物检疫的规定,避免盲目引(调)种子、苗木,防止危险性病虫传入,保护蔬菜生产可持续发展。此外,植物检疫还可以指导蔬菜产品安全生产,按照输入国(地区)要求,履行国际义务,禁止危险性有害生物自国内输出,以满足扩大蔬菜产品出口创汇的需要和维护国际信誉。

(二)农业防治法

通过耕作栽培措施或选用抗病虫品种,调整和改善蔬菜生长环境,创造有利蔬菜生长和有益生物繁衍的条件,抑制或消灭病虫的发生发展。农业防治是综合防治的基础,在我国有悠久的历史并与生产者的实践经验密切结合,多种措施可起到主动的预防性作用,具有经济、安全、有效等优点。但在应用时有一定的局限性和地域性,在病虫大发生时难有作为。因此,农业防治要依具体条件和病虫而异。

1. 建立科学的种植制度 是预防和控制多种重要病虫发生危害的有效措施,无公害蔬菜生产应遵循的基本原则。

(1)合理安排蔬菜布局 根据主要病虫的寄主范围和传播途径,制定科学的种植计划。例如,秋季大白菜避免与早白菜、萝卜、甘蓝等邻作,可减轻蚜虫和病毒病的发生;番茄与菠菜邻作则会加重病毒病的病情。在小菜蛾等抗药性严重、猖獗危害的地区,夏季停种十字花科蔬菜或减少其面积,改种瓜果豆类蔬菜,对小菜蛾、菜青虫等多种害虫的发生危害可起到"拆桥断代"的作用,取得明显的综合效益。北方日光温室秋冬茬种植芹菜、油菜(青菜)、生菜、韭菜、食用菌等,有利切断温室白粉虱、烟粉虱、潜叶蝇和蓟马等害虫的生活史,再配合培育无虫苗的措施,可有效地控制其发生危害,并能节省能源提高经济效益。云南大理州适当压缩斑潜蝇虫源地蚕豆种植面积,或将邻近虫源地的蚕豆改种麦类和油菜,是控制斑潜蝇发生危害的行之有效措施。

(2)轮作和间套作 轮作是一项用地养地结合、防治病虫害、促进蔬菜丰产的措施,蔬菜生产一般不宜采取连作或单作的方式。在农区菜田实行菜—稻、菜—粮轮作,可有效防治枯、黄萎病、青枯病、根结线虫病等重要病害。此外,提倡与病原菌寄主范围外的菜—菜轮作,但应注意轮作期限,如十字花科蔬菜菌核病、葱紫斑

第二章　蔬菜病虫害综合防治原理和技术

病至少应轮作1~2年,番茄青枯病和斑枯病、姜腐烂病、黄瓜枯萎病为3年以上,甘蓝黑胫病、十字花科蔬菜根肿病需4~5年。山东某些菜区在节能日光温室春茬果菜收获后,于夏季换茬期间种一茬小葱或蒜苗,利用其根系分泌物杀死部分病菌,减轻果菜病害效果显著。马铃薯甲虫的寄主范围较窄,属于寡食性害虫,马铃薯与茄子、番茄以外的蔬菜或作物轮作,可推迟马铃薯甲虫的发生期、明显的抑制种群数量发展。间作、套种不但可以提高土壤利用率,增加单位面积产量,提高菜田环境的生物多样性,保护多种天敌昆虫的生存和繁衍,有利于发挥天敌昆虫自然控制作用,还可干扰害虫寻找寄主的行为和不利种群增殖,从而可以减少化学农药的用量。例如,白菜、番茄、辣椒与玉米间作,瓢虫、草蛉等捕食性天敌数量增多,蚜害较轻,减少有翅蚜迁飞传毒不利病毒病发生,并使番茄上棉铃虫、辣椒上烟青虫蛀果率下降。此外,利用害虫对不同寄主等的选择性差异,可采用诱集植物法。如十字花科菜田适量种植的芥蓝,可诱集大量小菜蛾并施药集中杀灭,是防治小菜蛾的有效方法。在温室番茄种植少量黄瓜诱集白粉虱并施药除治,在国外已有应用实例。

(3)土壤耕作　包括翻耕、晒垡、冷冻、作畦(垄)、中耕等,为蔬菜提供适宜的土壤环境。还可把遗留在地面上的病残体、越冬(夏)的病原物翻入土中,加速其分解和死亡。对以土壤、蔬菜根茬为越冬场所的病原细菌、真菌和南方根结线虫等杀灭效果显著。如十字花科蔬菜菌核病的菌核,翻入土中10厘米,第二年即死亡。晒垡可使一部分病原物失去活力,是防治软腐病等多种细菌病害的有效方法。高垄栽培可减轻霜霉病、疫病和细菌病害的发生危害。

2. 提高蔬菜抗性　它与杜绝病虫来源、创造不适合病虫滋生蔓延的环境条件,是防治病虫害的基本途径。选用兼抗几种病害的品种,是防治病害最经济有效、简单易行的方法,在综合防治中占有重要地位。近30年来,我国已培育出一大批适宜不同季节栽培、抗多种病害、丰产、优质的大白菜良种。春大白菜中如京春王、京春早、京春99、豫白菜11、豫新5号等抗病毒病、霜霉病和软腐病。夏大白菜品种如鲁白13、早熟6号、夏抗55天、豫原50、豫新50等抗三大病害;潍白45、中白50等抗病毒病、霜霉病和黑斑病;早熟5号抗病毒病、高抗炭疽病。秋早熟大白菜品种如丰抗60、西白5号、潍白8号、夏优3号、秋绿55、秦白6号、郑早60、东农905、豫新60等抗三大病害;秋珍白6号抗三大病害、干烧心、黑斑病。秋中、晚熟大白菜品种如鲁白16号、天正品优1号、西白7号、秋绿1号、金秋70、金秋90、京秋65、北京改良67号、北京新3号和新4号、中白80、豫新6号等抗三大病害。番茄抗烟草花叶病毒(TMV)和叶霉病的有中蔬7、8、9号,苏保1号,佳粉15号,L402,申粉3号等。黄瓜抗霜霉病、白粉病、耐枯萎病、疫病的有津杂2、4号,中农5、7、1101号,龙杂黄3号,鲁黄瓜4号,夏青4号等。大白菜抗病毒病(TuMV)、霜霉病、耐软腐病、黑腐病的有北京新1号,中白4号,青庆,冀菜5号,秦白3号等;白菜有冬常青,夏冬青,矮抗2号等。由于多种原因蔬菜抗虫品种较少,其中番茄毛粉802叶背密生银灰色绒毛,对蚜虫、白粉虱驱避作用强,兼抗病毒病。大豆豆荚少毛品种或无毛品种,豆荚螟,大豆食心虫产卵少;披叶形萝卜品种菜螟产卵比簇叶形为少。选用抗病(虫)品种要因地制宜,并要做到良种良法,注意抗病品种的多元化合理布局和轮换种植,监测病菌生理小种变化动态,延长抗病品种使用年限和选用新品种。

此外,还选育成功和引进一些抗病砧木,在设施栽培黄瓜、西瓜、甜瓜、苦瓜、茄子进行换根嫁接,防治土传病害和增产效果明显,已较大面积应用。

3. 无病虫种苗 培育和选用无病虫种子、菜苗和无性繁殖材料,可有效地预防多种病虫害发生发展,对保护地蔬菜栽培尤为重要。种子公司和繁种单位应履行社会责任,建立无病留种区或留种田。切实加强苗房管理,采用营养钵、穴盘和草炭、蛭石等基质育苗,异地或客土育苗、嫁接育苗,种子和苗床土进行消毒处理,加设防护网等方法,培育无病虫壮苗,预防蔬菜病虫害发生落实到实处。革新传统的育苗方式,大力发展规模化、专业化、商品化的集约化育苗,建立工厂化、商品化育苗场,采用先进的育苗设备和技术培育优质的无病虫壮苗,使广大菜农摆脱繁琐的育苗环节,降低生产风险和实现省工、省时、节本、增效的目标。

4. 调节播种(移植)期 把蔬菜受害敏感的生育期与病虫盛发期错开,可起到避病避虫的作用。北京秋季大白菜适宜播期为立秋前3天至后5天,特别在高温干旱年份适期晚播,可预防病毒病流行而提高产量。云南省发现秋蚕豆(津春3号)播期与美洲斑潜蝇发生危害有密切关系,实行避免早播,推行10月上旬适期播种,防治斑潜蝇兼治蚜虫、螨类取得成效。

5. 优化蔬菜群体结构 当前,生产上要注意克服片面加大密度追求高产的倾向,提倡合理密度适当稀植,蔓性蔬菜支架栽培和整枝打杈等方法,避免棚(室)内郁闭,影响通风透光,有利于蔬菜个体生长健壮,提高群体的抗病虫能力,形成不利于病虫侵染的环境条件,提高产量和产品质量。

6. 调控温、湿度 设施蔬菜栽培是半封闭的生态系统,环境温、湿度可控性较强。选用新型的日光温室,如山东寿光第五代节能日光温室、辽沈Ⅳ型节能日光温室;覆盖流滴、消雾、保温、防老化多功能棚膜;棚室加强通风,调温控湿对防治霜霉病、早疫病、晚疫病、灰霉病、菌核病及细菌性病害效果明显。日光温室、塑料棚地面覆盖地膜,可以明显减少土壤水分蒸发,降低棚(室)内空气湿度而减少病害发生流行。

7. 施肥与灌溉 施肥与作物生长和病虫害发生有密切关系。增施磷、钾肥有利蔬菜机械组织形成,增强抗病力并可降低甘蓝上蚜虫的增殖力;蔬菜缺氮会促进红蜘蛛大发生,而氮肥过量,作物徒长抗病性降低,还有利蚜虫、棉铃虫、烟青虫等滋生。施用未腐熟的有机肥有利多种病原物初侵染和加重病情,加剧地下害虫危害。有机培肥土壤能激活土壤微生物,形成丰富的微生物群落抑菌作用明显,贫瘠土壤则易发生土传特别是真菌性病害。优质蔬菜生产应坚持增施有机肥为主、化肥为辅的原则,做到氮、磷、钾及其他营养元素的平衡。水的管理直接影响根系生长、土壤病原物的活力以及菜田小气候变化。地下水位高、土壤含水多,易诱发青枯、软腐等细菌病害和疫病等流行,适时冬灌可破坏在土壤中多种越冬害虫的生境,压低虫口密度。设施栽培覆地膜和滴灌等措施,优化棚室小气候,对真菌和细菌病害防效明显。

8. 清洁田园 蔬菜采收后,把遗留在地面上的病残株(体)及时烧毁或深埋,减少越冬(夏)菌源。如白菜霜霉病菌以卵孢子在病叶内,白菜根肿病菌以休眠孢子在肿根内,辣椒炭疽病菌在病残体和病果上越冬,经过处理对减少下一个生长季病原物的初侵染源有重要作用。对蚜虫、螨类、粉虱、蓟马、潜叶蝇、小菜蛾、瓜绢螟等多种害虫也有同样功效。杂草是多种病虫的越冬场所或过渡寄主,铲除杂草对防治病毒病有重要意义,还可减轻蚜、螨等小虫类和小菜蛾、小地老虎、蟋蟀、黄守瓜、有害软体动物等危害。

(三)生物防治法

利用有益生物及其代谢产物防治病虫害的方法,在蔬菜病虫防治中主要包括下列方面。

1. 以病原微生物及其代谢产物防治害虫(简称以菌治虫) 如细菌制剂苏云金芽孢杆菌(Bt)防治菜青虫、小菜蛾等食叶害虫,已大面积应用。蜡蚧轮枝菌(真菌)防治白粉虱、蚜虫,田间示范取得良好防效。甜菜夜蛾和斜纹夜蛾核型多角体病毒(NPV)已实际应用;农用抗生素阿维菌素和甲氨基阿维菌素苯甲酸盐的制剂

第二章　蔬菜病虫害综合防治原理和技术

很多,广泛用于防治小菜蛾、甜菜夜蛾、斑潜蝇、害螨及蚜虫等,多杀霉素防治棕榈蓟马、西花蓟马和小菜蛾,浏阳霉素对瓜类、豆类、茄科蔬菜叶螨均有良好防效。

2. 以食虫昆虫防治害虫(简称以虫治虫)　通常采用农业措施和科学用药方法,保护和助增天敌;进行人工批量繁殖和释放天敌,如松毛虫赤眼蜂、广赤眼蜂和螟黄赤眼蜂防治番茄上棉铃虫,食蚜瘿蚊防治蚜虫等。还可移植和引进外国天敌,近年进行商品化生产和广泛应用的有丽蚜小蜂、浆角蚜小蜂防治温室白粉虱、烟粉虱,胡瓜新小绥螨、智利植绥螨防治蓟马、叶螨等。

3. 利用病原微生物及其代谢产物防治病害(简称以菌治病)　如硫酸链霉素防治多种蔬菜细菌病害;抗霉菌素120防治瓜类枯萎病、黄瓜霜霉病、番茄早疫病、白菜黑斑病等;中生菌素防治白菜软腐病、番茄青枯病、姜腐烂病、辣椒疮痂病、黄瓜细菌性角斑病、菜豆细菌性疫病、西瓜枯萎病、芦笋茎枯病等;多抗霉素防治番茄晚疫病、早疫病、叶霉病、灰霉病、黄瓜霜霉病和白粉病等;宁南霉素防治番茄、辣椒、菜豆和白菜病毒病、番茄根腐病、黄瓜白粉病等;武夷菌素防治番茄叶霉病、灰霉病、黄瓜白粉病、黑星病等,枯草芽孢杆菌防治果菜白粉病、灰霉病、叶霉病、辣椒枯萎病,多粘类芽孢杆菌防治番茄青枯病、黄瓜和番茄枯萎病等,在蔬菜生产中发挥重要作用。

4. 利用性诱剂诱捕害虫　性诱剂是昆虫性信息素化合物的简称,多由雌成虫性成熟时释放到空气中,吸引雄蛾来交配的激素。我国合成的小菜蛾、斜纹夜蛾、甜菜夜蛾、甘蓝夜蛾、小地老虎等的性信息素已经商品化,田间应用能大量诱捕和减少雄蛾的数量,通过干扰雌雄蛾交配,减少受精卵数量和降低幼虫虫口密度,减少化学农药用量达到控制害虫的目的,是一项高效、安全的绿色防控技术,近年来已较广泛应用害虫测报和防治。

生物防治有许多优于化学防治的优点,如对菜田环境、人畜和

天敌等有益生物安全,天敌等活体生物建立种群后,对有害生物可达到长期较稳定的控制作用,及有益生物资源丰富可供开发等,符合环境保护和蔬菜安全生产的要求。生物防治的缺点是防治害虫效果易受环境因素影响,不如化学防治见效快,人工繁殖有益生物和应用技术难度较高,商品生产的天敌种类较少和应用范围较窄等。生物防治是综合防治的重要组成部分,对减少化学农药用量、生产蔬菜安全食品有重要作用,是一项值得提倡并有很大发展前途的防治技术。

(四)物理机械防治法

应用各种物理因子及器械设备防治病虫的方法。物理因子主要是温度、光、电、声、射线等;机械作用包括人工去除、器械装置进行诱杀和阻隔等。蔬菜生产常用的方法简介如下。

1. 高温灭菌和防治病害

(1)种子高温消毒 多种病原菌可侵染种皮、潜入种内或混杂于种间传播病害,温汤浸种是有效的灭菌方法。在播种前将种子充分干燥后,放入温水中不断搅动,保持水温55℃10分钟可杀灭真菌,60℃~65℃10分钟可杀灭细菌,而65℃~70℃10分钟可杀灭病毒。

(2)土壤高温蒸气消毒 有条件的温室在夏季换茬时可进行蒸气消毒,耕地后埋好蒸气管,地面上覆盖耐高温的塑料膜,从锅炉送进高压蒸气,使20厘米土层温度达60℃,保持30分钟,可杀灭土壤中的病原菌、根结线虫和多种害虫。要掌握好消毒的温度和时间,减少对土壤有益微生物的影响。

(3)夏季高温闷棚消毒土壤 在盛夏棚室蔬菜收获后,翻地、作畦、浇透水,扣严棚膜,经温室效应产生的高温处理土壤1周,可杀死20厘米土层内多数病原菌。再如在换茬时先清洁田园,然后每亩(667米^2)土表撒石灰氮50~100千克和碎稻草250~500千

第二章 蔬菜病虫害综合防治原理和技术

克,翻拌土壤 30~40 厘米深,大垄铺膜并灌水,封闭棚室 15~20 天,可消灭土壤中的病原菌,又能增加土壤肥力,做到用地养地结合。

（4）高温高湿闷棚防治病害　在晴天中午前后,浇透水后将大棚密闭升温,当植物顶部叶片处达到 46℃~48℃时保持 2 小时左右,立即通风,可防治黄瓜霜霉病、白粉病、角斑病等多种病害。

此外,电热温床育苗在床面无苗时,将床温调至 55℃保持 2 小时,也是有效的杀菌方法。

2. 设施防护栽培　夏秋季覆盖遮阳网、防虫网和塑料薄膜防雨棚,进行降温、防虫、防雨栽培,是实现无公害蔬菜生产的有效途径。

（1）遮阳网覆盖栽培　遮阳网又称凉爽纱,有黑色和银灰色 2 种,是我国迅速推广应用的一种新型覆盖材料。遮阳网可在温室和大中小棚上应用,也可搭平棚覆盖或畦面覆盖、蔬菜上浮面覆盖,具有遮阳、降温、防晒、防虫、增产和提高品质等作用。

（2）防虫网覆盖栽培　30~60 筛目的防虫网,主要用来覆盖温室和塑料棚门窗、通风口,南方夏秋季生产青菜,可防止小菜蛾、甜菜夜蛾、斜纹夜蛾、烟粉虱、蚜虫、潜叶蝇等害虫侵入。用银灰色防虫网驱避蚜虫、蓟马类害虫,还可减轻病毒病。北方棚室果菜生产覆盖防虫网,可阻断粉虱、蚜虫、斑潜蝇、棉铃虫等害虫侵入和发生危害。蔬菜防虫网栽培已大面积应用,与培育无虫苗等措施结合,可以实现蔬菜无药或少药生产。

（3）防雨棚栽培　在南方夏、秋季多雨季节,撤掉大棚两侧的裙膜,保留顶膜,或在中小棚覆盖顶膜,其防雨、降湿效果明显。适用于果菜和叶菜生产及蔬菜育苗、制种等,可有效地控制多种病害发生。

3. 诱杀和驱避

（1）灯光诱杀　利用害虫趋光性进行诱杀的一种方法。夜出性昆虫对波长 3 300~4 000 埃的紫外线趋性最强,以黑光灯的波长在 3 600 埃附近,诱集害虫的效果较好。此外,昆虫对光的选择还同光的强度和照度有关,双波灯、高压汞灯的诱虫效果高于黑光灯。近年来,研制开发的频振杀虫灯,既可诱杀害虫,又能保护天敌,在逐步扩大应用。

(2)色板诱杀 光的波长不同显示出不同的颜色,在一些昆虫种类间对颜色的敏感性有明显差异,如蚜虫、粉虱、潜叶蝇的成虫,对黄色(6 000~5 500 埃)有强烈的趋性,棕榈蓟马、西花蓟马喜选择蓝色(4 800~4 000 埃)。现在已开发出多种黄色、蓝色诱虫粘板在菜田中广泛应用。此外,近年在诱虫板上添加性信息素、聚集信息素等诱虫物质,通过颜色和气味对害虫的双重引诱作用,提高了诱虫效果。

(3)驱避 在棚室上覆盖银灰色遮阳网或田间挂一些银灰色的条状农膜,或覆盖银灰色地膜对有翅蚜虫、蓟马等传毒昆虫的驱避作用良好,又可减轻病毒病的发生危害。

4. 人工防除 蔬菜生长期摘除初发病的叶片、果实或拔除中心病株,避免病原物在田间扩大蔓延,在设施栽培条件下更为重要。人工摘除斜纹夜蛾卵块、利用害虫假死习性捕杀金龟子、马铃薯瓢虫等。人工或机械除草,控制草害发生,阻断多种病虫害的传染途径。

物理机械防治没有环境污染等副作用,对保护地蔬菜及一些化学防治难解决的害虫,往往是一种有效手段,虽然有的需要花费较多的劳力或一定的费用等,但随着无公害蔬菜生产发展已较广泛应用。

(五)化学防治

应用化学农药直接杀死病虫的方法,当然,种苗和棚室药剂消毒等措施,也有预防作用。在我国当前以农户经营为主的体制和蔬菜生产条件下,化学防治在病虫害综合防治中占有主要地位,具有杀灭作用快,防治效果好,施药方法多,使用简便,适用于大面积机械化防治,应用不受地区和季节性的局限等优点。特别是病害流行和害虫大发生时,能及时控制危害。但是,如果农药保管、使用不当,会引起人畜中毒和蔬菜作物药害,污染环境和蔬菜产品,导致某些害虫产生抗药性,以及由于大量杀伤天敌,破坏生态平衡,引起次要害虫上升和再猖獗的现象。但我们也应该看到,农药研制工作正在沿着扬长避短的方向发展,高效、低毒、对环境和天敌安全的新型杀虫剂先后应用于生产,如噻嗪酮、氟啶脲、灭蝇胺、氟铃脲、虫酰肼、吡虫啉和噻虫嗪等。因此,要正确对待化学农药,避免误用、滥用和不合理地使用农药,提倡科学用药和安全用药,要协调好与其他防治方法(特别是生物防治)的关系,发挥化学防治作用。

三、菜田农药的安全合理使用

农药主要是指防治蔬菜的病、虫、草和其他有害生物及调节蔬菜生长的一种物质或几种物质及其制剂。农药品种很多,按农药防治对象可分为:杀虫剂、杀螨剂、杀菌剂、杀线虫剂、杀软体动物剂、杀鼠剂、除草剂、植物生长调节剂等。按农药来源可分为化学合成农药,生物源农药如 Bt、抗霉菌素、苦参碱等,及矿物源农药如硫磺、硫酸铜、波尔多液等。按农药(原药)的毒性分类,可分为剧毒、高毒、中毒和低毒农药。高(剧)毒农药只要极少剂量,经皮肤、呼吸或口服途径,即可对人,动物造成毒害或死亡。菜田安全合理使用农药,包括哪些农药不准使用和科学合理用药两个方面。

(一)严格遵守国家禁止使用农药的规定

根据农药的化学性质、毒性和蔬菜作物的特点,至今国家主管部门颁布法规,在蔬菜作物上禁止使用剧毒、高毒、蓄积性大、残留期长的农药品种共43种(类),应增强法制观念严格遵守。否则造成人员农药中毒或引发"毒菜"事件,生产者将要在经济上受到损失,还要负相应的法律责任。

1. 国家全面禁止生产、销售和使用的农药(23种/类) 六六六(HCH)、滴滴涕(DDT)、毒杀芬、二溴氯丙烷、杀虫脒、二溴乙烷、除草醚、艾氏剂、狄氏剂、汞制剂(氯化乙基汞商品名西力生、醋酸苯汞商品名赛力散)、砷类(砷酸钙、砷酸铅等)、铅类、敌枯双、氟乙酰胺、甘氟、毒鼠强、氟乙酸钠、毒鼠硅、甲胺磷、甲基对硫磷(甲基1605)、对硫磷(1605)、久效磷和磷胺。

2. 国内即将禁止销售和使用的农药(5种) 2013年12月9日农业部公告第2032号规定,自2015年12月31日起禁用氯磺隆、福美胂和福美甲胂;自2017年7月1日起禁用胺苯磺隆、甲磺隆及其复配制剂产品。

3. 蔬菜作物不得使用的农药(20种) 甲拌磷(3911)、甲基异柳磷、特丁硫磷、甲基硫环磷、治螟磷(苏化203)、内吸磷(1059)、克百威(呋喃丹)、涕灭威(铁灭克)、灭线磷、硫环磷、蝇毒磷、地虫硫磷、氯唑磷、苯线磷、氧化乐果、杀虫脒、硫线磷(克线丹、丁线磷)、氟虫腈(锐劲特)、灭多威(万灵)、溴甲烷(甲基溴)。其中,后3种农药的禁用规定,详见农业部等五部(局)第1586号公告(2011年6月15日)。

4. 蔬菜作物即将禁用的农药2种 自2016年12月31日起禁止毒死蜱和三唑磷在蔬菜上使用(农业部公告第2032号)。

(二) 科学合理用药

是提高防治病虫效果,节省农药用量,延缓病虫产生抗药性和保障无公害蔬菜生产的重要措施。因此,需要有关技术人员和施药人员对药剂、蔬菜作物特性,病虫发生危害特点及影响药效的环

第二章 蔬菜病虫害综合防治原理和技术

境因素有基本的认识,认真执行国家、农业部和各地制定的无公害蔬菜农药安全使用标准,就能达到有效、经济、安全的目标。科学合理用药应着重注意以下5个方面。

1. 对症下药 不同种类的防治对象(害虫、害螨、病菌等)对农药的反应各不相同。另一方面,农药种类繁多,各种药剂的化学结构、理化性质不同,能防治有害生物的种类也是有一定的范围的,所以农药有杀虫剂、杀螨剂和杀菌剂等之分,道理就在这里。所谓对症下药,就要针对防治对象,选用最合适的农药类别,才能收到预期的、良好的防治效果。例如,防治蔬菜病害就要用杀菌剂,防治病原线虫就要用杀线虫剂,防治虫害就要用杀虫剂,防治螨害就要用杀螨剂,防治有害蜗牛、蛞蝓就要用杀软体动物药剂。对小菜蛾、棉铃虫等咀嚼式口器、食叶害虫,要选用胃毒剂或触杀剂;对蚜虫、粉虱等刺吸式口器害虫,要选择内吸性强的杀虫剂。在此基础上选对药剂种类,如抗蚜威(辟蚜雾)对菜蚜、豆蚜等有优良防效,对瓢虫、蚜茧蜂、食蚜蝇等蚜虫天敌无不良影响,是十字花科、豆科等蔬菜蚜虫综合防治的理想药剂;但该药对瓜类等作物瓜蚜(棉蚜)基本无效,应防止误用造成损失。在害虫、害螨初发阶段可用联苯菊酯、高效氯氟氰菊酯等兼治;而甲氰菊酯、溴氟菊酯等适合害虫和害螨并发时使用,省工省药,但不能用作专用杀螨剂。对蔬菜真菌性病害,除了一些广谱性杀菌剂如百菌清、代森锌、福美双、代森锰锌、波尔多液等对多种病害有保护性作用外,一些杀菌谱较窄的内吸性杀菌剂如甲霜灵、乙膦铝、霜霉威等,对多种蔬菜霜霉病、绵疫病、疫病或晚疫病等有优良的防效。但是,这几种药剂对黄瓜黑星病却基本无效;防治黄瓜黑星病应选用氟硅唑、咪鲜胺、腈菌唑及腈菌·福美双等杀菌剂。

2. 适时打药 一种病虫发生危害都有从少到多、由轻到重的过程。掌握不同蔬菜病虫发生危害特点和生活习性,农药的性质和安全间隔期等,抓住有利时机,适时进行防治。例如,保护性杀

· 37 ·

菌剂属非内吸性,如代森锰锌、百菌清、灭菌丹、福美双、咯菌腈、氟啶胺、异菌脲、波尔多液、氢氧化铜、碱式硫酸铜、络氨铜等,通常比较广谱,应在发病前或发病初期使用,起到预防发病的效果;另一类内吸性杀菌剂可在植物体内和种子内传导输送,具有预防发病的作用外,还对已侵入植物组织的病菌菌丝生长产生抑制作用,对已发生的病害有治疗作用,如氟硅唑、甲霜灵、异菌脲等,可分别在蔬菜白粉病、疫病和灰霉病初发时施药。蔬菜上常见的内吸性杀菌剂,如多菌灵、甲基硫菌灵为广谱性内吸性杀菌剂,可用于除霜霉病、晚疫病、疫病以外的其他蔬菜病害的防治。苯醚甲环唑、腈菌唑、乙嘧酚、氟硅唑可用于防治黄瓜黑星病、瓜类作物白粉病等。嘧菌酯可用于防治蔬菜作物霜霉病、白粉病、炭疽病、早疫病等;醚菌酯、吡唑醚菌酯可用于防治蔬菜作物白粉病,后者还可用于防治霜霉病。腐霉利、嘧霉胺、嘧菌环胺、啶酰菌胺可用于防治灰霉病、菌核病,抑霉唑可用于防治番茄灰霉病。烯酰吗啉、双炔酰菌胺、氰霜唑可用于防治霜霉病、晚疫病、疫病。春雷霉素可用于防治细菌性病害。该类药剂持效期比非内吸性杀菌剂长,施药间隔期也会延长,可在发病初或发病后施用。

用速效性杀虫剂防治鳞翅目食叶性害虫在三龄幼虫盛发前,迟效性药剂如 Bt、核型多角体病毒制剂、氟啶脲等,宜提前1个龄期施药。防治蛀果害虫在幼虫钻蛀盛期前,防治烟粉虱、温室白粉虱应在种群低密度时早期施药等。对于一些流行性病害和暴发性害虫,加强预测预报和病虫情监测工作,指导农民适期防治尤为重要。例如,棚室番茄晚疫病、黄瓜霜霉病等,一旦发现中心病株,应对病株及其周围及时挑治进行药剂封锁,然后全棚室施药保护。大白菜霜霉病在晚上和早晨释放孢子囊进行传播,选择早晨施药则防效高。甜菜夜蛾、斜纹夜蛾三龄前幼虫群集危害、食量小和抗药性弱,四龄后昼伏夜出、暴食危害与抗药性强。因此,应在其危害世代卵孵化盛期至三龄幼虫高峰期施药,在傍晚6~7时(最好

第二章 蔬菜病虫害综合防治原理和技术

在 8~9 时)打药效果好。

为了提高防治水平,各地区应针对主要蔬菜病虫害,经过调查研究制定防治指标,指导化学防治。

3. 良法施药 由于农药加工的剂型种类较多,应结合各种蔬菜病虫危害方式和生活习性,选择适当的施药方法、施药部位和技术措施。

蔬菜病虫防治中常用的方法有以下 9 种:种苗处理法、土壤处理法、喷雾法、喷粉法、粉尘法、熏烟法、熏蒸法、毒饵诱集法和灌根法。其中,喷雾法将乳油、可湿性粉剂、水剂、可溶性粉剂、胶悬剂等农药制剂,加入一定量水混合调制后,即能成均匀的乳状液、溶液和悬浮液等,利用喷雾器使药液形成微小的雾滴,覆盖在蔬菜植株、病虫表面或渗透到体内,使病虫致死。生产上使用背负式手动喷雾器,喷头上喷片孔径由大改小、喷头由 1 个改成 3 个,所喷出的雾滴小、覆盖效果好,防治病虫效果有所提高。此外,卫士牌、没得比和 PB-16 型手动喷雾器的性能优于工农 16 型、17 型,均值得提倡推广。利用棚、室可造成封闭状态的特点,采用烟剂熏烟法防治病虫害,较喷雾法省工、省力,烟剂扩散均匀,不增加棚室的空气湿度,对病虫的防治效果好。采用喷粉技术可将粉尘剂均匀的沉积生物体上,防治病虫效果与熏烟法相同。以上 2 种无水施药技术,特别适合阴雨天、梅雨季节及棚室内湿度高时使用。

掌握病虫发生规律,找出薄弱环节,采用局部用药或靶位用药,可以做到省工、省药和提高防效的目的。如棚室蔬菜蚜虫、害螨点片发生时,可采用局部施药挑治的方法。番茄灰霉病危害果实时,病菌是从败落的花瓣和柱头分别侵入萼果缝、脐部,其后造成烂果。据此科技人员提出了"局部二期联防"的措施,在生长素内加适量药剂结合蘸花对花瓣施药,当果实膨大后在其柱头上喷药,即可达到有效的防病保果的作用。此外,根据药剂的理化性质,采用科学的施药方法也值得提倡。辛硫磷见光分解失效快,一般残效期只有2~3天,适合防治近期采收的蔬菜害虫。使用辛硫磷颗粒剂或制成毒土、配成药液施于土壤中防治地下害虫,药效期可长达1个月以上。

4. 轮换用药　主要蔬菜病害的病原菌、害虫和害螨产生抗药性,是蔬菜生产中的突出问题。当抗药性开始出现时,田间防效逐渐下降,习惯上是提高药液浓度、增加用药量和防治次数,而实际效果却事与愿违,反而加速了抗药性的发展。在这种情况下,应停止使用原来的药剂3~5年,选择作用方式、作用机制不同的药剂进行防治,称为轮换用药。轮换用药不仅对已产生抗药性的病原菌、害虫、害螨种群有良好的防治效果,而且对尚未产生抗药性的病虫螨种群也能达到预防、延缓抗药性发生发展的作用。此外,按上述原理采用农药混合使用,或选用混配制剂,也是延缓抗药性产生的有效的方法。

(1)病虫(螨)抗药性水平　按照农业害虫(螨)抗药性测定的标准方法,测定药剂对害虫(螨)种群的致死中量LD_{50}或致死中浓度LC_{50},即能杀死50%害虫和害螨的剂量或浓度,通过与敏感种群的LD_{50}或LC_{50}值相比较,计算出抗性倍数。我国规定抗性倍数在3~5倍时,害虫(螨)属耐药性类型;5.1~10倍时为低抗水平,10.1~40倍为中抗水平,40.1~160倍为高抗水平,而抗性倍数达到160.1倍以上时,为极高抗水平。

按照测定植物病原真菌抗药性的标准方法,通常采用最低抑制浓度法(MIC)测定菌株对杀菌剂的抗性频率;用生长速率法等测定抑制中浓度EC_{50},即抑制病菌效果50%时杀菌剂的有效浓度,通过与敏感菌株的EC_{50}比较确定各菌株的抗性水平。当抗性倍数小于2属于敏感类型,在3~5倍时,病菌属低水平抗性,10.1~100倍为中等水平抗性,100.1~1000倍为高水平抗性,而抗性倍数超过1000倍以上时,为极高水平抗性。

(2)我国主要蔬菜病虫(螨)抗药性状况　据报道,至今我国已

第二章 蔬菜病虫害综合防治原理和技术

产生严重抗药性的蔬菜害虫有小菜蛾、瓜蚜、桃蚜、萝卜蚜、菜青虫、黄条跳甲、甜菜夜蛾、斜纹夜蛾、棉铃虫、美洲斑潜蝇、温室白粉虱、烟粉虱、西花蓟马、马铃薯甲虫、二斑叶螨等。例如,小菜蛾几乎对使用的各类杀虫剂都曾产生了不同程度的抗性,20 世纪 90 年代初期小菜蛾上海种群,对溴氰菊酯、氰戊菊酯和氯氰菊酯的抗性,分别超过 10 414、2 102 和 245 倍;小菜蛾武汉种群对氟虫脲的抗性达到 1 254.1 倍。据 2011 年的抗性监测研究显示,全国 5 个十字花科蔬菜主产区,小菜蛾对高效氯氰菊酯、多杀菌素、茚虫威、阿维菌素、定虫隆、丁醚脲、虫酰肼、溴虫腈、巴丹、Bt 制剂及其毒素共 10 种代表性杀虫剂都有较强的抗药性,不同药剂在不同地区间的抗药性水平有很大差异,在华南、西南和华东十字花科蔬菜主产区抗性水平相对较高,华中和华北呈现抗性上升趋势。2012 年全新的杀虫剂氯虫苯甲酰胺在我国登记应用不到 4 年,云南等南方菜区,田间小菜蛾种群对其抗性已达高和极高水平抗性(104.4～719.1 倍),华南部分地区小菜蛾田间种群于 2011 年也对该药剂产生极高水平抗药性。粉虱类害虫的抗药性也是困扰生产的重要问题,1988 年温室白粉虱北京四季青和马连洼种群,对溴氰菊酯、氰戊菊酯的抗性,分别比 1983 年增加了 6 289 和 1 941 倍;并对马拉硫磷、敌敌畏等存在交互抗性。2011 年已有对阿维菌素、吡虫啉产生中等水平抗性的报道。烟粉虱在传入我国之前,已对大部分国外常用的杀虫剂产生了不同程度的抗性,烟粉虱入侵我国以后也出现了类似的情况,有些地区相当严重。2005 年测定福州、漳州等各地区田间 B 型烟粉虱种群,对乙酰甲胺磷的抗性水平最高(425.18～875.56 倍),其次是对毒死蜱的抗性(54.53～78.43 倍)。对氯氟氰菊酯的抗性高达 838.38～2460.52 倍,对甲氰菊酯的抗性达 244.64～834.29;漳州种群对吡虫啉的抗性由 2005 年 23 倍,上升到 2009 年 103 倍,同期对噻虫嗪的抗性由 25 倍上升到 228 倍。据 2008～2009 年检测结果,江苏盐城、云南昆明的 Q 型烟粉虱较 B 型烟粉虱敏感种群,分别对吡虫啉和噻虫嗪产生了 1 900 倍、1 200 倍和 450 倍、300 倍的极高抗性。Q 型烟粉虱北京种群,2009～2011 年,对新型烟碱类杀虫剂烯啶虫胺的抗性,由低抗、中抗升至高抗性水平。马铃薯甲虫传入我国新疆维吾尔自治区仅 20 年,对三氟氯氰菊酯产生的最高抗性达 5 868 倍,对丁硫克百威的最高抗性也达到了 90 倍。2013 年北京 4 个田间二斑叶螨种群对阿维菌素均达到极高抗水平,其中昌平种群抗性高达 4 988.11 倍。怀柔和海淀种群抗性基因突变频率为 86.25% 和 90%,昌平和密云种群抗性基因突变频率为 100%,导致阿维菌素在上述地区防治二斑叶螨彻底失效。

20 世纪 70 年代以来,我国蔬菜生产随着高效、内吸、选择性强的杀菌剂逐渐广泛应用,病原真菌对杀菌剂抗性越来越严重和普遍,常导致气传性真菌病害化学防治失败,蔬菜生产遭受很大损失,但尚未见有关病原细菌和病毒抗药性的研究报道。总体上来讲,白粉病菌、霜霉病菌、灰霉病菌、叶霉病菌、早疫病菌、晚疫病菌、炭疽病菌等主要依靠气流传播的病原真菌繁殖快,菌量大,容易产生抗药性。而气传性病害,主要依靠叶面喷施药剂进行防治,对苯菌灵、三唑酮、乙膦铝、多菌灵、甲霜灵、精甲霜灵、嘧菌酯、嘧霉胺等单作用位点,或选择性较强的内吸性杀菌剂极易产生抗药性。而对多作用位点的杀菌剂(如百菌清、代森锰锌、氢氧化铜等)不易产生抗药性。例如,黄瓜等瓜类白粉病菌对硫菌灵、甲基硫菌灵、三唑酮、嘧菌酯等产生抗药性,曾使这些药剂几乎完全失效。甲霜灵是苯基酰胺类杀菌剂的代表品种,我国在 20 世纪 80 年代引进该药剂不久,霜霉病菌就对甲霜灵产生了抗性。1992 年有学者测定,黄瓜霜霉病菌对甲霜灵的抗性高达 2 404 倍,对噁唑烷酮的抗性为 1954 倍,给蔬菜生产造成很大损失。1987～1989 年北京、河北黄瓜霜霉病菌对甲霜胺的抗性频率 91.67%,抗性倍数为 238 和 551 高抗菌株占 16.67%,极高抗菌株 75.00% 其抗性倍

第二章 蔬菜病虫害综合防治原理和技术

数1 596~7 647倍。对噁唑烷酮的抗性频率91.67%,抗性倍数403~717倍的高抗菌株占25.00%、极高抗菌株占66.67%,其抗性倍数1 128~4 974倍,再次证实了甲霜胺和噁唑烷酮之间的正交互抗关系。1998~2002年山西各地番茄灰霉病菌对多菌灵的中、高抗菌株的抗药性倍数,已达到262.7倍及1 000倍以上,抗药性频率超过80%。辽宁沈阳、山东寿光、河北保定番茄叶霉病菌对多菌灵的抗性频率达到了100%,抗性倍数均超过5 000(极高抗类型);前两地对乙霉威的抗性频率为100%,有50%的高抗菌株(抗性倍数在100以上)。2009~2013年河北徐水、定州等地的灰霉病菌对多菌灵的敏感性普遍很低,抗性频率和抗性水平都很高(64%以上的菌株的抗性倍数大于500倍),对嘧霉胺的敏感性也普遍较低,而对异菌脲的敏感性有不同程度的降低。

病虫对一种农药产生了抗药性以后,同类的其他药剂也会降低药效,这种现象称为交互抗性。如灰霉病菌对同属二甲酰亚胺类的腐霉利和异菌脲存在交互抗性。但有时也会出现相反的情况,如灰霉病菌在对多菌灵、甲基硫菌灵比较敏感的地区,使用乙霉威防病效果较差;而当病菌对多菌灵、甲基硫菌灵产生了抗药性以后,再使用乙霉威即显现出优良防效,这种现象称为负交互抗性。目前使用防治灰霉病的乙霉·多菌灵、甲硫·乙霉威,就是根据这个道理将乙霉威分别与上述2种药剂混配制成的。

(3)治理病虫抗药性轮换用药实例 蔬菜病原菌、害虫(螨)产生抗药性,是由于不合理使用农药造成的,不同地区间常有差异。因此,应在科技人员的指导下,因地制宜地采取轮换用药的措施。

烟粉虱入侵我国和广泛传播,对蔬菜生产造成了很大损失。该虫对有机磷、拟除虫菊酯和新烟碱类杀虫剂(吡虫啉、噻虫嗪等),已较普遍产生抗药性的地区,应慎重使用这些药剂,而选用生物源制剂阿维菌素、甲氨基阿维菌素苯甲酸盐,或昆虫生长调节剂如噻嗪酮、吡丙醚等,新型杀虫剂如螺虫乙酯、溴氰虫酰胺、氯虫苯甲酰胺等,以及矿物油(敌死虫)、苦参碱、藜芦碱等植物源杀虫剂或混剂。在做好预防培育无虫苗的基础上,于烟粉虱低密度时早期施用,并要交替轮换用药。

近些年来我国蔬菜主产区黄瓜霜霉病菌,对甲霜灵、噁唑烷酮和嘧菌酯已普遍产生抗药性,导致精甲霜灵、嘧菌酯及甲霜·锰锌、噁唑·锰锌等混剂防效显著下降。在这种情况下,首先应停止甲霜灵、噁唑烷酮和嘧菌酯单剂使用,用代森锰锌、百菌清、丙森锌、氢氧化铜等保护剂预防发病,并于发病初期轮换使用对黄瓜霜霉病菌敏感的双炔酰菌胺、烯酰吗啉等药剂,在一个季节(茬)使用次数不超过2次;同时与烯酰·锰锌、烯酰·霜脲氰、氟吡·霜霉威、噁唑·霜脲氰和吡唑醚菌酯、烯酰·吗啉等混剂交替使用防治黄瓜霜霉病。

5. 看天打药　农药对蔬菜病虫的防治效果高低,与天气状况有密切关系。在刮大风、降雨、高温、高湿等气候条件下,使用农药会降低药效,增加对环境的污染和产生药害的机会。

在高温天气如需要使用农药,要适当降低药剂的使用浓度,尽量不在炎热中午施药。有的农药如敌百虫、乐果、氰戊菊酯、炔螨特等,在较高的气温条件下会提高药效,增加防治效果。有的药剂则相反,如联苯菊酯在较低温时防效高,提倡在春、秋季使用。为了提高在雨季施药防治蔬菜病虫的效果,可选用内吸性农药,使其被蔬菜根、茎叶吸收进入体内,并输送到其他部位。这类农药较多,如乐果、啶虫脒、吡虫啉、噻虫嗪等杀虫剂,多菌灵、乙膦铝、甲霜灵和三唑酮等杀菌剂。此外,应选择速效性农药,如大多数菊酯类杀虫剂,都具有很强的触杀和熏蒸作用,施药后数小时即可显示较高的杀虫效果。其中有的农药,如高效氯氰菊酯,在蔬菜植株上稳定性好,能耐雨水冲刷,更适合在雨季使用。塑料棚、温室蔬菜在阴雨天和高湿条件下,可选用烟剂和粉尘剂。

(三)安全用药

多年来我国政府及有关部门对农药的安全管理、科学使用、严防中毒制定了一系列规定和通知。农业行业标准《农药安全使用规范总则》(标准号:NY/T1276—2007)自 2007 年 7 月 1 日起实施。该标准规定了使用农药人员的安全防护和安全操作的要求,适用于农业使用农药人员。此外,安全用药还应包括保障蔬菜产品质量安全、蔬菜作物、有益生物和水生有益生物安全等方面。

1. 保证施药人员安全　为防止施药者农药急性中毒事故发生和预防慢性中毒,在蔬菜上禁用剧毒、高毒农药,使用安全、高效农药。少年、老年人、体弱多病者、患精神病和皮肤病者、皮肤破损和农药中毒尚未康复者,一律不能参加施药作业。为保护妇女、胎儿和婴儿的身体健康,禁止月经期、怀孕期、哺乳期妇女参加打药。有关试验和大量调查的结果表明,施药人员在田间打药的实际时间应是一天不超过 6 小时,连续施药 3～5 天应休息 1 天,不要在高温时期(中午)打药,使用背负式机动喷洒机具,需要两人轮换作业,施药前要检修好机械,避免发生药剂、药液跑、冒、滴、漏现象。施药时要穿长袖衣服、长裤、塑料围腰,戴好口罩、手套、帽子等。施药者要在上风作业,施药过程中禁止吃食物和吸烟。若皮肤沾附了药剂应停止作业,用肥皂及清水(不要用热水)洗净被污染部位;身体不适应应转移到通风良好空气新鲜的场所,严重时要及时送往医院对症治疗。施药作业后,要仔细洗手、洗脸、洗头及洗澡,药瓶、包装袋等要妥善处理,不得随意乱丢。

2. 防止蔬菜受农药残留超量污染,保障消费者安全　各种蔬菜作物施用农药后,在一定时间内有部分农药残留在蔬菜体内外,受外界环境(光照、风雨和气温等)的影响,以及蔬菜体内一些酶的作用,残留的农药不断分解、消失,但在收获的蔬菜产品中,仍不可避免地残留微量甚至超量的农药或其他有毒代谢产物。20 世纪

80年代以来,我国蔬菜产品农药残留量超标率偏高,引发消费者食菜中毒事件屡有发生,而且会导致慢性中毒,危害生命安全和身体健康。同时对提高我国蔬菜产品的国际竞争力和扩大出口极为不利,进而影响到产业增效和农民增收。为了从根本上解决农产品的质量安全问题,2001年农业部在全国组织实施了"无公害食品行动计划",至今已取得明显成效。必须采取有效措施,防止食品蔬菜农药超标残留污染,须采取下了有效措施。

(1)执行国家农药安全使用标准　蔬菜作物及其产品中农药的残留量,与农药种类、剂型与使用技术有密切关系。一种蔬菜中农药的残留量,随着施药浓度、用药量、使用次数的增加和安全间隔期的缩短而相应增加。不同农药剂型中的乳油残留量较大,乳粉和可湿性粉剂等次之,粉剂较低。不同施药方法中,种子处理和土壤处理比喷雾、喷粉法有较高的残留。因此,不同蔬菜和病虫种类的药剂防治,既要考虑防治效果,又要保证蔬菜产品中的农药残留量不能超过安全限量。为此,我国于2000～2009年共发布了9批《农药合理使用准则》国家标准,先后由农业部提出,国家质量技术监督局或国家质量监督检验检疫总局发布,标准号为GB/T 8321.1-9。这些国家标准中共有50种农药防治蔬菜作物(含西瓜)病虫的96项标准(附录一)。其中,不包括农业部等五部(局)第1586号公告(2011年6月15日),关于蔬菜作物禁用氟虫腈(锐劲特)、灭多威(万灵)和溴甲烷(甲基溴)5项指标的规定。每项标准中对每一种农药(制剂)防治某种蔬菜病虫规定了施药量(浓度)、施药次数、施药方法、安全间隔期、最高残留限量参考值以及施药注意事项等。按标准中规定的技术指标施药,能够有效地防治病虫害,降低施药成本,避免发生药害,防止或延缓病虫抗药性产生,保护菜田生态环境,保证蔬菜产品中农药残留量符合国家标准,保障人民身体健康。

(2)正确使用农药标签　对于尚未制定上述标准的农药品种,

第二章 蔬菜病虫害综合防治原理和技术

使用者应按农药产品标签上的说明使用农药。农药标签是紧贴或印刷在农药包装上的介绍产品性能、使用技术、毒性、注意事项等内容的文字、图示或技术资料,有时随包装附上更详细的使用说明书。农药标签和说明书上每项内容都有大量的研究和试验数据为依据,是指导用户和广大农民安全合理用药最重要最直接的方法和途径。此外,由于标签上的内容是经过农药管理部门严格审查并获得批准后才允许使用的,因而具有法律效力。使用者按标签上的说明使用农药,不仅能达到安全、有效的目的,而且还能起到保护农药使用者自身权益的作用。

(3)切实执行食品蔬菜安全质量标准 农药最高或最大残留限量(MRLs)是指按农药标签的规定使用农药后,在收获的蔬菜产品中允许某些农药的最高限度残留量。MRLs 是根据毒理学、人们膳食结构和田间残留试验等资料,参照国际食品法典委员会(CAC)的标准科学制定的。经专门机构检测的蔬菜产品农药残留量低于 MRLs 值,在人们长期食用的情况下,可以保证食用者安全无害。这样的产品才可作为蔬菜商品进入市场,如果 MRLs 符合国际标准,才能进入国际市场。制定蔬菜产品质量安全标准,对发展无公害蔬菜和出口创汇蔬菜产业有重要作用。我国1977~2011 年制定了各类食品中有关农药的 MRLs 标准,共发布 41 次版本。2011 年 11 月国家卫生部和农业部,发布了新的《食品安全国家标准 食品中农药最大残留限量》,标准号 GB2763—2012,自 2013 年 3 月 1 日实施,代替以前发布的同类标准 GB 2763—2005,以及 GB25193—2010、GB26130—2010 和 GB28260—2011。该标准规定了食品中 322 种农药 2 293 项最大残留限量标准。其中,包括蔬菜产品或食品中 MRLs 标准:杀虫(螨、软体动物)剂 99 种共 793 项,杀菌(杀线虫)剂 54 种共 146 项,适用于与限量相关的多种蔬菜食品。包括露地鳞茎类、十字花科芸薹属、叶菜类、茄果类、瓜类、豆类、茎类、根茎类和薯芋类蔬菜,水生类、芽菜类和其他多年生蔬菜。

主管与从事蔬菜生产的各部门、单位和生产者,对于国家已颁布的标准要认真执行。同时从事蔬菜出口的企业(公司、合作社),特别是各级主管部门,还应密切关注国际贸易的动态变化,及时了解进口国、地区的相关规定,积极主动的做好蔬菜生产和出口工作。

3. 蔬菜作物安全 农药使用不当会使蔬菜作物产生药害。根据药害产生的速度快慢可分为急性药害和慢性药害两种。急性药害指在喷药后少则几小时,多到几天就会出现,其症状也很明显,轻者表现为叶片褪绿发黄,重者烧伤、凋萎、落叶、落花、落果以至全株枯心或死亡。慢性药害一般要在喷药后一段时间逐渐表现出来,可造成蔬菜生长缓慢、叶片畸形、着花减少、延迟结果、果型变小畸形、产量降低质量变差,影响种子发芽等。

产生药害的原因很多。一般说来无机制剂如硫酸铜、氢氧化铜等,水溶性强容易引起蔬菜药害,而有机合成制剂水溶性弱则比较安全;微生物制剂和植物源农药对蔬菜安全性良好。不同的农药剂型,以油剂、乳油容易引起药害,可湿性粉剂、粉剂、颗粒剂比较安全。此外,用药量过大、使用次数频繁、喷药不均匀、在高温和强光下喷药比较容易产生药害。例如,20 世纪 80 年代中期以来,烟剂在保护地蔬菜病虫防治中得到广泛应用。由于大多数药剂有效成分在高温下严重分解,可制成烟剂的药剂种类很少,至今商品化的烟剂产品不足 10 种。有些农户只考虑方便、省工、省时,而连续、数次使用烟剂点燃熏烟,造成了黄瓜、番茄等蔬菜叶片出现干边、枯斑、皱缩、干枯,甚至植株枯死等药害,受到不同程度的经济损失。从不同蔬菜作物对药剂的反应来看,有些蔬菜作物对某些药剂的反应敏感(表2),在用药时应予注意。

第二章 蔬菜病虫害综合防治原理和技术

表2 常用药剂与药害敏感的蔬菜作物

常用药剂品种	药害敏感的蔬菜作物种类
植物生长调节剂防落素和2,4-D	番茄、甜(辣)椒等蔬菜喷花时用量过高,或高温烈日及阴天作业;药液喷洒到新叶、嫩枝上均会产生药害
乙酰甲胺磷	菜豆敏感不宜使用
马拉硫磷	使用浓度高瓜类、豇豆和十字花科蔬菜会产生药害
杀螟硫磷	萝卜、油菜、青菜、甘蓝等十字花科蔬菜敏感
辛 硫 磷	使用浓度高黄瓜、菜豆、豇豆会产生药害
敌敌畏、敌百虫	豆类、瓜类和菜用玉米幼苗较敏感,易产生药害
倍 硫 磷	十字花科蔬菜幼苗敏感
二 嗪 磷	莴苣敏感
杀 螟 腈	瓜类易产生药害
甲 萘 威	西瓜敏感不宜使用,其他瓜类应先作药害试验
异 丙 威	薯类作物敏感不宜使用
杀虫双、杀虫单	菜豆、莴苣、马铃薯敏感,白菜、甘蓝等十字花科幼苗高温下敏感
杀 螟 丹	白菜、甘蓝等十字花科幼苗,夏季高温及长势弱时不宜施用
噻 嗪 酮	白菜、萝卜接触药液产生药害斑
定 虫 隆	白菜幼苗敏感,避免使用
炔 螨 特	幼苗、新梢高温高湿下敏感
杀 菌 剂	
春雷霉素	菜用大豆和藕有轻微药害
五氯硝基苯	过量使用番茄、豆类、莴苣、洋葱等幼芽易产生药害
代 森 锌	瓜类易产生药害
三唑酮、丙环唑、戊唑醇、己唑醇等	超过推荐剂量使用,蔬菜和西瓜生长缓慢、甚至停滞,植株矮化、叶片变小、叶色深绿等药害症状
腐 霉 利	棚室温度偏高时,使用烟剂熏烟蔬菜易出现药害

续表2

常用药剂品种	药害敏感的蔬菜作物种类
菌核净	菜豆敏感慎用,尤其要避免在菜豆伸蔓期喷雾
咪鲜胺	西瓜幼苗易出现药害
硫磺	瓜和豆类敏感,高温时药害重。棚室蔬菜空气湿度高、湿度大和叶面结露时熏蒸药害重
波尔多液	白菜、芜菁、菜用大豆敏感。叶面结露、雨后不久和阴湿天气使用易引起药害
春雷·王铜	白菜、藕、马铃薯较敏感,不要在黄瓜幼苗期和高温时喷药
氧化亚铜、氢氧化铜、络氨铜等	参见波尔多液和春雷·王铜
灭瘟素	番茄、茄子、芋头、豆科和十字花科蔬菜不宜使用
农用链霉素、新植霉素	大白菜浸种易引起幼苗药害

注:本表所列农药和蔬菜种类,只是善意提示,使用时应引起注意

尽管农药对蔬菜作物的药害是多种多样的,也是比较复杂的,但只要按照安全用药的原则,按农药标签或说明书的要求施药,药害是完全可以避免的。

4. 有益生物安全 食物链是自然界生物间的一种现象,没有一种生物可幸免被捕食或寄生,而且本身又可能是捕食者或寄生物。在蔬菜体围和根围环境中有益生物资源非常丰富,如土壤中对茄黄萎病菌有拮抗作用的真菌达30余种;芽孢杆菌、菌根菌等拮抗细菌,对减轻枯萎病、立枯病等有一定作用,有的微生物可抑制细菌或寄生根结线虫。每种害虫都有几种、十余种至数十种天敌,常见的捕食天敌有瓢虫、草蛉、食蚜瘿蚊、食蚜蝇、食虫蝽等;寄生性天敌主要有寄生蜂和寄生蝇两类。昆虫病原微生物的种类也很多,如Bt等细菌、白僵菌和蚜霉等真菌,核型多角体病毒和颗粒体病毒等,是害虫的自然控制因子,发挥重要作用。此外,菜田(特

第二章 蔬菜病虫害综合防治原理和技术

别是留种田)还有帮助蔬菜作物传粉的蜜蜂,菜田附近的桑园用于养蚕,河湖池塘喂养鱼、虾等。如何保护这些有益生物,特别是减少杀虫剂对天敌的负面作用,也是安全用药需注意的问题。

(1)加强天敌保护 菊酯类和有机磷类中广谱性杀虫剂,对天敌的杀伤力通常要大于害虫,同时对其他有益生物毒性亦高。虽然施药后一段时间害虫数量下降,但因失去了自然天敌的控制,不久害虫数量迅速增长、猖獗危害。因此,加强天敌保护首先要少用广谱性杀虫剂,优先选用生物农药、性诱剂等,对菜田环境和有益生物安全。其次是应用对害虫高效、对天敌安全,具有选择性的杀虫剂,如杀蚜剂抗蚜威、吡虫啉,防治多种害虫的几丁质合成抑制剂如氟啶脲、氟苯脲、虫酰肼、灭蝇胺、噻嗪酮等。第三要改进施药方法。同一种药剂不同的施药方法,对天敌的影响大不一样。喷雾、喷粉、熏烟等,对天敌不安全。而采用毒土、毒饵、种子处理和根际施药等方法,使天敌直接接触药少,因而对天敌较为安全。例如新型杀虫剂噻虫嗪的内吸性传导性强,被广泛用于种子处理和土壤处理,在蔬菜苗床期于定植前用药液灌根,对蚜虫、粉虱、潜叶蝇和蓟马等多种害虫的防效,常常好于相同剂量作喷雾处理。此外,在可能的情况下,选择适当的施药时间,应用颗粒剂对天敌影响小。

(2)重视保护蜜蜂 对害虫天敌较安全的杀虫剂一般对蜜蜂的毒性低,同时应选择清晨和傍晚蜜蜂不活动时施药,避免在养蜂场附近和作物开花期用药等。拟除虫菊酯类杀虫剂、阿维菌素、吡虫啉、噻虫嗪、噻虫胺等对蜜蜂高毒,使用中更要防止伤害蜜蜂,特别是在露地蔬菜上喷洒,要避免药液的雾滴飘散,防止蜜蜂中毒。

(3)注意保护家蚕 家蚕属鳞翅目昆虫,桑园附近的菜田使用广谱和对鳞翅目害虫有效的杀虫剂,要防止其漂移污染家蚕、桑叶和养蚕器具。拟除虫菊酯类杀虫剂、杀虫双、杀虫单等对家蚕剧毒,Bt、白僵菌、虫酰肼、啶虫脒等制剂对家蚕高毒,氟啶脲、氟苯脲、除虫脲和啶虫脒等对家蚕有毒,为了保护蚕桑业,桑园附近的菜园禁用上述药剂。

(4)保护水生有益生物　预防鱼、虾等中毒或被农药污染,应主要做好水源保护工作。鱼藤酮对鱼剧毒,菊酯类杀虫剂大多数种类、阿维菌素对鱼高毒,杀螟硫磷、虫酰肼及杀菌剂浏阳霉素、噻菌灵、百菌清等对鱼有毒,在施药时要防止药滴漂移污染水源,也不宜用来防治水生蔬菜害虫。不能在河边塘边用河水、塘水洗涤药械,使用剩下的药液或药械洗涤液不可倒入河塘等。

第三章 蔬菜苗床病害和苗期地下害虫

一、菜苗猝倒病

菜苗猝倒病又称绵腐病,俗称掉苗,是世界性的各种蔬菜苗床期的主要病害。我国各地都有分布,其发生危害程度与育苗设施和环境条件、管理水平有密切关系。北方和南方菜区冬春季育苗时,受寒冷、寡照和雨雪天气影响或管理不善,以沿用旧苗床、老式育地苗方式受害最重,可造成幼苗成片死亡或毁种,影响生产延误农时。

【症状识别】 种子受病菌侵染不能萌发,种子发芽到幼苗出土前染病,引起子叶、幼根及幼茎病部呈水浸状褐变,扩展后组织腐烂,造成烂种、烂芽。幼苗出土后染病,多在幼茎基部或中部出现水渍状软化病区、后变黄褐色病斑,继而绕茎扩展,使病部变褐色缢缩成线状。幼苗病势发展极快,子叶尚未凋萎之前病苗便折倒贴附地面,刚折倒的幼苗依然绿色,故称猝倒病。苗床潮湿时,病部及其附近土壤表面长出一层白色棉絮状菌丝体,最后病苗腐烂或干枯。

【发病规律】

1. 病原 主要由瓜果腐霉菌 *Pythium aphanidermatum* 侵染引起的土传真菌病害,还有德里腐霉菌 *P. deliense* 和畸雌腐霉菌 *P. irregulare* 等侵染。

2. 传播途径 病菌是土壤习居菌,腐生性强可在土壤里长期存活。该菌以卵孢子、菌丝体在土壤里,还可以菌丝体在落地的病残体上越冬或越夏。苗床条件适宜时,卵孢子和菌丝体形成孢子囊,产生游动孢子萌发出芽管,或卵孢子直接萌发芽管侵染幼苗,在皮层的薄壁细胞组织中发展很快,菌丝蔓延于寄主细胞间或细胞内,引起猝倒。病苗上产生的孢子囊和游动孢子,主要随灌溉水或雨水传播,以及棚膜滴水溅附、苗床洒水及带菌的粪肥和农具接触等方式传播,在苗床进行再侵染,条件适宜时病害迅速蔓延,导致流行。

3. 发病条件 病菌生长发育的适宜温度为10℃~30℃,及较高的湿度,孢子萌发和侵入都需要一定的水分。瓜类、茄果类等喜温蔬菜,苗床内高湿低温的条件有利于发病。土壤温度15℃~16℃时,病菌繁殖很快,土温10℃左右,不利于菜苗生长,但病菌仍能侵染幼苗。床土含水量高,利于病害的发生蔓延。苗床常在浇水后积水窝或棚顶滴水处出现发病中心,其后迅速向四周扩散蔓延引起成片死苗。幼苗子叶期至2片真叶期,是幼苗的感病阶段,如遇到降雪、阴雨或寒流天气,光照不足,冷风吹入或雨雪水滴飘进苗床土中;苗床保温差、传统方法培育地苗,发病均重。甘蓝、洋葱、芹菜等喜较低温度的菜苗,在苗床温度较高和湿度大时发病较多。种子质量差,苗床管理不当如播种过密,分苗、间苗不及时,漫水灌溉、苗床启盖或放风不得要领等原因,造成苗床闷湿或温度忽高忽低,都会诱发病害。此外地势低洼、排水不良和黏重土壤及使用未腐熟堆肥的苗床,也容易发病。

【防治方法】

1. 育苗设施场地选择,采用营养盘与穴盘育苗 育苗设施和育苗方法较多,育苗设施宜选择地势高燥、背风向阳、排水方便的场所,南方低洼地区应在育苗设施四周开深沟,以利排水和降低地下水位。冬季、早春改冷床育苗为电热温床或酿热温床育苗,加厚覆盖物,以提高苗床温度。采用塑料营养钵或穴盘进行护根育苗,有利防病和培育壮苗,定植时不易损伤根系有利缓苗成活。

2. 培养土和基质的配制与消毒 育苗床土多为人工配制的

第三章 蔬菜苗床病害和苗期地下害虫

培养土,所用材料和比例(按体积计算)通常为:肥沃园田土 4～5 份,腐熟筛细的厩肥 5～6 份。有时还在基质中掺入少量砻糠灰(南方地区),或加入细沙与炉渣灰 1 份而减少 1 份园田土(北方地区)。每立方米培养土加过磷酸钙 50～75 克。提倡采用基质育苗,即用蛭石和草炭各占 5 份,每立方米培养土加三元复合肥 1.5 千克、烘干消毒鸡粪 5 千克。每平方米苗床育苗面积准备 0.1 米^3 的培养土或基质。

培养土和基质消毒:

(1) **药剂消毒** 药土法:每平方米床土用 70% 噁霉灵可湿性粉剂 1.4 克,或 40% 五氯硝基苯粉剂 7～8 克,或 45% 五氯·福美双粉剂 7～9 克,或 30% 多·福可湿性粉剂 10～15 克,或 50% 多菌灵可湿性粉剂 8～10 克,或 25% 甲霜灵可湿性粉剂 9 克加 70% 代森锰锌可湿性粉剂 1 克,加培养土 10～15 千克掺拌均匀。施药前先把营养钵、育苗盘或苗床浇透底水,水渗下后取 1/3 药土均匀撒到床土上或播种沟内,其余 2/3 药土覆盖在播下的种子上面,最后覆土。苗床浇灌法:每米^2 床土用 70% 噁霉灵可湿性粉剂、30% 甲霜·噁霉灵水剂或 722 克/升霜霉威盐酸盐(霜霉威)水剂 1.5 克对水 3 升,播种前均匀浇灌苗床。

(2) **甲醛消毒** 按 1 米^2 床土用 40% 甲醛水剂(福尔马林)40 毫升,对水 3 升喷洒,然后用塑料薄膜将床土表面盖严,闷 4～5 天后除去覆盖物,耙松放气 2 周以上进行播种。

(3) **基质消毒** 使用草炭、蛭石基质(或土壤)育苗,每立方米基质用 70% 噁霉灵可湿性粉剂或 30% 甲霜·噁霉灵水剂 15 克,对水 3 升,均匀喷洒,或用 50% 多菌灵可湿性粉 100 克掺拌均匀,再装入育苗钵(盘、盆)后播种。

(4) **蒸汽消毒法** 将育苗基质或培养土装入消毒箱内,向箱内通入蒸汽,使基质或培养土保持 70℃～90℃ 的高温 1 小时,杀灭基质内的病菌和害虫。

3. 种子消毒 把种子放入55℃温水中,水量为种子量的5～6倍,不断搅拌并补充温水保持55℃水温10～15分钟,经催芽后播种。也可用种子重量0.3%～0.4%的2.5%咯菌腈悬浮种衣剂(适乐时),对适量水稀释拌种,包衣后晾干播种。或用40%拌种双可湿性粉剂,或50%福美双可湿性粉剂拌种,用药量为种子重量的0.3%～0.4%。

4. 加强苗床管理 喜高温、低温菜苗分开培育,做好土、水、温、气、光的科学管理。床土要松细,畦面平整。播种前浇足底水湿透表土10～13厘米,播种至2～3片真叶期尽量不浇水,必须浇水时选晴天喷洒,防止大水漫灌和床面窝水。播种密度适宜,播种一齐苗,喜温果菜白天保持土温23℃～25℃、气温28℃～30℃,夜间保持土温和气温20℃左右,出苗后可适度降温,防止徒长。小苗期(1～3片真叶)保持土温约20℃,白天气温20℃～25℃、夜间约18℃。适时分苗,成苗期要降温炼苗。果菜苗房(床)可采取多层覆盖做好保温,防止冷风吹入。喜低温菜苗比喜温菜苗可适度降低温度,防止出现高湿和高温不良条件。苗房应及时通风换气,阴天也要适时适量放风排湿,严防幼苗徒长染病。还应根据天气情况充分利用设施特点,增强光照,促使幼苗生长。

5. 药剂防治 苗床发病应及时清除病苗及其附近病土,喷药防治,15%噁霉灵水剂450倍液,或72.2%霜霉威水剂600倍液,或72%霜脲·锰锌可湿性粉剂600倍液,或64%噁霜·锰锌可湿性粉剂500倍液,或3%甲霜·噁霉灵水剂可湿性粉剂600倍液等,或58%甲霜灵·锰锌可湿性粉剂500倍液等,每平方米喷淋药液2～3升。应注意喷洒幼苗嫩茎和发病中心附近病土,隔7～10天1次,一般防治1～2次。施药后注意苗床保温和提高土壤温度,往床面上撒些细干土降低土壤湿度,有利提高防治效果。

第三章　蔬菜苗床病害和苗期地下害虫

二、菜苗立枯病

菜苗立枯病俗称死苗、霉根,是世界性的蔬菜苗期的主要病害,可危害茄果类、瓜类、豆类、十字花科蔬菜及莴笋、芹菜、洋葱、茼蒿等160余种蔬菜作物。国内各地都有发生,老旧苗床或管理不善常造成死苗,给生产带来一定损失。

【症状识别】　刚出土的幼苗及大苗均能受害,但多发生在育苗中后期。病苗茎基部产生椭圆形、暗褐色病斑,病部逐渐凹陷,横向扩展绕茎一周后,病部萎缩干枯,严重时木质部逐渐外露。开始时病苗白天萎蔫,夜间清晨恢复正常,反复数日后,病株萎蔫直立枯死而不折倒,故称立枯病。病部具轮纹或长有稀疏的淡褐色蛛丝状霉(病菌的菌丝体),但不明显,病程发展较慢且病苗不倒伏,有别于菜苗猝倒病。

【发病规律】

1. 病原　由立枯丝核菌 Rhizoctonia solani 侵染而引起的土传真菌病害。

2. 传播途径　病菌是土壤习居菌,腐生性强可在土壤里存活2~3年。病菌以菌丝体和菌核在土壤里,或落于土中的病株残体上越冬或越夏。病菌不产生孢子,在适宜条件下,病菌菌丝体和菌核产生菌丝,从表皮直接侵入寄主(初侵染),引起发病。菌丝通过病土、雨水、灌溉水、农具以及带菌的堆肥传播,不断地引起田间的再侵染。

3. 发病条件　病菌生长的温度范围较广,为13℃~42℃,但以24℃最为适宜。病菌喜湿耐旱,相对湿度85%以上,菌丝才能侵入寄主。因此,苗床高温高湿利于病菌生长,并引起幼苗徒长易感病。苗床温度忽高忽低,通风不良,播种过密,间苗不及时等有利于病害的发生蔓延。

【防治方法】

1. 预防性措施 育苗培养土、基质和种子消毒灭菌,苗床管理措施同菜苗猝倒病,苗床发现病株应及时拔除,中耕松土和注意通风换气。

2. 药剂防治 发病初期喷淋 70% 噁霉灵水剂或 30% 甲霜·噁霉灵可湿性粉剂 1 500～2 000 倍液,或 54.5% 福美·噁霉可湿性粉剂 750 倍液,或 687.5 克/升氟菌·霜霉威悬浮剂 700 倍液,或 72.2% 霜霉威水剂 800 倍液加 50% 福美双可湿性粉剂 800 倍液等,每平方米喷药液 2～3 升,重点喷洒幼苗茎基部及地面周围,视病情发展 7～10 天施药一次,连续喷 2～3 次。

三、菜苗灰霉病

菜苗灰霉病是我国许多地区蔬菜苗床的重要病害,主要发生在冬末和早春苗床,各种蔬菜幼苗均可发病。育苗房设施条件差,受寒潮和持续雨雪天气影响,轻者局部死苗,重者成棚毁苗,延误农时影响生产。

【症状识别】 幼苗子叶感病开始褪绿发黄,逐渐变褐色坏死至腐烂,表面生有灰霉。幼苗基部真叶或结露的叶缘易受侵染,真叶病斑多呈"V"型扩展,初呈水浸状,后呈浅褐色至黄褐色,潮湿时腐烂。幼茎多从叶柄基部开始发病,病部缢缩灰白,很快变软腐烂,易倒折。低温高湿时病部产生灰色霉层(病菌的菌丝和分生孢子)。

【发病规律】

1. 病原 灰葡萄孢菌 *Botrytis cinerea* 侵染而引起的真菌病害。

2. 传播途径 病菌主要以菌核在土壤中,及菌丝体、分生孢子在病残组织或堆肥中越冬、越夏。适宜条件下,越冬(夏)菌源生长发育产生分生孢子,经气流、浇水和农事作业等传播,进行初侵

第三章 蔬菜苗床病害和苗期地下害虫

染,引起幼苗发病。病部产生大量分生孢子随气流传播进行再侵染,使病情迅速发展。

3. 发病条件 病菌寄主广泛,可在有机物上腐生。苗房的温度在4℃～32℃、空气相对湿度80%以上,幼苗均可发病。温度低于15℃持续时间长,弱光,相对湿度90%以上或幼苗表面有水膜时,适宜病害流行。育苗房没有加温或临时加温的设施,遇到持续降雪、阴雨或寒流大风天气,造成高湿、低温的环境,病害将严重发生。播种过密,分苗时伤根、伤叶,管理不及时,幼苗徒长,会加重病情。

【防治方法】 预防性措施同菜苗猝倒病,结合本病发生特点还应采取以下措施:

1. 苗房卫生和表面灭菌 彻底清除前茬病残落叶,育苗前用啶酰菌胺、啶菌噁唑、咯菌腈、噻菌灵、唑醚·代森联和啶菌·福美双等药液均匀喷雾,对苗床土壤、苗房(棚)内四周表面进行灭菌消毒。

2. 清除病苗和控制温湿度 发现病苗应及时、细心地拔除,放入塑料袋内携出苗房妥善处理,并喷药保护。注意提高苗房的温度(尤其是夜间温度),低温炼苗时应注意降低湿度。

3. 药剂防治 据监测报道,我国主要蔬菜产区,灰霉病菌已对多菌灵、腐霉利、异菌脲、乙霉威和嘧霉胺产生不同水平的抗药性,在敏感性恢复之前,应慎重使用这些药剂,少用这些药剂的混配制剂,选用敏感、高效的杀菌剂,并应合理轮换用药。

发病初期选用50%啶酰菌胺水分散粒剂(烟酰胺)1 000～1 500倍液,或25%啶菌噁唑乳油800～1 000倍液,或50%咯菌腈可湿性粉剂4 000～5 000倍液,或45%噻菌灵悬浮剂(特克多)3 000倍液,或21%过氧乙酸水剂300～400倍液,或60%唑醚·代森联水分散粒剂2 000倍液,或40%啶菌·福美双悬乳剂800倍液等。依据天气和病情发展,一般每间隔7天喷施一次,也可与百菌清、福美双等保护剂轮换使用。此外,苗床面积 667 米² · 次用 45% 百菌清烟剂 250 克,或 30% 百菌清烟剂 350 克,或 20% 腐霉·百菌清烟剂 250 克,分放在棚室内 4~5 处,用香或卷烟等暗火点燃,密闭棚室熏烟一夜。

四、菜苗根腐病

根腐病是蔬菜成苗和定植后的菜苗常见病害之一,分布较广,以沿用旧苗床、老式育地苗和管理不当发生较多,常造成局部或成片死苗,主要寄主有瓜类、茄果类和豆类等多种蔬菜。

【症状识别】 主要危害幼苗根部和根茎(土表以下的茎)。病部初呈水浸状,渐呈浅褐色至深褐色腐烂,根茎不缢缩;其维管束变褐色但不向上发展,即地上部茎的导管不变色,有别于枯萎病。后期病部多呈糟朽状,仅留丝状维管束,病株易被从土中拔起。发病初期菜苗似缺水状,中午萎蔫,早晚还能恢复正常,反复多日后随病情发展而枯死。潮湿时病部可产生粉红色霉状物(病菌分生孢子梗和分生孢子)。

【发病规律】

1. 病原 本病由腐皮镰孢菌 *Fusarium solani* 侵染引起的土传真菌病害。

2. 传播途径 病菌以厚垣孢子、菌丝体在土壤中越冬,亦可在土壤中营腐生生活,存活达 10 年以上,种子不带菌。病菌主要是通过带菌的土壤、肥料、农具和浇水等途径传播,从寄主根部、茎基部的伤口侵入,危害皮层细胞,最后进入维管束。病部产生分生孢子,经灌溉水传播蔓延,进行再侵染。

3. 发病条件 病菌生长发育的温度范围为 10℃~35℃,最适温度 24℃。发病对温度要求不严格,在不利于菜苗生长发育的温度、土壤高湿度的情况下,利于病菌传播而不利于病部伤口愈合。

第三章 蔬菜苗床病害和苗期地下害虫

田间发病多在阴湿多雨、地势低洼、土壤黏重条件下。栽培管理不当如苗床连茬、床面积水、老式育地苗、施用未腐熟的肥料、地下害虫多或农事作业造成伤根等,往往发病较重。

【防治方法】

1. 培育无病壮苗 采用营养盘和穴盘育苗,地面苗床在播种前要充分翻晒,施足腐熟粪肥。培养土、基质和床土药剂消毒,见菜苗猝倒病和立枯病。

2. 苗床和定植后管理 适量浇水,注意勤松土,增强土壤的通透性。适当缩短蹲苗期,农事作业防止伤根,做好地下害虫防治工作。

3. 药剂防治 发病前或发病初期,用50%多菌灵可湿性粉剂400倍液,或75%敌磺钠可湿性粉剂(敌克松)800倍液,或70%噁霉灵可湿性粉剂2 000倍液喷淋苗床,每平方米面积用药液量2~3升。也可用2.5%咯菌腈悬浮剂1 200倍液与50%多菌灵可湿性粉剂500倍液混用,或40%福美•多菌灵可湿性粉剂、70%福美•百菌清可湿性粉剂(广枯灵)、35%甲硫•福美双可湿性粉剂、3%甲霜•噁霉灵水剂(广枯灵)800倍液,43%戊唑醇悬浮剂(好力克)600~800倍液,或20%二氯异氰尿酸钠可溶粉剂300~400倍液灌根,每株用药液量250毫升,可根据病情10~15天再灌一次。

五、菜苗沤根

沤根在冬春季育苗时常有发生,轻者出现零星病株,重者成片死苗。各种蔬菜幼苗均能受害,其中瓜类和茄果类蔬菜培育地苗的苗床发生较重。

【症状识别】 小苗和大苗发病时,不发新根和不定根,根皮呈锈褐色,逐渐腐烂、干枯。菜苗叶片变薄,在阳光下萎蔫,逐渐整株死亡。在发病过程中,病苗极易从土壤中拔出。沤根苗在茎基部和根部不生成病斑和霉状物,没有根毛,主根和须根腐烂,可与猝倒病、立枯病等区别。

【发病规律】 菜苗沤根是生理病害,由苗床管理不当引起的。主要是苗床土壤温度长时间低于12℃,浇水过量或遇连阴雨天,光照不足,致使幼苗根系在土壤低温、潮湿、缺氧状态下,呼吸作用受阻,妨碍根系正常发育。上述不良环境条件的影响持续一段时间,超过了根系忍耐的限度,根系逐渐变褐死亡。但夏季高温季节大雨后排水不良,或分苗后大水漫灌;施用过量未腐熟有机肥,微生物大量消耗氧气,均可使根系呼吸困难而造成沤根。

【防治方法】 详见菜苗猝倒病防治方法1和4,针对病因应抓好以下措施:

1. 改善苗床条件 及时备好苗床,翻耕晒土提高床温;冬季、早春改冷床育苗为电热温床或酿热物温床育苗,苗床覆盖保温被或草帘,使土壤温度保持在16℃以上,一般不低于12℃。根据苗情、墒情和天气情况浇水,防止大水漫灌,阴雨天不浇水。

2. 发生轻微沤根后的措施 苗床及时通风排出湿气,同时经常松土增加土壤水分蒸发量,或撒施干细土或草木灰降低土壤湿度,促进菜苗发新根。

3. 夏季育苗 应在温室、塑料棚或防雨棚内育苗,以降低地温,防止雨后土壤板结,预防根腐病发生。

蔬菜育苗是指移栽的蔬菜在苗床中从播种到成苗移栽的全部培育过程。据报道,全国蔬菜年用苗量约在4 000亿株以上。瓜类、茄果类、甘蓝类、葱类及芹菜、莴苣等叶菜大多采用育苗移栽。这些蔬菜在生长期间发生的病害,多数可在育苗期间出现,时常造成较重危害,其症状特点、发病规律和防治方法参见成株期病害章节。

第三章 蔬菜苗床病害和苗期地下害虫

六、蔬菜集约化育苗的病虫防控技术

蔬菜集约化育苗技术是一项规模化、专业化、高效的育苗方式,是实现蔬菜产业现代化的重要措施。按我国蔬菜产业发展规划,"十二五"期间(2011—2015),露地蔬菜集约化育苗的供应量为30%,设施蔬菜达到50%,产业发展前景广阔。育苗过程中若管理不善,容易发生的害虫主要有粉虱、蓟马、斑潜蝇、蚜虫和红蜘蛛等。常见的苗床期病害、生长期病害以及番茄黄化曲叶病毒病、枯、黄萎病和根结线虫病等,都可发生并扩大传播,威胁蔬菜生产。因此,遵循清洁生产的原则,预防病虫发生,是集约化育苗的一项重要工作,结合有关报道应抓好下列各项措施。

(一)育苗设施与环境调控

我国多数菜区大量蔬菜育苗,集中在冬季和早春低温季节或夏季高温季节;加之蔬菜幼苗对环境条件要求较为严格,集约化育苗场(房)必须通过相应的设备、仪器进行调节与控制,才能保障蔬菜幼苗对温湿度、光照等环境条件的要求,培育优质壮苗。

1. 双屋面连栋温室 是设备比较完善的现代化育苗设施,可周年使用。

(1)加温设备 暖气加温保障冬季白天晴天时室温达25℃、阴(雨雪)天达20℃,夜间保持14℃~16℃。育苗床架内埋设电加热线,保障幼苗根部温度在10℃~20℃范围内调控。

(2)保温设备 苗床上部加一层内保温帘,四周挂侧卷帘,入冬前室外四周覆薄膜保温。

(3)降温排湿设备 设施温室顶部设置外遮阳网,室内配备大功率风机、湿帘,并通过天窗、侧窗的开、关调节温度和湿度。

(4)补光设备 苗床上部设置高压钠灯,在连续阴雨(雪)天气开启补光。

(5)喷灌和补充营养液设备

上述设备通过电气传感系统和计算机软件,实现对育苗过程环境因子的准确控制。这种类型温室更适合冬季气候温和、夏季气候比较凉爽的地区应用。

2. 小型温室 加设外覆盖和室内多层覆盖保温,室内用暖气、热风炉及电热线增高地温等措施,适合冬季严寒的高纬度地区采用。夏季采取遮阴、降温措施同上,可实现周年育苗。

3. 专用节能日光温室 山东、河北、辽宁等地,在优化的节能日光温室基础上,采取下挖式结构、适当增加跨度,提高了温室利用率和便于操作。冬季配备热风机等设备进行加温,在外部气温 $-18℃$ 时,育苗温室内的气温能满足蔬菜及嫁接苗成活所需要的最低温度条件,保证了低温季节蔬菜育苗生产,节能降耗方面成效显著。在高温季节主要采用遮阳网、配备湿帘—风机等降温措施,保证室内温度不超过 $35℃$,满足了蔬菜及嫁接苗的培育条件。

4. 塑料大棚 是集约化育苗常用的一种类型,在冬春季气候比较温和的长江以南地区,实行多层保温覆盖,大棚内增设电热温床(电热线和控温仪),或用电热线加以小拱棚增温、保温覆盖,可在冬季室外最低温度不低于 $-10℃$ 条件下育苗,夏季采取覆盖遮阳网、避雨棚栽培育苗。

(二)主要害虫的防控技术

育苗设施应远离蔬菜生产田,在设施门户、天窗和侧窗及通风口,加设 40~60 筛目防虫网,隔离粉虱、蓟马、蚜虫和斑潜蝇等外界虫源侵入。设施育苗前做好卫生和灭虫工作,悬挂黄色、蓝色粘虫板监测虫情,做到早期发现,结合人工及使用安全高效药剂及时清除,培育无虫苗。

第三章 蔬菜苗床病害和苗期地下害虫

(三)主要病害的防控技术

1. 环境卫生 清除蔬菜集约化育苗场地、构件、玻璃和棚膜、保温幕(被)或草帘、墙体等处的病源、虫源,保持环境卫生是一个非常重要的问题,在育苗前应进行灭菌、灭虫消毒。

(1)消毒剂冲洗或喷雾 上海现代温室用40％甲醛水剂(福尔马林)50倍液喷雾消毒,处理时最好使用高压喷头喷雾,以冲去设施构件附着的蔬菜残体、设施表面和缝隙中潜伏的病虫,然后封闭温室48小时,再通风5天待甲醛完全挥发后即可开展育苗工作。育苗设施的杀菌消毒,包括场地、拱棚、棚膜、保温被(或草帘)及整个生产环节所用到的器具,都要用40％甲醛水剂50倍液喷雾消毒,用药剂量为30毫升/米^2,然后封闭和通风的时间同上,待甲醛完全挥发后即可开展育苗工作。嫁接西、甜瓜的设施,可用苏纳米(Tsunami)100稀释1 500倍液喷洒。消毒作业人员要做好安全防护工作。

(2)消毒剂熏蒸 上海现代温室通常每立方米用38％甲醛水溶液8～9毫升和高锰酸钾3～4克混合进行消毒。步骤是将放有甲醛的金属容器放在温室中,容器的大小以10升为宜,每容器中只放1升甲醛,由里向外分别加入高锰酸钾,然后迅速退向门口,关闭温室24小时后打开温室并通风。使用甲醛熏蒸,要求温室温度在10℃以上,空气相对湿度50％～80％,温室表面无水滴(水膜)。济南的做法是每666.7米^{3}温室,用40％甲醛水剂1.65千克,加入盛8.4升开水的容器中,再加入高锰酸钾0.83～1.65千克,产生烟雾反应。封闭48小时消毒,待气味散尽后即可使用。

(3)硫磺熏蒸 育苗前10天,小型棚室设施每立方米用硫磺粉2.3克加锯末4.6克,混合后均匀分放数处,点燃后产生的二氧化硫是有效的杀菌剂,密闭设施熏蒸一夜。上海大型连栋温室苗房,以每立方米以硫磺粉16～17克的用量进行燃烧熏蒸。采用硫

磺熏蒸方法,要求设施的金属构件无水滴(膜),温度保持20℃以上才能保证灭菌效果。若设施的金属构件有水滴(膜),则与二氧化硫结合形成亚硫酸,具有腐蚀作用不应采用。

2. 常用工具消毒 穴盘、营养钵、盆和箱等重复使用,也是传播病虫害的媒介之一,应进行消毒处理。可用2%漂白粉充分浸泡30分,清水漂净备用。或在40%甲醛水溶液稀释100倍液中浸泡15~20分钟,然后在上面覆盖一层塑料薄膜,密闭7天后揭开,再用清水冲洗干净后使用。

3. 基质及其混拌场地消毒 可选用商品育苗基质进行育苗,自行生产育苗基质可用草炭与蛭石以体积比2:1配制,或用优质草炭、蛭石、珍珠岩以体积比3:1:1配制。有条件的可用蒸汽消毒法,将育苗基质或培养土装入消毒箱内,向箱内通入蒸汽,使基质或培养土保持70℃~90℃的高温1小时,杀灭基质内的病菌和害虫。药剂消毒按每立方米基质用70%噁霉灵可湿性粉剂,或30%甲霜·噁霉灵可湿性粉剂15克,对水3升,均匀喷洒,或用50%多菌灵可湿性粉100克掺拌均匀,同时混入0.8千克 氮、磷、钾含量为20∶10∶20的育苗专用肥,或1.2千克的15∶15∶15 三元复合肥,或1~2千克复合肥,肥药一定要混合均匀,预防苗期病害和培育壮苗。

基质混拌场地使用高锰酸钾2 000倍液喷洒灭菌。

4. 种子消毒处理 潜伏在种子内外的真菌、细菌、病毒,是蔬菜病害的重要传播途径。集约化育苗场应选用不带病原菌的健康种子,而对可能带菌的种子进行消毒处理,可有效预防病害发生,是经济、简便、有效的蔬菜病害防治措施之一,常用的方法有下列4种。

(1)干热消毒 蔬菜种子经干热法处理,对多种种传病毒、细菌和真菌有优良的灭除效果。黄瓜种子含水量要求5%~7%,干燥黄瓜种子经35℃24小时和55℃24小时预热、干燥后,在70℃

(恒温)干热处理 3 天,可使绿斑驳花叶病毒(CGMMV)、黑星病菌、细菌性角斑病菌失活。干燥的番茄种子经 70℃处理 3 天,可杀灭烟草花叶病毒(TMV)、黄萎病病菌、叶霉病菌等。处理后的种子进行浸种催芽、播种。不同蔬菜或不同品种的种子耐热性不同,若处理不当会降低发芽率,豆科种子耐热性弱,不宜进行干热消毒。

(2) 温汤浸种　适用于多种蔬菜种子的简易消毒方法,可杀死附着在种子表面和内部潜伏的病原真菌、细菌,浸种水温和时间因蔬菜种类而异。茄果类种子放入 55℃温水中不断搅拌,保持水温 55℃浸种 10 分钟或 50℃保持 30 分钟,能杀灭番茄溃疡病细菌、叶霉病真菌等。待水温降至 35℃～37℃时停止搅拌,继续浸泡 4～6 小时,然后进行催芽处理。十字花科种子用 40℃～50℃温水浸种 10～15 分钟,芹菜种子用 48℃温水浸种 30 分钟,菜豆种子用 45℃温水浸种 10 分钟,大葱、洋葱种子用 50℃温水浸种 25 分钟。温汤浸种需用饱满、成熟度高、无破损的种子,先在清水中预浸 4～12 小时,然后把种子浸在比处理温度低 9℃～10℃的热水中预热 1～2 分钟,再在设定温度的热水中浸种。热水量为种子量的 5 倍,浸种完毕,将种子捞出后放入冷水中,冷却后催芽。

(3) 药剂处理法

①药液浸种　不同蔬菜种子在清水浸泡 2～5 小时后,放入一定浓度的药液中浸种 5～30 分钟后取出,药液用量为种子量的 1 倍,用清水冲洗干净即可催芽播种。常用药剂有 1％硫酸铜溶液,浸种 5～10 分钟可防治辣椒炭疽病、细菌性斑点病。0.1％高锰酸钾溶液浸种,防治辣椒炭疽病和细菌性斑点病、黄瓜、西瓜炭疽病;常温下浸种 20 分钟,防治茄科和豆科蔬菜病毒病。40％甲醛水溶液(福尔马林)稀释 100 倍浸种,防治果菜枯萎病和番茄、茄子褐纹病。西、甜瓜细菌性果斑病和各种病毒病发生危害较重,海南省的嫁接苗砧木种子多用 40％甲醛水溶液 150 倍液浸泡 2 小时,捞起

后冲洗，再用干净的清水浸。接穗种子消毒是将苏纳米（Tsunami）100原液，稀释200～250倍浸种4～6小时，捞起后再用干净的清水浸至所需要的浸种时间，或用0.5%盐酸溶液浸种6小时。

②药剂拌种　药剂用量一般为干种子重量的0.1%～0.4%，常用药剂有多菌灵、福美双、甲霜灵、噁霉灵、敌磺钠等，对种传病原真菌有效。

5. 种子包衣　用种衣剂处理的种子播种后，随着种子内胚胎发育以及幼苗生长，种衣剂将含有的各种农药、微肥等有效成分缓慢地释放，被种子幼苗逐步吸收到体内，从而达到防治苗期病虫害、促进生长发育的目的。但在市场上选用产品时，一定要针对当地的主要病（虫）防治对象，选用农药成分适宜的包衣剂种子，使用前要详细阅读说明书，准确确定下种量，保证安全使用。外购的种子未经药剂处理，常用2.5%咯菌腈悬浮种衣剂以种子重量的0.3%～0.4%，加适量水的稀释液拌匀种子，晾干后播种。

6. 嫁接用具的消毒处理　瓜类、茄果类蔬菜嫁接育苗技术，是防治枯萎病、根结线虫病、茄子黄萎病、番茄青枯病等的土壤传播病害的重要措施。由于嫁接设施环境适宜，一旦有病菌滋生繁殖较快，而蔬菜苗的切口、提拿苗时所造成的伤口及人在嫁接过程中的手触摸蔬菜苗，都会对病菌的传播、侵染提供条件。因此，对嫁接用具、砧木和接穗幼苗等进行消毒十分必要。

蔬菜嫁接前苗床提前淋水，确保嫁接时砧木与接穗幼苗干爽无水珠。嫁接前将刀片、竹签等工具用75%酒精消毒，或600倍的高锰酸钾溶液中消毒30分钟，嫁接时操作人员的手指用75%酒精消毒。海南省西、甜瓜嫁接用具，需经苏纳米（Tsunami）100稀释80倍液浸泡，再用1500倍液充分洗涤干净，避免产生药害。嫁接前1天，砧木幼苗用苏纳米100稀释400倍液喷施，接穗幼苗用1500倍液泡洗或喷雾。嫁接后每隔3天用苏纳米（100）1500倍液或其他抗生素喷施防治，出苗定植前再喷施一次。

七、小地老虎

小地老虎 Agrotis ypsilon 俗称土蚕、黑地蚕、切根虫等,属鳞翅目夜蛾科。国内各省区均有分布,寄主范围广,主要危害春播(栽)蔬菜幼苗,茄果类、豆类及十字花科等蔬菜受害较重。幼虫咬断幼苗根茎基部,造成缺苗断垄,以致补栽、毁种延误农时。

【形态特征】

1. 成虫 体长16~23毫米,翅展42~45毫米,体暗褐色。雌蛾触角丝状,雄蛾触角双栉状。前翅前缘及中央部分黑褐色,内横线、外横线均为黑色双条曲线。中室附近肾形纹、环形纹明显,在肾形纹外侧与亚缘线间有3个楔形黑斑,尖端相对。后翅灰白色。

2. 卵 高0.5毫米,半球形,卵壳上有纵横交叉的隆起线纹。初产时乳白色,后渐变为淡黄色,孵化前卵顶上呈现黑点。

3. 幼虫 圆筒形,老熟时体长42~47毫米,黄褐至黑褐色,体表粗糙,布满龟裂状皱纹和黑色小颗粒。腹部第一至八节背面各有2对黑色毛片,呈梯形排列,前面1对小。胸足与腹足黄褐色,臀板黄褐色,有2条深褐色纵带。

4. 蛹 体长18~24毫米,宽6.0~7.5毫米,红褐色,有光泽。腹部4~7节,各节背面前缘中央深褐色,有粗大的刻点,两侧有细小刻点,延伸至气门附近。第五至七腹节背面的刻点比侧面的大,腹末有1对臀棘,呈分叉状。

【生活习性】 小地老虎1年发生1~7代,是迁飞性害虫。北方以蛹越冬,长江以南地区以蛹及幼虫越冬,华南地区可终年繁殖,幼虫冬春季节危害蔬菜等作物,并成为虫源基地。淮河以南和长江中下游地区以少量幼虫、蛹越冬,3~4月是迁入蛾源和越冬代虫源羽化盛发期,4月中旬至5月上旬第一代幼虫盛发,数量最大,危害最重,常年严重危害茄科等春菜幼苗;幼虫的五、六龄食量

很大,常于夜间把幼苗咬断;有的年份秋季从北方回迁虫源对秋菜幼苗也造成一定危害。此区往北春季虫源每年从南方迁飞而来,5~6月幼虫危害春季移栽菜苗。我国北部地区和西北高原,此虫在7、8月份危害蔬菜及大田作物幼苗,是主要越夏场所和秋季向南回迁的虫源地。

成虫昼伏夜出,取食花蜜补充营养,趋光性和趋化性强,喜食糖醋等带酸甜味的汁液。卵散产或成堆产在低矮杂草和幼苗的叶背和嫩茎上,也可产在田间土块、土面根须或草棒上,每雌虫平均产卵800~1 000粒。幼虫共6龄,三龄前在杂草、菜苗心叶和叶背上昼夜取食。四、六龄白天潜伏在土表下,夜出活动,具假死性和互相残杀的习性,食料缺乏时可迁移危害。五、六龄进入暴食期,取食量占幼虫期的95%,咬断幼苗,造成缺苗断垄,并可将嫩头拖入穴中取食,老熟幼虫入土筑土室化蛹。小地老虎是喜温、喜湿性害虫,气温25℃以上不利发生。在河流湖泊多或地势低洼内涝、雨量充沛及常年灌溉区,管理粗放、杂草丛生的苗圃受害严重。早春气温偏暖、第一代卵盛孵期及一、二龄幼虫盛发期降雨少,幼虫存活率高,当年危害也重。

【防治方法】

1. 农业防治

(1)精耕细作,除草灭虫　冬闲田进行翻晒,春季菜田播种和栽苗前精细整地,杀灭土中幼虫和蛹。在成虫产卵和初龄幼虫期,清除田间及其周围杂草,可消灭部分虫卵和幼虫。晚秋或初冬季节深翻晒土和冬灌,杀死部分幼虫和越冬蛹。

(2)春季地膜覆盖栽培　有利蔬菜生长发育,增强抗(耐)虫性。

(3)人工捉治　在高龄幼虫盛发期,每天清晨在田间找出新出现的萎蔫苗,扒开被害苗周围的表土,捉到潜伏的高龄幼虫处死,连续几天收效良好。如虫情较重,可采取大水漫灌灭虫,1~2天

第三章 蔬菜苗床病害和苗期地下害虫

可致较多幼虫死亡,灌水时结合人工捕杀外逃幼虫。

2. 生物防治 使用小地老虎性信息素诱杀成虫,每667米²设置1个干式诱捕器(或水盆诱捕器),内放1枚专用诱芯(含小地老虎性信息素70微克),以支架固定诱捕器超出蔬菜作物20厘米,或将诱捕器悬挂在1米高的竹竿上,每1~2天清理诱捕器内的蛾子,隔30天更换1次诱芯。连片应用面积应超过1公顷,在成虫发生期诱杀雄虫,干扰雌雄蛾交配而减少田间卵量和虫口数量。据报道地老虎六索线虫、小卷蛾线虫寄生幼虫效果好,可以试用。

3. 物理防治 在当地小地老虎主要发生危害期,诱捕成虫和幼虫。

(1)利用黑光灯或频振式杀虫灯诱杀成虫 每3公顷设置1盏,夜晚开灯天亮关闭,每1~2天清理收集袋和杀虫电网,大面积连片应用可降低虫口密度,兼治多种害虫。

(2)糖醋液诱杀成虫 糖、醋、酒、水的比例为3:4:1:10,加80%敌百虫可溶性粉剂1份制成诱液。将诱液放在盆内,傍晚时放到苗圃田间距离地面1米处,诱杀成虫。第二天早晨收回诱盆或在诱盆上加盖,以防诱液蒸发。注意适时补充盆中糖醋液。

(3)采集新鲜泡桐树叶用水浸泡后 于傍晚放入被害菜田地表,每667米²用50~70片叶,翌日清晨捕捉叶下幼虫处死。为提高防治效果,可将泡桐叶在90%敌百虫100倍液中浸泡后,再用来诱虫防治。每3~4天更换1次泡桐叶片,根据虫情连续多次防治效果好;也可用鲜嫩菜叶、杂草撒于苗床上诱集捕杀幼虫。

4. 药剂防治 土壤处理保苗:每667米²用5%辛硫磷颗粒剂2.5~5千克,或5%丁硫克百威颗粒剂3~5千克,直播菜田播前撒施,然后混土深度10~30厘米;移栽田沟施或穴施,将药剂加30千克细土(沙)拌匀,撒施混土后,移栽、浇水,保持一定的墒情。土壤处理还可兼治蝼蛄、蛴螬、金针虫等地下害虫。

在预测预报基础上科学治虫：利用性诱、灯诱或糖醋液的春季诱蛾高峰，推算防治适期。华北地区在发蛾盛期20~25天后，进入三龄前幼虫盛发期，应对百株幼虫1~2头的田块及时防治，也要对调茬地及白茬地进行防治。施药宜在清晨或傍晚进行，幼虫三龄前采用喷雾或撒施毒土进行防治；三龄后田间出现断苗，可用毒饵诱杀。

（1）喷雾法 可用150克/升茚虫威悬浮剂（安打）3 000倍液，或10％虫螨腈悬浮剂（除尽）1 000~1 500倍液，或2.5％溴氰菊酯乳油2 500倍液，或5％氯氰菊酯乳油2 000倍液，或20％菊·马乳油1 500倍液，或80％敌百虫可溶性粉剂800倍液等进行喷雾。

（2）撒施毒土（沙） 每667米^{2}用2.5％敌百虫粉剂3千克，拌匀30千克细土（沙）制成毒土（沙），也可用5％氯氰菊酯乳油40毫升，或50％辛硫磷乳油或80％敌敌畏乳油200克，适量对水制成毒土（沙），顺垄撒施于幼苗根际土表。

（3）毒饵诱杀（见蝼蛄部分） 或用97％敌百虫原粉或50％辛硫磷乳油50~100克（毫升），与切碎的鲜草20~30千克拌成毒饵，供667米^{2}菜地使用，傍晚时撒在受害田间苗根附近，或每隔一定距离撒一小堆。

（4）药剂灌根 发现高龄幼虫零星危害并出现断苗时，可选用50％辛硫磷乳油或80％敌敌畏乳油1 000~1 500倍液灌根挑治，每穴用药液100毫升，杀死土中的幼虫。

八、蝼　蛄

蝼蛄俗称拉拉蛄、地拉蛄、地狗子等，属直翅目蝼蛄科。菜田发生普遍的蝼蛄主要有2种，华北蝼蛄 *Gryllotalpa unispina* 又称单刺蝼蛄，多分布于黄河流域以北地区，东方蝼蛄 *G. orientalis* 全国广泛分布。蝼蛄是多食性害虫，各种旱地作物地下幼嫩部分

第三章 蔬菜苗床病害和苗期地下害虫

均可受害,成、若虫均在土中活动,咬食各种蔬菜播下的种子和咬断幼苗根茎,根茎被害部呈麻丝状,将土面串成纵横交错的隆起隧道,使苗土分离,幼苗干枯死亡,常造成缺苗断垄和成片死苗。

【形态特征】头部具咀嚼式口器,触角丝状。前足扁平为开掘足,前翅革质仅达腹部中央,后翅膜质纵叠于前翅之下伸出腹部,腹部末端有1对长尾须。两种蝼蛄的形态特征简述如下。

表3 两种蝼蛄的形态比较

虫态	华北蝼蛄	东方蝼蛄
成虫	体长39~56毫米,体肥大,黄褐色,全身密布细毛,腹部近圆筒形。前胸背板盾形,中央具心形暗红斑。后足胫节背面内侧有棘1~2个或消失	体长30~35毫米,体瘦小,灰褐色,全身密布细毛,腹部近纺锤形。前胸背板卵圆形,中央具长心脏形、深凹陷的暗红斑。后足胫节背面内侧有棘3~4个
卵	椭圆形,初产时淡黄色,孵化前长2.4~3毫米,深灰色	长椭圆形,初产时乳白色,孵化前长3~4毫米,暗紫色
若虫	共13龄,五、六龄后与成虫的形态及体色相似,仅有翅芽	共8~9龄。三龄后与成虫的形态及体色相似,仅有翅芽

【生活习性】 华北蝼蛄约3年1代,成虫和八龄以上若虫在冻土层下做土室休眠越冬,每窝1头,头向下。翌年春季2月下旬或3月上旬,表土层温度约8℃时蝼蛄开始苏醒、活动,地面可见长约10厘米的虚土隧道。4~5月北方地区主要在苗床、阳畦和棚室危害多种菜苗、移栽蔬菜和地膜覆盖的甘蓝等。5月上旬至6月中旬,气温和地温适宜是危害露地菜苗盛期,并开始交配、产卵。先在土深15~25厘米处筑好的卵室内,每室产卵50~85粒。产卵期约1个月,每雌虫产卵58~1072粒,平均368粒,若虫孵化后20天营群居生活。6月下旬至8月温度高蝼蛄进入越夏繁殖危害期,若虫潜入土中越夏,成虫进入产卵盛期。9~10月成、若虫再

次上升至地表危害秋菜,形成春季、秋季两个危害高峰。

东方蝼蛄在南方1年发生1代,北方地区2年1代,其发生危害规律与华北蝼蛄相似。但其苏醒危害、交配和产卵期等均比华北蝼蛄提早约20天,且成虫飞行能力强,平均每雌虫产卵量(60~100粒)较低,苏醒活动时在洞顶壅起一堆虚土或隧道较短。

两种蝼蛄均昼伏夜出,白天潜伏在隧道或洞穴中,夜间9~11时活动最盛,多在表土层或地面活动取食。在气温高、湿度大、闷热的夜晚大量出土活动,菜田浇水和雨后活动亦甚。具趋光性和喜温、好湿性,表土层温度15℃~25℃、含水量约20%~27%有利成、若虫活动。对香甜物质(如炒香的豆饼、麦麸)及马粪等农家肥具强烈趋性。一般在低洼潮湿、轻盐碱地、沿河等低湿地带、沙壤或疏松壤土和多腐殖质的菜区发生多、危害重。

【防治方法】

1. 农业防治 提倡水旱轮作,菜田深耕多耙和晒垡,施用腐熟充分的农家肥等,造成不利于蝼蛄适生的环境条件,可减轻危害。蝼蛄巢穴上有隆起的虚土,可人工挖窝灭虫或卵。

2. 土壤处理 在蝼蛄危害严重的苗床或菜田,土壤处理保苗参见小地老虎。

3. 马粪和灯光诱杀 可在田间挖30厘米见方、深约20厘米的坑,内堆湿润马粪并盖草,每天清晨捕杀诱集的蝼蛄可用做家禽饲料。在夏秋季无风闷热的夜晚,可用频振式杀虫灯、黑光灯等各种灯光诱集成虫,结合地面人工捕捉成虫效果好。

4. 毒谷和毒饵诱杀 将麦麸、豆饼、棉仁饼等5千克炒香,或秕谷5千克煮至三成熟晾至半干,再用90%敌百虫可溶粉剂或50%辛硫磷乳油100克(毫升)对水5升拌匀,结合播种,每667米^{2}用1.5~2.5千克撒入苗床,或出苗后将毒饵(谷)撒在蝼蛄活动的隧道处,诱杀成、若虫,并能兼治蛴螬。若能在药液中加入白(红)糖250克和白酒50克,制成毒饵(谷)使用,可明显提高防治效果。也可用 40% 乐果乳油 50 克对水 10 倍加饵料 5 千克拌制。蝼蛄危害严重的菜田，每 667 米^2 用 5% 辛硫磷颗粒剂 1~1.5 千克与 15~30 千克细土混匀后，撒于地面并耙耕，或于栽苗前沟施毒土。蔬菜苗床受害重时，可用 50% 辛硫磷乳油 800 倍液灌洞杀灭害虫。

九、蛴 螬

蛴螬是金龟子的幼虫，俗称白地蚕、白土蚕、蛭虫等，属鞘翅目金龟甲科。菜田重要的蛴螬约 30 种，其中发生普遍、危害较重的有 5 种。华北大黑鳃金龟 *Holotrichia oblita*，分布于华北、华东、西北等地；卵圆齿爪鳃金龟 *H. ovata* 和华南大黑鳃金龟 *H. sauteri*，分布华南、西南等地；暗黑鳃金龟 *H. parallela* 和铜绿丽金龟 *Anomala corpulenta*，除新疆、西藏外各省区均有分布。成虫嗜食大豆、花生及果树林木等的叶片和花器，蛴螬危害豆类、茄果类、瓜类、叶菜类等多种蔬菜，及粮食作物和林果。在地下啃食萌发的种子、咬断幼苗根茎，切口整齐，致使全株死亡，严重时造成缺苗断垄；还可啃食块根、块茎、鳞茎，降低蔬菜的产量和质量。同时，被蛴螬造成的伤口有利于病菌的侵入，可诱发腐烂及其他病害。

蛴螬种类多，一地常有多种混合发生，世代重叠，发生危害和生活习性有所差别，但也有相似的规律，现以华北大黑鳃金龟和铜绿丽金龟为例介绍如下。

【形态特征】

1. 华北大黑鳃金龟

(1) 成虫　体长 16~22 毫米，宽 11~12 毫米，黑色至黑褐色，长椭圆形具光泽，触角鳃叶状。鞘翅革质坚硬，每侧有 4 条纵肋。前足胫节外侧具 3 个齿，内侧有 1 距；中后足胫节具 2 个端距。腹部臀节外露，前臀节腹板具较窄的三角形凹陷坑。

(2) 卵 椭圆形,乳白色。

(3) 幼虫 老熟时体长37~45毫米,体乳白色,肥胖弯曲呈"C"形,多皱纹。头部赤褐色,每侧具前顶毛3根。胸足细长3对,密生棕褐色细毛,臀节腹面钩状刚毛排列呈三角形,肛门孔三裂状。终年在地下活动。

(4) 蛹 黄白色,椭圆形,尾节具突起1对。

2. 铜绿丽金龟

(1) 成虫 体长17~22毫米,体背面铜绿色,具闪光,头和前胸背板色较深。前胸背板大,最亮处位于两后角之间,鞘翅密布点刻,每侧具4条纵肋,前足胫节具2外齿。鲜活雌虫腹部腹板灰白色,雄虫则呈黄白色。

(2) 卵 光滑,呈椭圆形,乳白色。

(3) 幼虫 共3龄。三龄体长30~33毫米,体乳白,头黄褐色近圆形,前顶毛每侧6~8根,呈一纵列。后顶刚毛每侧4根斜列。臀节腹面具刺毛2列,每列多由15~18根组成,两列刺毛尖端常相遇或交叉,钩毛分布于刺毛列周围。肛门孔横列。

(4) 蛹 长约20毫米,宽约10毫米,椭圆形,裸蛹,土黄色,雄蛹末节腹面中央具4个乳头状突起,雌性则平滑,无此突起。

【生活习性】 华北大黑鳃金龟在黄淮地区多为2年1代,以成虫和幼虫隔年交替越冬。越冬成虫4月初10厘米地温15℃左右开始出土,高峰期在5月上中旬,发生期持续到8月下旬。产卵期为5月中旬至8月上旬(盛期在5月下旬至6月中旬)。幼虫6月上旬开始孵化(盛孵期为6月中下旬),危害盛期从7月下旬持续到10月中旬,10月底三龄幼虫向下移动到11~34厘米土层处越冬。翌年4月上旬气温升到约14℃时,越冬幼虫上升危害春季菜苗,持续到8月下旬加害秋菜。6月下旬至9月下旬化蛹,7月中旬至10月上旬羽化,当年羽化的成虫在蛹室内潜伏并直接进入越冬。

第三章 蔬菜苗床病害和苗期地下害虫

铜绿丽金龟在各地1年1代,以幼虫越冬。在江苏、安徽等地,翌年3~6月越冬幼虫上升表土层活动,危害春菜;5、6月陆续化蛹,蛹期约10天。成虫发生期5月下旬至8月上旬(6月中旬盛发),喜食多种果树、林木以及蔬菜叶片,食量大、危害较重。产卵期6月中旬至8月中旬,7~8月以一、二龄幼虫为主,喜食腐熟的有机质和农家肥,9月多为三龄幼虫、食量大,秋菜地下根、茎受害重。

两种成虫均昼伏夜出,但华北大黑鳃金龟在晚上8~9时为出土高峰,此时取食、交尾活动最盛,趋光性和飞翔力弱,活动范围小;铜绿丽金龟从黄昏到黎明取食时间长、食量大,趋光性和飞翔力强,活动范围广。具假死性、喜湿性和趋粪性。卵多产在寄主根际周围松软潮湿的土壤和未腐熟粪肥中,每雌平均产卵40粒左右。地温对蛴螬发生危害影响很大,蛴螬在土壤中随温度升降作季节性上下移动,表土层温暖(14℃~22℃)、潮湿(含水量15%~20%)的环境条件有利于卵的孵化和幼虫的活动,此时幼虫多在深10厘米以上处取食,一般在夏季清晨和黄昏由深处爬到表层,咬食苗木近地面的茎部、主根和侧根,由此形成春、秋季两个危害高峰。三龄幼虫为暴食期,把蔬菜根茎部咬断吃光后可转移危害。新菜区前茬种植豆类、花生、薯类及玉米,蛴螬密度高,施用未腐熟肥料的地块受害重。有机质含量高、湿润疏松的土壤有利于蛴螬的发生。

【防治方法】

1. 农业防治 合理安排茬口,尽量避开前茬作物蛴螬密度高的田块种植蔬菜,可明显减轻危害。施用充分腐熟的农家肥,促进促进蔬菜根系生长发育,增强耐害力。施用碳酸氢铵、腐殖酸铵、氨水等含氨肥料,能散发出有刺激性的氨气,对害虫有一定的驱避作用。适时秋耕,可将部分成、幼虫翻至地表,使其风干、冻死或被天敌捕食以及机械杀伤。

2. 灯光诱杀 利用成虫的趋光性,在成虫盛发期,每3公顷菜田设频振式诱虫灯、黑绿单管双光灯或40瓦黑光灯1盏,大面积连片应用诱杀成虫效果好,注意清晨捕杀诱虫灯附近地面的成虫,提高防效并可防止灯光区附近的蔬菜受到加重危害。

3. 人工捕杀 利用成虫的假死性,在其停落的作物上捕捉或振落捕杀。施农家肥前应筛出其中的蛴螬,定植后发现菜苗被害时,在被害植株下深挖可挖出土中根际附近的幼虫,集中处理。

4. 生物防治 150亿孢子/克球孢白僵菌可湿性粉剂对蛴螬有效,每667米^{2}用200~260克拌毒土撒施。也可在蔬菜播种和定植期采用170亿/克金龟子绿僵菌进行防治,寄生真菌致蛴螬新陈代谢紊乱及机体衰竭而死亡。

5. 药剂防治

(1)防治成虫 成虫盛发期对所喜食、数量集中的作物或树上,用5%氯氰菊酯乳油3 000倍液,或20%氰戊菊酯乳油3 000倍液,或20%菊·马乳油2 500倍液,或80%敌百虫可溶粉剂1 000倍液等喷雾。菜田及其四周也可用配好的毒土进行防治,均有良好的效果。

(2)土壤处理 在播种或菜苗移栽时进行,一般每667米^{2}用3%辛硫磷颗粒剂4~8千克,或将80%敌百虫可溶粉剂100~150克,或50%辛硫磷乳油200克,对少量水稀释后拌细土15~20千克,制成毒土,均匀撒在苗床、播种沟(穴)内,覆一层细土后播种。其他药剂和使用方法参见小地老虎。

(3)药液灌根 在蛴螬发生较重的地块,用50%辛硫磷乳油,或80%敌百虫可湿性粉剂,或25%甲萘威可湿性粉剂各800倍液灌根,每株灌150~250克,可杀死根际附近的幼虫。

(4)拌种 规模化经营露地蔬菜播种量大时,可用50%辛硫磷乳油、水、种子的比例1∶50∶600拌种。将药液均匀喷洒种子上,边喷边拌,拌后闷3~4小时,中间翻动1~2次,种子吸干药液后即可播种。

十、灰地种蝇

灰地种蝇 Delia platura 又称种蝇,幼虫俗称地蛆、种蛆、根蛆等,属双翅目花蝇科。国内各地普遍发生,几乎所有作物幼苗均可受害,瓜类、豆类、葱蒜类、菠菜及十字花科蔬菜受害较重。以成虫产卵在植物根部土壤或苗床上,孵化后的幼虫在土中蛀食播下的种子,取食胚芽、胚乳或子叶,蛀食心部组织,引起烂种、种芽畸形或腐烂不能出苗;幼苗和留种株根茎部受害,造成萎凋和倒伏枯死,并传播软腐病,严重时造成缺苗断垄或成片死苗,甚至造成毁灭性的危害。

【形态特征】

1. 成虫 体长4~6毫米,灰黄至褐色,触角黑色。前翅基背面毛极短,不及盾间沟后的背中毛的1/2长,纵脉直伸达翅缘。腹部背面中央有1条隐约的黑色纵带,各腹节间有1黑色横纹。雄虫两复眼在单眼三角区的前方几乎接触,触角芒长于触角,后足胫节内下方密生一列等长、末端稍弯曲的短毛。雌虫复眼间的距离约为头宽的1/3,中足胫节外上方有1根刚毛。

2. 卵 长约1毫米,长椭圆形,稍弯,乳白色,表面有网状纹。

3. 幼虫 老熟时体长8~10毫米,蛆形,前端细后端粗,乳白色略带淡黄色。头退化,仅有1黑色口钩。腹部末端截断状,上生7对肉质突起,1、2对等高,5、6对几乎等长,第七对很小。

4. 蛹 长4~5毫米,围蛹,长椭圆形,红褐色,尾端可见7对突起。

【生活习性】 1年发生2~6代,北方以蛹在土中越冬。翌年早春气温稳定在5℃时出现成虫,超过13℃数量激增。华北地区3月下旬至6月上中旬第一代幼虫发生期,种群密度高,主要危害苗床和露地瓜、豆类幼苗及十字花科采种株。6月下旬至7、8月逐渐进入高温多雨季节,第二代幼虫发生数量显著下降,对洋葱、大蒜和韭菜可造成一定危害。9月中下旬至10月中旬第三代幼虫数量有所上升,主要寄主为大白菜、萝卜、洋葱和韭菜等。南方长江流域可以各虫态在露地休眠越冬,暖冬晴天可见成虫在地面活动,在大棚蔬菜仍可发生危害。早春至初夏危害各种蔬菜、棉花和豆类等作物,秋季也有发生。本种害虫常与葱地种蝇、萝卜地种蝇混合发生。

成虫白天活动,一天中10～14时活动旺盛,傍晚或阴天活动减弱。成虫有强烈的趋化性和趋腐性,对未腐熟的粪肥、发酵的饼肥及葱、蒜味表现明显的趋性。成虫在田间沤肥堆处、早春菜地(尤其是开花的菜地)、开花杂草的植株上产卵,尤喜在新翻耕和湿度大的地块,或正在间苗、定植的菜地土缝中集中产卵。每雌产卵约百粒,若补充营养产卵量可高达数百粒。第一代卵经8～9天孵化。幼虫共3龄,具背光性生活在地下,危害播下的种子或者根部等,可在土中进行转株危害。该虫也能在腐败物质及粪肥中营腐生生活,老熟幼虫在被害株附近土中化蛹。春季平均温度17℃时完成一代约42天,秋季12℃～13℃则需51.6天,35℃以上70%的卵不能孵化,幼虫和蛹大量死亡。沙土、地势低洼、排水不良地块危害重。催芽直播、早春覆膜的方式有利于幼虫的蛀食危害。水肥充足,尤其是粪肥施在表面上的苗圃中该虫发生严重。

【防治方法】

1. 农业防治 重点抓好肥、水、种三个环节。施用腐熟的粪肥和饼肥。施肥时要做到均匀、深施,粪肥不外露土面。种子和肥料要隔开,可在粪肥上覆一层毒土或拌少量药剂。提倡采用营养钵、营养盘基质育苗,瓜类、豆类应浸种催芽,栽蒜应选健壮母种,并要剥去蒜皮,使出苗早、齐、匀,减轻其受害。提倡育苗移栽,一般不采用大田直播,也不要催芽直播,如需直播,一定要严实覆土,

第三章　蔬菜苗床病害和苗期地下害虫

不留土缝。适时秋耕,春耕应尽早进行,避免耕翻过迟,湿土暴露地面招引成虫产卵。菜田发生蛆害和大蒜在烂母前,应随水追施氨水或化肥,烂母时大水勤浇,可减轻受害。选择晴朗中午前后浇水,以保证菜根周围土表很快干爽,不利卵的孵化和幼虫钻土危害菜苗。

2. 诱杀成虫　诱液的配制为红糖、醋、水按 2∶2∶5 比例,并加 0.1% 的 80% 敌百虫可溶粉剂拌匀,先在诱集盆底部铺上少许锯末,再放入诱液。每天在成虫活动盛期打开盆盖,诱液要保持新鲜,每 5 天加半量诱液以保持新鲜。

3. 药剂防治　①药剂土壤处理参见小地老虎和蛴螬。②播种时采取下铺上盖的施药方法。选用 50% 辛硫磷乳油 200~250 毫升或 90% 敌百虫可溶性粉剂 200 克,加 10 倍水,拌细土 25~30 千克,撒于播种沟或播种穴内,然后播种盖土,之后每 667 米^2 用 50% 辛硫磷乳油 150~200 毫升或 90% 敌百虫可溶性粉剂 200 克,拌麦麸 3~5 千克,撒在播种行的表面,随即覆膜,能有效防治灰地种蝇,也能兼治蝼蛄、蛴螬等地下害虫。③防治成虫。当糖醋液诱集盆内成虫数量突增或雌雄成虫比例接近 1∶1 时,进入成虫盛发期和防治适期。可用 50% 马拉硫磷乳油 1 000 倍液,或 80% 敌百虫可溶粉剂 800~1 000 倍液,或 2.5% 溴氰菊酯乳油 3 000 倍液,或 21% 增效氰·马乳油 4 000 倍液,或 20% 菊·马乳油 2 500 倍液等喷雾,每 7~8 天喷洒 1 次,连续 2~3 次。④局部施药法。田间发现蛆害株可用 80% 敌百虫可溶性粉剂,或 40% 乐果乳油或 50% 马拉硫磷乳油 800~1 000 倍液等灌根。也可将喷雾器喷头的旋水片卸去喷药,选用 50% 辛硫磷乳油 1 000 倍液,或 2.5% 溴氰菊酯乳油 2 500 倍液等,喷洒菜株间地表。瓜类蔬菜相对敏感,苗期尽量不使用有机磷农药进行防治,可采用 1.8% 阿维菌素乳油 1 000~1 500 倍液进行灌根。

十一、东方行军蚁

东方行军蚁 Dorylus orientalis 俗称黄蚂蚁、黄丝蚁、黄白蚁等,属膜翅目蚁科。分布湖南、江西、福建及华南、西南等地。食性杂,主要危害十字花科、豆科、茄科及芫荽、莴苣等多种蔬菜和西甜瓜。以工蚁喜食蔬菜、瓜类幼苗靠近地面的根部表皮、幼根、须根等,啃食根茎的韧皮部,环剥根茎表皮,导致茎叶枯黄,或连片死苗;啃食块根、块茎和近地面的瓜果、豆荚,造成孔洞或吃光,降低产量和商品价值。

【形态特征】

1. 工蚁 有大小型 2 型。大型工蚁体长 5~6 毫米,体褐黄至栗褐色。头近方形或矩形宽于胸部,后缘深凹,额中央具 1 条纵沟,触角 9 节,口器咀嚼式,上颚内缘具 2 齿,无复眼和单眼。前、中胸部背板间缢缝不明显,第一腹节与胸部融合为腹柄节 1 节,胸部及腹柄节背面扁平。头前及后腹部腹面及末端有一些立毛。小型工蚁体长 2.5~3 毫米,体淡黄色。形状类似大型工蚁,头后缘略凹陷,额中央无纵沟。

2. 雄蚁 体长 17~23 毫米,黄褐色。体似胡蜂,体表除后腹部外密生黄毛。直立后腹部腹面有稀疏立毛,末端立毛密,全身有极为丰富的柔毛,呈丝质光泽。头狭横形,复眼、单眼均发达。胸大呈球形凸出,翅黄色透明。

3. 雌蚁 体长 5~11 毫米,体色多为棕黄色,全身被有短细绒毛。触角膝状。颈部呈卵圆型,两侧着生一对复眼,额上方呈倒三角形排列的单眼 3 个。具 3 对足,粗壮有力。腹部长椭圆形、粗大,末端有螯针 1 枚藏于生殖孔内。初具膜质翅 2 对,静止时覆盖于胸腹部,与雄蚁交尾产卵后膜翅脱落。

行军蚁属完全变态,还有卵、幼蚁和蛹不同发育阶段。

第三章 蔬菜苗床病害和苗期地下害虫

【生活习性】 行军蚁无明显的休眠现象,可连续发生危害。冬季气温10℃时工蚁可出巢(洞)活动、取食。在湖南西部丘陵地区,全年可发生危害,2~10月危害小飞蓬、香丝草等中间寄主。菜田每年出现3次繁殖和蚁害高峰,3~4月危害冬葵和早春菜豆幼苗;5~7月危害马铃薯、菜豆、豇豆、茄子、辣椒、西瓜等,在上述寄主初花期一般是该蚁盛发期;8月中旬至11月上旬主要危害萝卜、白菜、薹菜等十字花科蔬菜,2~5片真叶时进入危害盛期。气温降到5℃时,工蚁主要在白菜、萝卜和小飞蓬、香丝草等杂草蔸部土中或孔洞及菜心中休眠。

该蚁是群居社会性昆虫,蚁群中工蚁数量最多,具有筑巢、觅食、负卵转移行为和"交哺习性",除工蚁外如蚁后、有翅繁殖蚁和幼蚁等均由工蚁饲喂,工蚁之间也相互饲喂,并有相互舔吸的习性。6~7月有翅雄蚁大量发生,具有趋光性,在闷热的傍晚灯光下最多,1个蚁洞(巢)内一般有几头至数十头,有时簇拥成"蚁团"。有翅雄蚁和雌蚁交配后死亡,雌蚁入土将卵多集中产在喜食寄主地表下3~5厘米处的土洞内,一处有卵数十至200多粒。该蚁繁殖力强,数量增长快,工蚁在寄主蔸部及其土中挖掘蚁道、小室和住所,地下蚁巢面积迅速扩大,并将掘出的物质及叶片堆积在入口附近,土表则形成"蚁丘",最大直径可达54.7毫米,高25.4毫米。工蚁食性杂,主要取食寄主蔸部土下5厘米以内和地上10厘米以下的茎表皮和蔬菜根,也喜食近地面的西红柿、茄子、豆类和西瓜的果实,也能取食白蚁或昆虫的尸体、未发酵的圈肥等,对香甜和腥味物质有强烈趋性。叶菜和豆类蔬菜受害3~4天后,若遇晴天可则出现轻微叶枯状,一般茄子受害第5~6天,辣椒10天可见叶枯。蔸部形成很小的蚁丘时,一般均在叶枯前1~2天,还可灭蚁保菜,本现象可作为药剂防治的适期,否则幼苗和寄主受害严重而死亡。行军蚁多在坟地周围的园地、田埂土坎多的丘陵地、房前屋后的菜园和荒地等处筑巢。有机质多的壤土、较疏松的红

壤土、灰泥土有利于修筑蚁道。新开垦的菜田、施用未腐熟的厩肥和冬、春季温暖,行军蚁发生危害较重。

【防治方法】

1. 农业防治 铲除菜地及周围小飞蓬、香丝草等杂草,清除田中蔬菜枯枝残叶、瓜果。冬季深翻土地捣毁蚁巢减少虫源。育苗配制营养土时,防止混入行军蚁。施用充分腐熟的粪肥,蔬菜生长期经常深中耕,切断蚁道减轻危害,有条件的地方可在菜园周围挖沟蓄水,切断蚁道更彻底。东方行军蚁喜食茄科等作物的根茎部分,而不喜食葱韭类,可在茄子等作物的根旁种1株(或1行)大葱或韭菜。对于蚁害严重的菜田,实行水旱轮作消灭蚁巢、根除蚁害。

2. 物理防治 6~7月有翅雄蚁大量发生时,用频振灯等诱杀。西瓜、甜瓜果实膨大时,用塑料薄膜(面积比瓜略大)和一草圈(用药液浸泡)垫在瓜与土壤接触处,可隔离和减少工蚁蛀食。也可在瓜下垫瓦片或石头形成隔离屏障。

3. 诱杀法

(1)毒饵诱杀 菜地每667米^{2}用红糖300克,掺入90%敌百虫可溶粉剂、50%辛硫磷乳油或80%敌敌畏乳油100克(毫升)拌匀,按约2.5米距离以"△"排列取点,每点将3克左右的毒饵埋入土下1~2厘米深处,诱杀取食的工蚁。或将麦麸、米糠或豆饼、棉仁饼5千克炒香,与上述药剂对水适量拌匀,用塑料薄膜盖好闷30分钟,揭膜后加少量红糖或蜂蜜拌匀,撒入蚁害较重的菜苗周围,诱集害蚁舔食中毒死亡。

(2)有机物诱杀 在菜地挖一些深约30厘米、宽40厘米的小坑,坑底放入牛羊猪鱼骨头、内脏,再盖上1~2厘米的细土,待害蚁大量集聚时用火烧或喷药液杀灭。

(3)试用杀蚁饵剂 在茎部出现小蚁丘时,用0.045%茚虫威杀蚁饵剂25~30克/100米^2,或0.02%多杀霉素饵剂30克/100

第三章 蔬菜苗床病害和苗期地下害虫

米^2,在蚁巢外围撒施或点施,对红火蚁有良好的诱杀效果,此法可以在菜田试用。

4. 药剂防治

(1)浇灌毒杀　在蚁害盛发期,当蔸部出现小蚁丘或发现叶枯症状时,及时用药液喷洒植株及周围10厘米地面,或在植株周围找到蚁洞浇灌蚁巢。可选用2.5%溴氰菊酯乳油或5%氯氰菊酯乳油3 500倍液,或80%敌百虫可溶粉剂与等量石灰混合3 500倍液,或用50%辛硫磷乳油1 500倍液,或80%敌敌畏乳油1 500倍液等,隔7~10天一次,连续3次可获得良好的防治效果。

(2)喷雾防治　在蚁巢口周围及蚁路上喷洒农药直接触杀害蚁,可选择90%晶体敌百虫500~1 000倍液,或80%敌敌畏乳油2 000~3 000倍液,或0.1%除虫菊酯煤油溶剂等进行喷雾。

第四章　茄科蔬菜病害

一、番茄黄化曲叶病毒病

番茄黄化曲叶病毒病亦称曲叶病毒病,是世界番茄作物的一种毁灭性病害。20世纪90年代初该病传入我国,在广东、广西、海南、云南、台湾等地零星发生,2005在广西百色地区大发生,2006年以来先后在广东、浙江、重庆、云南、福建、上海、江苏、安徽、山东、河南、河北、北京、陕西、辽宁、新疆等省(自治区、直辖市)相继发生危害,一般病田减产可达30%～50%,许多秋棚和露地秋番茄毁产。由于我国原有的番茄生产品种均不抗番茄黄化曲叶病毒(TYLCV),传播媒介烟粉虱的入侵和全国性的传播蔓延,是该病暴发流行的主要原因。目前,该病在全国主要番茄产区都有发生,年发生面积超过20万公顷,年经济损失达数十亿元。此病还侵染烟草、菜豆、辣椒、南瓜、番木瓜和曼陀罗、苘麻和龙葵等多种杂草。

【症状识别】　番茄染病为全株系统性侵染。苗期和生长前期显症,表现为心叶皱缩,新叶发黄,叶片变窄,病株比正常株矮小,最终不能正常开花结果。开花结果期是发病高峰期,病株生长缓慢或停滞,节间短缩,植株明显矮化,顶部叶片边缘至叶脉间黄化,叶片边缘向上卷曲,叶片变小增厚,叶质脆硬,植株顶部茎叶簇生似菜花状,多数花朵脱落。后期主要表现为叶脉变紫色,叶片变形焦枯,新叶出现黄绿不均的斑块,且有凹凸不平的皱缩或变形,严重时叶片变细,坐果少、果实小、畸形果多,成熟期果实着色慢、不均匀,果肉硬,含水量低,果浆酸,部分果实开裂或表面褐化,失

第四章 茄科蔬菜病害

去商品价值。

【发病规律】

1. 病原 该病主要由番茄黄化曲叶病毒（TYLCV，简称TY）侵染所致的病毒病害，在我国分布区域广泛。TYLCV是一种双生病毒，基因重组普遍，病毒变异频率高。此外，还检测出中国番茄黄化曲叶病毒（TYLCCNV）、广东番茄黄化曲叶病毒（TYLCGdV）、广西番茄曲叶病毒（TYLCGxV）等多种病毒，侵染番茄引起的症状相似。

2. 传播途径 病原病毒在番茄、烟草、醋栗番茄、番木瓜、菜豆和戟叶鹅绒藤、兵豆、苦苣菜、曼陀罗等杂草中越冬，传播媒介是烟粉虱（B和Q生物型）。烟粉虱成虫以持久性方式传播病毒，在有毒寄主植株上取食15~30分钟后即可获得病毒，若获毒饲育时间长达24~48小时则传毒效率更高。成虫获毒后可终生传毒20天以上，1头带毒的烟粉虱成虫就可引起番茄发病，若每株幼苗有5~10头带毒烟粉虱成虫取食危害，传播病毒的成功率达80%~100%，在番茄植株体内潜伏期14~20天后表现出症状。携带病毒的烟粉虱通过产卵可将病毒传给下一代。但病毒不能经烟粉虱的卵传播，机械摩擦、种子和蚜虫也不传染，但嫁接和扦插可导致病毒传播。在田间该病主要由病苗和烟粉虱传播，常出现一或几个发病中心，随着烟粉虱的扩散蔓延而扩大分布和流行。

3. 发病条件 我国以前生产上种植的抗病毒病的番茄品种均不抗番茄黄化曲叶病毒，是该病暴发流行的主要原因。B和Q生物型烟粉虱的入侵和全国性的传播蔓延，伴随着番茄黄化曲叶病毒的广泛流行。近10年，来Q型烟粉虱逐步替代B型成为我国主要的烟粉虱危害生物型，Q型烟粉虱传播病毒病能力、抗药性均显著强于B型，直接导致番茄黄化曲叶病毒病大流行，造成严重的经济损失。该种病毒病的主要侵染期在番茄幼苗期、开花至结果初期，植株发病越早受害越重，若苗房和定植后管理不当，烟粉虱侵染早、活动频繁,番茄病株率高会造成病毒病的严重危害。特别是集约化(或工厂化)育苗的番茄一旦染病,该病毒就会随商品苗远距离传播,随后被当地的烟粉虱成虫侵染取食后,病毒粒子最终进入烟粉虱的唾液管,当烟粉虱再次取食健康植株时,TY病毒经烟粉虱的口针随着唾液一起进入番茄体内,在植株细胞中大量复制、增殖引起发病。随着烟粉虱扩散和迁移,番茄黄化曲叶病毒病亦扩大传播造成大范围流行。此外,棚室和露地番茄连作、植株生长不良抗病性差;连续25℃以上的高温干旱天气,导致了品种对TY的抗性水平有所下降;烟粉虱发生早数量大,番茄田周围毒源植物多,番茄黄化曲叶病毒病发生危害严重。棚室内通风口附近、边角处番茄易受烟粉虱侵染,一般先发病。该种病毒病的发生危害有明显的季节性,在我国南方菜区,一年中有2个发生危害盛期,露地秋番茄比春番茄、夏秋茬棚室番茄比春茬棚室番茄发病严重;北方菜区夏秋季发生危害严重。

【防治方法】 针对该病的发生流行规律和危害特点,应以夏秋季番茄育苗和栽培为保护重点,采取种植抗(耐)病品种、清除毒源和防控传毒媒介烟粉虱的综合防控措施。

1. 选用抗(耐)病品种 是防治该种病毒病害的经济有效措施之一。据报道,从国外引进的鲜食番茄抗(耐)病品种有拉比、飞天、齐达利、迪利奥、荷兰8号、迪芬尼、宝丽、欧官(欧冠)、欧贝、雅丽616、德澳特302、科瑞斯728、斯科特等。国内报道新育成的品种浙粉701、浙粉702、浙粉706、浙粉708、浙杂502、申粉V-1、申粉V-6、申粉V-7、迪维斯、瑞星5号、苏红9号、苏粉11、苏粉12、天妃、西农2011等。樱桃番茄品种如迪兰妮、千粉1106、金陵甜玉、圣桃3号、嘉樱一诺、丽晶T2等,可因地制宜选用。

由于许多品种抗病基因并不具备广谱性(Ty-1至Ty-5)、不同地区间病毒株系的差异,以及该种病毒易产生变异等复杂因素的影响,抗病品种的表现有时不稳定。应在当地农业技术人员的

第四章 茄科蔬菜病害

指导下,经过试种选抗病性强、商品性状好的品种扩大应用,并与防控烟粉虱的措施密切结合,才能充分发挥抗(耐)病品种的作用。

2. 培育无病壮苗 番茄幼苗期最易感染病毒,植株发病后的受害损失亦最严重。保持育苗设施清洁卫生,避免混栽,彻底清除杂草、自生苗及前茬蔬菜植株的残枝落叶,防止烟粉虱残存滋生。调整育苗期,苗房的通风口和缓冲门安装60筛目防虫网,防止烟粉虱成虫迁入传播病毒。每10米^{2}苗床面积挂1块黄色粘虫板监测成虫,一旦发现虫情立即进行药剂防除。提倡无病壮苗适时定植,以6～7片真叶定植为宜

生产实践表明,番茄集约化(或工厂化)育苗一旦染病,会造成该病大范围流行。集约化育苗单位(公司)应履行社会责任,遵循清洁生产的理念,严格操作规程,培育无病虫壮苗保障番茄安全生产,防止成为病苗和烟粉虱的传播、扩散基地。

3. 隔离毒源和传毒媒介 番茄生产田和棚室应远离烟草、菜豆、番木瓜等作物,种植番茄前清除周围的苦苣菜、曼陀罗等杂草,避免病毒交叉传播。前茬受烟粉虱危害严重的番茄、茄子、瓜类、豆类、十字花科等作物收获后,做好田园卫生。棚室番茄生产避免混栽,全程覆盖60目防虫网,防止烟粉虱成虫迁入,每667米^{2}挂20～30张黄色粘板,起到预警和诱杀双重作用。夏秋季覆盖遮阳网,降低棚室环境温度可减轻病情。

4. 防止通过嫁接和扦插传播病毒 番茄嫁接栽培是防治枯萎病、青枯病、根结线虫病等土传病害的有效措施。番茄黄化曲叶病毒可通过染病的番茄砧木传播给嫁接苗,番茄砧木、接穗及嫁接苗要实现无毒化生产;防止利用病株的枝条扦插、生产。

5. 综合防治烟粉虱 应切实做好预防工作,综合防治措施详见烟粉虱部分,是防控番茄黄化曲叶病毒病的一项关键技术。在药剂治虫防病方面,应注意施药时机和选择药剂两个方面。

(1)灌根法 番茄苗定植前2～3天,用25％噻虫嗪水分散粒

剂3 000倍液,或10%吡虫啉可湿性粉剂2 000倍液灌根,每株灌药液量30~50毫升,移栽后正常管理。也可在番茄苗定植后3~5天,进行喷雾处理。噻虫嗪、吡虫啉内吸性强,番茄根系吸收后传导到茎叶,对烟粉虱成虫有良好的速效性和持效性。

(2)喷雾法 由于我国大部分地区,烟粉虱已对有机磷、拟除虫菊酯和新烟碱类杀虫剂产生不同程度的抗性,应慎重使用。为了达到灭虫防病的效果,要选择对烟粉虱敏感的杀虫剂。

番茄定植后发现烟粉虱零星发生时,要及时进行药剂防治,可使用22.4%螺虫乙酯悬浮剂2 500~3 000倍液,或22%氟啶虫胺腈悬浮剂2 500~3 000倍液,或10%烯啶虫胺可溶性粉剂1 500倍液,或10%溴氰虫酰胺可分散油悬浮剂2 500倍液,或1.8%阿维菌素乳油2 000倍液等,或2%甲氨基阿维菌素苯甲酸盐乳油3 000倍液,也可在在上述药剂与25%噻嗪酮可湿性粉剂1 000倍液、10%吡丙醚乳油750倍液混用,可提高防治效果。其他药剂及使用剂量见烟粉虱部分。

(3)熏烟法 苗房育苗和棚室番茄定植前,每667米^{2}用22%敌敌畏烟剂250~300克,或20%异丙威烟剂250克,于傍晚收工前将保护地密闭,把烟剂分成几份点燃熏烟杀灭成虫;也可在番茄生长期使用。

6. 施用抗病毒制剂 从苗期开始用吗胍·乙酸铜、氨基寡糖素、菇类蛋白多糖等抗病毒制剂常用浓度喷雾(见番茄病毒病),7~10天喷1次,连续防治4次,有一定的防治效果。植物源抗病毒剂20%丁香酚水乳剂20克/667米^2(制剂),对水稀释2 500倍液按上述方法喷雾,防治效果明显提高。

二、番茄病毒病

番茄病毒病为世界性的重要病害,曾是我国番茄生产普遍发生的毁灭性病害,至 20 世纪 70 年代一般减产损失 20%～30%,流行年份高达 60% 以上,严重影响市场供给和人民生活。从 20 世纪 70 年代后期和 80 年代以来,我国培育和推广了具 Tm-2^{nv} 等基因的抗病品种,以及设施栽培的迅速发展,使番茄病毒病的发生危害明显减轻。但由于番茄病毒病的毒原种类多、传播途径广、缺乏有效的防治药剂等原因,至今仍是露地和保护地番茄生产的重要病害。

【症状识别】 田间症状类型较多,主要有以下 4 种。

1. 花叶型 叶片上出现黄绿相间或深浅相间斑驳,或明显的花叶、疱斑,嫩叶变小,叶脉透明,叶细长狭窄、扭曲畸形,植株略矮小,果小,果实内外有花斑及坏死斑。

2. 蕨叶型 病株不同程度矮化、萎缩,上部叶片全部或部分细小变成线状,复叶节间缩短,呈丛枝状;中、下部叶片向上微卷或成筒状,主脉扭曲。由叶芽发出的侧芽生蕨叶状小叶,呈丛枝状。花冠肥厚增大,变为巨大的畸形花,结果少、病果畸形,果心变褐色。

3. 条斑形 最初在叶片、茎蔓和果实上出现茶褐色斑点,逐渐发展叶片上呈深褐色坏死斑或云纹斑;茎蔓表层组织形成黑褐色条形斑块,斑块不深入茎内部;病果表面散布条形或不规则形坏死斑,病果畸形,果肉变褐色腐烂,甚至整株死亡。

4. 卷叶型 幼叶先发黄、皱缩,后叶脉间黄化加剧,叶片由边缘向上卷曲,植株萎缩或丛生,发病早开花结果不良。

【发病规律】

1. 病原 引起番茄病毒病的毒原有 20 多种,主要毒原是番茄花叶病毒(T_oMV)和黄瓜花叶病毒(CMV)两种。番茄花叶病毒主要引起花叶症状,与马铃薯 X 病毒(PVX)或番茄斑萎病毒(TSWV)复合侵染时,产生条斑症状。黄瓜花叶病毒主要引起蕨叶症状,与其他病毒复合侵染时,产生花叶、畸形叶与丛枝症状。烟草卷叶病毒(TLCV)引起卷叶型病株。此外,还有马铃薯 Y 病

毒(PVY)及苜蓿花叶病毒(AMV)等。上述毒原的比例和危害性,在不同地区、年份和季节有变化,冬春季发生的番茄病毒病主要由番茄花叶病毒引起,夏秋季发病以黄瓜花叶病毒致病为主。我国不同的番茄生产区,愈往北部地区烟草花叶病毒比例愈高,愈往南部地区黄瓜花叶病毒愈严重。

2. 传播途径 番茄花叶病毒能侵染茄科、菊科等36科200多种植物,可在番茄、辣椒、茄子等多种植物上越冬,种子、田间土壤中的病残体、烤晒后的烟叶和加工的烟丝等均可带毒,成为初侵染源。通过汁液接触传染,从寄主伤口侵入引起发病,蚜虫不传播该病毒。在田间管理过程中中耕、整枝、打杈、捆蔓和采收环节,均有传播作用,接触病株的手指、衣服、农具和架材均能传播病毒进行再侵染。

黄瓜花叶病毒能侵染茄科、葫芦科、十字花科等40科191种植物,可在冬季温室(大棚)番茄、黄瓜、辣椒、芹菜及老根菠菜、十字花科蔬菜种株、多年生宿根杂草上越冬,成为初侵染源。种子、土壤不带毒,由瓜蚜、桃蚜、萝卜蚜等有翅蚜进行非持久性传播,汁液接触也可传播引起番茄发病。

马铃薯X病毒和番茄斑萎病毒,主要侵染茄科作物,通过汁液接触传染,番茄斑萎病毒还可以通过种子传毒。烟草卷叶病毒主要侵染茄科、菊科作物,以粉虱为传播介体。

3. 发病条件 除了不同品种抗病性差异的因素外,番茄苗期和开花坐果初期感染病毒受害严重。此外,番茄病毒病的发生与环境条件关系密切,一般高温干旱天气和季节,有利于病原病毒的增殖和媒介昆虫的繁殖、活动,而番茄的抗病性下降,有利于病毒病的传播与发生危害。当平均温度稳定在20℃时易发病,25℃左右时流行,超过30℃时趋向潜隐。番茄露地栽培属于开放式的生态系统,毒源丰富,蚜虫和粉虱等传毒媒介不易控制,比保护地番茄发病重。蚜虫和粉虱等发生早数量多,番茄田靠近毒源作物,偏

第四章 茄科蔬菜病害

施氮肥植株生长柔嫩,或土壤瘠薄、板结、黏重及排水不良,发病均重。不同品种抗病性差异大。

【防治方法】 采取选用抗病品种为主,清除毒源、防止传播和加强栽培管理相结合的综防措施。

1. 选用抗病品种 因地制宜种植抗病丰产优质品种,是经济有效的防病措施。在番茄黄化曲叶病毒病章节所列的抗 TYLCV 品种,也兼抗番茄花叶病毒引起的病毒病,应是优先选用的良种。

鲜食番茄抗番茄花叶病毒的品种很多,如苏抗 3 号、5 号,蒲红 7 号、8 号,浙杂 203、207、809,杭杂 400,佳粉 15 号、16 号,渝粉 109,东农 706、708、709、715、716,西粉 3 号,金棚 10 号、11 号,粉和平,皖红 3 号、皖粉 5 号、皖粉 208、皖杂 15,盛夏红、博尔特、保罗塔、凯美瑞、巴利佳、红粉冠军、艾美瑞、赛琳 200、萱兰 250,仙客 8 号等。抗番茄花叶病毒耐黄瓜花叶病毒的品种,如霞粉 2 号,苏抗 9 号、10 号、11 号,浙粉 202,扬粉 931,豫番茄 6 号,福祺西方佳丽、中杂 4 号、7 号、8 号、9 号、12 号、中杂 101、中蔬 5 号、6 号,佳粉 17 号,双抗 2 号,东农 702、704,毛粉 802,毛红 801,长丰 9 号,双飞菲达等。

罐藏(加工)番茄抗番茄花叶病毒专用新品种,如红杂 14、16、18、20、25,红玛瑙 213,京丹 2 号、4 号、6 号,新番 4 号,佳抗长红等。其中,红杂 14、红杂 20 耐黄瓜花叶病毒。

樱桃番茄中樱红 2 号、红箭樱桃番茄、205 樱桃番茄、超级甜味小番茄、美味、黄梨、串珠、京丹 3 号、5 号,圣果等抗病性强。

2. 无病留种和种子消毒 蔬菜种子公司和繁种单位的种子田应远离烟草、辣椒、马铃薯田块。繁种用地应进行 2 年以上轮作,结合深翻促使带毒病残体腐烂;南方地区可施用石灰,促进土壤中病残体上的番茄花叶病毒钝化,实行无病毒种子生产。播种前将种子用清水浸种 3～4 小时,再放入 10% 磷酸三钠溶液中浸 40～50 分钟,或用 0.1% 高锰酸钾溶液浸种 30 分钟,捞出后用清

水冲洗干净催芽播种。

3. 保护地采取覆盖栽培 发挥保护地和物理防虫措施的防病作用,在育苗设施和生产番茄的棚室门窗、通风口,覆盖50筛目尼龙网纱,棚室内悬挂黄色粘虫板,阻隔有翅蚜、白粉虱等传毒昆虫侵入,诱杀传毒昆虫,预防病毒病的作用明显。夏季和初秋时节棚室覆盖遮阳网,降低光照强度和环境温度可减轻病情。

4. 栽培防病增强寄主抗病力 适时播种,培育无病壮苗,汰除病秧,做到从定植到开花坐果期不感染病毒,是防病增产的基础。番茄定植后早中耕促进根系发育,适当推迟首次打杈时间,增施腐熟农家肥和磷肥,坐果期及时浇水并增施追肥,如喷洒α-萘乙酸浓度为20毫克/升,增产灵50~100毫克/升及1%过磷酸钙、1%硝酸钾液做追肥。拉秧后清除落叶、残枝和病果,结合整地搞好田园卫生。

5. 早期除草和防治传毒昆虫 苗期和定植前及时铲除番茄田周围的酸浆、反枝苋、刺儿菜等杂草。早期发现和防治蚜虫、白粉虱等害虫,预防病毒的扩大传播和侵染,减轻番茄病毒病的发生危害,尤其是高温干旱年份,更要抓紧抓好。药剂防治白粉虱和烟粉虱,参见番茄黄化曲叶病毒病部分。药剂防治蚜虫应注意当地用药历史、蚜虫产生抗药性等情况。一般长期使用某种或同一类型杀虫剂,蚜虫都会产生抗药性,要慎重选用当地频繁使用、药效较低的药剂。苗期和定植初期可选用22.4%螺虫乙酯悬浮剂2 500~3 000倍液,残效期长,用药1次即可。酌情选用50%抗蚜威可溶性粉剂(辟蚜雾)3 000倍液(对瓜蚜无效)、1.8%阿维菌素乳油4 000倍液、2%甲氨基阿维菌素苯甲酸盐乳油4 000倍液、20%氰戊菊酯乳油2 000倍液、10%吡虫啉可湿性粉剂2 000倍液、5%啶虫脒乳油2 000倍液等喷雾。

6. 药剂防治 发病初期喷洒抗病毒剂,可用20%吗胍·乙酸铜可湿性粉剂300~400倍液,或2%氨基寡糖素水剂300倍液,或 20％盐酸吗啉胍可溶性粉剂 200～300 倍液,或 0.5％菇类蛋白多糖水剂 250 倍液,或 1.8％辛菌胺醋酸盐水剂 300～450 倍液等,隔 7～10 天喷 1 次,连喷 2～3 次,有一定的防病效果。

三、番茄早疫病

番茄早疫病又称轮纹病、夏疫病,是世界性的重要病害。自 20 世纪 70 年代后期和 80 年代以来,我国由于推广抗番茄病毒病的品种而不兼抗早疫病,导致该病的发生危害明显加重,在各番茄产区普遍发生,可引起落叶、落花、落果和断枝,以保护地和北方露地秋番茄造成的损失最重,病害流行年份可减产 30％～40％,局部地块毁种失收。此病还危害马铃薯、茄子、辣椒和曼陀罗等作物。

【症状识别】 苗期和成株期发病,植株各部位均可受害,主要危害叶片。叶片染病,产生暗褐色小斑点,扩大后成圆形至椭圆形病斑,直径约 10 毫米,中部有同心突起轮纹,其表面生长刺状不平坦物,边缘多具浅绿色或黄色晕环,潮湿时病斑长出黑霉。发病多从植株下部叶片开始,逐渐向上发展。严重时,多个病斑连合成不规则形大斑,造成叶片变黄干枯、脱落。叶柄生暗褐色椭圆形病斑,有轮纹。茎部染病多发生在分枝处,病斑梭形、椭圆形或不规则形,褐色至深褐色,稍下陷,有同心轮纹,茎秆、枝条易从病斑处折断。花染病花托变黑、枯死。果柄生椭圆形轮纹斑。果实病斑多在果蒂附近或裂缝处,产生圆形或椭圆形病斑,直径 10～20 毫米,褐色或黑色、稍凹陷,轮纹明显,病部较硬,后期有时从病斑处开裂,严重时病果常提早脱落。潮湿条件下,各患病部位均可长出黑色霉状物(病菌的分生孢子梗和分生孢子)。

幼苗发病,近地面的茎基部变黑褐色,俗称黑脚苗,严重时病斑绕茎 1 周引起腐烂、死亡。

【发病规律】

1. 病原 本病由茄链格孢 *Alternaria solani* 侵染所致的真菌病害。

2. 传播途径 病菌主要以菌丝体和分生孢子随病残体,或落到菜田土壤越冬,在病残体可存活1年以上。也能在种子表面或种皮内越冬,并可存活近2年;冬季病菌还可在棚室和苗房番茄上寄生危害。播种带菌种子引起幼苗发病,土壤中的病菌产生分生孢子,通过雨水反溅或灌溉水传播,从气孔、皮孔或表皮侵入寄主,引起植株下部叶片、茎秆和果实,经2~3天潜育期出现病斑,3~4天后产生大量的分生孢子,并通过气流、雨水和农事作业传播,进行多次重复侵染,使病害迅速发展。

3. 发病条件 除了番茄品种抗(耐)病性的差异外,早疫病的发生与气象条件和栽培管理等因素有直接关系。

病菌生长发育的温度范围为1℃~45℃(最适26℃~28℃),分生孢子形成温度15℃~33℃(最适19℃~23℃),分生孢子萌发适宜温度25℃~32℃、最适相对湿度86%~98%,适温下在水滴中1~2小时即可萌发。高温、高湿的气象因素利于发病。一般温度10℃~20℃,相对湿度80%以上,早疫病开始发生。温度25℃以上,雨多露重,连阴雨天气及大暴雨后造成高湿环境,分生孢子形成的快、累积的数量多,病害就很容易流行。番茄结果期植株营养大量向果实输送,植株进入感病阶段,叶片衰老先发病。此外,番茄田间管理方面连作重茬,密度过大,田间郁闭,基肥不足,植株早衰、结果过多、过量灌水或地面低洼积水,保护地通风排湿不良,早疫病发生危害重。

我国长江中下游地区露地番茄,通常在6月中旬至7月上旬梅雨季节进入发病盛期,大棚番茄在5月中下旬至6月达到发病高峰,年度间降雨早、雨日多和降雨量大,早疫病常大流行。华北、东北和西北地区露地番茄,7月中旬至8月雨日多、雨量大,病害

第四章 茄科蔬菜病害

易流行成灾。春、秋季保护地番茄结果期,由于昼夜温差大,相对湿度高,植株体表易结露或常有一层水膜,病害发生危害亦重。

【防治方法】 目前,早疫病的综合防治技术,应从选用抗(耐)病品种、清除菌源做起,改善栽培技术提高寄主抗病力,实施药剂防治为主要措施。

1. 种植抗(耐)病品种 我国番茄生产中,尚未发现免疫和高抗的商品良种,但不同品种间的抗病(耐)性有很大差异,一般早熟、窄叶的品种,比高秧、大叶的品种发病偏轻。据报道,鲜食番茄品种中杂11号、强丰、毛粉802、毛粉903、毛红2号、苏抗11号等;罐藏(加工)番茄红帆、石红12、石红302、石红307、改良石红206等,有一定的抗(耐)病性,可供选用参考。有的地区通过田间品种比较实验,选出适应性、抗(耐)病性和丰产性良好的品种,这种做法值得提倡。

2. 种子消毒和培育无病壮苗 从无病田采收种子。对外购的种子处理,可用52℃温水浸种30分钟,然后用冷水降温,晾干播种。或用2.5%咯菌腈悬浮种衣剂10毫升,加水200毫升稀释后,混匀拌种4千克,包衣晾干后播种。也可用50%异菌脲可湿性粉剂拌种,药量为种子重量的0.3%。提倡营养钵或营养盘育苗,苗床换用无病新土,结合防治苗床病害进行土壤消毒(参见苗床病害部分),苗床注意保温和通风换气。

3. 清洁田园和实行轮作 发病初期及时摘除病叶、老叶和病果,带出棚室或田外深埋或烧毁。拉秧后彻底清除落叶、残枝和病果,夏季深翻晒垡,结合整地搞好田园卫生,减少菌源。实行番茄与非茄科作物2~3年轮作、换茬,可与豆科、十字花科、葫芦科蔬菜和禾本科作物轮作。

4. 加强栽培管理 因地因品种和栽培方式不同确定适当密度,不可栽植过密,保持合理的群体结构。田间沟渠配套,采用高畦地膜栽培,大雨过后抓紧清沟排渍,降低地下水位和田间湿度。

及时捆架、整枝和打底叶,利于通风透光。施足基肥,增施磷钾肥,防止早衰和盛果期脱肥,叶面喷施 0.2%磷酸二氢钾加 0.3%尿素溶液,提高植株抗病性。

抓好保护地生态防治和变温管理,控制温湿度。番茄定植后缓苗闷棚时间不宜过长,提倡采用膜下暗灌、滴灌或渗灌,择晴天上午浇水,适时通风,尽量防止棚室内出现高温高湿状况,保持叶面干爽。早春、晚秋晴天上午适当晚放风,迅速增高棚室温度。当温度升到 33℃时开始放风,使温度迅速降到 25℃左右。中午加大放风量,使下午温度保持 25℃~15℃,阴天打开通风口换气。采用变温管理以保障上午高温利于光合作用,制造营养,下午低温利于光合产物运转,夜间低温可减少自身呼吸的消耗,有利营养物质的积累,提高植株的抗病力。

5. 药剂防治 应注重降雨前和发病前的喷雾预防,一般番茄在田间初见病叶后应及时用药,每隔 7~10 天用药 1 次,连用 3 次左右,压低菌源是提高防治效果的关键。其次,生产中出现了不同地区对同种杀菌剂、同一地区不同年份对一种杀菌剂的敏感性和防治效果差异很大,说明了合理轮换用药的重要性。

可选用 10%苯醚甲环唑水分散粒剂 1 500 倍液,或 25%嘧菌酯悬浮剂 1 500 倍液,或 25%戊唑醇水乳剂 3 000 倍液,或 60%唑醚·代森联水分散粒剂(百泰)1 000~1 500 倍液,或 78%波尔·锰锌可湿性粉剂 400~500 倍液,或 64%噁唑·锰锌可湿性粉剂(杀毒矾)500 倍液,或 58%甲霜·锰锌可湿性粉剂 500 倍液,或 50%异菌脲可湿性粉剂 500 倍液,或 50%腐霉利可湿性粉剂 800~1 000 倍液,或 80%代森锰锌可湿性粉剂 600 倍液,或 75%百菌清可湿性粉剂 600 倍液,或 50%异菌·福美双可湿性粉剂 500 倍液,或 70%丙森锌可湿性粉剂 600 倍液,或 65%代森锌可湿性粉剂 300 倍液,或 77%氢氧化铜可湿性粉剂 500 倍液等,每 7~10 天喷 1 次,连续防治 3~4 次。

第四章 茄科蔬菜病害

此外,茎部发病,还可采用80%异菌脲可湿性粉剂200倍液涂茎,省药高效。棚室可于发病初期喷洒5%百菌清粉尘剂,每667米²·次1千克,或可用45%百菌清烟剂或10%腐霉利烟剂,每667米²·次200~250克,施药间隔和次数同上。

四、番茄晚疫病

番茄晚疫病又称疫病,是世界性和我国各地番茄生产的主要病害,流行性强、危害性大,尤其在潮湿多雨的南方地区和保护地番茄上发生严重,常可造成20%~30%的减产损失,甚至毁种无收。本病只危害番茄和马铃薯。

【症状识别】 幼苗和成株均可受害。幼苗染病,叶片出现暗绿色水渍状病斑,迅速向叶柄和茎部扩展,病部变细呈褐色坏死,造成叶柄折断和幼苗萎蔫或折倒。成株发病,侵染叶片、叶柄、枝茎和青果。叶片多从植株下部叶片的叶尖、叶缘或叶面先发病,初生淡绿色小斑点,渐变不规则形暗绿色水渍状病斑,很快变褐色,病、健交界处不明显,病斑可扩大至大半或整个叶片。空气潮湿病斑变灰褐色至灰黑色湿腐状,干燥时病部干枯呈青白色,质脆易破裂。叶柄、枝条和茎秆病斑长圆形或条形,稍凹陷,横向扩展可环绕茎部,由暗绿色渐变为黑褐色腐烂,引起病部以上枝条萎蔫,严重时病部折断造成茎叶枯死。青果受害,多从近果柄处的果肩开始,病斑形成不规则云纹,暗绿色油渍状,渐变暗褐色至棕褐色,病斑稍凹陷,边缘明显,病果质地硬实,病斑表面粗糙,湿度大果实迅速腐烂。湿度高持续时间长,植株各处的病部均可产生稀疏的白色霉层(病菌的孢子囊及孢囊梗)。

【发病规律】

1. 病原 该病由致病疫霉菌 *Phytophthora infestans* 侵染所致的真菌病害。

2. 传播途径 病菌主要以菌丝体在冬季棚室栽培的番茄以及华南、西南地区冬季栽培的马铃薯块茎中，菌丝体随病残体落入土壤中越冬，成为翌年的初侵染源。国内尚未证实病菌的卵孢子，可否成为初侵染源的问题。病菌孢子囊由气流、雨水传播到植株上，孢子囊产生游动孢子萌发出芽管，或孢子囊直接萌发产生芽管，从气孔和表皮侵入寄主，营养菌丝在寄主细胞间或细胞内扩展蔓延，条件适宜时3～4天田间可出现中心病株，通常在番茄现蕾期晚疫病即可发生。从病部长出菌丝和孢子囊，孢子囊借风雨传播蔓延，进行多次重复侵染，引起该病流行。

3. 发病条件 棚室番茄生产面积大、连作重茬，及南方马铃薯冬季栽培区，越冬菌源基数高，一般周边地区的番茄发病早、病情重。病菌喜低温高湿的气象条件，孢子囊形成温度为3℃～26℃（最适18℃～22℃），空气相对湿度90%～100%。在温度8℃～15℃以上，番茄体表有水膜或水滴时，孢子囊才能萌发侵入，20℃～23℃时菌丝扩展蔓延速度最快，潜育期短、发病快。因此，白天温暖（22℃～24℃）、早晚冷凉（10℃～13℃），空气相对湿度80%以上，番茄体表结露持续时间长，有利于病害的发生流行。番茄晚疫病在温、湿度适宜的情况下，当年降雨早晚、次数和降雨量多少，对露地番茄晚疫病的发生和流行速度起着决定性作用，阴雨绵绵天气适合发生，通常在中心病株出现后15天，全田就会普遍发病。温度超过30℃和天气干燥，病情受到抑制或晚疫病停止发展。南方地区3～5月、10～12月，是该病的发病盛期。保护地春茬和秋冬茬番茄通常发病较重，温室南端5～6株，大棚边角处番茄常先发病。在栽培管理方面，地势低洼，排水不良，畦面不平，浇水过量，植株过密，搭架不及时易发病。偏施氮肥造成植株徒长，或肥力不足长势衰弱，会降低抗病力而加重病情。

【防治方法】 根据晚疫病的发生规律和现有的技术水平，应以栽培管理技术为基础，病害早期识别和药剂防治为主，加强抗病品

第四章 茄科蔬菜病害

种的选育和应用。

1. 清洁田园和实施轮作 把清洁生产的理念落到实处,在发病初期用塑料袋罩住病叶、病果后再摘除,防止病原菌飞散造成再次侵染。收获后彻底清除病残体,集中做无害化处理,减少菌源。重病田与非茄科蔬菜实施 3 年以上轮作,尽量避免番茄连作,不宜与马铃薯邻作。

2. 加强栽培管理 避免在番茄生产温室中育苗,防止交叉感染殃及幼苗;提倡集约化育苗,营养土用药剂消毒处理,发现病苗及时拔除,培育无病壮苗。采用高畦覆盖地膜栽培,掌握合理密度,早搭架和及时整枝、吊蔓、打杈,适当摘除植株下部老叶,改善通风透光条件。采用配方施肥技术,施足优质基肥,增施磷钾肥,提高植株抗逆性。采取滴灌和膜下暗灌技术,切忌大水漫灌。保护地在早春、晚秋注意防寒,适当提高棚室内温度,天气转暖后注意通风,降低湿度。

3. 调控棚室温、湿度 当晴天上午温度升到 28℃～30℃时,进行通风换气降低湿度,温度保持在 22℃～25℃;当温度降至 20℃时,要及时关闭通风口,保持夜间温度不低于 15℃,减少植株体表结露时间和结露量,浇水后及时通风排出湿气,可减轻发病。

4. 药剂防治 注重预防和轮换用药,防止和延缓病菌产生抗药性。个别地区致病疫霉菌对甲霜灵已产生抗药性,应停用甲霜灵、精甲霜灵一段时间,换用不同类型的杀菌剂。

(1)预防性喷药 在环境条件适宜发病时或降雨前应喷雾预防,可选用 80％代森锰锌可湿性粉剂 500 倍液,或 75％百菌清可湿性粉剂 500 倍液,或 25％嘧菌酯悬浮剂 1 500 倍液,或 64％噁霜·锰锌可湿性粉剂 600 倍液,重点喷施容易发病及其周围的植株。

(2)治疗性喷药 早期识别和发现中心病株摘出病叶后,立即施药和连续用药,并注意轮换用药。发病中心及其周围植株、植株中下部的叶片和果实,要重点喷雾。可选用 50％烯酰吗啉可湿性粉剂(安克)1 500~2 000倍液,或60%唑醚·代森联水分散粒剂1 000~1 500倍液,或72%霜脲·锰锌可湿性粉剂500~600倍液,或25%烯肟菌酯乳油1 000~1 500倍液,或25%吡唑醚菌酯乳油1 000倍液,或50%氟啶胺悬浮剂2 000倍液,或25%嘧菌酯悬浮剂1 000倍液,或70%丙森锌可湿性粉剂700倍液,或50%乙铝·锰锌可湿性粉剂500倍液、60%乙铝·氟吗啉可湿性粉剂600倍液、52.5%噁酮·霜脲水分散粒剂1 500倍液、10%氰双唑悬浮剂1 500倍液、72.2%霜霉威水剂800倍液、69%锰锌·烯酰可湿性粉剂600倍液、60%氟吗·锰锌可湿性粉剂700倍液、3%多抗霉素可湿性粉剂100~150倍液,或0.5%氨基寡糖水剂250~300倍液,一般每667米²面积用对好的药液50~60升,隔7~10天1次,连续防治3~4次。

番茄茎秆和叶柄零星发病,可用69%烯酰·锰锌可湿性粉剂,或72%霜脲·锰锌可湿性粉剂各150倍液涂抹发病部。

棚室番茄发病初期,每667米²·次用45%百菌清烟剂250克、30%百菌清烟剂350克,均匀摆放在棚室内4~5处,用香或卷烟等暗火点燃,密闭棚室熏烟1夜,次晨通风;粉尘施药用5%百菌清粉剂,每667米²药量1千克。每7~8天施药1次,视天气变化和病情而定,连施3~4次。

5.种植较抗(耐)病品种 据报道,不同番茄品种间的抗(耐)病性有差异。鲜食番茄中蔬4号、5号、6号、强丰、中杂4号、7号,奥林618,佳粉17,金鹏10、11号,双丰新品,合作903、合作919,苏粉8号,皖粉5号,盛夏红番茄,保冠1号,渝红2号,佳红,粉达,毛粉808,双飞新品,釜山金粉,超冠,中研958等;加工番茄圆红,樱桃番茄沪樱932、天正红玛瑙、以色列1306等,田间发病率较低。由于致病疫霉菌生理小种复杂,可在试用的基础上因地制宜酌情选用。

第四章 茄科蔬菜病害

五、番茄叶霉病

番茄叶霉病又称黑霉病,是一种世界性病害。在我国该病始见于露地栽培番茄上,20世纪80年代以来,随着设施栽培迅速发展,环境条件的变化有利于叶霉病的发生流行,逐渐成为各地棚室番茄生产重要的病害之一,以北方地区发病严重,常可造成减产损失20%~30%,流行年份超过50%。还影响果实品质,降低食用价值。露地番茄也有发生,但未见造成危害。此病只危害番茄。

【症状识别】 叶霉病主要危害叶片,严重时茎、花、果实也受其害。叶片染病,一般从植株下部向上部叶片发展。叶片正面初生椭圆或不规则形、淡黄色褪绿斑,边缘界限不清晰,在叶片背面病部生灰白色,后变为灰褐色至黑褐色绒状霉层(病菌的分生孢子和分生孢子梗),为本病特征,湿度高时叶片正面的病斑也可长出黑霉。随着病情发展,病斑密集相互连接成片,叶片逐渐干枯卷曲,植株成黄褐色斑枯状。叶柄和嫩茎病斑与叶片病斑相似,并可延及花部,引起花器凋萎或幼果脱落。青果染病,果蒂附近或果面形成黑色圆形或不规则块斑,硬化凹陷,有时病斑可扩大至果面的1/3,不能食用。

【发病规律】

1. 病原 本病由褐孢霉菌 *Fulvia fulva*,异名 *Cladosporium fulvum* 侵染引起的真菌病害。病菌的生理分化明显、复杂,生理小种数量多、变异性强。

2. 传播途径 病菌以菌丝体或菌丝块随病残体在土壤中越冬,是主要的初侵染源。分生孢子也可附着在种子表面,或菌丝体潜伏于种皮内越冬,冬季温室番茄仍可被害。条件适宜时病菌产生分生孢子,借助气流传播引起初次侵染,播种带菌种子可引起幼苗发病。田间病株各病部产生大量的分生孢子,借助气流和雨水

传播,萌发长出芽管从叶片背面气孔侵入,还可从萼片、花梗等部位的气孔侵入寄主,进行频繁的再侵染。菌丝在寄主细胞间蔓延,产生吸器从细胞内吸取养分和水分,使叶片枯黄、花器凋萎或幼果脱落。病菌可从花器进入子房,潜伏在种皮内。

3. **发病条件** 病菌生长发育温度 9℃~34℃(最适 20℃~25℃)。分生孢子萌发温度 5℃~30℃(最适 25℃),相对湿度 80%以上或在水滴中,适宜分生孢子萌发。温暖高湿环境利于病害发生发展,一般气温 22℃左右,相对湿度 90%以上,或夜间叶面有水膜时有利于病菌繁殖,从初发病到流行成灾,一般需 15 天左右。每天高湿度和叶面湿润持续时间长,是我国棚室环境因素的重要特征,因此,叶霉病流行性强、危害严重。空气相对湿度低于 80%,气温超过 30℃,对病菌侵染和病害发生有抑制作用。连阴雨天气,棚室通风不良,湿度过大或光照弱,番茄连茬种植,植株密度过大均会加重病情。

番茄品种之间具有明显的抗病性差异,病菌生理小种的变异和产生新优势小种,直接影响品种的抗病性表现,对叶霉病的发生危害有直接影响。

【防治方法】

1. **因地制宜选用抗病品种** 鲜食番茄如佳粉 7 号、10 号、15 号、16 号、17 号,抗病佳粉、仙客 1 号、6 号,佳红 4 号、5 号、6 号,硬粉 8 号,中杂 7 号、9 号、11 号和中杂 101,辽粉杂 3 号、辽粉杂 7 号,沈粉 3 号、L402,东农 708、710、715、716,金棚 3 号、10 号、11 号,保冠,毛粉 808,长丰 3 号、8 号,浙粉 202,杭杂 400,江苏 1 号,皖杂 15、皖粉 208、皖红 7 号,申粉 V-86、申粉 10 号、沈粉 3 号、L402、超冠、中研 958 和 968、合作 918 和 919 等。从国外引进的品种普罗旺斯、釜山金粉等。此外,樱桃番茄沪樱 1 号、沪樱 932、圣果、京丹黄玉、京丹 4 号、6 号、绿宝石、长丰 8 号等抗病性强。

大面积、连续的种植抗病品种时,应注意病菌生理小种变异和

第四章 茄科蔬菜病害

品种抗病性表现,如双抗2号和抗病佳粉丧失抗病性后,要换用佳粉15和中杂9号等,以保证防病效果的稳定和持久。

2. 种子和棚室消毒 市购未包衣的种子用53℃温水浸种30分钟,晾干后催芽播种。发病严重的棚室在定植前用硫磺烟熏消毒灭菌,按每110平方米面积,用硫磺250克加锯末500克,拌匀后分放几处,点燃密闭烟熏一夜。但番茄生长期禁用此法,防止发生药害。

3. 合理轮作 重病田应与瓜类、豆类等蔬菜实行3年以上轮作。

4. 栽培防病 棚室番茄应施足有机质基肥和平衡施肥,避免氮肥过多,提高植株抗病力。采用半高垄覆盖地膜栽培,滴灌或膜下浇水,深冬早春选择晴天上午灌水,切忌阴天灌水和大水漫灌,灌水后加强通风排湿。及时整枝、打杈和吊蔓,防止枝叶繁茂、行间荫蔽和通风透光不良,并及时摘除植株下部老黄叶、病叶。对叶量大的品种在生长中后期应酌情进行剪叶处理,以利通风透光。

5. 药剂防治 长期使用一种或几种杀菌剂,或者随意加大用药量,番茄叶霉病菌产生抗药性,会导致药剂防治失败造成损失。应结合当地使用药剂的种类、年限和防治效果等综合分析,制定合理的用药方案。

(1)慎用、少用的杀菌剂 据有关单位报道(2003~2008年),河北、山西、山东、辽宁等地抽样检测结果,番茄叶霉病菌对多菌灵、乙霉威和代森锰锌,产生的抗性频率和抗性水平均高,对甲基硫菌灵、异菌脲、嘧菌酯产生不同程度抗性,导致防治失败或防治效果显著下降。另一方面,同一省内不同地区间的抗药性状况常有很大差异。应慎用、停用或少用50%多菌灵可湿性粉剂500倍液、60%多菌灵盐酸盐可溶性粉剂600倍液、70%甲基硫菌灵可湿性粉剂1 000倍液、50%异菌脲可湿性粉剂500倍液、25%嘧菌酯悬浮剂1 500倍液,50%乙霉·多菌灵可湿性粉剂500倍液等。

(2)选用的杀菌剂 发病初期喷洒生物制剂或化学药剂,如

2%武夷菌素水剂100～150倍液,或2%春雷霉素水剂300～500倍液,或10%多抗霉素可湿性粉剂400～500倍液等;25%啶菌噁唑乳油1 000倍液、12.5%腈菌唑乳油2 000倍液、75%百菌清可湿性粉剂600倍液、10%苯醚甲环唑水分散粒剂1500倍液、40%氟硅唑乳油5 000倍液、10%氟硅唑水乳剂1 000倍液、50%克菌丹可湿性粉剂400～500倍液等,以及30%苯甲·丙环唑乳油2 000倍液、47%春雷·王铜可湿性粉剂600倍液、42.8%氟菌·肟菌酯悬浮剂2 000倍液等,隔7～10天1次,连续防治3～4次。

棚室番茄发病初期,每667米^2·次用15%腐霉·百菌清烟剂、15%腐霉利烟剂、45%百菌清烟剂各250克,或15%抑霉唑烟剂275克,点燃熏一夜,隔8～10天1次,连续使用或与喷雾交替使用3～4次。

六、番茄灰霉病

番茄灰霉病是世界性病害,从20世纪80年代开始在我国迅速发展蔓延,成为各地棚室番茄的主要病害之一,对冬春茬番茄的安全生产构成威胁,一般减产10%～20%,严重时达50%以上。该病还危害瓜类、豆类、其他茄果类、叶菜类等多种蔬菜。

【症状识别】 成株期发病,植株地上部的花穗、果实、叶片、茎秆均可染病,主要危害果实。花穗受害,病菌侵染残留的花瓣和柱头,花瓣出现褐色斑点,后期花瓣萎缩,呈褐色软腐,柱头变褐色。果实发病,病菌先侵染蒂部残存花瓣或脐部残留柱头,也有的由接近果蒂、果柄处发病,均向果面扩展,造成幼果软腐,青果病部果皮呈浅褐色或灰白色、水渍状软腐,边缘不清晰,很快发展成不规则形大形病斑,果肉软腐,病果大多脱落或失水后僵化留在枝头。叶片发病多从叶缘开始,病斑呈"V"形向内扩展,初为水渍状,渐变浅褐色,边缘不规则,具深浅相间的轮纹,使病、健部组织界限分

第四章 茄科蔬菜病害

明,病斑后干枯,严重时病叶死亡。茎蔓和叶柄发病,初呈水浸状小病斑,后扩展为长椭圆形或长条形病斑,浅褐色,严重时变褐色腐烂,病部以上枝叶枯萎死亡;茎基部发病,最初呈水浸状病斑,继续扩展绕茎一周引起腐烂,植株死亡。染病花瓣、花蕊等掉落黏附在叶面或枝杈上,可出现圆形或梭形病斑。潮湿时在花、果、叶和茎的病部产生灰褐色霉层(病菌的分生孢子梗和分生孢子),有时病果后期产生黑色颗粒状菌核。

【发病规律】

1. 病原 本病由灰葡萄孢 *Botrytis cinerea* 侵染引起的真菌病害。病菌寄生性弱,容易产生抗药性。

2. 传播途径 病菌主要以菌核在土壤中或以菌丝体、分生孢子在病残体上越冬或越夏,并能在其他有机物上腐生存活。环境适宜时菌核萌发产生菌丝体和分生孢子,分生孢子萌发生出芽管多从寄主衰弱的器官、组织或伤口侵入,引起田间发病。其后,病部产生大量分生孢子,经气流、雨水或露滴传播,农事作业的工具、人员在行间走动时衣服带菌均能传播,染病幼苗和用激素蘸(点)花后,花瓣不易脱落,是灰霉病菌的重要传播途径,进行频繁的再侵染,使病害迅速蔓延和流行。

由于灰霉病属低温型病害,以本地菌源为主,主要发生在冬春季节。因此,病菌越夏阶段是其周年发生的关键环节。在土壤病残体携带的菌核和分生孢子寿命较长,夏季高温期经腐生或弱寄生后,于秋季或初冬时产生新的分生孢子,开始进入新一轮的病害循环。可见,采取措施阻断病菌安全越夏,在防控病害中有重要作用。

3. 发病条件 我国设施蔬菜栽培,以不加温、塑料薄膜覆盖的节能型日光温室、塑料棚为主,环境条件和现有的生产技术水平,均较适宜病害的发生流行。

病菌较喜低温、高湿、弱光的环境条件。病菌菌丝生长温度

2℃～31℃,菌核萌发的温度5℃～30℃,分生孢子萌发适宜温度21℃。病菌对空气相对湿度的要求严格,85%～100%有利于分生孢子形成和萌发。一般棚室温度10℃～22℃,空气相对湿度85%以上持续8小时,病害就能持续发生。空气相对湿度持续在90%以上和植株表面结露时,适宜病菌侵染、发育和病害流行。温度低于10℃和超过30℃,病害的发展受到抑制。番茄日光温室和大棚反季节栽培,空气相对湿度可以满足发病的要求,而温度成为病害流行的主要因素,当低于15℃的温度出现的次数多、持续的时间长,灰霉病发生严重。北方地区冬春季多雨雪或阴天、寒流次数多,造成棚室内温度偏低和高湿环境,易导致病害流行。南方地区特别是长江流域,春季保护地番茄发病盛期在2月中下旬至5月间,多阴雨或梅雨季后番茄受害重。

灰霉病菌侵染要求一定的营养,番茄果实的残留花瓣及柱头含有高外渗糖,成为灰霉病菌的主要侵染位点;植株下部老叶、衰弱的叶片、卷须的尖部也是有利的侵染部位。病菌经一段腐生生活,取得足够营养再向健康部位扩展。番茄开花结果期是病害侵染盛期,一般第一、第二穗果发病率高。若遇到不良天气的影响,病害最易流行,造成大量烂果。

栽培管理不善,粗放耕作,番茄长势衰弱,植株徒长,密度过大,偏施氮肥或氮肥不足,浇水过量或浇水后遇阴天,果实膨大时遇阴天浇水病果剧增。棚室透光不好、光照不足、保温性能不良和灌水后放风排湿不及时,均有利于加重病情。此外,在番茄生产的管理措施中,长期、较单一的使用几种农药,灰霉病菌容易产生抗药性导致化学防治失败,造成病害流行危害极大。20世纪80年代后期,我国南北方菜区的灰霉病菌,对内吸性杀菌剂多菌灵(苯并咪唑类)普遍产生了抗药菌株,抗性指数超过1 000倍。利用乙霉威(氨基甲酸酯类)同苯并咪唑类杀菌剂存在负交互抗性关系,乙霉威与多菌灵、甲基硫菌灵、嘧霉胺等复配制剂,被广泛应用于

第四章 茄科蔬菜病害

生产并取得成效。经有关单位 2008～2009 年检测结果,山东、河北和辽宁的番茄灰霉病菌对乙霉威的抗性频率接近 100%,高抗和特高抗菌株占 50.5%,使得复配制剂的田间防效显著下降。病菌对腐霉利(二甲酰亚胺类)、甲基硫菌灵(苯并咪唑类)、嘧霉胺(苯胺基嘧啶类)及其复配制剂的敏感度已普遍降低,出现不同的抗药性类型。有些地区灰霉病菌对异菌脲(二甲酰亚胺类)的敏感度有所下降,但与上述药剂相比仍处于相对敏感水平。灰霉病菌的抗药性科学治理,是化学防治和生产在的突出问题。

【防治方法】 针对番茄灰霉病的发生特点,应实施综合防治技术,采取多种防控措施控制病情发展,降低化学杀菌剂的使用,合理用药搞好病菌的抗药性治理。

1. 改善棚室环境条件 如山东寿光第五代节能日光温室(高温棚)、辽沈Ⅳ型和第四代双层节能日光温室、河北Ⅱ型节能日光温室等,通过科学设计,优化日光温室结构和加大室内空间,或采用下挖式结构,明显提高了采光、增温、保温和蓄热性能,可以改善棚内的生态环境条件。覆盖消雾型无滴膜(例如农用 PO 膜),聚乙烯流滴防老化膜,或新型乙烯-醋酸乙烯与聚乙烯三层共挤流滴保温防老化膜(EVA 多功能膜),新型内涂覆型流滴消雾功能膜,提高透光率和保温、防雾滴等性能,可明显降低棚室内空气相对湿度,减少棚膜滴水、叶面结露及叶缘吐水,可明显减轻番茄灰霉病等病害发生危害。

加温温室番茄生产灰霉病发生很轻,说明优化环境条件的重要性。加温温室早春季节不要过早停火加温或停止供暖,如遇低温阴雨天气,升火提温、临时加温是最有效的防病方法。

2. 棚室消毒灭菌 灰霉病菌在温度 50℃下处理 1 小时即死亡,利用太阳能进行土壤消毒灭菌,是非常有效的防病措施,利于切断病害周年循环的越夏环节,明显减少病菌的初侵染源。具体做法:

一是,在7~8月棚室休闲期间,彻底清除病株残体,深翻土地、浇水、覆地膜后,密闭棚室15~20天,利用太阳能使土壤温度达到50℃~60℃,杀灭土壤和棚室设备上的病菌。

二是,太阳能和氰氨化钙土壤消毒,详见番茄青枯病部分。

三是,番茄定植前对棚室内部、架材等,喷施啶酰菌胺(烟酰胺)和氟啶胺等药液,或用烟剂熏烟,进行表面灭菌。

3. 栽培防病 选用无病种苗(见苗床病害中菜苗灰霉病部分)。采用小高畦地膜栽培和滴灌、暗灌浇水技术,降低湿度可预防或减少发病。阴雨(雪)天气来临前禁忌灌水,防止大水漫灌;浇水在晴天上午进行,浇水后应放风排湿,发病初期适当控制浇水。阴天也要适量通风换气。合理施用氮、磷、钾肥,忌偏施氮肥,增施磷、钾肥提高抗病能力。发现病果、病叶及时摘除,放入塑料袋中携出田外妥善处理。适时清(摘)除残留花瓣和柱头,采收后彻底清除棚室内病残体,清洁田园。

4. 棚室变温管理 有利于番茄的光合作用和营养物质积累,增强寄主的抗病力,同时能降低环境湿度不利病害发生发展。一般做法是在晴天上午通风时间适当延迟,使棚室温度迅速升至33℃左右,再开始放顶风。白天保持较高温度,当棚室温度降至23℃~24℃时及时关闭通风口,以减缓夜间棚温较快下降。夜间棚室内温度应保持在15℃~17℃。

5. 改进授粉方式,减少病菌侵染 改进传统的蘸花授粉方法,采用振动授粉或利用熊蜂授粉新技术,阻断病菌侵染果实的途径,降低病果率、提高坐果率,降低劳动强度和节约成本,保障番茄产品质量安全。

将番茄授粉器(市售专利产品)前端的振动棒,轻触番茄果穗的果柄上,接通电源振动约0.5秒即可完成授粉。授粉时间9~15时,夏秋季每周至少使用3次,春冬季每天使用1次,每667米²面积仅用半小时即可完成授粉。该产品配有蓄电池,一次充电可

第四章 茄科蔬菜病害

连续使用4小时。能将番茄残花部分震落,可减轻灰霉病菌侵染残花进而侵染果实。

熊蜂是温室番茄的授粉昆虫,我国已实现商品生产,按使用说明在棚室中应用,可收到良好的防病和增产效果。

番茄第1、2穗果开花时,在配好的2,4-D或防落素稀释液中,按0.1%的用量加入50%异菌脲可湿性粉剂,或按0.02%用量加入50%咯菌腈可湿性粉剂等,充分混匀后进行蘸花或者喷花预防病菌侵染。应结合田间作业,在番茄蘸花后7~15天,幼果直径1~2厘米时,将幼果上残留的花瓣和柱头摘掉,阻断病菌侵染,可明显降低病果率。

6. 药剂防治 根据灰霉病菌的抗药性变化选择敏感药剂,在发病前或发病初期及时防治,是化学防治成功的关键。

(1)选择敏感药剂 目前,按不同的药剂类别和作用方式,可分为3类。

①生物制剂及常用浓度 10%多抗霉素可湿性粉剂500~600倍液、1 000亿孢子/克枯草芽孢杆菌可湿性粉剂700~1000倍液、3亿CFU/克哈茨木霉菌可湿性粉剂400~500倍液、2亿活孢子/克木霉菌可湿性粉剂500倍液、0.3%丁子香酚可溶液剂600倍液等。

②保护性杀菌剂及常用浓度 如75%百菌清可湿性粉剂500倍液、50%福美双可湿性粉剂600~800倍液、80%代森锰锌可湿性粉剂500倍液、40%双胍三辛烷基苯磺酸盐可湿性粉剂(百可得)1 500倍液、50%异菌脲可湿性粉剂1 000倍液、50%异菌·福美双可湿性粉剂(灭霉灵)800倍液等。

③具治疗作用的内吸性杀菌剂及常用浓度 如50%啶酰菌胺水分散粒剂(凯泽)1 000~1 500倍液、25%啶菌噁唑乳油800~1 000倍液、50%咯菌腈可湿性粉剂4 000~5 000倍液、45%噻菌灵悬浮剂(特克多)3 000倍液、25%咪鲜胺乳油(使百克)2 000倍

液、60%唑醚·代森联水分散粒剂2000倍液、40%啶菌·福美双悬乳剂800倍液等。依据天气和病情发展，一般每间隔7天喷施一次，也可与百菌清、福美双及异菌·百菌清烟剂或百菌清粉尘剂等保护剂轮换使用。

除了轮换用药，尚需要注意多菌灵、嘧霉胺、乙霉威、异菌脲及其复配制剂在一些种植区用来防治灰霉病已有多年，病菌对这些药剂已产生抗药性，应慎用或注意减少使用次数。

(2)发病前预防　掌握用药时机防控灰霉病有重要作用，在番茄发病前(尤其是定植前和浇催果水前)，如遇低温阴雨天气，应及时施药预防，有利保苗、保果和减少菌源。可用保护性杀菌剂百菌清、福美双、代森锰锌、40%双胍三辛烷基苯磺酸盐(百可得)、异菌脲和异菌·福美双(灭霉灵)等，可隔7～10天再喷1～2次。

(3)发病初期对症防除　在摘除病叶、病花和病果后，应选用生物制剂、具治疗作用的内吸性杀菌剂，如多抗霉素、哈茨木霉菌、啶菌噁唑、咯菌腈、咪鲜胺等，以及60%唑醚·代森联水分散粒剂(百泰)1500倍液与50%啶酰菌胺水分散粒剂(凯泽)1200倍液，做到轮换交替用药或使用复配制剂。

(4)烟雾剂和粉尘剂　不增加棚室内空气湿度，为保护地特别是在阴雨天气时，提供了理想的施药方法。发病初期棚室每667米^2·次面积用15%百菌清烟剂200～300克、15%异菌·百菌清烟剂250～300克等，晚上密闭棚室点燃熏烟。也可在早晨或傍晚喷洒5%福·异菌粉尘剂，或5%百菌清粉尘剂，每667米^2·次1千克，隔7～10天1次，提倡与喷雾方法交替使用2～3次。由于烟剂种类少，有些农户只考虑省工、省时，而连续、数次使用烟剂，容易引起病菌产生抗药性和出现药害，反而会加重病情，这种情况应于避免。

7. 注意选用耐病品种　由于灰霉病菌的寄生性弱兼具腐生的特点，寄主种类多，选育抗病品种困难，这也是本种病害广泛分布和严重危害的重要原因。大红硬果番茄通常比粉红果番茄对灰霉病抗性强,如瑞丽、玛格丽特、新品、双飞、以色列189、台湾百利等品种,田间发病率较低,可进一步试验试用。

七、番茄菌核病

番茄菌核病是我国棚室番茄生产的一种重要病害,常造成一定的产量损失,露地番茄也有发生。菌核病寄主范围广泛,能侵染64科383种植物,几乎危害所有蔬菜种类和灰藜、马齿苋等杂草,以番茄、茄子、黄瓜、甘蓝、莴苣和芹菜发生危害较重。

【症状识别】 幼苗、成株期均可发病,但以成株期茎基部受害重,植株叶片、花器、果实和茎秆等均可受害。衰老叶片染病,多始于叶缘,初呈水渍状淡绿色,迅速扩展成大型灰褐色湿腐病斑,可致病叶腐烂或枯死。植株上部病花、病果掉落在叶片上,也可引起发病。花器受害,花梗褪色变白,稍呈水渍状湿腐,花瓣失去光泽呈苍白色,易脱落。茎部染病,多在地表处或近地面10~30厘米处及分枝部先发病,也可由叶柄基部侵入,产生褪色水浸状斑,迅速扩大,向两端蔓延并环绕茎秆,病部灰白色稍凹陷,有时可见不明显的灰褐色环状纹,后期表皮纵裂,最终病部以上茎叶枯死。湿度大时病部密生白色絮状霉层(病菌的菌丝和子囊孢子),继而菌丝集结形成初为白色、成熟后转为黑色鼠屎状、圆柱形或颗粒形的菌核。纵剖病茎,髓部空腔中可见到较多的黑色菌核。青果受害病菌多从果柄侵入,也可从残留花瓣或残存柱头侵入,向果面发展,病部水渍状灰白色似水烫过,殃及萼片甚至脐部,迅速变褐,软化腐烂。苗期茎基部发病,初呈浅褐色水渍状斑,病部缢缩,易折断致幼苗枯死。

在湿度大时病部生絮状白色霉层并形成黑色菌核,引起湿腐但无恶臭味是本病的主要特征。

【发病规律】

1. 病原 本病由核盘孢 *Sclerotinia sclerotiorum* 侵染引起的真菌病害。

2. 传播途径 菌核病菌以菌核遗留在土壤中，或混杂在种子中越冬和越夏，在干燥的土壤中菌核可存活3年，落入土壤中的菌核是主要的初侵染原。带菌种子调运和移栽病苗，可使病害扩大传播。土壤中的菌核无休眠期，在适宜的温湿度和散射光条件下，吸收一定水分，菌核萌发产生子囊盘并弹射散出子囊孢子，随气流传播蔓延，接触到寄主即从伤口、衰老叶片及残存花瓣等衰弱组织侵入，进而扩展到果实和茎部，引起发病。田间再侵染，主要通过病、健株或病、键花、果接触时菌丝体传播，使病害蔓延。

3. 发病条件 菌核病菌的菌丝在0℃～35℃能生长，菌丝生长和菌核形成最适宜温度20℃，菌核萌发适宜温度15℃～20℃。湿度是病菌生长的限制因素，空气相对湿度85%以上子囊孢子萌发和菌丝生长。因此，温度较低，湿度高或多雨的早春或晚秋，适宜菌核病的发生流行。保护地番茄栽培北方地区多在3～5月和10～11月，南方则多在2～4月和10～12月为发病盛期。此间若遇到低温、阴雨或寒潮天气，病情迅速发展。在发病棚室，连年种植瓜、果、豆类和十字花科蔬菜，发病逐年加重。地势低洼、土壤黏重潮湿，病地连作，过度密植，偏施氮肥等该病易流行。

【防治方法】

1. 土壤消毒处理 菌核在淹水的条件下1个月死亡，夏季棚室休闲期间，利用灌水、覆盖地面和太阳能消毒土壤，可杀灭土壤中的大部分菌核，实施方法同番茄灰霉病。或在蔬菜收获后清除病株残体，及时深翻土壤其深度在20厘米以上，可将遗落土中的菌核翻入土壤深处，减少子囊盘产生。番茄移栽前用50%腐霉利可湿性粉剂，或50%异菌脲可湿性粉剂1千克/667米^2，对细土20千克拌匀后耙入土中消毒土壤。

第四章 茄科蔬菜病害

2. 培育无病壮苗 应抓好净种和净土两个方面。种子间混杂有菌核,可用10%盐水漂洗种子2~3次,汰除菌核。或用55℃温水浸种30分钟,杀死种子中的菌核,定植前汰除病苗。提倡采用草炭、蛭石基质和育苗盘或营养钵育苗。老旧苗床可用电热温床育苗,播种前将苗床温度调到55℃处理2小时,可杀死床土中的菌核,在常温下播种。或在播种前2周,用40%甲醛溶液(福尔马林)150倍液浇灌床土,用塑料薄膜覆盖4~5天,然后翻晾床土7~10天后播种。育苗用基质或床土药剂消毒,可参见苗床病害部分。

3. 加强田间管理 保护地覆盖紫外线阻断膜做棚膜,可减少子囊盘产生;覆盖地膜栽培抑制子囊孢子传播,可实行全地膜覆盖。棚室利用生态防治法见番茄灰霉病部分。根据不同品种特性进行合理密植,推广滴灌浇水,采用配方施肥,避免偏施氮肥,增施磷、钾肥,提供寄主抗病力。生长期间及时摘除病叶、病枝及病果,适时打老叶;收获后清除病株残体,携出田外处理。

4. 药剂防治 在发病初期及时进行喷雾处理,可用50%乙烯菌核利可湿性粉剂(农利灵)1 000倍液、50%腐霉利可湿性粉剂(速克灵)1 000~1 500倍液、50%异菌脲可湿性粉剂(扑海因)1 500倍液、50%多菌灵可湿性粉剂500倍液、70%甲基硫菌灵可湿性粉剂800倍液、25%醚菌酯悬浮剂1 000倍液、10%苯醚甲环唑水分散粒剂1 000倍液、40%菌核净可湿性粉剂500倍液、50%苯菌灵可湿性粉剂1 500倍液、40%嘧霉胺悬浮剂(施佳乐)1 200倍液、50%混杀硫悬浮剂500倍液、65%甲硫·霉威可湿性粉剂(甲霉灵)600倍液,每667米²施药液量60~70升,着重喷洒植株基部与地表,注意轮换用药,隔7~10天1次,连续防治3~4次。

烟雾和粉尘施药法参见番茄灰霉病部分,还可用10%腐霉利烟剂250克/667²,或20%腐霉·百菌清烟剂250克~300克/

667^2 点燃熏烟。

八、番茄白绢病

番茄白绢病俗称霉苑、菜籽病,是我国东南沿海、华中、华南湿热地区的重要病害,可引起植株成片死亡。本病除危害番茄以外,还侵染辣椒、茄子、马铃薯、甜瓜、南瓜、菜豆、豇豆、芋、姜和魔芋等蔬菜作物。

【症状识别】 幼苗和成株期均可发病,主要侵染茎基部和根部。多在近地面的植株茎基部先发病,形成暗褐色水渍状不定型病斑,扩大后稍凹陷,病部表面生白色绢丝状菌丝体,集结成束,向茎上部延伸,致使植株叶色变淡;土壤潮湿时,菌丝由茎基沿土表向四周地面呈辐射状扩展。受害后病株茎基和根部皮层腐烂,木质部外露;或在腐烂部上方长出不定根,植株叶片发黄,萎蔫直至整株死亡。后期在病组织和茎基周围土表的白色菌丝上,散生褐色至栗褐色圆球形菌核,如菜籽大小。有时近地面的果实受害,呈软腐状,表面密生白色绢丝状菌丝体和菜籽状的菌核。

【发病规律】

1. 病原 本病由齐整小核菌 *Sclerotium rolfsii* 侵染所致的真菌病害。

2. 传播途径 病菌以菌核在土壤里或以菌丝在病株残体里越冬,成为翌年初侵病源。菌核在土壤里可存活5~6年,但水淹3~4个月即死亡。由菌核萌发菌丝,从寄主茎基部、根部的伤口或表皮直接侵入,形成中心病株,后在病部形成白色绢丝状菌丝和小菌核,沿着土面和土壤缝隙蔓延到临近植株。此外,病菌也可通过雨水、灌溉水和中耕等农事作业传播,一般在盛夏多雨季节进入发病高峰期。

3. 发病条件 病菌适宜高温高湿环境,菌核萌发和菌丝生长

第四章 茄科蔬菜病害

需要空气相对湿度 100% 和水湿条件，菌丝不耐干燥；最适温度 32℃～33℃，最高 40℃，最低 8℃。病菌较适宜在酸性土壤条件下生长，耐酸碱度范围 pH 1.9～8.4，最适 pH 5.9。此外，栽植过密，行间通风透光不良，施用未充分腐熟的有机肥及连作地发病重。

【防治方法】

1. 轮作换茬 发病严重的菜田应与禾本科作物如小麦、玉米等实行 4～5 年轮作，能与水田轮作最好，一茬即可见效。

2. 调整土壤酸碱度 根据酸性土壤的不同 pH 值增施适量熟石灰粉，参见大白菜根肿病。结合整地一般 667 米² 撒施熟石灰粉 100～150 千克，将土壤 pH 值调至弱碱性。

3. 加强田间管理 增施、深施充分腐熟的有机肥，适量追施化肥。地膜覆盖栽培，采用滴灌或膜下暗灌，注意棚室内通风，露地要开沟排水，降低田间湿度。发现病株及时拔除，同时在病穴内撒石灰粉消毒。番茄拉秧后清洁田园，深翻土壤把病菌翻入深土层，促使病菌核死亡减少菌源。

4. 药剂防治 发现中心病株后及时处理病株和周围土面，可用 40% 五氯硝基苯粉剂 1～1.5 千克/667 米²，加细干土 40～60 千克混匀后适量撒施。也可用 40% 五氯硝基苯粉剂 400 倍液，或 3% 甲霜·噁霉灵水剂水剂 500～1000 倍液，或 20% 丙环唑微乳剂 3000 倍液，或 50% 异菌脲可湿性粉剂 1000 倍液，或 20% 三唑酮乳油 2000 倍液，或 70% 甲基硫菌灵悬浮剂 500～1000 倍液，或 20% 甲基立枯磷 800 倍液，或 50% 多·硫悬浮剂 500 倍液等，喷淋病茎基部和周围土面，隔 7～10 天再喷 1～2 次，至控制病情止。也可用上述药液灌根挑治病株，每株 400～500 毫升。

九、番茄斑枯病

番茄斑枯病又称斑点病、白星病和鱼目斑病，全国各番茄产区均有发生,以春秋露地番茄发病较重,在结果期严重发生时造成大量落叶,降低光合作用而影响产量和降低品质。此病除番茄以外,马铃薯、茄子和辣椒等蔬菜,酸浆、曼陀罗及龙葵、苦职等茄科杂草也有发生。

【症状识别】 主要危害叶片,其次茎、叶柄和果实,多在番茄开花结果后发生。叶片发病一般始于植株最下层靠近地面的老叶,逐渐向上层叶片发展。发病初期,叶片背面出现水渍状凹陷小圆斑,直径1~2毫米,很快在叶的正、背面都产生圆形或近圆形病斑,边缘褐色或暗褐色,中央灰白色,直径2~5毫米,稍凹陷,斑面散生少量黑色小粒点(病菌的分生孢子器)。严重时,病斑融合形成大的枯斑,后期病斑易脱落形成穿孔,植株中下部叶片干枯或脱落。茎秆和叶柄病斑呈椭圆形或圆形,边缘褐色、中央灰白色,其上长有小黑粒点,多个病斑融合致茎和叶柄部干枯。果实染病与茎秆症状基本相同,但较少发生。

【发病规律】

1. 病原 本病由番茄壳针孢 *Septoria lycopersici* 侵染所致的真菌病害。

2. 传播途径 病菌主要以分生孢子器和菌丝体在田间的病株残体、多年生茄科杂草或附着在种子上越冬。翌年田间条件适宜时,分生孢子器吸水后喷出分生孢子,借助风雨传播落于寄主体表,在叶片湿润状态下,分生孢子萌发芽管由气孔侵入,菌丝在组织间蔓延,以吸器从细胞中吸取营养,破坏组织引起植株下部老叶先发病。病部产生新的分生孢子器、分生孢子,经风雨及雨后、结露时农事作业传播,进行反复的再侵染,从分生孢子飞散到新的分生孢子形成只需半个月左右,使病情迅速发展。

3. 发病条件 病菌生长适宜温度12℃~30℃,最适22℃~25℃,空气相对湿度高于90%或雨后产生分生孢子器,植株体表有水滴时释放出分生孢子。当气温上升到15℃以上时,田间开始

第四章 茄科蔬菜病害

发病,当温度25℃、空气相对湿度达到饱和时,病菌在4小时内就可侵入寄主,潜育期8～10天。气温25℃,湿度高、雨日多或番茄开始坐果后露多雾重,有利于该病发生流行。茄科蔬菜连作,低洼地或排水不良,种植密度大、通风透光差,缺肥等不良的栽培条件下,植株衰弱抗病力降低时,会加重病情。

【防治方法】

1. 选用无病种子和进行种子处理 从无病种子田或从无病株上采集种子,种子带菌可用52℃温水浸泡30分钟,捞出晾晒再催芽播种。

2. 实行无病土育苗和生产田轮作 用非茄科作物田土或非耕地腐殖土,掺拌足够的腐熟农家肥作苗床土,提倡采用营养钵等无菌基质育苗法。番茄生产田与非茄科作物实行2～3年轮作,前茬最好是豆科或禾本科作物。

3. 加强田间管理 实行高畦栽培,避免过度密植,保持田间通风透光及地面干燥;及时进行植株调整和搭架吊蔓,雨后排水、中耕松土;施足基肥、肥增施磷钾肥,喷施1.4%复硝酚钠水剂8 000倍液,或0.01%芸薹素内酯可溶液剂5 000～6 000倍液等,可以提高植株抗病力;收获后清除病残体深埋等,均可减轻发病。

4. 选用抗(耐)病品种 国外已有研究报道,不常种植的秘鲁番茄、多毛番茄、潘那利番茄等抗病性强,可作为抗源材料用于抗病新品种选育中。国内资料毛粉802、广茄4号、浦红1号、蜀早3号以及金易丽桃(小果型品种)等田间发病轻,有一定的抗(耐)病性,可选播试用。

5. 药剂防治 番茄结果期多雨年份病害易流行,应于发病前喷75%百菌清可湿性粉剂800倍液,或70%代森锰锌可湿性粉剂1 000倍液,每隔10～15天连喷2～3次,预防效果良好。发病初期喷64%噁霜•锰锌可湿性粉剂500倍液,或58%甲霜灵•锰锌可湿性粉剂500倍液,或68%精甲霜•锰锌水分散粒剂800倍液,或78%波·锰锌可湿性粉剂600倍液,或10%苯醚甲环唑水分散粒剂1 000倍液,或40%氟硅唑乳油5 000倍液,或45%噻菌灵悬浮剂800倍液,或70%甲基硫菌灵可湿性粉剂1 000倍液,或40%多·硫悬浮剂500倍液等,每隔7~10天喷1次药,每667米^{2}用药液60升左右,连施2~3次。

十、番茄白粉病

番茄白粉病在保护地和露地栽培发生普遍,由于我国鲜食番茄和加工番茄生产无抗病品种,多年种植病菌不断增加,病情呈逐渐加重趋势,严重时发病率80%~100%,引起叶片干枯、植株早衰,造成较大的减产损失。此病还危害黄瓜、辣(甜)椒、茄子和秋葵等。

【症状识别】 番茄叶片、叶柄、茎秆和果实均可发病,以叶片受害重。植株下部叶片先发病,逐渐向上部发展。发病初期,叶片正面出现褪绿色小斑点,扩大后呈近圆形或不规则形病斑,表面着生稀疏的白色粉状物(病菌的菌丝、分生孢子梗和分生孢子)。随着病斑扩大呈圆形粉斑,粉层逐渐加厚,湿度大时叶片背面也长出白色霉层。严重时病斑覆盖整个叶面,病叶变黑褐色干枯死亡。另一种症状,初发病时叶片正面粉斑不明显,呈边缘不清晰的黄色斑块,仔细观察可见有稀疏的霉层,后扩展为多角形病斑,连片为白色霉层。严重时叶片正、背面均覆满病斑,使叶片变褐枯死。叶柄、茎秆、果实染病时,发病部位也产生白粉状病斑。

【发病规律】

1. 病原 据报道,本病由番茄粉孢菌 *O idium. lycopersici*,新番茄粉孢菌 *O. neolycopersici* 和辣椒拟粉孢菌 *O. taurica* 侵染引起的真菌病害,不同地区的病原菌种类有差异。

2. 传播途径 我国北方冬季病菌主要在温室番茄、辣(甜)

第四章 茄科蔬菜病害

椒、茄子上寄生,条件适宜时分生孢子随气流传播蔓延,侵染春茬、秋茬番茄,其后又在病部产出分生孢子通过气流传播进行再侵染。此外,地面病残体上的病菌闭囊壳也可越冬,环境适宜产生子囊孢子随浇水或雨滴飞溅进行初侵染,以分生孢子引起频繁的再侵染,农事操作也可造成病菌的近距离传播。南方温暖地区番茄常年种植区,病菌无明显越冬现象,分生孢子不断产生,辗转危害,该病可周年发生。北方菜区温室或塑料大棚番茄,3~6月和10~11月常发病较重,露地多发生于6~7月和9~10月;长江中下游地区发病盛期为5~9月。

3. 发病条件　白粉病在温度15℃~30℃时均可发生,最适为25℃~28℃,空气相对湿度50%~80%病情发展,最适宜感病期为番茄结果中、后期。病菌分生孢子萌发和侵入寄主,需要有水滴存在。棚室番茄结露多时间长,利于分生孢子萌发和侵染,白天温度高、空气相对湿度低时,菌丝生长较快、产孢多,比露地番茄发病严重。高温时晴雨交替,天气闷热更易于流行,长时间降雨则会抑制病害蔓延。田间荫蔽、偏施氮肥,植株长势弱,茄果蔬菜连作,菌源量大病害发生危害重。

【防治方法】

1. 轮作和清除菌源　重病田番茄不要与茄果类、瓜类蔬菜连作;提倡与葱蒜类蔬菜进行2~3年轮作。及时清除脱落的病叶、病果,采收后彻底清除病残体,集中在田外进行灭菌处理,并深耕翻土,减少菌源。

2. 棚室消毒　发病重的温室、塑料大棚在番茄定植前10天,每百立方米体积用硫磺粉230克加锯末460克混匀后分放数处,点燃后密闭棚室熏一夜,温度保持20℃以上保证灭菌效果,但番茄生长期禁用防止发生药害。也可用45%百菌清烟剂熏烟灭菌。或采用43%戊唑醇悬浮剂(菌力克)800倍液,或10%苯醚甲环唑水分散粒剂(世高)2 000倍液,或40%氟硅唑乳油(福星)6 000倍液均匀喷洒棚室内部表面,进行灭菌处理。

3. 加强栽培管理 防止番茄种植密度过大,施足腐熟优质基肥,增施磷钾肥,避免氮肥过多;采用高垄覆盖地膜栽培、晴天滴灌适量浇水,避免土壤忽干忽湿,及时摘除下部老叶、病叶,改善植株间的通风条件,提高植株抗病力。

4. 药剂防治 白粉病菌对内吸性杀菌剂容易产生抗性,值得注意的是,部分地区出现了对常用的三唑醇等三唑类、醚菌酯等甲氧基丙烯酸酯类杀菌剂敏感度降低、防效下降的现象,防治中应注意预防性施药和轮换用药,按照推荐的使用浓度用药,不要随意加大使用剂量。此外,在番茄苗期和旺盛生长期,要酌情降低使用浓度(使用上述推荐浓度中较低的剂量)。

发病前或植株下部少数叶片出现褪绿症状时,及时用2%武夷菌素水剂(Bo-10)150倍液、2%抗霉菌素水剂(农抗120)200倍液、3%多抗霉素可湿性粉剂600倍液,或70%代森锰锌可湿性粉剂500~600倍液、75%百菌清可湿性粉剂700倍液、50%福美双可湿性粉剂700倍液喷雾,隔7~10天连喷2~3次。

当植株出现零星病斑时,及时选用高效内吸性杀菌剂,如10%苯醚甲环唑水分散粒剂(世高)1 000~1 500倍液、25%乙嘧酚悬浮剂(粉星)1 000倍液、25%戊唑醇水乳剂2 000~2 500倍液、12.5%腈菌唑乳油2 000倍液、30%氟菌唑可湿性粉剂(特富灵)3 000倍液、4%四氟醚唑水乳剂1 000倍液、20%氟硅唑微乳剂(福星)2 000~2 500倍液、60%唑醚·代森联水分散粒剂1500倍液等,全面、周到的喷雾。未产生抗药性的地区,可用50%醚菌酯水分散粒剂2 000~3 000倍液、25%吡唑醚菌酯乳油2 000~3 000倍液。此外,还可用65%甲硫·乙霉威可湿性粉剂800倍液、50%硫磺悬浮剂200~300倍液、25%丙环唑乳油(敌力脱)3 000倍液、15%三唑酮可湿性粉剂(粉锈宁)1 000~2 000倍液等。叶片正反面都要喷到,每隔7~10天1次,连续防治2~3次。用药时还应加入柔水通 1 500 倍液,以增加药剂在叶面上的展着和覆盖。

保护地可于傍晚每 667 米² 面积喷撒 10% 多·百粉尘剂 1 千克,或用 45% 百菌清烟剂 250 克点燃熏烟。

十一、番茄芝麻斑病

番茄芝麻斑病又称褐斑病,在长江流域菜区发生普遍,近年来该病的分布区域和危害程度上升趋势明显,黑龙江、山东、广西一些地区也造成严重危害。本病除番茄外还侵染其他茄科植物以及菜豆、大豆、芝麻等。

【症状识别】 主要危害叶片,初生直径 1~10 毫米近圆形至多角形病斑,具明显边缘,灰褐色,中间凹陷变薄,病部正反两面具光亮,叶背尤为明显,有别于其他叶斑病,大形病斑常具轮纹。病叶由植株下部向上部发展,严重时叶片病斑密布,病叶逐渐枯死。叶柄和果柄染病,病斑大小不一,灰褐色,稍凹陷,有时呈条状。临近叶片发病严重的茎也可发病,病斑灰褐色近圆形凹陷并逐渐干枯。潮湿时,各部位病斑都生长黑褐色霉状物(病菌的分生孢子梗和分生孢子)。

【发病规律】

1. 病原 由番茄长蠕孢 *Helminthosporium carposaprum* 侵染引起的真菌病害。

2. 传播途径 病菌主要以菌丝体随病残体遗留土中越冬,为翌年的初侵源。越冬菌丝体在条件适宜时,产生大量分生孢子,借助风雨或灌溉水传播,由寄主气孔侵入引起发病。其后病部产生的分生孢子,进行频繁的再侵染。

3. 发病条件 病菌发育适宜温度 25℃~28℃,空气相对湿度 90% 以上,适宜 pH6.5~7.5。高温高湿有利于发病,露地番茄 5

月开始零星发病,6~8月为发病盛期,特别是在春夏季多雨,或梅雨期间多雨的年份,番茄进入开花结果期,经2~4天可大面积暴发流行。土壤黏重,地势低洼,连续降雨积水,植株密度大,通风透光性差,光照不足,生长势弱,均容易诱发此病。

【防治方法】

1. 栽培防病 采取高畦或半高畦栽培,疏通排水沟,防止雨后田间积水。合理密植,及时整枝,增强田间通风透光,促进植株发育,提高抗逆性。田间摘除病叶病果,集中高温腐沤,减少再侵染菌源;采收结束后及时清除遗留地面的残株败叶,带出田外灭菌处理。

2. 合理施肥 施足基肥,采取配方施肥均衡营养可收到健壮植株和防病的效果。在开花坐果盛期,结合田间管理,可喷施2.85%硝·奈酸水剂(爱多收)4 000倍液,或1.4%复硝酚钾、钠水剂6 000~8 000倍液,或0.01%芸薹素内酯可溶液剂5 000~6 000倍液,是提高植株抗病性有效措施。

3. 选用抗(耐)病品种 杂交一代品种较为抗病,加西亚、FA-1415、L402等品种田间表现有抗(耐)病性,可在生产中选种种植。

4. 药剂防治 发现零星病叶时,喷洒78%波尔·锰锌可湿性粉剂(科博)600倍液,或25%络氨铜水剂500倍液,或80%波尔多液可湿性粉剂300~500倍液,或80%代森锰锌可湿性粉剂600倍液,或25%丙环唑乳油3 000倍液,或40%氟硅唑乳油6 000倍液,或50%醚菌酯可湿性粉剂1 500倍液,或50%异菌·福美双可湿性粉剂800倍液等,每7~10天喷1次,连喷2~3次。

十二、番茄枯萎病

番茄枯萎病又称萎蔫病,20世纪70年代后期和80年代开

第四章 茄科蔬菜病害

始,我国更新改种抗番茄花叶病毒但不兼抗枯萎病的品种,番茄生产迅速发展和连作重茬等原因,导致该病发展蔓延。目前,各地番茄产区均有不同程度发生,保护地比露地番茄病情重,严重时减产损失在30%以上,对番茄生产已构成潜在威胁。

【症状识别】 病菌侵染植株维管束系统引起全株性病变,一般在番茄开花结果期开始表现症状。最初仅茎一侧自下而上出现凹陷区,使该侧叶片发黄,后变褐枯死;有的半个叶序或半边叶变黄,或从植株底部叶序开始发病,逐渐向上蔓延,除了顶端数片完好外,其余均萎蔫枯死,坐果少,果实小易脱落。剖视茎基部、茎、叶柄、果柄及果实中部的导管,可见维管束变褐色,天气潮湿病部表面长出粉红色霉状物(病菌的分生孢子梗和分生孢子)。本病的病程进展较慢,从病株显症至全株枯萎,一般为15~30天。剖切病茎用手挤压,无乳白色菌脓溢出,有别于青枯病。

【发病规律】

1. 病原 由尖镰孢番茄专化型 $Fusarium\ oxysporum$ f. sp. $lycopersici$ 侵染引起的土传真菌病害,只危害番茄。

2. 传播途径 病菌主要以菌丝体或厚垣孢子,随病残体在土壤中或附着在种子上越冬。病菌的生活力强,病残体分解后病菌在土壤中可存活5~6年。种子带菌率较低,但可随从种子调运作远距离传播,成为无病区、无病地块的传染源。病菌主要从幼根或根系伤口侵入寄主,进入维管束后在导管内发育,堵塞导管并产生有毒物质镰刀菌素,引起叶片枯黄、植株凋萎,进入果实引起种子带菌。播带病种子,可引起幼苗发病。病菌主要由雨水灌溉水传播蔓延,引起病害流行。

3. 发病条件 枯萎病的发生和危害程度,与侵染菌源的数量有密切关系。番茄连作重茬,导致土壤中病菌不断增多和病害积年流行。土壤温度28℃左右最适于病害发生,21℃以下或33℃以上病情发展缓慢。此外,土壤黏重潮湿,漫灌浇水或雨后积水,移栽或中耕时伤根多,植株长势衰弱及酸性土壤,根结线虫危害造成伤口利于病菌侵染,发病均重。

【防治方法】

1. 选用抗病品种 根据不同生产方式因地制宜选用抗病丰产品种,是防治该病的最有效、最经济的措施。

(1)保护地、露地栽培兼用的鲜食番茄品种有 中杂8号、9号,北研1号、3号、5号、8号、9号,硬粉8号,辽园多丽,东农709、711、712、716,金棚系列(金棚1号、3号。M5、M6、M118、M158、M213、M215),双飞飞腾,双飞菲达,长丰3号、5号。世佳丽粉,渝红6号、渝粉109,川科2号、3号,莎彤,超级粉19,花溪红、花溪粉,莎龙,浙粉701、702、708,浙杂203、204、501、502,江蔬1号,艾丽莎,赛琳200等。

(2)保护地栽培的鲜食番茄品种 中杂102、109、109,仙客1号、5号、6号,威霸0号,雪莉,东农710、712、715,天妃,金棚8号、10号、11号,A150,长丰3号、8号、9号,粉和平,浙粉701、702、708,浙杂501、502,苏粉8号、9号、11号,瑞星1～7号,瑞星华冠、华美、华丽系列,皖杂15,浦红909,嘉日2号,世佳丽红,世佳魔粉,世佳魔红,保冠1号、3号,粉达,星宇203等。国外引进的品种:飞天、光辉、琳达、宝塔利亚、DRK599、飞腾、凯蒂、博尔特、萨拉芬、克斯旺、艾美瑞、普罗旺斯、罗西奥、库克等。

(3)适宜南方露地栽培的鲜食番茄品种 赛琳200、安娜等。

(4)樱桃番茄 如樱红一号、樱莎红二号,浙杂210、川科4号、圣果、京丹6号、金圣女、哈串珠203、250樱桃番茄、超级甜味小番茄等品种。

(5)加工番茄 如IVF12、3155、6169、6172、6181、6201、6242、红杂35等品种。

2. 培育无病壮苗 提倡采用营养钵或穴盘育苗,配好后的营养土中每立方米喷30%噁霉灵水剂150毫升,或撒入50%多菌灵可湿性粉剂150克,混匀后装入营养钵或穴盘育苗。常规育苗应选取无菌新土并做好土壤消毒,1米^{2}床面用38%甲霜·福美双可湿性粉剂8~10克,加细土5千克混匀,先将1/3药土撒在畦面上,另外2/3药土覆播下的种子上。对外购而未用种衣剂包衣的种子,用0.1%硫酸铜溶液浸种5分钟消毒,清水洗净后浸种催芽。

3. 栽培防病 重病田与其他蔬菜实行3年以上轮作。利用太阳能消毒土壤见番茄青枯病。推广高畦地膜和膜下滴灌浇水栽培,施用腐熟的农家肥或酵素菌沤制的堆肥,采用配方施肥,适当增施磷钾,提高植株抗病性。

4. 嫁接栽培 生产上较常用的抗病砧木有BF兴津101、砧木1号、砧木121、砧木128、LS-89、CHZ-26、托鲁巴姆、野生番茄等,或专用砧木影武者、加油根3号、对话、超级良缘、博士K,抗枯、黄萎病、青枯病、根结线虫病等六、七种病害,选抗当地主要病害的良种做接穗,采用靠接法(舌接法)、劈接法或套式法进行嫁接。嫁接苗放入苗房或棚室内遮光3天,温度白天保持20℃~25℃,夜间20℃~28℃,相对湿度保持在90%~100%;接后4~6天,上午8:30和下午4:30可各见光30分钟,保持相对湿度85%~95%;7天后中午遮光3~4小时,一般10天后即可成活,其间嫁接苗要适时喷水。采用嫁接栽培有利克服连作障碍和提高产量。

5. 药剂防治 出现零星病株于发病初期,喷淋或浇灌50%多菌灵可湿性粉剂或50%甲基硫菌灵悬浮剂500倍液,或30%噁霉灵水剂800倍液,或3%甲霜·噁霉灵水剂500倍液,或54.5%噁霉·福美双可湿性粉剂700倍液,或50%氯溴异氰尿酸水溶性粉剂1 000倍液,或25%络氨铜水剂500倍液灌根,每株灌药液0.5千克,一般7~10天喷1次,连喷2~3次。

十三、番茄青枯病

番茄青枯病又称细菌性枯萎病,是世界热带、亚热带地区茄果类蔬菜作物的毁灭性病害。也是我国南方露地番茄产区重要病害,尤以华南地区最为严重,造成连片死亡和大幅度减产,棚室番茄也有不同程度的发生。此病还危害茄子、辣(甜)椒、马铃薯、烟草、芝麻、花生等。

【症状识别】 在植株开花结果初期开始表现症状,病株顶部、下部和中部叶片相继萎蔫下垂,一般中午明显,傍晚复原,病叶变浅绿色,呈青枯状。有时一侧叶片先萎蔫或整株叶片同时萎蔫。病茎表皮粗糙,茎中下部增生不定根或不定芽,湿度高时可见初为水渍状后变褐色的斑块,长1~2厘米,病茎维管束变褐色。青枯病情发展快,重病株7~8天后死亡,但茎叶色泽依然青绿;横切病茎用手挤压或保湿,切面上维管束溢出白色菌脓,有别于枯萎病。

【发病规律】

1. 病原 本病由青枯雷尔氏菌 *Ralstonia solanacearum* 侵染引起的细菌病害。

2. 传播途径 病菌主要随病残体在土壤里越冬,病残体分解后无寄主存在时,病菌可存活1~6年并可少量繁殖。病菌主要通过灌溉水、雨水传播,田间作业的农具和人等也有传播作用。病菌从根部或茎基部的伤口侵入,在维管束的导管内繁殖并向上蔓延,产生有害物质封闭导管,阻碍水分运输而引起植株萎蔫。病菌穿过导管进入皮层、髓部薄壁组织的细胞间隙,分泌果胶酶溶解寄主细胞的中胶层,使寄主植物的细胞壁解体,寄主组织变褐腐烂。田间病株的病菌可以通过土壤、病组织残体和灌溉水、雨水等途径扩大传播,进行再侵染使病害流行。

3. 发病条件 高温高湿环境和酸性土壤条件,适于青枯病发

第四章 茄科蔬菜病害

生。一般土壤温度在 20℃ 左右,病菌开始活动,田间出现零星病株,土温升到 25℃ 时,病株显著增加、病情加重,土温 30℃～37℃ 最适宜发病,植株大量死亡。根部土壤含水量超过 25%,根系生长不良易引起腐烂,出现伤口利于病菌侵染。酸性土壤 pH 4.8～6.6 发病重,碱性土壤 pH 值大于 7 发病轻。夏季连续降雨后骤然转晴,常引起青枯病流行。华南地区露地番茄两季栽培,青枯病发病盛期在 5 月下旬至 7 月上旬,及 10 月上旬至 12 月上旬。长江中下游地区青枯病发生高峰期在 5 月下旬至 6 月下旬,云贵高原在 6 月下旬至 7 月上旬。茄科作物连作发病重,地势低洼、排水不良、根结线虫密度大、植株出现伤口等,也是发病的重要条件。

【防治方法】

1. 轮作换茬 避免番茄、甜(辣)椒、茄子和马铃薯连作,番茄重病田与十字花科、瓜类或禾本科作物轮作 4～5 年。

2. 嫁接防病 抗青枯病的番茄砧木品种有 LS-89、Achilles-M、Heher-M、斯克番、TRS-401、砧木 1 号、赣番茄砧 1 号、2 号、番茄砧 121 和 128、复合、影武者、BF 兴津 101、PFN、PFNT、浙砧一号等可供选用,与当地栽培、亲和性好的番茄良种做接穗,进行嫁接栽培防治青枯病效果好、增产明显,兼治枯萎病、根结线虫病等。

3. 选用抗(耐)病品种 鲜食番茄如浙杂 204、浙杂 301,盛夏红、粉红冠军、年丰、萱兰 250、赛琳 250、瑞米尼 200 和 250、莎龙、吉耐、新星 101、夏丰、益丰、杭杂 400 等为抗病品种;新悦、浙杂 20、阿克斯 1 号、金棚 3 号、夏星、抗青 19、西粉 3 号、渝抗 5 号、毛粉 802、奥林 618 等有一定的抗(耐)病性。樱桃番茄中抗病品种有川科 4 号、冀东 216 等,耐病品种有樱红 1 号、2 号,红箭樱桃番茄等。由于青枯菌的变异复杂,各地病菌的致病力差异较大,应在当地农业技术人员指导下,因地制宜的选用,注意品种的抗病性变化。

4. 土壤消毒 夏季棚室利用太阳能进行土壤消毒。番茄定植前及早腾地,深翻晒垄。保护地夏季休闲期间,先深翻、松土,按每

1 000 米² 备用稻草或麦秸 2 000 千克,切成 4～6 厘米长撒于地表,再把 40％氰氨化钙颗粒剂(正肥单)100 千克均匀撒在土表,然后耕翻土地使原料和土壤混匀,做成多个小畦后,浇水使土壤达到饱和程度,覆盖地膜,密闭棚室 20～30 天,10 厘米土层内温度达 60℃以上,对青枯病、枯萎病、根结线虫病等多种土传病害有良好防效,又有改良土壤提高肥力的作用。

5. 栽培防病 选无病土育苗,酸性土壤在整地或定植时一般每 667 米² 增施石灰 100～150 千克,调整土壤酸碱度到弱碱性,高畦栽培,田间沟渠配套,避免大水漫灌。施足腐熟基肥,生长期追施氮、钾肥,生长中后期停止中耕(必要时应浅中耕)防止伤根,收获后清洁田园,烧毁病残株。

6. 生物防治 新型微生物制剂 0.1 亿 cfu/克多黏类芽孢杆菌细粒剂(康地蕾得)有良好的防治效果,兼治枯萎病、根腐病、软腐病等土传病害。先将 1 份药对水 5 倍浸泡 2 小时以上,再稀释到指定倍数按下列方法使用。对发病单株用 100～300 倍液单独浇灌(每株用药液 250 克以上);重病田适当增加用药量和用药次数,效果更佳;如根部有根结线虫,灌根时须配合使用杀线虫制剂。

表 4　多粘类芽孢杆菌防治番茄青枯病田间应用方法

用药时间	用药量 (克/667 米²)	稀释倍数	使用说明
播　种	20	300～500	亩用种量浸 30 分钟,捞出晾干后播种,浸种药液泼浇苗床
苗床假植	60	1 500～2 500	育苗中期泼浇苗床或营养钵(盘)
移栽定植	180～240	1 500～2 500	定植当天灌根作业
开花结果或发病初	180～240	1 500～2 500	对病株和未发病株普遍灌根

7. 药剂防治 田间发现零星病株时应立即拔除,病穴用3%中生菌素可湿性粉剂600~800倍液,或72%农用硫酸链霉素可溶性粉剂4 000倍液,或40%甲醛水溶剂200倍液,或20%石灰水消毒。在发病初期喷淋或浇灌50%氯溴异氰尿酸可溶性粉剂1 200倍液,或20%噻菌铜(龙克菌)悬浮剂400倍液,或12%松脂酸铜乳油500倍液,或25%络氨铜水剂500倍液,或53.8%氢氧化铜干悬浮剂1 000倍液,每株灌对好的药液0.3~0.5升,隔10天1次,连续灌2~3次。

十四、番茄细菌性斑点病

番茄细菌性斑点病又称细菌性叶斑病、斑疹病,我国1998年在吉林省长春市发现该病,现在黑龙江、辽宁、天津、山西、甘肃、新疆和福建等省、自治区、直辖市呈散发状态,棚室和露地番茄都有发生,严重时可引起落叶和落果。该病还侵染辣(甜)椒,人工接种可危害茄子、龙葵、毛曼陀罗和白花曼陀罗。

【症状识别】 番茄苗期和成株期均可染病,危害叶、茎、花、叶柄和果实。叶片发病,从植株下部老叶向上部叶片发展。叶片背面初生水渍状小点,扩大后呈深褐色至黑褐色、圆形或近圆形病斑,直径1~4毫米,周缘常具黄色晕圈,湿度大时,病斑后期可见发亮的菌脓。叶柄和茎秆染病与叶部症状相似,病斑易连成边缘不明显的大块病斑,严重时一段茎秆变黑。花蕾受害在萼片上形成许多黑点,连片后使萼片干枯,不能正常开花。幼嫩青果染病,初现稍隆起的小斑点,果实快成熟时,围绕斑点的组织仍保持较长时间绿色,有别于其他细菌性斑点病。病斑附近果肉略凹陷,病斑周围黑色,中间色浅,并有轻微凹陷。

【发病规律】

1. 病原 本病由丁香假单胞菌番茄叶斑病致病型 *Pseudo-*

monas syringae tomato 侵染所致的细菌病害。

2. 传播途径 病原细菌可在冬种的番茄植株、种子、病残体、土壤里越冬,成为初侵染源。适宜条件下,病菌从植株的伤口和气孔侵入,在寄主的薄壁组织细胞间隙繁殖蔓延、进入并破坏寄主细胞引起发病。病菌抗逆性较强,在干燥的种子上可存活 20 年,在病残体、土壤里可长期存活,随种子远距离传播出现新病区,播种带菌种子,幼苗即可发病。田间病株的病菌通过病苗、雨水、灌溉水、整枝、打杈、采收等农事操作传播,进行再侵染加重病情。在田间只要最初有 10% 植株发病,就可传染到整个地块。

3. 发病条件 在温度 25℃ 以下、空气相对湿度 80% 以上的条件下有利于病害发生。在北方菜区夏季多雨时,叶面湿润 24 小时最易发病。番茄长年连作、冬、春保护地番茄保温差、大水漫灌或发病后仍采用喷灌浇水发病均重。

【防治方法】

1. 加强检疫和种子消毒 我国三北地区应建立番茄无病种子田,实行无病田采种,防止带菌种子传入非疫区。温汤浸种用 56℃ 的温水浸 30 分钟,还可用 1.05% 次氯酸钠溶液浸 20~40 分钟,然后用清水冲洗掉药液,稍晾干后再催芽。

2. 农业防治 与非茄科蔬菜实行 3 年以上的轮作。土壤消毒处理灭菌见番茄青枯病。保护地番茄要覆盖地膜,采用膜下暗灌,注意通风,尽量降低棚内的湿度,减少夜间的结露。病田不要带露水进行灌溉、整枝、打杈、采收等农事操作,发病田不宜使用喷灌进行浇水。

3. 药剂防治 发病初期先清除掉病叶、病茎及病果,然后再喷药。可选用 50% 氯溴异氰尿酸可溶性粉剂 1 200 倍液,或 72% 硫酸链霉素可溶性粉剂 4 000 倍液,或 78% 波尔·锰锌可湿性粉剂(科博)600 倍液,或 25% 络氨铜水剂 500 倍液,或 80% 波尔多液可湿性粉剂 300~500 倍液等,每隔 10 天喷 1 次,连喷 3~4 次。

第四章 茄科蔬菜病害

十五、番茄根结线虫病

番茄根结线虫病是世界性设施蔬菜生产的主要病害,我国自20世纪80年代以来,随着保护地、反季节和长季节蔬菜生产面积逐年扩大,该病已迅速蔓延到各地区,发生危害日趋严重且难以防治和根除。病害发生后一般减产10%～20%,严重达75%以上甚至绝收,成为温室和大棚番茄生产的限制因素,根结线虫还可传播或诱发某些土传的真菌和细菌病害,造成更大的危害。本病寄主种类多,茄子、辣椒及瓜类、豆类、叶菜类多种蔬菜均可受害。

【症状识别】 主要危害根部,从苗期到成株期均可发生。番茄的须根和侧根上产生串珠状或畸形瘤状根结,初为乳白色,后变为黄褐色,表面常有龟裂。常可在根结之上生出细弱新根,再度染病后则形成根结状肿瘤。解剖根结内可见乳白色细小线虫及鸭梨形的雌成虫。轻病株生长缓慢,发育不良,似缺肥缺水状;随着病情发展,重病株生长不良、矮小、畸形,结果少或不结果,干旱时中午萎蔫,提早枯死。

【发病规律】

1. 病原 本病由主要由南方根结线虫 *Meloidgyne incognita* 侵染所致的线虫病害,北方根结线虫 *M. hapla* 和爪哇根结线虫 *M. javanica* 也可侵染,根结线虫属低等无脊椎动物。

2. 传播途径 南方根结线虫以二龄幼虫、卵囊中卵和雌成虫随罹病根结在土壤和粪肥中越冬,可存活1～3年。线虫多分布在20厘米土层内,以3～10厘米居多。条件适宜时,越冬幼虫和越冬卵孵化的二龄幼虫,多从幼嫩的根尖侵入寄主,定居在根生长锥内生长、发育,并分泌吲哚乙酸等生长素,刺激寄主根系细胞增生形成根结或肿瘤,发育成四龄成虫,交尾产卵。以两性生殖为主,每雌虫可产卵300～800粒,也营孤雌生殖。在25℃左右时20天

可完成1代,在蔬菜生长季节其数量增长很快。在北方加温、节能日光温室、南方塑料棚和露地蔬菜上线虫可周年发生。病原线虫在田间主要通过病土、病苗、灌溉水以及带菌厩肥传播、扩散;在染病区农事作业随人的鞋和农具携带也有一定的传播作用;此外,病原线虫在土壤中的移动,可做30~50厘米短距离的传播。

3. 发病条件 根结线虫生长和繁殖最适温度为25℃~30℃,土壤湿度40%~70%。土温超过40℃或低于5℃,虫体大量死亡,致死温度55℃经10分钟。棚室果菜周年生产,番茄、黄瓜等连作期愈长发病愈重。一般土质疏松的沙壤土,适合线虫的活动而发病重。

【防治方法】

1. 选用抗病品种 从国外引进的抗根结线虫病并兼治重要土传病害、优质丰产的鲜食番茄品种较多,如布鲁斯特、尼瑞萨、欧曼、大红FA-2116、科纳拉、特璐丝、耐莫尼塔、FA-593、FA-1420、波里蒂、多菲亚、佛吉利亚、保罗塔、春雪红、罗曼娜、光辉、琳达、宝塔利亚、飞腾、凯蒂、博尔特、塞特科、艾美瑞、百灵73-583、百灵73-516、莎丽、凯美瑞、巴丽佳、贝肯、普罗旺斯、普罗旺斯604、粉太郎1号、粉太郎2号等,可在保护地重病区种植。

我国培育的鲜食番茄品种如金棚11、凯威、浙杂301、浙粉302,浦红V-6,莱红2号,红日3号,东农708,园艺先锋,0745,金冠1号,百利2号,302番茄等对根结线虫病抗性强,综合抗病性和丰产良好,适宜保护地栽培。赛琳200、萱兰250、金棚M18、东农708可露地栽培。抗病品种粉玉1号、喀秋莎、世加101、102、威敌3号、4号、金冠1号、莱粉1号、皖红7号、雪莉、夏姬、双丰新品、凯威、302番茄等适宜保护地栽培;仙客1号、5号、6号、8号、莎龙,佳红6号、辽园多丽等为保护地和露地栽培兼用品种。千禧、樱红1号、2号、丽晶T2和红箭樱桃番茄抗病性强。

2. 嫁接栽培 从国外引进的耐病新交1号、斯库拉姆2号、影

第四章 茄科蔬菜病害

武者、TRS-401、SIS、斯克番、KCFT-N、Achilles-M、Heher-M 等番茄抗病砧木,台湾省的 9904、1108,河南新育成的砧木杂交一代品种线虫绝 1 号、2 号、3 号和 4 号,以及科砧 1 号与优良番茄品种嫁接,是防病增产的经济、有效措施。

3. 采用育苗和栽培新技术 选无病原线虫土壤或基质培育无病净苗,是防治线虫病害的基础。无土栽培是有效的防病措施,如采用基质栽培法,应防止槽内的塑料布破损,造成土壤内线虫侵染危害。

4. 土壤消毒 棚室盛夏季节进行太阳能热力消毒,提倡与氰氨化钙结合使用,参见番茄青枯病。大型连栋温室夏季休闲时进行蒸气消毒,耕地后埋好蒸汽管,并覆盖特制的塑料布,送进高压蒸气,使 20 厘米土层温度达 60℃,保持 30 分钟,杀灭线虫效果较好。

5. 农业防治 收获后清洁田园,尤其要清除土壤中的病根并进行灌水,抑制病原线虫增殖;或清园后深翻土壤超过 20 厘米,把地表线虫埋入深土处可减轻危害。使用腐熟的农家肥或酵素菌沤制的堆肥,减少病原;菜区滴灌浇水比沟灌浇水可减少病原线虫传播。发病较重棚室改种耐病的甜椒、辣椒、韭菜等蔬菜可减轻受害。在北方地区病情十分严重的温室,在严寒季节灌上一茬冻水,不扣棚覆膜经 2 个月左右的土壤结冰冷冻,可促使根结线虫死亡,控制其发生危害;或与禾本科作物轮作 2~3 年,与水稻实行水旱轮作效果好。

6. 药剂土壤消毒 苗床、棚室土壤处理可选用的杀线虫剂和使用方法如下,要遵守操作规程以保证效果。每 667 米^2 用 10% 噻唑膦颗粒剂(福气多)2 千克,或 0.5% 阿维菌素颗粒剂 3 千克,或 5% 丁硫克百威颗粒剂 6 千克,与 20 千克细干土充分拌匀,将药土均匀撒于土表,用机械或铁耙将药剂与畦面 20 厘米表土层充分拌匀,当天定植番茄苗。除上述全面土壤混合施药外,也可沟施或穴施。按每平方米面积用1.8%阿维菌素乳油1毫升,对水3升喷施于定植沟后移栽。35%威百亩水剂(线克)对水沟施。播种(定植)前20天,先在畦面上开沟,沟深20厘米,沟间相距20厘米,每667米^{2}用药量4～6千克对水400升稀释后,均匀浇施于沟内,随即覆土踏实、覆膜熏蒸;过15天后撤掉地膜、耕翻放气,再播种或移栽。

7. 生物防治 淡紫拟青霉是病原线虫卵的寄生真菌,每667米^{2}面积用2亿活孢子/克淡紫拟青霉粉剂2.5～3千克,与适量细土混均、穴施后移栽番茄,对根结线虫有一定的防治效果。

十六、番茄筋腐病

番茄筋腐病又称条腐病、带腐病,是各地番茄生产常发性的生理病害之一,轻者部分果实染病降低品质,发病严重的棚室番茄或持续阴雨天气的越夏番茄,病果率可达40%以上,造成较大的经济损失。

【症状识别】 该病危害番茄果实,植株茎叶等其他部分生长正常,常见有两种症状类型:

1. 褐变型 主要发生在果实膨大至成熟期,果面色泽局部变褐,果面凹凸不平,隐约可见表皮下组织部分呈暗褐色,逐渐出现自果蒂向果脐的条状灰色污斑,严重时呈云雾状,后期病部颜色加深,病、健部界限明显。果实横切可见到维管束变褐色条状坏死,细胞坏死,严重时果心变硬或果肉褐色、木栓化,丧失商品和食用价值。纵切果实可见自果柄向果脐有一道道黑筋,部分果实形成空洞。

2. 白变型 主要发生在番茄果实膨大着色期,果皮着色不匀或不着色,成熟后的果面呈红黄相间、红白黄绿相间等症状。发病重的果实表面呈绿色凸起状,其余转红或转黄的部位稍凹陷,且果面颜色红黄绿不匀,发病部位具蜡样光泽。剖开病果可见果肉维

第四章 茄科蔬菜病害

管束组织变黑褐色坏死,果肉硬化、不变红,食之淡而无味。严重时,果实果肉维管束全部呈黑褐色,横切或纵切病果,切面的表皮下可见维管束呈一圈褐色或黑褐色的点或线,剥离病果表皮可见维管束呈褐色或黑褐色的网状,病果不转色的部位对应的维管束呈褐色或黑褐色。部分发病果实形成空洞,完全丧失商品和食用价值。

发病植株的茎、叶没有明显症状,可与病毒病引起的病果区分开来。

【发病规律】 多种不良环境因素可引起筋腐病。

1. 番茄缺钾 有关试验结果表明,番茄任何生育期缺少营养元素钾,都会发生筋腐病。尤其是坐果至采收期,缺钾后引起植株体内碳和氮的代谢紊乱,果实发病率明显提高。氮肥施用过量使氮素过剩(特别是铵态氮过多)、缺钾现象严重则发病重。

2. 其他环境因素的影响 番茄越冬和冬春季栽培,生长期间持续低温和光照不足,第1～3穗果病果率较高。番茄常年连作,土壤过湿或板结,夜间温度高,空气中二氧化碳缺乏,根系发育不良,使植株的光合作用产物少且运转受阻,果实内的代谢作用紊乱,导致了筋腐病的发生。施用未腐熟的有机肥,番茄密度过大、阳光照不到的果实部分最易发病。

3. 品种差异 不同品种间的发病率有明显差异,番茄病毒病发生严重有利筋腐病发生。

【防治方法】

1. 选用抗(耐)筋腐病的品种 棚室番茄冬春季栽培,要选择耐低温、弱光和抗(耐)筋腐病品种。据报道,苏粉5号和8号、苏抗9号、浙粉202、浙杂203、春雷、皖粉5号、皖粉208、保冠1号、金棚1号、金棚M6、双飞、菲达、长丰9号、福祺西方佳丽、北研3号、辽红四号、辽冠六号和七号、L-402、西粉3号、早丰、中蔬4号、中杂7～9号、世佳丽红、世佳丽粉、世佳魔粉、萨顿、粉迪、美国大红、佳粉系列品种等抗(耐)病性较好,可在当地农业技术人员指导下选用。

2. 合理轮作,均衡施肥 番茄可与黄瓜、西葫芦、韭菜、芹菜、油菜(小白菜)等作物轮作,调节土壤养分的平衡。施用充分腐熟的有机肥或生物菌肥作基肥,配合使用适量三元复合肥。在第1~3穗果开始膨大到核桃大小时,宜追施适量氮、磷肥或三元复合肥和浇水,保持土壤湿润。坐果后10~15天内喷1次叶面复合肥,或磷酸二氢钾复合微肥,连施2次。提倡增施二氧化碳气肥,可明显减少发病率。此外,发现病果后进行叶面喷雾,用0.2%的葡萄糖和0.1%的磷酸二氢钾混合液,以提高叶片、果实糖和钾的含量,控制病情发展。

3. 改善棚室光照条件 选择EVA多功能膜或保温消雾防老化膜,提高透光率和保温、防雾滴性能。经常清洁棚膜灰尘,日光温室后墙悬挂反光膜增加北部植株光照。合理密植,及时整枝、吊蔓、打杈,适当疏掉遮盖果实的叶片和及时摘除病果等,以促进果实着色。

4. 作好温度和水分管理 防止夜间温度过高,保持植株光合产物的积累和正常的糖代谢平衡。一次浇水过多,导致土壤氧气不足,就可能引起筋腐病发生,要避免大水漫灌,在低洼地上的棚室要注意排水。提倡高畦(垄)地膜覆盖栽培,结合滴灌、管灌等节水措施,保持土壤适宜的含水量。

十七、番茄畸形果

番茄畸形果在各地都有发生,露地春夏季栽培和保护地冬春季栽培中常见,是日光温室番茄的主要生理病害之一,严重时第1、2穗果的畸形率可达20%~30%,降低商品率和造成很大的经济损失。

【症状识别】 果实膨大后出现畸形,常见 4 种类型。

1. 多心形果 果脐部凸、凹不平,果面有深达果肉的皱褶,花柱痕狭长,心室数多而乱,整个果实椭圆、扁圆或偏圆形,有的呈不规则形或双果连体形。

2. 瘤状果 在果实心皮旁或果实顶部出现指形物或瘤状物。

3. 开洞果或翻心果 心皮旁边开裂成洞,种子裸露,或花柱痕严重开裂后膨大呈杂乱无章的翻心状。

4. 尖形果 心皮数减少,果形瘦长变尖呈桃形。

【发病规律】 多种不良环境因素可引起果实畸形。

1. 主要由低温障碍引起 番茄幼苗第一、第二穗花序的花芽分化及发育期,即第二至第五真叶展开期,若夜间受到 8℃以下持续低温的影响,且白天温度低于 20℃;苗床水分充足和氮肥过量,使养分过分集中输送到正在分化的花芽中,每个花芽分化的时间增长,细胞分裂过旺,心皮数目分化增多,开花后心皮发育不匀所致。此外,番茄开花前 5～9 天、开花后 2～3 天,温度低于 15℃,也会导致形成畸形花和畸形果。

2. 使用生长调节剂不当 目前生产中保花、保果的主要措施,采用植物生长调节剂处理花器,若使用激素浓度或气温过高,而果实发育养分供应不足;或蘸花(喷花)后花朵尖端残留多余激素水滴等,使果实不同部位发育不匀,均会引起子房畸形发育。

3. 品种和肥水管理原因 在同样的环境条件下,不同品种间的畸形率有较大差异,如佳粉系列等果皮薄且心室多的品种,易产生畸形果,2～3 心室的小型果品种基本上不会出现畸形果。在花芽分化期,管理不善,偏施氮肥和浇水过多,幼苗茎叶生长过旺发病重。

【防治方法】

1. 做好苗期温度管理 提倡采用集约化育苗技术,或应用电热线快速育苗方法,冬季早春育苗设施应采取加温和保温措施,注意采光和适时适量通风。在番茄苗花芽分化期,保持育苗设施白天温度 20℃～25℃,夜温 15℃～17℃,避免夜温低于 10℃。

2. 加强育苗期肥水管理 采用配方施肥,满足植株生长发育所需的营养条件,避免偏施氮肥,防止秧苗生长过旺、营养积蓄过多而导致花芽分化异常。

3. 采用自然绿色授粉方式 番茄开花结果期,利用番茄授粉器(市售专利产品)或熊峰授粉,减少畸形果率,提高番茄产品质量安全,见番茄灰霉病部分。

4. 掌握使用植物生长调节剂的技术 在气温 15℃～20℃ 时保花、保果,使用 2,4-D 蘸花的浓度以 10～15 毫克/升为宜,气温高时用 8 毫克/升,一般防落素(番茄灵)的浓度为 25～30 毫克/升,依当时温度情况而定。一定要在 1 个花序中有 50% 的花开放时,用毛笔或微型喷雾器处理花梗和萼片基部,蘸花时间以上午 8～10 时和下午 3～4 时为宜。不要重复蘸花,不对未开的花朵喷药。

5. 及时摘除病果 一般各个花序的第一朵花容易产生重瓣花和畸形果,应及时摘除。

6. 注意选择品种 番茄耐低温弱光、果实皮厚、心室数变化小的品种,不易出现畸形果。据报道,鲜食番茄品种皖粉 1 号和 2 号、皖红 2 号、扬粉 931、中杂 8 号、保冠 1 号、北研 9 号、世佳丽红、世佳丽粉、世佳魔粉、浦红 968 和 909、宇星 203、浙杂 205 等不易出现畸形果。苏粉 9 和 11、霞粉、江蔬 2 号、浙粉 202、合作系列品种、中蔬 5 号、中杂 11、中杂 12、北研 3 号和 8 号、东农 715、双飞、金鹏 10 号、粉和平、卡鲁索等出现畸形果少,可酌情选用。

十八、番茄脐腐病

番茄脐腐病又称蒂腐病、顶腐病,俗称黑膏药,属于典型的生理病害。各地发生比较普遍,保护地和春露地番茄栽培管理不当,

第四章 茄科蔬菜病害

发病率可高达30%～40%,丧失食用性和商品价值,造成较大的经济损失。

【症状识别】 幼果(核桃大小)快速膨大时最易发病,初期在幼果脐部(即花器残余及其附近果面),出现黄褐色的小斑点,后逐渐扩大成暗褐色、向内凹陷、质地较硬的病斑,一般直径1～2厘米,严重时扩展到半个果面大小。果形扁平,病果健部提早着色,果面缺少光泽。潮湿时,病部易诱发腐生菌寄生而出现墨绿色或粉红色等霉状物。

【发病规律】 脐腐病是由果实缺钙造成的,植株中第一、第二穗果实发病较多,同一花序可以单个或几个果实发病。番茄果实钙含量一般在0.2%～0.4%,脐腐病果实钙含量只含有0.12%～0.15%,由于缺乏起连接作用的钙胶质,果实组织被破坏而发病,通常有下列种情况引起。

一般情况下酸性土壤的淋溶作用强烈,钙容易流失而导致缺乏。南方酸性红壤的代换性钙小于5.6毫克/100克土时,番茄容易缺钙诱发脐腐病。

土壤中含钙量充足,但由于土壤干旱或过湿,而氮、钾肥料施用过剩,或土壤盐渍化程度高,造成在土壤溶液中的浓度过高;或铵、钾、钠、镁等离子浓度大时,产生拮抗作用,导致根系吸收钙的功能下降。

番茄体内含有的钙移动缓慢,因高温、干旱与番茄代谢作用的影响,不能满足果实迅速生长的需要,而发生脐腐病。

由于持续高温、土壤干旱,叶片蒸腾量大,致使输送到果实中的水分被叶片摄取,施用未腐熟的有机肥料或施肥量过多引起烧根,影响水分的正常吸收,使青果脐部大量失水,从而引起组织坏死,形成脐腐。

【防治方法】

1. 酸性土壤增施石灰 一般667米^{2}用量为100千克,施用

后土壤酸碱度呈中性或弱碱性,增加土壤中钙营养素的含量。

2. 平衡施肥 施足腐熟的有机肥或生物菌肥作基肥,配合使用适量三元复合肥,增加土壤保水能力,促进根系对钙等元素的全面吸收。避免过量施用氮肥,更应防止一次大量施用,否则会阻碍根系对钙的吸收。

3. 适量及时灌水 尤其结果期更应保持水分均衡供应,畦面覆盖地膜栽培和高温季节棚室覆盖遮阳网,可保持土壤水分相对稳定。

4. 适时进行追施叶面肥 番茄坐果后果实迅速膨大前,是吸收钙的关键时期,可喷洒美林高效钙叶面肥300倍液。先在喷雾器中加15升水,溶入5克助剂后再加入50克美林高效钙搅匀,喷施在果实上至滴水为止。一般在幼果坐果后一周开始喷施,7天喷一次,连喷2~3次,增加果实中钙含量控制脐腐病。还可对叶面喷施1%的过磷酸钙溶液,或0.5%氯化钙加15毫克/升萘乙酸溶液,或0.1%硝酸钙及2.85%硝·奈酸水剂(爱多收)6 000倍液,或10%绿威芬3号可湿性粉剂1 000~1 500倍液,从初花期开始,隔15天1次,连续喷洒2次。

十九、番茄空洞果病

空洞果是各地番茄生产常见的一种生理病害,露地和保护地均可发生,尤以日光温室越冬茬、冬春茬番茄病果率较高,一般年份为10%~20%,发病轻的果实品质差,发病重的果实无商品价值,经济损失较大。

【症状识别】 果皮和外侧果肉不规则纵向凹陷,果实外形棱起明显,果实不充盈有空瘪感。横切果实可见到果皮与果肉胶状物之间,出现或大或小的明显空腔,故称空洞果。常见有3种类型:一是胎座发育不良,果皮、心室隔壁很薄看不见种子;二是果皮生长发育迅速,胎座发育缓慢而出现空洞;三是果皮、心室隔壁生长过快及心室少的品种、节位高的花序易出现空洞果。

【发病规律】 主要原因是番茄受精不良,使种胚退化,种子数目减少或退化,胎座组织生长发育不充实,造成外侧果肉与胎座组织分离,种子腔出现空洞;或胎座外围组织细胞的细胞壁未能崩解破坏,细胞内物质不能脱出,因而不能形成胶状物则出现空腔。由于果肉不饱满,则果实外部出现凹陷及明显的棱起。除了品种特性外,不利于番茄受精的因素较多,如弱光寡照、低温或高温,氮肥施用过多或营养不足,生长调节剂使用不当等,都是产生空洞果的诱因。

1. 品种特性的影响 早熟品种心室数目少易发生空洞果,中晚熟大果型品种心室数目多出现病果少。

2. 生长调节剂使用不当 用激素 2,4-D、坐果灵或防落素蘸花时,用药浓度过高、重复蘸花,或蘸花时花蕾太小,使得果实发育速度比正常授粉的快,且能加快成熟,但胎座多发育不良,子房容易产生空洞。

3. 受精不良 花粉形成时特别是在开花前 5~9 天和开花后 3 天,若遇到弱光寡照、低温或高温等不利条件时,则花粉发育不良或花药不能正常开放,阻碍了正常授粉受精,虽经生长调节剂处理可使果实膨大,但不能形成种子和胶状物而形成空洞。

4. 结果花序部位的影响 在生产中随着番茄结果花序部位升高,其空洞果发生率有上升的趋势。植株第三、四穗果以上的果实,同一花序中迟开的花形成的果实,在果实迅速膨大时,常因肥水供应不足、碳水化合物积累少,出现空洞果。

5. 栽培管理不当 如氮肥施用过多,导致氮素营养过剩,番茄茎叶生长旺盛;或土壤肥力差,灌水过多,光合作用弱,向果实输送的营养物质少,使空洞果率增高。需肥量多的大果型品种,生长后期营养不足,碳水化合物积累少,也会出现空洞果。

【防治方法】

1. 做好棚室温度调控 满足植株和果实发育的需要。育苗期的温度管理,参照番茄畸形果部分。番茄生长期遇阴天弱光时,白天宜适当提温,夜间温度控制在17℃左右;在第一花穗花芽分化前后,要通过调控温度,避免出现持续10℃以下的低温,开花期要防止35℃以上极端高温对受精的影响,促进胎座部的正常发育。

2. 改进授粉技术 采用番茄授粉器或用熊蜂授粉,可减少番茄空洞果率。合理使用生长调节剂,参照番茄畸形果部分。只对花瓣已伸长到喇叭口状的花进行蘸花,不要使用生长调节剂处理花蕾和幼果。

3. 加强田间管理 采用配方施肥技术,合理分配氮磷钾。生长初期灌水宜少,后期应多,及时补肥,避免枝叶过于繁茂,不可过早摘心(打顶),防止早衰,使植株营养生长与生殖生长协调平衡发展,以促进养分向花和果实部位输送。棚室栽培中增施二氧化碳,保障植株营养供应充足,可预防空洞果的发生。

4. 选用适宜品种 大果型品种心室数目多,如中蔬4号、中蔬5号、中杂8好、中杂9号、毛粉802、世佳丽粉、世佳丽红等,可以减少空洞果率。

二十、甜(辣)椒病毒病

病毒病是世界性的甜椒和辣椒生产的主要病害,全国各地发生普遍,在露地和保护地栽培病害均可流行,造成30%以上的减产损失,严重时超过60%,而且产品质量下降。该病防治难度大,病原病毒还侵染茄科、葫芦科、十字花科、豆科等多种植物和杂草。

【症状识别】 田间症状复杂多样,常见的有以下4种类型。

1. 花叶型(又称花叶病) 病叶叶脉出现明脉,叶片生成浓绿与淡绿色相间的斑驳,浓绿部分多隆起呈疱斑,叶面凹凸不平,叶

第四章 茄科蔬菜病害

脉皱缩畸形,或形成线形叶,植株生长缓慢,果实变小,严重矮化。

2. 黄化型(又称黄化病) 多发生在植株上部叶片,病叶色泽褪绿变黄,有的整个叶片黄化,或在变黄部分产生褐色坏死斑,严重时叶片枯死脱落。

3. 坏死型 病株顶部花蕾变褐色,嫩叶变黑色枯死,仅留下叉状枯枝,称为顶枯。在叶片和果实上产生不规则形病斑,褐色或深褐色,有时穿孔或发展成深褐色坏死大斑,成为斑驳坏死。枝条产生褐色至黑色坏死条斑,沿枝条上下扩展,常殃及主茎,引起落叶、落花、落果,严重时整株枯死,称为条斑坏死。

4. 畸形型 病株变形,如叶片变成线状即蕨叶,或植株矮小、分枝增多呈丛枝状。有时几种症状同在一病株上出现,或引起落叶、落花、落果。

【发病规律】

(1) **病原** 我国检测的甜(辣)椒病毒病的毒原有多种,黄瓜花叶病毒(CMV)和烟草花叶病毒(TMV)是主要毒源,其所占的比例因地区、季节和茬口不同而有差异。此外,还有马铃薯 Y 病毒(PVY)、马铃薯 X 病毒(PVX)、蚕豆萎蔫病毒(BBWV)烟草蚀纹病毒(TEV)、苜蓿花叶病毒(AMV)、辣椒轻斑驳病毒(PMM_oV)等,田间甜(辣)常受到多种病毒复合侵染。

(2) **传播途径** 烟草花叶病毒寄主范围广,冬季番茄、辣椒、茄子等多种植物染病,种子、田间土壤中的病残体、烤晒后的烟叶和加工后的烟丝等均可带毒,成为初侵染源,通过汁液接触传染。在田间作业中移栽、整枝、打杈、绑蔓、中耕等都有传毒作用,接触病株的手指、衣服、农具以及架材均能传播病毒进行再侵染。黄瓜花叶病毒能侵染广泛的寄主植物,可在冬季温室(大棚)芹菜、番茄、黄瓜及老根菠菜、十字花科蔬菜种株、多年生杂草上越冬,成为初侵染源。由瓜蚜、桃蚜、萝卜蚜等有翅蚜进行非持久性传播,汁液接触也可传播引起甜、辣椒发病。可见,甜(辣)椒病毒病分为蚜虫

传毒和接触传毒两大类。黄瓜花叶病毒和马铃薯Y病毒、苜蓿花叶病毒、蚕豆萎蔫病毒、烟草蚀纹病毒等均由蚜虫传播；烟草花叶病毒和马铃薯X病毒、辣椒轻斑驳病毒等主要通过汁液接触传染。

3. 发病条件 甜、辣椒不同品种的抗病性差异很大，苗期至坐果中后期是感病的敏感阶段，植株发病早，病毒病病情重、损失大。适宜发病的温度为20℃～35℃，空气相对湿度80%以下，高温干旱环境条件有利于病毒增殖、有翅蚜的繁殖和迁飞扩散，而不利于植株生长发育、降低抗病性而发病重。甜、辣椒感病阶段遇到高温干旱条件，易引起病毒病流行。椒田重茬连作，田间农事操作粗放，病株、健株混合管理，发病也重。北京地区烟草花叶病毒发生早，在温室、春大棚和春露地前期发病较多。从5月底黄瓜花叶病毒逐渐增多，6月中旬至8月上旬为第一发病高峰期，全年危害最重。秋季9～10月为第二发病高峰期，秋大棚和露地甜辣椒受害程度比春茬轻。长江中下游地区一般5月中下旬开始发病，6～7月盛发，8月高温干旱后病情更加严重。华南地区甜、辣椒春茬栽培比秋冬季栽培发病重，发病盛期在5月中旬至6月中旬。此外，地势低洼、管理不善、缺水缺肥、植株生长不良，或使用未腐熟的有机肥等都会加重病情。甜（辣）椒露地栽培常比保护地发病重。

【防治方法】

1. 选用抗病品种 根据市场需求，因地制宜的选用不同类型的抗病丰产优质新品种，是防治病毒病的最经济、有效措施。

（1）甜椒品种 适用保护地和露地栽培的有中椒5号、11号、12号、26、104、105、107、108，甜杂1号、6号、7号，海丰25号，宇椒一号，巨早85-1，朝阳7号，冀研4号、5号、6号、8号、13号，卓越等。主要用于露地种植如京甜1号、3号，朝阳4号等。主要用于保护地如冀研12号、15号，冀星7号，国禧101，烟椒3号，苏

第四章 茄科蔬菜病害

椒13号、江蔬1号,春晓,辽椒4号等。

(2)彩色甜椒品种 从国外引进的有萨菲罗、丽丽芭、凯蒂、曼迪、玛丽莎、瓦尔特、黄玛、红罗丹等,主要用于日光温室以及大棚栽培。国内选育的黄星2号、红星2号、橙星2号、紫星2号等适于北方保护地和南菜北运基地种植;黄星1号、黄妃、紫龙等适合保护地栽培,黄帝彩椒1号在黄河流域可四季栽培。

(3)微辣和辣味品种 适用保护地和露地栽培有湘研12号、湘椒18、21、23、25、26、28、39、62,福湘早帅,豫椒17,濮椒1号,新椒4号,金棚8号,中线108,海丰25,京旋2号,京硕3号,京椒4~7号,津椒3号,苏椒12、苏椒5号博士后,顶尖大椒,农城椒3号、4号,辛香2号等。而苏椒5号、14号、15号、新苏椒5号、衢椒1号,济农椒王1号,国禧308等用于保护地。主要用于露地种植有湘椒16、17、25,长椒7号,粤椒三号,赛绿—桂牛五号,中椒6号、13号、106,京椒2号,国福208,线椒981,西农20和8819,龙椒12,辛香15号、16号,川滕3号,巨果二号,东方神剑等。

(4)鲜、干椒兼用品种 如赣丰辣线101,都椒1号,川椒早星,川椒串串椒,基地火辣八号,神农红8号,绿宝,国塔102、108等。此外还有制干专用型如湘干椒1号、黔椒6号、新椒17号、航椒10号,深加工品种津红1号等,酱用型辣椒如热辣2号等,以及鲜食、加工和酱制兼用型湘辣1号和4号、川椒香辣妃、农蕾24、津红2号等优良品种。

2. 培育无病壮苗 先用清水浸种2~3小时,再用10%磷酸三钠溶液浸种30分钟消毒后,清水洗净催芽。用无病土育苗,冬季育苗可实行昼促夜控的温度管理,夏季在防虫苗房内育苗,并分别在分苗和定植前喷施一次0.1%~0.3%的硫酸锌溶液。

3. 加强栽培管理 提高甜(辣)椒的抗病性,参见番茄病毒病部分。保护地防虫网和遮阳网覆盖栽培,甜(辣)椒露地种植间作高秆作物玉米、菜豆等,隔离传毒媒介蚜虫,减轻病毒病发生。

4. 清除杂草,治蚜防病 甜(辣)椒定植前清除棚室内外、田间地头杂草,以减少毒源。苗期、定植后和蚜虫发生初期,是灭蚜防病的关键时期。可选用50%抗蚜威可湿性粉剂2 000~3 000倍液,对菜蚜有特效,或20%唑蚜威可湿性粉剂1 500倍液,或5%烯啶虫胺水剂3 000倍液,或2.5%高效氯氟氰菊酯乳油(功夫)各3 000倍液,或20%氰戊菊酯乳油2 000倍液,或40%菊·马乳油2 000倍液等,详见瓜蚜、桃蚜部分。

5. 施用抗病毒制剂 发病前或发病初期,喷施0.5%香菇多糖水剂200~300倍液,或8%宁南霉素水剂600~800倍液,或20%吗胍·乙酸铜可湿性粉剂300~500倍液,或1.2%辛菌胺醋酸盐水剂200~300倍液,或13.7%苦参·硫磺水剂200~450倍液等,每7~10天一次,连喷2~3次,有利于提高植株抗病毒能力、减轻病情。

二十一、甜(辣)椒疫病

甜(辣)椒疫病是一种世界性分布的主要病害,20世纪70年代以来,全国各地的温室、大棚和露地栽培普遍发生,流行速度快,毁灭性强,轻者减产20%~30%,重者毁种或绝收,尤其在保护地甜(辣)椒连作区,严重制约生产发展。本病还可侵染番茄、茄子、黄瓜、菜瓜、南瓜、西瓜、甜瓜和白兰瓜等50多种作物。

【症状识别】 苗期和成株期均可发病。幼苗受害,茎基部可见暗绿色水渍状病区,后出现环绕表皮扩展的暗褐色或黑褐色条斑,病部易缢缩、折倒,幼苗凋萎,有时也出现立枯状死亡,潮湿时,病茎及其附近床面上常生有少许白色霉状物(病菌的孢囊梗和孢子囊)。成株期染病,根部出现根腐性烂根最普遍,须根少且易断,主根、侧根及须根的表皮易剥离,木质部变色;茎基部腐烂、明显缢缩,植株青枯死亡。植株枝杈发病,初生水浸状暗绿色病斑,后扩

第四章 茄科蔬菜病害

展成长条形黑褐色斑,绕茎1周后病斑处的皮层腐烂、缢缩,与周围健康组织分界明显,病部以上的叶片由下向上逐渐枯萎死亡。土壤中的病原菌通过雨水飞溅,或病株上的孢子囊直接飞落到叶片、果实上引起发病。叶片病斑呈暗绿色水浸状,圆形至不规则形,边缘不明显,迅速扩展后致叶片枯萎脱落,出现秃枝;干燥时叶片病斑变褐色停止扩展。花、蕾受害后变黄褐色,腐烂脱落。果实发病多从果蒂部开始,出现暗绿色水渍状斑,迅速变褐软腐,可扩展至整个果实,湿度大时果面生白色霉层,病果软腐脱落或失水形成僵果,残留在枝上。植株的病原菌可通过维管束系统侵染果实,多从果柄部开始发病,初生暗绿色水浸状斑,迅速变褐,全果腐烂,湿度较大时,病部产生白色紧密霉层。

【发病规律】

1. 病原 本病由辣椒疫霉 *Phytophthora capsici* 侵染所致的真菌病害。

2. 传播途径 病菌以卵孢子和厚垣孢子,随病残体在土壤里越冬,是主要的初侵染源。种子、未腐熟的厩肥中病残体也可带菌成为初侵染源,还可在冬季保护地栽培的甜、辣椒上危害存活。环境适宜时病菌产生孢子囊,释放出游动孢子,经雨水、灌溉水传播,从寄主气孔、伤口和表皮侵入新生根和根茎部,引起腐烂、植株死亡,是典型的土传病害;或侵染植株其他组织器官,田间出现发病中心或中心病株。病部不断产生孢子囊和游动孢子,随气流、雨水、灌溉水流及农事操作和接触传播,进行频繁地再侵染,条件适宜3~5天即可酿成病害流行。

3. 发病条件 病菌在12℃~35℃时均能生长,喜高温、高湿环境,气温25℃~30℃,空气相对湿度高于85%和雨水多,适于病菌生长发育和侵染,潜育期仅2~3天。长江中下游地区保护地甜(辣)椒发病盛期为5~6月,露地6~7月梅雨季节,及有的年份在8月下旬高温多雨季节,一般在大雨或暴风雨之后天气转晴,气温急剧上升病害易流行。西北地区和内蒙古等地,棚室甜(辣)椒在5月底6月初始见病株,6月下旬进入发病高峰期,可持续到7月下旬至8月上旬。露地椒田6月中下旬出现中心病株,7月底或8月初进入发病盛期,持续约一个多月。栽培管理措施与疫病的发生危害程度有密切关系,果实膨大期需水量增加,若大水漫灌造成土壤潮湿、含水量达40%时易流行,甚至成片毁种或毁棚。茄科蔬菜常年连作,地势低洼、土质黏重,平畦栽培,偏施氮肥,种植过密使椒田郁闭,疫病发生早危害重。

【防治方法】根据甜(辣)椒疫病发生规律,应针对各个初侵染菌源及其传播途径,制定综合防控措施。

1. 实行轮作 甜(辣)椒避免与茄果类、瓜类蔬菜连作,提倡与豆科、十字花科蔬菜、葱蒜韭类蔬菜等实行3年以上轮作,有条件的与粮食作物、水旱轮作效果好。

2. 土壤高温消毒 棚室夏季利用太阳能和氰氨化钙进行土壤灭菌,见番茄青枯病部分。

3. 选用抗(耐)病品种 根据市场需求,选用不同类型的抗(耐)病丰产优质新品种。

(1)甜椒品种 适用保护地和露地栽培的有中椒7号、104、108,甜杂1号,海丰25号,卓越,宇椒一号,兰椒2号,中牟1号,冀研4号、5号、8号等。主要用于保护地栽培如冀研12号、13号、冀研15号、冀星7号等,玛丽莲,烟椒3号,江蔬1号,春晓,衢椒1号。主要用于露地栽培如京甜3号、中椒8号等。

(2)微辣和辣味品种 适用保护地和露地栽培有湘研11号、12号、13号、湘椒21、23、26、28、39、62、福湘2号、粤椒三号,豫椒17,中线108,濮椒1号,赛辣1号,新椒4号,海丰25,京椒2号,京椒6号,农城椒3号、4号,金棚八号,陇椒5号,顶尖大椒,甘科5号,苏椒5号博士后,苏椒16号,辛香2号,翠脆黄1号等。而苏椒5号、14号、新苏椒5号,通研3号,航椒1号等用于保护地。

第四章 茄科蔬菜病害

主要用于露地种植有湘椒15~19号、25、27、29、38,长椒7号,中椒6号、106号,汇丰1号、2号,京辣2号,8819线椒,朝研9号,辛香15号、16号,川腾3号、辣优3号,巨果二号,绿宝,龙椒1号,济农椒王1号,东方神剑,宛椒206等。

(3) 鲜、干椒兼用品种 如赣丰辣线101,都椒1号,川椒早星,川椒串串椒,川腾6号,辛香6号,基地火辣八号,神农红8号等。此外还有制干专用型如湘干椒1号、航椒10号、黔椒6号等,深加工品种津红1号等,腌渍专用辣椒湘椒35等,以及鲜食、加工和酱制兼用型湘辣1号和4号、红霞,川椒香辣妃、农蕾24、津红2号等优良品种。

4. 培育无病壮苗 选用无病土育苗或床土消毒(见苗床病害部分),并与种子消毒相结合。从无病留种株选留种子,购进的未经处理的种子,播种前用2.5%咯菌腈悬浮种衣剂(适乐时)包衣,用药量为种子重量的0.3%~0.4%,以适量的水稀释、包衣后晾干播种。或用50%烯酰吗啉可湿性粉剂2000倍液,或20%氟吗啉可湿性粉剂1000倍液浸种3小时,取出用冷水冲洗后催芽播种,可有效降低种子带菌率。也可用68%精甲霜·锰锌可湿性粉剂600倍液浸种30分钟,或用25%甲霜灵可湿性粉剂400倍液,或70%烯酰·锰锌可湿性粉剂600倍液,或60%唑醚·代森联水分散粒剂浸种10小时,洗净后晾干催芽。同时做好苗房和苗床的土、水、温、气、光的科学管理(见苗床病害部分)。定植时要剔除弱苗、病苗,而选择初现大蕾的壮苗。

5. 栽培防病 以保障土壤适宜湿度和科学浇水管理为重点,预防病菌侵染,提高甜(辣)椒抗病性。椒田土壤保持疏松、肥沃,透气性好;地势高燥,地面平坦,排灌方便。增施腐熟的优质有机肥,适量增加磷、钾肥,合理配施微肥和生物肥,控制氮肥用量,在辣椒秧苗80%~90%现蕾时喷施一次叶面肥,提高植株抗病性。实行高畦地膜覆盖栽培,提倡膜下浇水,防止田间积水和雨水反溅传播病菌;浇水量以根层土壤湿润为宜,浇水不要漫过甜(辣)椒根颈,防止大水漫灌。棚室通风,避免出现高温高湿环境条件。及时清除中心病株及病叶、老叶等,并将其深埋或烧毁,减少田间菌源。收获后彻底清除病残体,清洁田园,耕翻土地。

6. 药剂防治 据报道,北方一些甜(辣)椒主产区,疫病菌对霜霉威、嘧菌酯已产生抗药性,防治工作要选用敏感药剂。

(1)发病前施药预防 该病发生由土壤中病菌从根部侵入为主,应在发病前做好预防。甜(辣)椒定植前,每 667 米^2 椒田用 50% 烯酰吗啉可湿性粉剂,或 20% 氟吗啉可湿性粉剂,或 68% 精甲霜·锰锌水分散粒剂 1.5 千克,对 25 千克细干土拌匀撒在地表耙耘入土中,还可在移栽时把药土均匀施入定植穴(埯)内。也可在椒苗定植时用 50% 烯酰吗啉可湿性粉剂 2 000 倍液,或 20% 氟吗啉可湿性粉剂 1 000 倍液,或 60% 唑醚·代森联水分散粒剂 1 500 倍液,或 687.5 克/升氟菌·霜霉威悬浮剂 1 000 倍液,或 77% 硫酸铜可湿性粉剂 600 倍液先灌根再培土,每穴(埯)灌药液 200 毫升。

(2)治疗性喷药 发现中心病株摘出病叶后,立即施药和连续用药,防止病菌扩大侵染。可选用 50% 烯酰吗啉可湿性粉剂 1 500~2 000 倍液,或 20% 氟吗啉可湿性粉剂 1 000 倍液,或 25% 甲霜·霜脲氰可湿性粉剂 500 倍液,或 10% 氰双唑悬浮剂 1 500 倍液,或 72% 霜脲·锰锌可湿性粉剂 800 倍液,或 52.5% 噁酮·霜脲水分散粒剂 1500 倍液,或 25% 烯肟菌酯乳油 1 000~1 500 倍液,或 25% 吡唑醚菌酯乳油 1 000 倍液,或 68% 精甲霜·锰锌水分散粒剂 500 倍液,或 60% 唑醚·代森联水分散粒剂(百泰)1 000 倍液,或 70% 丙森锌可湿性粉剂 700 倍液,或 60% 氟吗·乙铝可湿性粉剂 600 倍液,或 69% 锰锌·烯酰可湿性粉剂 600 倍液,或 60% 氟吗·锰锌可湿性粉剂 700 倍液等,喷淋植株茎基部和地表.能有效防止病菌侵染。辣椒生长中后期可采用药液灌根的防治方法,每穴(埯)灌药液200毫升。隔7~10天1次,连续防治2~3次。

二十二、甜(辣)椒根腐型疫病

该病又称甜(辣)椒疫霉根腐病,20世纪20~90年代在美洲、欧洲和亚洲就有发生危害的报道。在我国是2004年以来新发生的一种土传病害,在山东、辽宁、河北、北京等地设施栽培主产区发生较普遍,甜椒、彩椒和辣椒发病率可高达50%,常成片死亡甚至全棚绝收,造成较重的经济损失。病菌还可侵染番茄、茄子和黄瓜幼苗。

【症状识别】 发病初期植株几个枝出现萎蔫,早、晚尚可恢复,发病早的植株矮化,严重时则全株凋萎死亡。根部腐烂,须根少且易断,主根、侧根及须根的表皮剥离,木质部变为淡褐色。严重时茎基部呈水浸状或环绕茎基部的褐色腐烂病斑,表皮组织疏松易剥离,木质部变色。

本病是甜(辣)椒疫病的一种类型,仅限于根和根茎部显症,地上部病状是由根系染病后引起的,不同于甜(辣)椒疫病地下、地上部均可显症。本病根和根茎患病后腐烂处维管束不变褐色,有别于镰孢菌引发的根腐病。

【发病规律】 本病由辣椒疫霉 *Phytophthora capsici* 侵染所致的真菌病害。土壤中的病菌是主要的初侵染源,种子和粪肥也可带菌。在棚室茄科蔬菜常年连作和覆盖地膜栽培条件下,或浇水不当、根系损伤等原因,形成了土壤温暖、高湿环境,而植株地上部分则处于较为干爽的条件,病菌通过侵染根部危害寄主。病斑上不断产生孢子囊和游动孢子,随水流传播扩大危害,造成病株成片死亡甚至毁棚(室)。

【防治方法】 准确的识别该病症状,针对棚室甜(辣)椒发病部位采取措施,是防治成功的关键,防治方法同甜(辣)椒疫病。

二十三、甜(辣)椒镰孢根腐病

甜(辣)椒镰孢根腐病是重要的土传病害,随着甜(辣)椒露地、保护地栽培和连作面积不断扩大,病菌积累逐年增加又缺乏抗病品种,发生危害逐渐加重,在许多地区造成了较大的产量损失,还危害瓜类、豆类和茄果类等其他蔬菜。

【症状识别】 多在定植后显症,初见病株枝叶尤其是顶部叶片白天萎蔫,傍晚至次日清晨恢复正常,反复数日后病株萎蔫死亡。病株根茎部和根部皮层呈水渍状,后变为淡褐色至深褐色腐烂,极易剥离露出暗褐色的木质部。此病一般仅限于根和根茎部,横切病茎部可见维管束变褐色,湿度大时病部产生白色至淡粉红色霉(病菌的分生孢子梗和分生孢子)。本病地下茎基部腐烂但缢缩不明显、导管变褐色,可与疫病茎基部明显缢缩、导管不变褐色相区别;而该病患病部导管虽然变褐色但不向植株茎枝发展,不同于枯萎病系统性侵染。

【发病规律】

1. 病原 本病由尖镰孢菌 *Fusarium oxysporum*、茄腐皮镰孢菌 *F. solani*、串珠镰孢菌 *F. moniliforme* 和锐顶镰孢菌 *F. acuminatum* 侵染所致的真菌病害。

2. 传播途径 病菌属弱寄生性土壤习居菌,能够在土壤有机质上繁殖,以厚垣孢子、菌丝体在土壤中和病残体上越冬,其中厚垣孢子可在土壤中存活5~10年。病菌依靠雨水或灌溉水,未腐熟的农家肥、农具传播、蔓延,从伤口侵入皮层,引起植株发病。其后病部产生分生孢子,进行再侵染使病害严重发生。

3. 发病条件 保护地果类蔬菜长期连作,导致弱寄生型镰孢菌长期存活。棚室甜椒、彩椒和辣椒定植期提前或过早,土壤温度持续低于12℃,或秋季土壤温度较高,但浇水过量和土壤湿度超

第四章 茄科蔬菜病害

过 40%,根系在厌氧条件下发育不良,或出现沤根,土壤中的弱寄生性习居菌趁机侵染根系和根茎部,引起根腐病。田间该病多在植株开花结果初期始发,辽宁北部大棚甜椒发病盛期在 4 月下旬至 5 月中旬,露地甜椒为 5 月下旬至 6 月中旬,日光温室秋冬茬栽培在 9 月中下旬。山东大棚甜椒为 4 月中下旬至 5 月上旬进入发病盛期,秋冬茬 9 月上中旬为发病高峰。7~8 月高温期病势有所下降。浙江及长江中下游地区辣椒根腐病的主要发病盛期为 3~6 月。连作椒田,土壤黏重,施用未腐熟厩肥,管理不善造成伤根或地下害虫严重,雨后田间积水或大水漫灌等发病均重。

【防治方法】

1. 合理安排茬口 棚室冬季早春可种植半耐寒性绿叶蔬菜,地温适宜时栽植甜(辣)椒。夏季利用太阳能和氰氨化钙进行土壤消毒灭菌,同番茄青枯病。

2. 科学施肥 采用测土配方施肥,施足腐熟农家肥,防止病菌传播。提倡使用酵素菌沤制的堆肥、有机活性肥,增加土壤有益微生物种群和数量。

3. 无病土育苗或床土消毒 采用营养钵等培育壮苗,移植时保障根系完好不受损伤。采用高畦栽培,精细平整土地,推广滴灌浇水,防止大水漫灌及田间积水或湿气滞留,苗期和初花期不发生沤根。定植后发现病株及时拔除,中耕松土,增强土地透气性。

4. 药剂防治 当甜(辣)椒叶片表现萎蔫症状时,根部已受害并开始变褐腐烂,应早防早治,可有效控制根腐病的发生危害。

(1)穴施 在甜(辣)椒定植时施药。每 667 米^2 椒田用 30% 噁霉灵水剂 600~700 克,或 70% 噁霉灵可湿性粉剂 250 克,或 40% 福美•多菌灵可湿性粉剂、70% 福美•百菌清可湿性粉剂、35% 甲硫•福美双可湿性粉剂、3% 噁霉•甲霜水剂(广枯灵)1 100 克,或 50% 氯溴异氰尿酸可溶性粉剂 900 克,与 25 千克细干土拌匀后,均匀施入定植穴(埯)内。

(2)灌根 在甜(辣)椒定植后3天,用30%噁霉灵水剂1 500倍液,或70%噁霉灵可湿性粉剂3 500倍液,或2.5%咯菌腈悬浮剂1 200倍液与50%多菌灵可湿性粉剂500倍液混用,或40%福美·多菌灵可湿性粉剂、70%福美·百菌清可湿性粉剂、35%甲硫·福美双可湿性粉剂、3%噁霉·甲霜水剂(广枯灵)800倍液灌根,每穴(埯)灌药液250毫升,预防植株根部免受病菌初侵染,可根据病情10~15天再灌一次。

二十四、甜(辣)椒炭疽病

甜(辣)椒炭疽病是各地甜、辣椒的重要病害,保护地和露地栽培均以高温高湿条件下发生危害重,造成落叶和烂果,常可减产20%~30%,彩色甜椒、制种田受害尤甚,而且果实贮藏运输期间可继续发病。此病还危害番茄和茄子。

【症状识别】 主要危害果实和叶片。着色近成熟果实易受害,初呈水渍状黄褐色病斑,长圆形或不规则形,灰褐色至黑褐色,中央灰白色,凹陷,表皮不破裂,上有稍隆起的同心轮纹,其上密生黑色小粒点(病菌的分生孢子盘)。潮湿时,病斑表面溢出淡红色黏胶物或呈烫伤状皱缩,干燥时病部缩成似羊皮纸状易破裂,其上轮纹明显,病斑上有刺毛。病斑多时其内部组织易腐烂,病果常干缩于植株上。老叶易受害,初生褪绿色水渍状斑点,渐变为深褐色近圆形病斑,中间灰白色,后期斑面上轮生黑色小粒点,病叶易干缩脱落。果柄有时被害,产生褐色不规则的凹陷斑,干燥时时常破裂。根据病斑上病菌粒点的大、小和病斑颜色,将该病分为黑色炭疽病、黑点炭疽病和红色炭疽病,不同地区间的发病类型有差异。

【发病规律】

1. 病原 炭疽病上述症状分别由胶孢炭疽菌 *Colletotrichum gloeosporioides*、辣椒炭疽菌 *C. capsici* 和 胶孢炭疽菌 *C. gloeos-*

第四章 茄科蔬菜病害

porioide 侵染所致的真菌病害。病原菌的异名分别为黑刺盘孢 *C. nigrumi*、辣椒丛刺盘孢 *Vermicularia capsici* 和辣椒盘长孢 *Gloesporinm piperatum*。

2. 传播途径 病菌主要以菌核随病残体在土壤里越冬，也可以菌丝潜伏在种子内和分生孢子附于种子表面越冬，成为翌年的初侵染源。条件适宜时越冬后的病菌产生出分生孢子，借助风雨、灌溉水、农事作业和昆虫传播，分生孢子萌发长出芽管，多从寄主表皮的伤口侵入。发病后产生大量新的分生孢子，可频繁的进行再侵染，引起病害流行。

3. 发病条件 适宜发病温度 12℃～33℃，最适 27℃；相对湿度 95% 以上，孢子才能萌发和侵染。温度适宜、空气相对湿度 87%～95% 时潜育期 3 天，湿度低潜育期长，空气相对湿度低于 54% 不发病。高温多雨或湿度大发病重，辣、甜椒最适感病阶段为结果中后期。长江中下游地区 5、6 月开始发病，7～9 月盛发。此外，田间地块低洼，栽培上植株过密，通风不良，氮肥过多以及病毒病、日灼病发生较重时，炭疽病发生均重。

【防治方法】

1. 种植抗病品种 辣椒比甜椒的抗病性强，应根据市场需求酌情选用兼抗炭疽病、病毒病等病害的丰产辣椒新品种，如湘辣 1 号、4 号、湘研 11 号、12 号、14 号、湘椒 16～18、23、25～29、35、38、39、62，长椒 7 号，福湘早帅，赛绿－桂牛五号，苏椒 12 号、14 号、15 号，江蔬二号、四号，皖椒 2 号、4 号、顶尖大椒，线椒 981、冠 19-1 超长型，豫椒 17，濮椒 1 号，川滕 3 号、6 号，辣优 9 号，东方神剑，宛椒 206，京椒 2 号，农城椒 3 号、4 号，8819 线椒，朝阳牛角椒、朝研 3 号，齐杂尖椒 1 号，辛香 2 号、8 号、15 号，紫燕 1 号，赣丰辣线 101，基地火辣八号等。

甜椒抗病品种如巨早 85－1，江蔬 1 号、嘉配 4 号，牟农 1 号，冀研 4 号、5 号和 15 号，紫燕 1 号等。

2. 种子消毒 未经种衣剂处理的种子消毒，播种前可用2.5%咯菌腈悬浮种衣剂（适乐时）包衣，用药量为种子重量的0.4%，包衣后晾干播种。或用68%精甲霜·锰锌可湿性粉剂600倍液浸种30分钟，50%多菌灵可湿性粉剂500倍液浸种1小时，清水冲洗后催芽播种。

3. 实行轮作 调整茬口，重病田与瓜类、豆类及十字花科蔬菜实行2~3年轮作，降低田间菌源。

4. 栽培防病 选择地势平坦的椒田，深沟高畦栽培，避免栽植过密，增施磷钾肥，第一穗果实采收后，可喷施0.2%磷酸二氢钾溶液叶面肥，或喷施0.01%糖＋0.2%磷酸二氢钾＋0.5%尿素混合液，提高植株抗病能力。雨季及时开沟排水，干季适量均衡浇水，减少果实日灼伤害。及时摘除病叶病果，阻止病菌蔓延；收获后清除植株和病残体，带出田外集中烧毁或深埋，深翻土地，把病菌埋入土中促其死亡。

5. 药剂防治 发病初期及时喷施25%嘧菌酯悬浮剂1 000倍液，或25%咪酰胺乳油800倍液，或43%戊唑醇悬浮剂2 000倍液，或10%苯醚甲环唑水分散粒剂800~6 000倍液，或40%氟硅唑乳油5 000~6 000倍液，或30%苯甲·嘧菌酯悬浮剂2 000倍液，或70%丙森锌可湿性粉剂600倍液，或25%溴菌腈可湿性粉剂800倍液，或80%代森锰锌可湿性粉剂400倍液，或80%波尔多液可湿性粉剂400倍液，或560克/升嘧菌·百菌清悬浮剂600倍液，或75%肟菌·戊唑醇水分散粒剂3 000~4 000倍液，或40%甲硫·福美双可湿性粉剂600倍液，或50%福·甲·硫磺可湿性粉剂400~500倍液，或20%锰锌·拌种灵可湿性粉剂400~500倍液，或50%福美双可湿性粉剂500倍液等。通常第一次施药应在第二穗坐果前，每7~10天1次共3次。

第四章 茄科蔬菜病害

二十五、甜(辣)椒疮痂病

疮痂病又称细菌斑点病、落叶瘟,是世界性的甜(辣)椒生产的主要病害,在我国各地区发生普遍,随着甜、辣椒生产的迅速发展和品种不断更新,在棚室和露地栽培的发生危害呈加重趋势,高温多雨的季节易流行,造成植株落叶、落花和落果,对产量和品质影响很大。该病还加害番茄、马铃薯、烟草和多种茄科杂草。

【症状识别】 幼苗发病,子叶上生银白色小斑点,呈水渍状,后变为暗色凹陷病斑。幼苗受侵染常引起落叶,植株死亡。成株期主要危害叶片和果实,茎蔓、叶柄和果柄也可受害。叶片发病,多从近地面老叶逐渐向上部叶片发展。叶片初生黄绿色水浸状小斑点,扩大后成圆形或不规则形,病斑中部凹陷褐色,边缘暗褐色稍隆起,表面粗糙呈疮痂状,潮湿时几个病斑常连接成较大病斑。严重时病叶的叶缘、叶尖常变黄干枯,破裂穿孔,甚至整片叶变黄干枯,病叶脱落。若病斑沿叶脉发生时,常使叶片畸形,生长点受害,使新生叶变褐萎蔫,干枯死亡。高温高湿条件下,田间植株病叶呈焦枯状。果实受害,多为着色前的幼果和青果。果面初生黑色或褐色隆起的小点,或具有狭窄水渍状边缘的泡疹状病斑,直径1~3毫米,后扩大为稍隆起的圆形或长圆形的黑色疮痂斑,病斑边缘有裂口和水浸状晕环,潮湿时疮痂中间有菌液溢出,干后成一层发亮的薄膜。茎蔓、叶柄和果柄发病,初生水浸状不规则的条斑,暗绿色,后变为黄褐色,逐渐木栓化隆起,纵裂呈溃疡状疮痂斑。

【发病规律】

1. 病原 本病由野油菜黄单胞杆菌辣椒斑点病致病变种 *Xanthomonas campestris* pv. *vesicatoria* 侵染所致的细菌病害。

2. 传播途径 病原细菌主要在种子表面越冬,及随病残体在

田间土壤中,或在多种茄科杂草上越冬,成为翌年病害发生的初侵染源。在适宜条件下病菌从植株气孔、水孔、皮孔、蜜腺或伤口侵入,在细胞间隙进行繁殖发育,致使表皮组织增厚形成疮痂状。甜、辣椒发病后,病痂溢出的菌脓随着风吹、雨水飞溅和灌溉水的流动传播到其他植株。农事操作如整枝、绑蔓、采收果实等,造成植株间枝条、叶片的频繁接触摩擦,及昆虫活动等在田间进行辗转传播。农民生产者在发病田块活动携带病菌后,也可传播到其他无病田块,频繁的再侵染使病害扩展蔓延。

3. 发病条件 病菌生长发育最适温度为27℃~30℃;最低5℃,最高40℃,在27℃时潜育期3~6天。春茬和秋茬椒田均可发病,但在高温多雨潮湿的7、8月发生危害重,尤其是台风、暴雨后及大雾结露都容易造成田间病害大流行。此外,茄科作物连作、土质黏重、田间积水、窝风或缺肥的地块,种植过密,生长过旺,植株生长衰弱等均会加重病情。

【防治方法】

1. 实行轮作 病田不要与番茄、马铃薯、烟草等茄科蔬菜或作物连作,提倡与瓜类、豆类和十字花科蔬菜进行3年以上轮作,防止病原细菌的传播和侵染。

2. 选用抗(耐)病品种 辣椒品种以湘研11、12、15、9502、湘椒16~18、21、22、26~28、31、35、47,丰抗21,中椒10、13号,海丰25号,江蔬二号,长丰,辛香16,紫燕1号的抗(耐)病性较好,可因地制宜的种植。

3. 种子消毒 选择无病单株或无病果留种,外购未药剂处理的种子应行消毒。一般先把种子放入清水中浸10~12小时,再放入55℃温水浸种30分钟后,移入冷水中冷却,再催芽播种。或将清水浸泡的种子,用0.1%硫酸铜溶液浸种5分钟,捞出后用清水洗至呈中性,稍晾干后播种,也可拌草木灰或消石灰使其成为中性再播种。还可用0.1%高锰酸钾溶液浸种15分钟,清水洗净后催芽。

4. 加强田间管理 深沟高畦(高垄)覆盖地膜栽培,膜下或滴灌浇水,雨季做好田间排水、防涝,降低田间湿度,保护地注意通风降湿。合理密植,定植后及时中耕松土,增施磷钾肥,促进根系发育,增强寄主抗病性。开花结果期促、控结合,防治植株徒长降低抗病力。收获后清除病残体和自生苗,深埋或销毁。

5. 药剂防治 发病初期和降雨后天晴及时喷洒农药,常用药剂有20%锰锌·拌种灵可湿性粉剂400~500倍液,或24%硫酸链霉素可溶性粉剂1 500倍液,或72%硫酸链霉素可溶性粉剂4 000倍液,或90%新植霉素可溶性粉剂4 000~5 000倍液,或78%波尔·锰锌可湿性粉剂500倍液,或47%春雷·王铜可湿性粉剂800倍液,或2%多抗霉素可湿性粉剂800倍液,或14%络氨铜水剂300倍液,或77%氢氧化铜可湿性微粒粉剂500倍液,或78%波尔·锰锌可湿性粉剂500倍液,或50%氯溴异氰尿酸可溶性粉剂(消菌灵)1 200倍液,或60%乙铝·琥·锰锌可湿粉剂500倍液等,隔7~10天1次,连续防治3~4次。

二十六、甜(辣)椒灰叶斑病

甜(辣)椒灰叶斑病又称叶枯病,世界甜、辣椒产区都有发生,我国各地区露地栽培发生普遍,严重时病株率可达90%,造成植株大量落叶,对产量和产品质量影响很大,在棚室甜(辣)椒上仍可持续偏重发生危害。该病还危害番茄、马铃薯、豇豆和莴苣等蔬菜。

【症状识别】 主要危害叶片,叶柄或茎有时也染病。发病初期叶片散生褐色小斑点,迅速扩大呈圆形或不规则形病斑,直径2毫米左右,中央灰白色,边缘暗褐色。空气干燥时病斑中央坏死处常脱落穿孔,后期病叶死亡脱落。一般病害由植株下部叶片向上发展,严重时整株叶片脱光成秃枝。条件适宜时茎秆和叶柄也会发病。

【发病规律】

1. 病原 茄匐柄霉 Stemphylium solani 侵染引发的真菌病害。

2. 传播方式 病菌以菌丝体和分生孢子随病株残体遗留土壤中,及分生孢子附着在种子上越冬,成为下季和翌年的初侵病源。条件适宜时产生分生孢子侵染甜(辣)椒,冬季在温室番茄和甜(辣)椒上持续发生危害。病部产生的分生孢子,借气流、雨水、灌溉水或苗床洒水,进行频繁的再侵染,使病害发展蔓延。

3. 发病条件 病菌菌丝生长温度5℃~36℃,适宜温度20℃~30℃(24℃最适);产生孢子适宜温度14℃~32℃(最适20℃~22℃)。发病最适温度22℃~26℃,适宜空气相对湿度92%~94%。温暖高湿度是发病的基础条件,病情发展与降雨量、雨日数呈正相关。若连续降雨2~3天,或大水漫灌,田间积水,露地甜、辣椒灰叶斑病易流行。施用未腐熟厩肥或旧苗床育苗,气温回升后苗床不能及时通风,利于病害发生;椒田管理不当,偏施氮肥,植株前期生长过盛,磷钾肥不足,植株抗病力下降病害重。地势低洼、排水性差,与番茄邻作的椒田病害也重。湖南衡阳地区露地辣椒灰叶斑病,常年于3月上旬在苗床开始出现,4月上中旬叶片上产生许多病斑,引起辣椒苗期落叶。成株期常在5月中、下旬出现发病中心,6月中下旬为发病盛期,到7月上旬病情渐趋稳定。我国中部地区4月开始发生,至6月进入发病高峰,7、8月高温天气病情发展受到抑制。云南、贵州地区7、8月气候温暖、多雨,适宜病害发生。

【防治方法】

1. 种子包衣处理 由于种子带菌率较高,播种前每10千克种子用2.5%咯菌腈悬浮种衣剂30毫升,以200毫升水稀释成药液拌匀种子,晾干后催芽播种。

2. 轮作换茬与品种选择 重病田与豆科、十字花科蔬菜,或粮食、棉花等作物进行 2 年以上轮作。湘研辣椒或甜椒中春晓、帝尊等耐湿性强的品种,对此病抗(耐)性较强。

3. 栽培防病 加强苗床管理,提倡用无病菌的草炭、蛭石等基质育苗,使用充分腐熟厩肥作基肥,及时通风,控制苗床温、湿度,培育无病壮苗。椒田施足基肥,增施磷、钾肥,定植后及时追肥、松土,喷施叶面肥,提高植株的抗病力。露地栽培雨后及时排除积聚雨水、中耕松土,加强棚室通风防止田间湿度过大。采收后清洁田园,减少菌源。

4. 药剂防治 发病初期及喷洒 70% 代森锰锌可湿性粉剂 600 倍液,或 70% 百菌清可湿性粉剂 500 倍液,或 50% 腐霉利可湿性粉剂 1 000 倍液,或 64% 噁霜·锰锌可湿性粉剂 500 倍液,或 58% 甲霜灵·锰锌可湿性粉剂 500 倍液,或 47% 春雷·王铜可湿性粉剂 700 倍液,52.5% 噁酮·霜脲氰水分散粒剂 1 500 倍液,或 10% 苯醚甲环唑微乳油 2 000 倍液,或 25% 咪鲜胺可湿性粉剂 1 000 倍液,或 25% 嘧菌酯悬浮剂 1 000 倍液等。根据病情在育苗期一般用药 1~3 次,露地栽培如遇阴雨连绵天气,应 5~7 天喷一次,雨停后须立即喷药,若天气晴朗间隔 12~14 天用一次药,连喷 2~3 次。同时,注意与椒田周围的番茄田一并防治。

此外,设施栽培可选用 10% 腐霉利烟剂,或 15% 腐霉·百菌清烟剂,或 15% 异菌·百菌清烟剂,每 667 米^2 用量 250~300 克,密闭熏烟 8 小时。

二十七、甜(辣)椒白粉病

甜(辣)椒白粉病在我国 1941 年就有记载,多年来仅零星发生。随着我国甜(辣)椒生产的迅速发展,栽培方式的变化和品种的不断更新,20世纪90年代中后期以来,该病逐渐发展成为各产区的主要病害,常引起叶片干枯、提早脱落,降低产量和品质。白粉病菌还可侵染番茄、茄子、马铃薯、西芹、芫荽和棉花等。

【症状识别】 主要危害叶片,多从植株下部老叶开始发病,严重时叶柄、嫩茎和果实也受其害。先在叶片正面产生褪绿或淡黄色的小斑点,扩大后变成边缘不明显、淡黄色斑块。叶片背面叶脉间生出小片白色稀薄的霜状霉丛,逐渐扩展部分至整个叶片,产出白色粉状物(病菌的分生孢子梗和分生孢子)。后期病斑密布可致叶面大部分枯黄,病叶变褐枯死,严重时叶片背面霉层增厚,可造成甜(辣)椒大量落叶。叶柄、茎秆、果实受害时,也产生白粉状霉斑。近年来有些甜(辣)椒品种染病后,叶面出现黑褐色的水浸状坏死斑,叶正面、背面均可显症。发病初期叶背不容易出现白色霉层,后期可产生较稀薄霉层。发病严重的植株坏死斑覆盖整个叶面,严重阻碍了光合作用。

在田间多是两种症状混合发生,病部扩大彼此融合形成巨型病斑,终使全株黄化、萎蔫,叶片易脱落。发病严重时植株生长受阻,果实生长畸形。该病在叶背先出现稀薄的霉层,通常在叶正面不出现茂盛的白霉,有别于多种蔬菜白粉病。

【发病规律】

1. 病原 本病由辣椒拟粉孢菌 *Oidiopsis taurica* 侵染引起的真菌病害,其有性世代为鞑靼内丝白粉菌 *Leveillula taurica*。

2. 传播方式 我国北方温室和南方甜(辣)椒常年种植区,病原菌以分生孢子在冬作甜(辣)椒或其他寄主上存活,无明显越冬现象,该病可周年发生。在我国北方菜区,病菌随病叶在地表越冬。条件适宜时分生孢子萌发产生芽管,从寄主叶背气孔侵入或直接穿透表皮侵入寄主,菌丝在叶肉组织内蔓延,分生孢子梗从寄主叶背气孔伸出,其顶端长出分生孢子,在干燥条件下易于飘散,主要通过气流以及雨水滴溅传播,蓟马、蚜虫、粉虱也可传播,进行

第四章 茄科蔬菜病害

频繁的再侵染。

3. 发病条件 病菌分生孢子形成和萌发的适宜温度为15℃～28℃,以20℃～25℃最为适宜,萌发需有水滴存在;其侵染和发病的适温18℃～24℃,空气相对湿度50%～80%,一般25℃～28℃和稍干燥条件下该病易流行。随着植株的生长,抗病性逐渐减弱,结果期比初花期和幼苗期的植株更易感病。椒田进入坐果期后,遇到连阴雨或大雾天气后易发病,在白天干燥条件下分生孢子容易飘散,经气流传播蔓延,相对湿度较低病害易流行。棚室内光照不足、通风不良、空气相对湿度大、种植密度大、施肥不合理、灌水量过大等,都有利于发病。在东南沿海地区发病期多在4～6月和9～10月,长江流域和西南地区为6～10月,以7～8月居多。华北地区露地发病期一般在5月下旬至7月上旬以及9月中旬至10月上旬,而保护地栽培则从5月上旬至11月上旬,危害期长达6～7个月。

【防治方法】

1. 加强田间管理 及时清洁田园,培育壮苗。合理密植,避免栽植过密,及时摘除植株下部的重病叶,带出地块进行无害化处理。采用地膜覆盖栽培方法,防止棚室空气湿度过高和过低,避免夜间结露和白天空气干燥。施足基肥,增施磷、钾肥,防止植株徒长又要防止脱肥早衰,促使植株生长健壮,提高抗病力。

2. 棚室消毒 同番茄白粉病。

3. 选用抗(耐)病品种 目前我国对于甜(辣)椒白粉病抗病性研究还处于起步阶段,据报道辽椒11号、苏椒5号、湘研15号、中椒7号和津椒5号等有一定的抗(耐)病性,可因地制宜选用。

4. 药剂防治

(1) 发病前施药预防 当植株下部零星叶片出现褪绿的黄色斑点时,病原菌丝还处于叶片组织内部的生长阶段,喷洒保护剂进行预防,如50%硫磺悬浮剂400倍液,或75%百菌清可湿性粉剂

500倍液,或70%甲基硫菌灵可湿性粉剂600倍液,以及2%宁南霉素水剂200倍液、2%武夷菌素水剂150倍液,或2%多抗霉素水剂200倍液。温室、大棚等保护地内,每667米²用45%百菌清烟剂250克熏烟,或5%百菌清粉尘剂1千克,或10%多·百粉尘剂1千克喷粉等。间隔8~10天防治1次,连续喷洒2~3次,将病害有效地控制在初发阶段。

(2)在发病初期及时治疗 当发现叶片产生菌丝后,应及时、周到的喷洒内吸杀菌剂控制病情发展,而且每667米²药液量比常规喷雾用量增加15%~20%。可用20%三唑酮乳油1 500倍液、40%氟硅唑乳油8 000倍液、10%苯醚甲环唑微乳油3 000倍液、25%嘧菌酯悬浮剂1 000倍液、25%吡唑醚菌酯乳油2 000~3 000倍液、5%己唑醇微乳剂1 000倍液、12.5%腈菌唑乳油1 500倍液、45%噻菌灵悬浮剂1 000倍液、30%氟菌唑可湿性粉剂(特富灵)1 500~2 000倍液、25%丙环唑乳油(敌力脱)3 000倍液、80%锰锌·腈菌唑可湿性粉剂700倍液、50%硫磺·多菌灵悬浮剂600倍液等。棚室还可使用百菌清烟剂或粉尘剂,因地制宜轮换用药,隔7~10天喷1次,连续喷洒2~3次。

二十八、甜(辣)椒日灼病

甜(辣)椒日灼病又称日烧病,是各地夏秋高温季节常见的果实病害。有时病果率可达10%~30%,病部常被炭疽病菌或其他杂菌感染而长霉或腐烂,降低商品果率,造成不同程度的损失。该病在番茄和茄子上也有发生。

【症状特点】 幼果和成熟果均可受害,多发生在果实发育前期。发病初期果实向阳面褪绿,后病部果肉失水、表面变薄,形成有光泽近似透明的革质状,后呈黄褐色或灰白色斑块,继而病部扩大,稍显皱纹,干缩变硬,略凹陷,最后果肉组织坏死、干缩变硬,呈

第四章 茄科蔬菜病害

凹陷、皱缩状。后期病部受病菌感染,生长黑色或粉色霉层,甚至腐烂。

【发病规律】

1. 病因 日灼病是一种生理性病害。果实受强烈阳光直射、暴晒,引起果皮温度上升、水分大量蒸发,使果面局部烧伤所致。一般果实的向阳面与背阴面的温差越大,发病越重。

2. 发病条件 春季栽培的甜(辣)椒果实膨大和采收旺季,正值盛夏和初秋,如土壤缺水,叶片遮阴不好,天气持续干热过度,或雨(露、雾)后暴热,均易引起此病。栽植密度过稀,缺水少肥,管理粗放,使植株生长发育不良,病虫害发生严重引起植株早期落叶,则发病率高。株型紧凑,发枝力强,长势旺盛,田间整齐度高和耐热性品种抗病性强。露地栽培比保护地栽培发病重。

【防治方法】

1. 合理密植 根据不同的品种特性,选择合理的株行距,采用大垄双行密植,在炎热夏秋季可增加甜(辣)椒叶面系数,使椒叶能遮住椒果,避免果实暴露在阳光下。

2. 间作玉米或高秧蔬菜菜豆、豇豆 利用生物屏障遮阴,棚室推广遮阳网覆盖越夏栽培,降低气温和土温,改善田间小气候可减少发病。

3. 加强田间管理 采用地膜覆盖栽培提高地温,以促进根系发育,并保持土壤水分的相对稳定,减少钙的淋失。在开花结果期和幼果膨大期,应在上午及时、均匀浇水,保持地面湿润,避免下午浇水,防止大水漫灌造成缺氧性干旱。增施磷钾肥,坐果后喷施 0.1% 过磷酸钙溶液或 0.1% 硝酸钙溶液等根外追肥,每 10 天施用一次,连续 2~3 次,促进果实发育,减轻病害。

4. 及时防治病虫害 防止因病毒病、炭疽病、疮痂病、叶枯病及蚜虫、螨类危害引起的早期落叶。

5. 选用抗(耐)热不易得日灼病品种 甜椒品种如中椒 5 号、

河南早椒、冀椒1号、冀研4号等;辣椒品种赣丰辣线101、农城椒3号、湘运1号、皖椒4号等。

二十九、甜(辣)椒其他重要土传病害

甜(辣)椒的病害种类较多,可根据甜(辣)椒产地环境、发病规律,参考番茄病害的防治方法进行防控。现对4种防治难度较大的土传病害,介绍一些安全、有效的防控技术。

1. 甜(辣)椒青枯病 *Ralstonia solanacearum*   在我国南方大面积发生,是生产的障碍因素之一。防治方法:抗(耐)病的辣椒品种如辣优2号、4号、8号、9号和15号,湘椒23、28,粤椒3号,茂青5辣椒,赛绿一桂牛五号,汇丰二号,福康2号,东方神剑,通椒1号,苏椒15号、16号、红霞,新辣1号、4号,海丰25号,京辣2号,国塔102、108、国福208、国禧308等。甜椒品种京甜1号、3号、国禧101、冀研15号等,彩椒品种黄星2号、红星2号、橙星2号、紫星2号、白星2号、巧克力甜椒、红妃、黄帝彩椒1号等抗(耐)病性较强,可因地制宜选用。其他防治措施参见番茄青枯病。

2. 甜(辣)椒枯萎病 *Fusarium oxysporum* f. sp. *vasinfectum*   近年来在棚室甜(辣)椒生产中,植株枯萎死亡发生较普遍,轻者造成缺苗断垄,重者成片死亡,成为生产上的重要问题。防治方法:培育无病壮苗、栽培措施、喷淋或药液灌根见番茄枯萎病。辣椒中湘椒23(湘研21)、8819线辣椒(陕西)抗枯萎病,可因地制宜选用。

3. 甜(辣)椒白绢病 *Sclerotium rolfsii*   该病的发生规律和防治方法,参见番茄白绢病。据报道,贵州省辣椒白绢病发生普遍,6月初开始发病,7月中下旬为发病高峰期,病株率达60%以上,严重地块达100%,造成严重的经济损失,影响了种植户的生产积极性,经试验提出了防治该病的高效药剂及相关防治措施,可

第四章 茄科蔬菜病害

供同类地区参考。在椒田定植前6周,浇湿土壤后用透明塑料薄膜覆盖垄面,在太阳下暴晒可使5厘米深的表层土温度升高12℃,土壤温度达到45℃以上,使越冬菌核无法生存。在辣椒成株期喷施6%抗坏血酸水剂(抗病丰)1 000倍液提高植株抗病性,如果发现病株,可在发病初期用3%甲霜·噁霉灵水剂水剂500~1 000倍液 + 6%抗坏血酸水剂1 000倍液,喷淋并结合灌根处理,防治效果好,提高果实品质和产量。

4. 甜(辣)椒根结线虫病 *Meloidgyne incognita* 在我国南方菜区危害日趋严重,近些年来在北方地区保护地栽培呈蔓延趋势,是由大部分棚室甜(辣)椒与高感根结线虫的黄瓜、番茄和豆类等连作接茬有关。

【防治方法】 培育无病苗和采用无土栽培技术、棚室盛夏土壤消毒、农业防病措施、药剂土壤消毒等参见番茄根结线虫病,下面补充介绍3项栽培防病措施。

第一,发病严重地块,提倡与大葱、洋葱、大蒜、韭菜等实行3年以上的轮作,有条件地方提倡水旱轮作效果更佳。

第二,种植菠菜、香菜和小白菜等短季速生蔬菜诱集线虫,收获时连根拔除把线虫带出室外处理,可减少对下茬甜(辣)椒的危害。

第三,据山东烟台田间试验和应用结果,在温室不同茬口适时开沟浇水定植甜(辣)椒幼苗,并在其两侧5~8厘米栽2棵大葱苗(株高10~15厘米),然后覆上地膜,定植第2天浇足浇透缓苗水,其后正常田间管理。若大葱的株高有达到或超过辣椒,应除去大葱叶片以免影响甜(辣)椒正常生长。结果表明,能有效降低甜(辣)椒根结线虫的发病率和病情指数,降低其危害,并可减轻根腐病、白绢病的发生。辽宁省有的地方也在推荐该项技术,可供其他地区试用和参考。

三十、茄子黄萎病

茄子黄萎病俗称半边疯、黑心病,是世界性的茄子生产重要的土传病害。1935年我国从美国引进棉花种子传入黄萎病菌,20世纪50年代初期该病仅在东北地区局部发生,随着茄果类蔬菜生产面积的扩大而迅速蔓延,至80年代黄萎病已分布我国茄子主产区。其后由于茄子生产逐渐基地化、专业化,轮作倒茬困难,土壤中病菌增多,现已成为各地区茄子露地和保护地栽培的主要病害,严重时发病株率在70%以上,减产损失30%～60%,甚至绝收。此病还危害甜椒、番茄、马铃薯、瓜类、豆类等多种蔬菜和烟草、芝麻、大豆等作物。

【症状识别】 茄子全生长期均可发生,病菌在苗期即可侵染,一般在定植后表现症状,门茄坐果后症状明显。病害多从植株下部向上部发展,或先由一个枝条扩展成半边枝条变黄(俗称半边疯),最后全株染病。早期病叶的叶缘或叶脉间叶肉褪绿变黄,叶脉尚为绿色,逐渐发展为半边叶或整叶变黄,或出现黄化斑驳、掌状黄斑,叶缘稍上卷。严重时早期病株在晴天高温时萎蔫,早晚或天气阴凉时恢复,后期病株彻底萎蔫,叶片干枯、卷曲、脱落,植株凋萎死亡。剖检病株根、茎、枝、叶柄,均可见其木质部维管束呈黄褐色或棕褐色,但无白色菌液渗出有别于青枯病。该病的症状分为3种类型:

1. 黄色斑驳型 植株不矮化,仅少数叶片出现黄色的斑驳,一般叶片不枯死。

2. 黄斑型 植株稍矮化,叶片由下向上形成掌状黄斑,仅下部叶片枯死,一般植株不死亡。

3. 枯死型 植株严重矮化,叶片皱缩、凋萎、枯死、脱落,病株结果小、质地硬,无食用价值,病情发展很快,常导致整株死亡。

第四章 茄科蔬菜病害

【发病规律】

1. 病原 本病由大丽花轮枝菌 *Verticillium dahliae* 侵染引起的真菌病害。

2. 传播方式 病菌以休眠菌丝、厚垣孢子和微菌核随病残体在土壤中越冬,土壤中病菌可存活 6～8 年,是病害的主要初侵染来源。条件适宜时,病菌分生孢子或微菌核萌发后,从根部伤口、幼根表皮及根毛侵入,先在根部维管束内繁殖,并随植株体内液流向地上部扩展、蔓延,直至茎、枝、叶、果实和种子。病菌堵塞导管、分泌毒素和破坏寄主组织结构,使茄子表现系统性症状。病菌也能在种子内外越冬,随种子调运作远距离传播。病残体、未腐熟厩肥和土壤中的病菌,在田间借助雨水、灌溉水、气流、生产者田间作业和农具等途径传播。黄萎病的发生危害程度,与初侵染源的菌量多少有密切关系,病害在当季(茬)不作重复侵染。

3. 发病条件 病菌发育温度 5℃～30℃(最适 19℃～24℃),一般地温达到 10℃以上时,土壤潮湿含水量超过 20%,病菌便开始萌发和侵染。从茄子定植到开花期,日平均温度低于 15℃,地温低茄子根部伤口不易愈合,却有利于病原菌侵入,地温偏低、持续时间长发病早、病情重;土壤温度在 12℃～26℃时,病害即可流行;当土壤温度维持在 28℃以上时,病情发展受到抑制。重茬地、用冰凉的井水浇灌、地势低洼、施未腐熟农家肥发病重,偏施氮肥、植物生长幼嫩抗病力低,也易发病。

【防治方法】根据茄子黄萎病的发生危害规律,从阻断初侵染菌源及其传播途径的环节,与提高茄子抗病能力结合,采取综合防控措施。

1. 培育无病壮苗

(1)精选种子后进行消毒灭菌处理 用 55℃热水浸种 15 分钟,再移入冷水中冷却后催芽、播种。也可以用 2.5%咯菌腈悬浮种衣剂包衣,每 10 千克种子,用 10 毫升悬浮液加水 200 毫升稀释液,混拌均匀,阴干后播种。或用50%多菌灵可湿性粉剂500倍液浸种2小时,然后用流水冲洗20~30分钟。

(2)育苗土处理 提倡使用育苗盘或营养钵育苗,按每立方米营养土中用30%噁霉灵水剂150毫升对适量水喷匀,或在营养土中加入50%多菌灵可湿性粉剂200~300克。每平方米苗床土消毒用38%甲霜·福美双可湿性粉剂,或50%多菌灵可湿性粉剂,或70%五氯硝基苯粉剂8~10克,或70%敌磺钠可湿性粉剂每5克,混匀细土10~15千克,1/3药土铺底,播种后用余下的2/3药土盖种覆土。

2. 实行轮作 茄子可与十字花科、百合科等蔬菜轮作5年以上,与水稻或水生蔬菜实行水旱轮作1年,防治效果最好。

3. 土壤消毒 不能进行轮作的露地和保护地应进行土壤消毒,高温消毒法参见番茄枯萎病部分。茄子定植前土壤消毒可按每平方米面积,施入98%棉隆微粒剂(垄鑫)25~30克。具体操作步骤:

(1)整地灌水 清除前茬蔬菜残株、根茬,施入优质基肥后灌水,若土壤墒情好可少灌或不灌水。3~5天后耕翻犁地深度20厘米,精细整地。

(2)施药覆膜 塑料膜厚度在0.8毫米以上,完好无破损。施药后边喷水、边覆膜,避免药剂气化后外逸。

(3)熏蒸时间 因土壤温度而异,地温在25℃以上密闭10天,揭膜放气5天后移栽茄苗;地温20℃~15℃则密闭12~15天,需揭膜放气7~10天;地温10℃~5℃密闭25~30天,揭膜放气20天。棉隆处理土壤可兼治猝倒病、立枯病、根结线虫病和防除杂草。操作人员要注意防护。

此外,茄子定植时每667米^{2}还可用50%多菌灵可湿性粉剂2千克与50千克细干土混匀,进行定植穴(垵)的药剂消毒。

4. 嫁接防病 是目前防病增产的最有效措施,还可兼治青枯

第四章 茄科蔬菜病害

病、枯萎病、根结线虫病等土传病害。选用的抗病砧木品种有托鲁巴姆、圣托斯、托托斯加、CRP(刺茄)、北农茄砧、茄砧1号等,与栽培的良种茄子作接穗,采用劈接法或斜面法嫁接。要立即把嫁接苗移入小拱棚并需要遮阳,为防止萎蔫,需向嫁接苗上喷水,使棚内保持95%以上的湿度,温度保持在25℃～30℃,经4～5天后,早、晚可撤去遮阴草帘,逐日加长日照时间,视嫁接苗生长情况,逐渐放风。待10～12天伤口愈合,嫁接苗全部成活后再撤去帘子和小拱棚,最后去掉包扎物,按正常苗管理。

5. 选用较抗(耐)病品种 要根据市场需求做到因地制宜。如适宜华北、西北和黄河流域露地和保护地栽培的圆茄新品种有京茄2号、3号,圆茄1号、2号,青丰1号,青云1号,农大601,呼茄5、6、7号等。露地圆茄品种有晋杂1号等,保护地专用圆茄品种有茄杂6号等。长茄新品种如龙杂茄5号、哈农杂茄1号、辽茄15、航茄6号等适宜保护地栽培;淄茄1号、西星长茄1号、鲁蔬长茄1号、吉茄4号、紫秋、昆茄1号等适宜露地种植;新茄6号、川茄1号和2号、紫藤、辽茄3号等为保护地和露地栽培兼用品种。适宜喜食紫红色长茄的地区栽培的新品种有浙茄28、闽茄2号、3号、湘杂7号、紫秋等。

6. 栽培防病

(1) 施用微量元素水溶肥料 NEB(恩益碧)根施微肥水剂,是农业部正式登记的肥料产品,具有促进根系发育和壮根、抗重茬性能与嫁接栽培相近,可有效防控黄萎病。每667米^{2}面积用4～5袋(52～65克),倒入喷雾器加满水,均匀的喷到基肥上,并马上翻入土壤中,或在茄苗定植时加入灌溉水中施用,也可在定植后对水浇根。

(2) 常规技术 增施腐熟有机肥和复合肥,提早扣棚(室)烤田,高畦地膜栽培,以提高地温和促进根系发育。耕层土温稳定在15℃以上时,选晴天定植,茄子生长期间要小水勤浇,保持地面湿润,防止地面干裂伤根,避免大水漫灌、冷凉井水直接浇灌,中耕时在植株周围要浅些、细些,尽量少伤根。注意保持棚室温度。收获后清除残枝条败叶和根茬,减少菌源。

7. 药剂防治 茄子定植后到坐果是药剂防治的关键时期,发现零星病株及时施药,可用50%多菌灵可湿性粉剂500倍液,或60%多菌灵盐酸盐(超微)可湿性粉剂(防霉宝)600倍液,或12.5%增效多菌灵浓可溶剂500倍液,或50%甲基硫菌灵可湿性粉剂600倍液,或50%咯菌腈可湿性粉剂5 000倍液,或70%噁霉灵可湿性粉剂2 000倍液,或50%苯菌灵可湿性粉剂600倍液,或70%敌磺钠可湿性粉剂600倍液等进行灌根,每株用药液300~500克,隔10天灌1次,连续灌2~3次。

三十一、茄子绵疫病

茄子绵疫病俗称烂茄子、"水烂"、"掉蛋",是我国茄子产区的重要病害,高温多雨季节发生,蔓延迅速,防治不当常引起大量烂果,减产损失可达20%~30%,在茄果运销过程中能继续危害。该病除危害茄子,还侵染番茄、辣椒、黄瓜、南瓜及马铃薯等。

【症状识别】 主要危害果实,叶、茎、花也能发病,除成株外还侵染幼苗。幼苗受害,茎基部或中部初现暗褐色水浸状病斑,继而幼茎变软缢缩,引致猝倒状死亡。成株期贴近地面的果实发病早、病情重。果面初现水渍状圆形或近圆形病斑,病部黄褐色或暗褐色,稍凹陷变软,有皱纹,扩大后可蔓延大部或整个果实。湿度大时病部长满茂密白色絮状霉层(病菌的菌丝体、孢囊梗与孢子囊),内部果肉腐烂变黑。在圆茄的病果易在花萼处脱落,落果在潮湿地面上很快长满白霉、腐烂,长茄类病果较少脱落。植株上尚存的病果腐烂失水,最后干缩为黑色僵果。叶片受害初生近圆形或不规则水浸状大斑,后为淡褐至褐色,略具轮纹。潮湿时边缘不明

第四章 茄科蔬菜病害

显,可生稀疏白霉;气候干燥边缘明显,病斑常干枯破裂。花被害呈水浸状褐色湿腐,并向茎部蔓延。茎发病初生水浸状暗绿色或紫褐色病斑,继而软化缢缩,倒折萎垂,致使病部以上死亡,湿度大时亦长白霉。

【发病规律】

1. 病原 本病以寄生疫霉 *Phytophthora parasitica* 为主,及辣椒疫霉 *P. capsici* 和茄疫霉 *P. melongenae* 等侵染引起的真菌病害。

2. 传播方式 病菌以卵孢子随病残体在土壤中存活,条件适宜时经风雨反溅及灌溉水传播到靠近地面的果实、叶片和幼茎上,萌发出芽管并长出侵入丝,从表皮直接侵入或伤口侵入。其后病斑产生大量孢子囊,由孢子囊生出游动孢子,借雨水、灌溉水、农具或农事作业传播蔓延,形成再侵染。秋后环境条件不利时,在病组织中形成卵孢子越冬。

3. 发病条件 病菌生长发育最适温度为28℃～32℃,空气相对湿度85%以上。高温高湿是该病大流行的条件,茄子结果期间,多雨季节田间湿度大,高温闷热或大雨转晴最适于该病的发生与流行,大雨之后的2～3天常出现田间果实发病高峰。长江中下游地区,一般在5～6月的梅雨季节及8～9月发生,以春茄子受害最重;北方则发生在7～8月的雨季。棚室中常因棚膜滴水、漏雨,或管理不当如浇水后放风不及时而发病。茄科蔬菜连作、土壤黏重、排水不良、种植过密、偏施氮肥等发病重。

【防治方法】

1. 实行轮作 选择地势较高、排灌方便的地块种植,并与非茄科、瓜类蔬菜轮作3年以上。

2. 选择较抗(耐)病品种 一般圆茄品种比长茄品种抗(耐)病性强,如北京九叶茄、博杂1号－巨圆茄、青丰1号等。长茄中济农优美长茄、辽茄3号、辽茄15、西星长茄1号、闽茄2号、茄杂2

号、昆茄 2 号等,紫红色长茄中引茄 1 号、浙茄 28、闽茄 2 号、3 号、紫秋等抗(耐)病性较强,可因地制宜选用。

3. 培育无病壮苗　参见甜(辣)疫病部分。

4. 加强栽培管理　采用深沟窄畦或半高畦栽培,做到沟渠通畅以利排水降湿;合理密植,适当摘除植株下部老叶,以使株间通风良好,降低田间相对湿度。采用地膜覆盖栽培,减少初侵染机会;及时摘除病果和病叶,增施基肥和磷、钾肥,提高植株抗病力。

5. 药剂防治　由于辣椒疫霉菌对霜霉威、嘧菌酯已产生抗药性,同时这两种药剂对寄生疫霉菌所致的疫病的防效下降,在防治工作中要选择敏感药剂,并于发病前或发病初期及时防治。药剂种类、使用浓度参见甜(辣)椒疫病防治部分,每隔 7～10 天喷 1 次,连续防治 2～3 次,重点保护近地面果实,并抓好雨前喷药。

三十二、茄子褐纹病

茄子褐纹病又名褐腐病、干腐病,是一种世界性的病害,在我国各地都有发生,以夏、秋播茄子受害重,严重时果实腐烂率可达 20％以上,严重影响产量和商品价值,留种田受害更重,在茄果贮运、销售过程中还继续危害。

【症状识别】　茄子各生长期均可发病,主要危害果实及茎、叶。幼苗受害,初期幼茎基部产生水浸状、梭形或椭圆形病斑,褐色至黑褐色,稍凹陷;条件适宜病斑扩展可环绕茎部一周,病部萎缩致幼苗猝倒死亡。幼苗稍大染病,则呈立枯状,病部生有黑色小颗粒(病菌的分生孢子器)。轻病苗定植后,病斑逐渐扩大,造成茎部上粗下细,呈棒槌状,易折倒,后期亦生有小黑粒点。成株期下部叶片先发病,出现灰白色水渍状圆形斑点,渐变褐色,其上轮生许多小黑点,具有不规则形轮纹,后期病斑扩大连片,常造成干裂、穿孔、脱落。植株茎基部和枝杈处病斑梭形或不规则形,中间灰白

第四章 茄科蔬菜病害

凹陷,边缘褐色,病斑上密生小黑点。后期病部扩大为干腐溃疡斑,严重时许多病斑融合成坏死区,使表皮开裂露出白色木质部,病部以上枝条遇有大风易折断枯死。果实发病最为常见,初期果面出现浅褐色、椭圆形凹陷病斑,扩展后变为黑褐色,可达大部或整个果面,病斑出现同心轮纹,病部密生许多小黑点,后期病果腐烂脱落或干腐挂在枝条上。带菌种子多呈灰白色,无光泽,种脐变黑。

【发病规律】

1. 病原 本病由茄褐纹拟茎点霉 *Phomopsis vexans* 侵染引起的真菌病害。

2. 传播方式 病菌主要以菌丝体或分生孢子器在土表病残体上越冬,也可以菌丝体潜伏在种皮内部或以分生孢子黏附种子表面越冬,一般可存活 2 年以上。播种带菌种子常引起幼苗猝倒,土壤中的病菌产生分生孢子萌发后,可直接穿透寄主表皮或从伤口侵入,引起植株茎基部溃疡。病苗和茎基部溃疡斑产生大量的分生孢子,借助风雨、昆虫、农事作业等传播,造成叶片、茎秆、枝条和果实发病,在田间反复进行再侵染,导致病害流行。

3. 发病条件 病菌喜高温高湿条件,田间温度 28℃~30℃,相对湿度 80% 以上,持续时间长,或连续阴雨天气褐纹病易流行,南方茄子产区 5~9 月,北方 7~9 月为发病盛期。多年连作,苗床管理不善,茄苗瘦弱,土壤黏重、排水不良、种植过密、偏施氮肥,茄子生长中后期脱肥长势差,棚室浇水不当、通风不及时造成闷热潮湿环境,会加重病情。不同品种的抗病性有差异。

【防治方法】

1. 实行轮作 重病田茄子与非茄科蔬菜实行 2~3 年轮作,茄子前茬以葱蒜类或豆类等作物为好。

2. 选用抗(耐)病良种 一般长茄较圆茄、白皮和绿皮茄较紫皮茄抗(耐)病性强,可因地制宜选用。如济农优美长茄、吉农长

茄、黔茄 2 号、昆茄 2 号等。博杂 1 号-巨圆茄,并杂圆茄 1 号等。

3. 培育无病壮苗 从无病植株上留种、精选种子,播种前种子消毒方法:用 2.5% 咯菌腈悬浮种衣剂(适乐时)包衣,用药量为种子重量的 0.3%~0.4%,以适量水的稀释液拌匀种子,包衣后晾干播种。用 55 ℃温水浸种 15 分钟,取出用冷水冷却,晾干播种。将 50% 苯菌灵可湿性粉剂和 50% 福美双可湿性粉剂各 1 份,与泥粉 3 份混合,采用种子重量 0.1% 的苯福混剂拌种。用 40% 甲醛水剂 300 倍液浸种 15 分钟,洗净后播种,有预防效果。营养土和苗床土消毒:提倡用育苗盘或营养钵育苗,按每立方米营养土中用 30% 噁霉灵水剂 150 毫升对适量水喷匀,或在营养土中加入 50% 多菌灵可湿性粉剂 200~300 克。床土消毒按每平方米面积用 50% 多菌灵可湿性粉剂 10 克,或 50% 福美双可湿性粉剂 6~8 克,或 38% 甲霜·福美双可湿性粉剂 8~10 克,拌细土 20 千克,用 1/3 药土铺底,播种后将剩余药土覆在种子上。移栽定植时,剔除病弱苗。

4. 加强栽培管理 早期摘除病叶、病果,其他措施同茄子茄子绵疫病。

5. 药剂防治 发病初期及时摘除病果后,喷洒 50% 异菌脲可湿性粉剂 800~1 000 倍液,或 70% 代森锰锌 400~500 倍液,或 25% 嘧菌酯悬浮剂 1 500 倍液,或 10% 苯醚甲环唑水分散性粒剂 1 500 倍液,或 40% 氟硅唑乳油 8 000 倍液,或 32% 苯甲·嘧菌酯悬浮剂 1 500 倍液等,7~10 天喷 1 次,连喷 2~3 次。

棚室茄子发病初期,每 667 米^2 每次用 45% 百菌清烟剂 250 克,或 30% 百菌清烟剂 350 克,或 20% 腐霉·百菌清烟剂 250 克,分放在棚室内 4~5 处,用香或卷烟等暗火点燃,密闭棚室熏烟一夜,次晨通风,一般隔 7 天熏 1 次。

第五章 葫芦科蔬菜病害

一、黄瓜枯萎病

黄瓜枯萎病又称蔓割病、萎蔫病,俗称死秧。我国各地都有发生,以保护地栽培发生严重,长年连作病株率可达30%以上至绝收,是黄瓜生产的重要障碍。

【症状识别】 黄瓜整个生育期均可受害,发病幼苗茎基部变为黄褐色,子叶萎蔫下垂,生长点呈失水状,重者茎基部缢缩,植株猝倒死亡。成株期一般在开花结瓜后表现症状,初期病株叶片从下向上逐渐萎蔫,似缺水状,中午明显,早晚尚能恢复,数日后整株叶片枯萎下垂,全株枯死。病茎基部呈水渍状缢缩,后逐渐干枯,基部常纵裂,有的病株被害部溢出琥珀色胶质物。根部褐色腐烂,潮湿环境下病部表面生白色或粉红色霉状物(病菌的分生孢子梗和分生孢子)。纵切病茎可见维管束变褐,是区别本病与其他病害造成死秧的特征。

【发病规律】

1. 病原 本病由尖链孢菌黄瓜专化型 *Fusarium oxysporum* f. sp. *cucurmerinum* 侵染引起的土传真菌病害。

2. 传播途径 病菌主要以厚垣孢子和菌丝体随寄主病残体在土壤或粪肥中越冬,在土中可存活5~6年;从病株采收的种子带菌率很低,但也可成为初侵染源和远距离传播途径。病菌从植株根部伤口和根毛顶端细胞间隙侵入,后进入维管束,在导管内生长发育、繁殖蔓延,堵塞导管影响水分运输,产生毒素引起植株萎蔫和死亡。病菌可通过导管从病茎向果柄蔓延到达果实,随着果

实腐烂扩展到种子上,致种子带菌。此外,病菌也可经雨水、灌溉水、农具、地下害虫和土壤线虫等途径传播和扩散。

3. 发病条件 黄瓜连作土壤中病菌累积增加,导致该病积年流行。秧苗老化、有机肥不腐熟、土壤过分干燥或质地黏重的酸性土壤(pH 4.5～6)等,是引起该病发生的重要条件。一般气温24℃～25℃,地温25℃～30℃适宜病菌发育和侵染,空气相对湿度80%以上,夏季大雨或暴雨后田中积水,发病早危害重;管理不善损伤根系、地下害虫或根结线虫发生,均会加重病情。

【防治方法】 根据黄瓜枯萎病的发生规律、目前的生产条件和技术水平,采取以农业措施为主的综合防治技术。

1. 选用抗病品种 近30年来我国的黄瓜品种已经历了4次更新换代,可根据不同的黄瓜类型、生产方式和市场需求,选用抗病、丰产、优质的品种。

华北型(刺瓜型)黄瓜抗病品种:津优31、32、35、36、38、39、303,中农26、中农27、中农31、中农50、津育5号、博新3-9、中荷10号、改良博杰8号、济优9号、济宁713等。温室和大棚品种津园3号、津园4号、鲁圣顶峰1号和5号、泰丰园、新黄瓜3号等。适合春、秋大棚专用品种津优11、津优13、津优41、北京301,中农18号、中农116号、春绿7号、东农807、哈研3号等。露地专用品种如津优42、津优49、津园5号、津园6号、津园12号、中农8号、中农20号、中农106号、中农118号、中农128、傲绿4号、春秋亮丰、盛秋1号等。露地和大棚专用品种如津优48、津优401、津优12、津园11号、中农10号、中农12号、中农16号、博杰14号、名古屋一号、世纪新秀、傲绿1号、绿春、湘园2号、翠绿、博美2号等。

华南型黄瓜(旱黄瓜)抗病品种:如早青2号、早青3号、夏青4号、川绿1号等(适于露地栽培),鄂黄3号、绿岛1号、金黄一号、翠龙、翠绿等(保护地栽培),龙杂黄七号、龙园绣春、吉杂8号和吉杂9号等(露地和保护地栽培)。

第五章　葫芦科蔬菜病害

水果型(北欧温室型)黄瓜抗病品种:中农19、中农29、津美1-3号、迷你4号、迷你5号、东农803、804和805、仙食美2号、3号、5号和6号、哈研1号、水果黄瓜1号、浙秀1号、新世纪、金帝黄瓜、金冠黄瓜和金翠节成等。

2. 嫁接栽培　选用抗性强、耐低温性强的云南黑籽南瓜、南砧1号、新土佐、甬砧2号、冀砧10、京欣砧5号、野生瓜棘瓜、博强2号和4号等作砧木,抗霜霉病等多种病害的黄瓜品种做接穗,采用靠接法、插接法等嫁接并做好嫁接苗的管理。

(1)嫁接苗成活期　嫁接苗须喷水后放入覆盖小拱棚的苗床内,进行保温、保湿和遮阴培育,是嫁接苗成活的关键时期。保持空气相对湿度90%以上,拱棚棚膜昼夜布满露珠,湿度不足时应向畦内地面洒水。白天气温约25℃~30℃(不要超过35℃),夜间18℃以上、地温高于20℃。嫁接当天和第二天严格遮阴,第四天小拱棚开始放风炼苗,早晚可撤去遮阴帘子,逐日增加日照时间。此外,嫁接苗接口愈合后,要及时摘除砧木新生的叶片、侧枝和侧芽,靠接苗成活后及时切断黄瓜的根。

(2)培育壮苗时期　第8~10天嫁接苗全部成活后约2周,揭去拱棚顶膜,白天温度约25℃,夜间15℃左右,保持空气相对湿度70%。

(3)低温炼苗期(定植前1周)　头3天白天温度25℃左右,夜间10℃~13℃(最低可降到8℃),后3天白天温度20℃左右,夜间8℃~10℃(最低可降到6℃),瓜苗3叶1心期定植。嫁接黄瓜长势强宜适当稀植,定苗时覆土须在接口以下,防止病菌从接口处侵染致病。

3. 实行轮作或土壤高温灭菌　侵染黄瓜的尖链孢是专性寄生菌,在田间西瓜、瓠瓜、丝瓜、南瓜和非瓜类蔬菜不发病,重病区可实行5年以上轮作。棚室应在夏季高温季节,黄瓜拉秧后先深翻土壤、做畦、灌水、覆膜,利用日光进行土壤消毒。提倡在黄瓜拉秧后先深翻、松土,按每1 000米^{2}面积备用稻草或麦秸2 000千克,切成4～6厘米长的小段撒于地表,再把40%氰氨化钙颗粒剂(正肥单)100千克均匀撒在土表,然后耕翻土地使原料和土壤混匀,做成多个小畦后,浇水使土壤达到饱和程度,覆盖地膜,密闭棚室20～30天,10厘米土层内温度达60℃以上,对枯萎病、根结线虫病等多种土传病害有良好防效,又有改良土壤提高肥力的作用。

4. 种子消毒结合护根育苗 没经种衣剂处理的种子,可用50%多菌灵可湿性粉剂拌种,用药量为种子重量的0.3%～0.4%;或用2.5%咯菌腈悬浮种衣剂(适乐时)拌种,用药量10毫升加水150～200毫升混匀后,拌种3～4千克包衣后播种。此外,活干种子(含水量低于10%)置于70℃恒温条件下处理72小时,经冷却检查发芽率后催芽播种。用无病土、消毒土和营养钵、营养盘等方式,护根育苗移栽,可防止苗期受病菌侵染后在成株期发病,同时移栽苗不伤根、缓苗快,有良好的防病作用。

5. 栽培防病 采用高畦覆盖地膜栽培,施足腐熟基肥或酵素菌沤制堆肥,避免偏施氮肥,及时追施磷、钾肥。地温低时应少浇水、勤中耕,促进根系发育,增强植株抗性;结瓜期适当勤浇水,保持土壤水分均衡,防止植株早衰和茎基部裂伤;高温季节不要在中午浇水,避免大水漫灌,露地黄瓜雨后及时排水,防止田间积水;棚室栽培要适时通风降湿,雨季降大雨前,及时覆盖大棚顶膜避雨防病。田间及时清除病株并带出田外烧毁或深埋,同时用石灰对病穴进行土壤消毒。做好根结线虫和地下害虫防治工作,减少植株根部伤口。

6. 药液灌根 在黄瓜开花结瓜后于发病初期,及时用药。

(1)生物防治 用2%抗霉菌素水剂150倍液,或2%春雷霉素可湿性粉剂50～100倍液,或3%氨基寡糖水剂600～800倍液灌根,每株灌250克药液;也可用春雷霉素药液喷淋根颈部或病部,隔10天后再处理1次,连续防治2～3次。

(2) 化学防治　可选用2.5%咯菌腈悬浮剂1 000倍液,或2.5%咯菌腈悬浮剂1 000倍液与50%多菌灵可湿性粉剂或70%甲基硫菌灵可湿性粉剂600倍液混用,或3%甲霜·噁霉灵水剂(广枯灵)800倍液等喷雾,防效良好。还可用30%噁霉灵水剂1 000倍液、68%噁霉·福美双可湿性粉剂1 000倍液,36%三氯异氰尿酸可湿性粉剂800~1 500倍液,50%氯溴异氰脲酸可溶性粉剂1 000~1 500倍液,60%乙铝·琥·锰锌可湿性粉剂500倍液,20%甲基立枯磷乳油1 000倍液,10%双效灵水剂200倍液,70%敌磺钠可溶性粉剂600倍液灌根,每株灌对好的药液0.3~0.5千克,或12.5%增效多菌灵浓可溶剂200~300倍液,每株100克,隔10天后再灌1次,连续防治2~3次,但一定要早防、早治,否则效果不明显。

二、黄瓜霜霉病

黄瓜霜霉病在各地发生普遍,是一种流行性强、具有毁灭性特点的病害,管理不当引起黄瓜叶片和植株成片死亡,减产损失严重。此病还危害丝瓜、冬瓜、节瓜、苦瓜、越瓜、瓠瓜、南瓜、笋瓜、梢瓜、葫芦以及甜瓜。

【症状识别】　苗期和成株期均可发生,主要危害叶片。叶片背面初生水浸状浅绿色斑点,扩大后受叶脉限制呈多角形,病斑由黄变褐边缘黄绿色。潮湿时,叶片背面病斑长出紫黑色的霉层(病菌的孢囊梗及孢子囊),干燥时霉层易消失。后期病斑破裂或连片,全叶呈黄褐色、干枯卷缩,严重时瓜田一片枯黄。感病品种病斑大、扩展快,易连接成片迅速干枯;抗病品种病斑小,圆形或多角形黄褐色枯斑,病斑背面霉稀疏。

【发病规律】
1. 病原　本病由古巴假霜霉菌 *Pseudoperonospora cubensis*

侵染所致的真菌病害。

2. 传播途径 我国南方、北方棚室和露地四季种植黄瓜的广大地区,病菌在病叶上周年传播危害;北方冬季无瓜类蔬菜生产的地方,病菌的孢子囊从南方或临近地区借季风远距离传播,雨水溅飞及棚内滴水也能引起近距离传播。气温在15℃～30℃,病菌在叶面露水或水膜中3小时即可萌发长出芽管,从叶片气孔、水孔或直接侵入寄主,一般经3～5天潜育期引起发病,形成中心病株或成片发病。病株产生大量孢子囊,随气流、雨水和农事作业传播,进行反复的再侵染,引起该病流行。

3. 发病条件 田间黄瓜在温度15℃～16℃开始发病,温度20℃～24℃、空气相对湿度83％以上和叶面结露,利于病害流行,温度低于15℃或高于30℃,病害发展受到抑制。白天温暖晚上凉爽,昼夜温差大,多雨潮湿或雾大露重的天气,预示着霜霉病的发生和蔓延。一般黄瓜结瓜后病情发展快,盛瓜期达到高峰,种植感病品种该病易流行。凡地势低洼,排水不良,浇水过多,种植过密,通风透光差,肥料不足(特别是缺氮肥)等往往病害较重。靠近温室、大棚的地块及地黄瓜发病常早而重。黄瓜生长中后期肥料不足,长势衰弱营养不良发病重。

此外,生产中不合理使用杀菌剂,导致我国蔬菜主产区黄瓜霜霉病菌对甲霜灵、精甲霜灵、噁唑烷酮(噁霉灵)和嘧菌酯已普遍产生抗药性,防效下降是引起该病流行的突出问题。

【防治方法】

1. 选用抗病品种 是防治该病的重要措施,一般抗黄瓜枯萎病的品种(见上节)也兼抗霜霉病,还可选用下列抗病良种,以提高防病效果、节省农药和劳动力。

(1)华北型(刺瓜型)黄瓜抗病品种 日光温室专用品种北京101、北京102、津优303、莱发2号等。温室和大棚品种津优401、寒秀等。露地专用品种北京403、鲁缘11号、洛蔬2号、博美4

第五章 葫芦科蔬菜病害

号、春秋亮丰、津优 49、津园 12 号、际州露星 21-6、盛秋 1 号、粤秀 3 号等。露地和大棚兼用品种中农 16 号、中农 18 号、北京 402、春秋大丰、津优 12 和 48、津园 11 号、绿园 4 号等。

(2) 华南型黄瓜(旱黄瓜)抗病品种　如春华 1 号等适于露地栽培；鄂黄 4 号、塞纳、烟农 1 号等适宜保护地栽培；唐秋 206、吉杂 4 号适合露地和保护地栽培。

(3) 水果型(北欧温室型)黄瓜抗病品种　中农 19 号、中农 29 号、迷你 2 号和 5 号、绿多星、绿秀 1 号、南海 3 号、浙秀 1 号、康德、卡斯特、戴多星、3966 等。

2. 栽培防病　选择地势平坦，排、灌配套的地块种植黄瓜，深翻、平整土地，施足腐熟农家肥或有机活性肥，增加磷、钾肥。培育无病壮苗，黄瓜定植时应浇透水，生长前期多中耕少浇水，提高地温。黄瓜生长后期，应增加浇水次数，土壤含水量 20%～25% 为宜。浇水宜在晴天上午，忌阴雨天浇水。黄瓜生长中后期进行叶面追肥，可使用尿素 0.25 千克加白糖 0.25 千克，对水 50 升配成溶液，及 1% 尿素或 0.3% 磷酸二氢钾溶液，或用喷施宝每毫升对水 11～12 升，每 5～7 天一次连喷 3～4 次，可提高植株抗病力，延长结瓜期。此外，有条件的还可使用二氧化碳发生器进行空气施肥，施放二氧化碳 700～1 000 毫克/千克，持续十几天，增强抗病力。

3. 生态防病　利用棚室设施和科学管理方法，优化环境条件适合黄瓜生长，而不利病害发生流行。棚室覆盖聚乙烯无滴薄膜或转光膜，如瑞得来转光膜有防雾滴、透光与保温好，提高植株光合作用等性能，防病增产效果明显。采用高畦覆盖地膜栽培，采用膜下软管滴灌、管道暗浇、渗灌等浇水技术，可降低空气湿度抑制病害发展。调节温、湿度，结瓜期晴天日出后闭棚增温，至 28℃ 时开始通风，高于 32℃ 时加大通风量，控制温度不超过 35℃，空气相对湿度降到 75%。下午保持室温 20℃～25℃，相对湿度 70% 左右。上半夜控温在15℃～20℃(下半夜保持12～13℃),当外界最低气温高于12℃时可整夜通风。阴天、下雨亦应适当通风。高温高湿闷棚,在病害普遍发生难以防治时采取的灭菌控病措施。选择晴天上午进行,闷棚前一天必须先浇水,摘除植株基部重病叶,把温度计挂在黄瓜生长点同一高度,若植株较高应把笼头弯下来。密闭棚室升温至45℃,不得超过48℃,保温2小时后放风降温,次日再浇一次水。隔10～15天再进行一次,可控制病害发展并延长采收期。

4. 药剂防治 病菌产生抗药性地区,应停用甲霜灵、精甲霜灵、噁唑烷酮(噁霉灵)和嘧菌酯药剂一段时间,实行合理轮换用药,是防治霜霉病的重要措施。

(1)预防性喷药 掌握黄瓜开花初期及采收盛期两个关键时期,在环境条件适宜发病时及时喷雾预防,可选用80%代森锰锌可湿性粉剂500倍液,或75%百菌清可湿性粉剂500倍液,或50%福美双可湿性粉剂600～800倍液,或80%代森锌可湿性粉剂500～600倍液,或70%丙森锌可湿性粉剂500～600倍液等,重点喷施容易发病及其周围的植株,每间隔10天喷施一次;或用百菌清烟剂熏烟。

(2)治疗性喷药 发现中心病株摘出病叶后,选用敏感药剂立即施药和连续用药。

喷雾法:可选用50%烯酰吗啉可湿性粉剂1 500倍液、20%氟吗啉可湿性粉剂1 000～1 500倍液、25%双炔酰菌胺悬浮剂(瑞凡)1 000～1 500倍液、250克/升吡唑醚菌酯乳油1 000～1 500倍液、18.7%烯酰·吡唑酯水分散粒剂500～800倍液、60%氟吗·锰锌可湿性粉剂(菌清风)1 000倍液、69%烯酰·锰锌可湿性粉剂(安克锰锌)600倍液、78%波尔·锰锌可湿性粉剂(科博)500倍液、47%春雷·王铜可湿性粉剂500倍液、50%氯溴异氰尿酸可湿性粉剂(灭菌成)1 000倍液等。每667米^{2}面积喷药液60～70升,隔7～10天1次,视病情确定用药次数。这些杀菌剂之间或与预防性保护剂交替使用,若病情较重时,可喷施60%唑醚·代森联(百泰)水分散粒剂1 000倍液,或687.5克/升氟菌·霜霉威悬浮剂(银法利)600倍液等。

有的地区不常使用或停用几年后下列药剂,可在防治中选用72.2%霜霉威(普力克)或霜霉威盐酸盐水剂800倍液、58%甲霜·锰锌可湿性粉剂、72%霜脲·锰锌可湿性粉剂(克露),25%甲霜·霜霉威可湿性粉剂500倍液、64%噁霜·锰锌可湿性粉剂(杀毒矾)400倍液、70%锰锌·乙铝可湿性粉剂500倍液、75%乙铝·百菌清可湿性粉剂500倍液,52.5%噁酮·霜脲氰水分散粒剂(抑快净)1 500倍液,或25%嘧菌酯悬浮剂(阿米西达)1 500～2 000倍液、10%氰霜唑悬浮剂(科佳)1 500倍液。

烟雾法或粉尘法:棚室黄瓜发病初期,每667米^2·次用45%百菌清烟剂250克或30%百菌清烟剂350克,20%腐霉·百菌清烟剂250克,分放在棚室内4～5处,用香或卷烟等暗火点燃,密闭棚室熏烟一夜,次晨通风,一般隔7天熏1次。粉尘法于清晨或傍晚用喷粉器喷洒5%的百菌清粉尘剂,或5%春雷·王铜粉尘剂,每667米^2·次药量1千克,隔7～10天1次。上述方法可单独使用或与喷雾法交替使用。

三、黄瓜白粉病

黄瓜白粉病俗称白毛,是各地黄瓜生产的一种重要流行性病害,通常在温室、大棚和露地黄瓜生长中后期发病严重,造成叶片干枯、植株成片死亡甚至提前拉秧。瓜类作物中黄瓜、西葫芦、甜瓜、南瓜、苦瓜较感病,冬瓜、西瓜次之,丝瓜抗病性较强。

【症状识别】 主要危害叶片,从植株下部向上发展。发病初期,叶片正面或背面产生白色近圆形的小粉斑,扩大后形成边缘不明显的连片白粉区,严重时整个叶片布满一层白粉(病菌的菌丝体、分生孢子梗和分生孢子),后期变为灰白色,叶片枯黄、变脆、卷缩,一般不脱落。叶柄和茎上症状与叶片相似,但白粉量少。当环境条件不利或寄主衰老时,病斑上出现散生或成堆的黄褐色小粒点,后变黑色(病菌的闭囊壳)。

【发病规律】

1. 病原 本病由单丝壳白粉菌 Sphaerotheca fuliginea 侵染所致的真菌病害,有时二孢白粉菌 Erysiphe cichoracearum 也侵染。

2. 传播途径 我国南部温暖和北方四季种植黄瓜等瓜类作物、月季的地区,病菌的菌丝及分生孢子可在病株上存活,辗转危害使该病可周年发生。在北部严寒地区,病菌以闭囊壳随病残体在土壤中越冬,条件适宜时生成子囊孢子侵染寄主。植株发病部位产生大量分生孢子,主要随气流传播,季风和大风可将分生孢子在地区间大范围传播,雨水和浇水也有传播作用,在田间进行多次再侵染使病害扩散蔓延和流行。

3. 发病条件 病菌喜温湿、耐干燥,温度 10℃～30℃(最适 20℃～25℃),相对湿度 25%～85%(最适 50%～85%),病菌分生孢子均可萌发。发病最适温度 16℃～24℃,最适空气相对湿度为 75%,分生孢子萌发产生芽管和吸器侵入叶片仅需 24 小时,5 天后可见病斑,7 天产生成熟的分生孢子飞散传播。温度高于 30℃,空气相对湿度超过 95%,则病情受到抑制。棚室黄瓜当高温干燥与高温高湿条件交替出现,露地黄瓜雨后田间湿度大紧接高温干燥天气,白粉病易于流行。黄瓜嫩叶和老叶一般较抗病,叶片展开后 16～28 天内最易感病。瓜类蔬菜连作重茬,寄主长势衰弱,种植过密、生长季节中后期田间郁闭,土壤黏重或缺肥缺水、偏施氮肥发病亦重。

此外,白粉病菌对常用内吸性杀菌剂产生抗药性,甚至使化学防治失效,是该病发生危害严重的直接原因。

【防治方法】

1. 种植抗病品种 一般抗霜霉病的品种也兼抗白粉病,可参考不同的黄瓜类型等因地制宜选用。

2. 栽培防病 参见黄瓜霜霉病、疫病等。其中,温室与大棚黄瓜栽培,注意避免与瓜类蔬菜连作。

3. 熏蒸消毒 温室、塑料大棚定植前10天,用硫磺粉2.3克加锯末4.6克/米^{2}混合后分放数处,点燃后密闭棚室熏一夜,温度保持20℃才能保证灭菌效果,但黄瓜生长期禁用防止发生药害。也可用45%百菌清烟剂,方法和用量参见霜霉病。

4. 药剂防治 由于各地使用药剂的历史不同,瓜类白粉病菌产生抗药性的问题比较复杂,20世纪70年代以来,先后对硫菌灵(托布津)、甲基硫菌灵(甲基托布津)、苯菌灵、三唑酮(粉锈宁)、嘧菌酯和醚菌酯等产生抗(耐)药性。应注意轮换、交替选择和使用不同类型的杀菌剂。

(1)生物制剂 发病初期喷洒2%抗霉菌素(农抗120)或2%武夷菌素(BO-10)水剂200倍液,或3%多抗霉素水剂(多氧清)600~900倍液,或200亿孢子/克枯草芽孢杆菌可湿性粉剂400~600倍液,或1 000亿孢子/克枯草芽孢杆菌可湿性粉剂700~1000倍液,3亿CFU/克哈茨木霉菌可湿性粉剂400~500倍液;还可用1%蛇床子素水乳剂400~500倍液,视病情一般隔5~7天防治1次。

(2)物理防治 发病初期均匀喷洒27%高脂膜乳剂100倍液,或99%矿物油乳油120~300倍液,在叶片上形成一层薄膜,防止病菌侵入和致病菌缺氧死亡。

(3)化学药剂 选用白粉病菌敏感的药剂,10%苯醚甲环唑水分散粒剂(世高)1 000~1 500倍液、25%乙嘧酚悬浮剂(粉星)1 000倍液、25%戊唑醇水乳剂2 000~2 500倍液、12.5%腈菌唑乳油 2 000 倍液、30% 氟菌唑可湿性粉剂(特富灵)3 000 倍液、4% 四氟醚唑水乳剂 1000 倍液、20% 氟硅唑微乳剂(福星)2 000～2 500 倍液等,并与 75% 百菌清可湿性粉剂 500 倍液,或 50% 福美双可湿性粉剂 600～800 倍液,或 50% 硫磺悬浮剂 250～300 倍液等轮换使用。还可用 45% 或 30% 百菌清烟剂,或 5% 百菌清粉尘剂,见黄瓜霜霉病部分。

上述药剂要在发病初期施用,喷雾的药液量要充足,保证叶片正面、背面和茎秆周到展着药液,一般每隔 7～10 天喷 1 次,连续防治 2～3 次。

四、黄瓜疫病

黄瓜疫病俗称瘟病、死藤,华南等南方地区露地春黄瓜受害重,北方夏、秋黄瓜发病较多,棚室黄瓜发病早危害重,常暴发流行,造成黄瓜严重减产甚至成片死亡,对黄瓜的生产构成威胁。此病还危害冬瓜、节瓜、西葫芦、菜瓜、西甜瓜和南瓜等。

【症状识别】 苗期至成株期均可染病,棚室黄瓜主要危害茎基部(根颈)、叶片及果实。幼苗染病多始于嫩尖,初呈暗绿色水渍状萎蔫,逐渐干枯呈秃尖状,不倒伏。成株多在在茎基部或嫩茎节部发病,出现暗绿色水渍状斑,后变软,显著溢缩变细,病部以上茎、叶萎蔫枯死但仍为绿色;同株上往往有几处节部受害,剖开发病根颈或病茎,维管束不变色有别于枯萎病。叶片发病多从叶缘或叶尖开始,产生圆形或不规则形水渍状大病斑,边缘不明显,有隐约轮纹,潮湿时扩展很快使全叶腐烂;干燥时病斑边缘褐色,中部青白色,干枯易破裂。病斑扩展到叶柄时,叶片下垂。根瓜着地部位最易发病,初为暗绿色、水渍状凹陷的圆斑,很快扩展为近圆形或不定型大斑,潮湿时表面生稀疏或致密的短绒状灰白色霉层(病菌的孢囊梗及孢子囊),迅速腐烂,发出腥臭气味。

第五章 葫芦科蔬菜病害

【发病规律】

1. 病原 本病主要由甜瓜疫霉 *Phytophthora melonisi* 侵染所致的真菌病害。

2. 传播途径 病菌以菌丝体、厚垣孢子和卵孢子随病残体在土壤或粪肥中越冬,其中卵孢子可在土壤里存活5年。翌年条件适宜长出孢子囊,借风、雨、灌溉水传播侵染寄主,出现中心病株,也可直接侵染茎蔓基部,在25℃~30℃时经24小时黄瓜即可发病。病菌在有水和潮湿条件下经4~5小时,病斑上可产生大量孢子囊和游动孢子,借气流传播进行再侵染使病害迅速蔓延。

3. 发病条件 病菌发育温度范围8℃~39℃,最适温度28℃~30℃。在适温范围内土壤水分是病害发生流行的决定因素。因此,凡雨季来临早、连续阴雨天气,保护地浇水多、湿度过大及棚膜漏雨处常发病重。凡地势低洼,沟渠不畅,平畦浅沟,连作重茬,土质黏重的田块及雨前灌水或大水漫灌,偏施氮肥,田园卫生差发病均重。

【防治方法】 黄瓜尚无高抗和免疫该病的品种,应注重预防,抓好农业防治措施基础上,进行药剂保护。

1. 实行轮作 发病重的露地和棚室应改换茬口,实行与非瓜类作物4~5年以上轮作。

2. 嫁接防病和种植抗(耐)病品种 以云南黑籽南瓜等砧木与抗黄瓜霜霉病等病害的良种做接穗嫁接,可防基腐型疫病兼治枯萎病。此外,保护地栽培济宁713、龙杂黄8号、新世纪、湘黄瓜6号等,露地栽培早青2号、夏青3号、夏青4号、粤秀2号和3号、湘黄瓜4号、抗病2号、津杂3号、4号等,露地和大棚栽培湘园2号、湘黄瓜5号、名古屋1号等抗(耐)病性较强,可因地制宜选用。

3. 土壤高温灭菌 见黄瓜枯萎病部分。

4. 栽培防病 选择地势高燥、排灌方便的地块或选用砂质壤土种植黄瓜。南方地区采用高畦深沟窄畦栽培,排灌沟渠配套,及时中耕清沟,加强雨季防涝排渍。做到明水能排,暗水能滤,雨停沟干。北方地区采用小高畦或半高垄栽培。精细平整土地并覆盖地膜,减少病菌侵染机会,定植前用25%甲霜灵可湿性粉剂750倍液喷淋地面消毒灭菌。采用防雨棚栽培,避免雨季敞棚播种、移栽。棚室及时通风换气,避免出现闷热的不良小气候条件。科学浇水,苗期控制浇水,结瓜后做到见湿见干;发病田块应降低浇水量,控制病情发展,盛瓜期供足所需水量。防止大水漫灌,关注天气预报,避免雨前中耕、灌水。采用配方施肥,避免偏施氮肥,施足基肥,及时追肥,提高植株抗病性。清洁田园,及时清除病叶、病瓜、病秧于田外深埋或烧毁,减少病菌在田间传播。

5. 药剂防治 针对幼苗定植前、3~4片真叶至始瓜期发病初期,清除病(苗)和病残体后及时用药。

(1)苗床浇灌 苗床发现病株,可用72.2%霜霉威(普力克)或霜霉威盐酸盐水剂5~7克/米^2,对水3 000毫升浇灌病区。

(2)喷雾法 可选用50%烯酰吗啉可湿性粉剂1 500倍液,或20%氟吗啉可湿性粉剂1 000倍液,或60%唑醚·代森联水分散粒剂600~1 000倍液,或60%氟吗·锰锌可湿性粉剂800倍液,或69%烯酰·锰锌可湿性粉剂600倍液,或72%霜脲·锰锌可湿性粉剂700倍液,或50%甲霜·铜可湿性粉剂600倍液,或72.2%霜霉威(普力克)或霜霉威盐酸盐水剂600倍液等。每667米^{2}面积喷药液60~70升,隔7~10天防治1次,视病情确定用药次数。

五、黄瓜棒孢叶斑病

黄瓜棒孢叶斑病又称褐斑病、靶斑病,世界性分布的病害。20世纪60年代我国曾有该菌侵染黄瓜的报道,自1992年后在辽宁省南部等地保护地黄瓜严重发生危害,目前已在山东、河北、北京、

第五章　葫芦科蔬菜病害

天津、吉林、河南、宁夏、甘肃、上海、广东、云南、海南等19个省、自治区、直辖市发生蔓延，由于误诊而不能及时防治，棚室黄瓜常造成减产20%，严重者达到70%，成为生产上的突出问题，防治难度大。该病的寄主植物多达530余种，包括番茄、茄子、豇豆、菜豆等重要蔬菜。

【症状识别】 主要危害叶片，多在盛瓜期始发，由植株中下部向上逐渐发展。叶片初生黄褐色水浸状斑点，直径约1毫米；扩展至1.5~2.0毫米时，叶片正面病斑略凹陷 近圆形或稍不规则，外围黄褐色，中部淡黄色；叶背病部稍隆起，似膏药状，黄褐色。当病斑扩展至3~4毫米时，多为圆形，少数多角形或不规则形，病斑褐色，中央灰白色、质薄呈半透明，叶背病部着生大量黑色霉层（病菌的菌丝体），正面霉层较少。对光检查，病部叶脉呈黄褐色网状。条件适宜病斑扩展迅速，边缘水渍状，失水后呈青灰色。后期病斑直径可达10~15毫米，圆形或不规则，对光观察叶脉色深，网状更加明显，病斑中央有一明显的眼状靶心，严重时多个病斑连片，呈不规则状，几近整个叶面，叶片干枯死亡。严重时病部可蔓延至叶柄、茎蔓，并可造成果实开裂和流出黄色胶状物。

潮湿时，本病病斑上生灰黑色霉状物，与细菌性角斑病的叶背面有白色菌脓或白痕、无霉状物相区别。该病叶片正面、背面病斑大小相同、病健部交界处分明，均可生灰黑色霉状物，斑面粗糙不平；与霜霉病叶片正面初期病斑的病、健部交界处模糊，潮湿时仅生少量霉层不同。本病的大型病斑与黄瓜炭疽病的症状相似，但后者病斑上轮生黑色小粒点、潮湿时病斑表面生粉红色黏稠状物可作为区别特征。

【发病规律】

1. 病原 本病由多主棒孢霉 *Corynespora cassiicola* 侵染所致的真菌病害。病原菌群体对寄主植物的致病性有分化，变异性强和易产生抗药性。

· 193 ·

2. 传播途径 病菌主要以菌丝体或分生孢子随病残体、杂草在土壤中或其他寄主植物上越冬,病菌在病残体上可存活 2 年,或附着在种子表面存活 6 个月以上,还可产生厚垣孢子及菌核越冬存活,翌年产生分生孢子成为田间初侵染菌源,在叶片上萌发生出芽管,从气孔、伤口或直接穿透表皮侵入黄瓜引起发病。在适宜条件下病部产生大量分生孢子,借风、雨和农事操作传播向周围蔓延,一个生长季病菌可以多次再侵染,使病害日益加重。

3. 发病条件 病菌具喜温、好湿的特性,在 10℃～35℃下均能生长发育,菌丝生长最适温度为 28℃,产孢的最适温度约为 30℃,分生孢子在空气相对湿度 90% 以上才能萌发,水滴中萌发率最高。高温、高湿条件下病害的潜育期仅 5～7 天,有利于该病的流行和蔓延,昼夜温差大、叶面结露、光照不足、病害易流行。黄瓜连作重茬、偏施氮肥植株徒长、棚室通风透光不良,都会加重病情。该病在广东等地和北方温室黄瓜栽培可周年发生,不同地区、生产方式发生流行规律有很大差异,黄瓜老龄叶片最易感病,一般均在黄瓜盛瓜期进入发病高峰。

【**防治方法**】 以农业防治措施为基础,结合药剂防治,加强选育抗病品种工作,不断提高防治水平。

1. 清洁田园和实行轮作 黄瓜拉秧后及时清除病残体,进行无害化处理,减少下茬黄瓜初侵染源。重病棚室与黄瓜、番茄外的不适宜寄主作物,如苦瓜、芹菜、水萝卜等进行 2 年以上轮作。

2. 种子和棚室消毒 病菌孢子致死温时为 55℃保持 10 分钟。种子在常温水中浸种 15 分钟后,转入 55℃～60℃热水中浸种 10～15 分钟,并不断搅拌,水温降至 30℃继续浸种 3～4 小时,再催芽、播种。若能结合药液浸种,杀菌效果更好。保护地黄瓜定植前,采用硫磺熏蒸消毒灭菌,参见黄瓜白粉病。

3. 选用和选育抗病品种 选用抗病品种是控制该病的有效途径,我国部分育种单位已经开始了黄瓜抗棒孢叶斑病品种的选育研究。津优 3 号、津优 38、津优 303、中农 26、中农 27、博新 3-9(华北型黄瓜)等有一定抗性；南海 3 号、大久一品、节成太郎(水果型黄瓜)抗病性强；广东花青大吊瓜(华南型黄瓜)等抗病，可因地制宜选用。

4. 加强栽培管理 根据该病原菌喜温好湿的特性,优化棚室结构和环境条件,采取措施降低保护地内空气湿度、减少结露机会,造成不利于病害发生的条件,提高黄瓜的抗病性,如日光温室地面全覆膜栽培,或膜下滴灌浇水,密度合理、适时摘除黄瓜基部老龄叶片,增加植株间的通透性等,能明显的延迟发病始期和抑制病情发展,应特别予以重视,其他措施参见黄瓜霜霉病。

5. 药剂防治 黄瓜病叶率超过 3% 药剂防治难以奏效,准确识别棒孢叶斑病,发病初期及时施药是化学防治成功的关键。重点喷洒中、下部叶片,叶片正、背面都要喷雾均匀、周到,注意交替轮换用药,同种治疗性药剂在一茬(季)黄瓜生产中,使用次数不要超过 2 次。

(1)预防性喷药 在环境条件适宜时及时喷雾保护,可选用 75%百菌清可湿性粉剂 500 倍液,或 50%福美双可湿性粉剂 600～800 倍液,或 80%代森锰锌可湿性粉剂 500 倍液等,重点喷施容易发病及其周围的植株,每间隔 7 天喷施一次。

(2)治疗性喷药 发现中心病株摘出病叶后,可选用 25%嘧菌酯悬浮剂 1 500 倍液,40%腈菌唑乳油 3 000 倍液,41%乙蒜素乳油 2 000 倍液,33.5%喹啉铜悬浮剂 800 倍液,43%戊唑醇可湿性粉剂 5 000 倍液与 33.5%喹啉铜悬浮剂 800 倍液混用,65%甲硫•乙霉威可湿性粉剂 800～1 000 倍液,60%唑醚•代森联水分散粒剂 1 000 倍液等。35%苯甲•咪酰胺水乳剂 600～1 000 倍液,42.8%氟菌•肟菌酯悬浮剂 2 000～3 500 倍液,5～7 天喷 1 次,连喷 3 次。或 25%吡唑醚菌酯可湿性粉剂(凯润)3 000 倍液,或 25%咪鲜胺乳油 1500 倍液,或 40%嘧霉胺悬浮剂 500 倍液,一

般隔7天喷1次,连喷3~4次。

(3)**无水施药技术** 棚室黄瓜发病初期,每667米^{2}每次用45%百菌清烟剂250克或30%百菌清烟剂350克,分放在棚室内4~5处,用香或卷烟等暗火点燃,密闭棚室熏烟一夜,次晨通风,一般隔7天熏1次。粉尘法于清晨或傍晚用喷粉器喷洒5%的百菌清粉尘剂,每667米^2·次药量1千克,隔7~10天1次。该种方法不增加保护地湿度,可单独使用或与喷雾法交替使用。

六、黄瓜炭疽病

黄瓜炭疽病是各黄瓜产区的重要病害,一般在植株生长中后期危害较重,常造成茎、叶枯死,瓜条病斑累累,造成较大损失。黄瓜、西瓜和甜瓜较感病,冬瓜、瓠瓜、苦瓜次之,南瓜、丝瓜、西葫芦抗病性较强。

【**症状识别**】 苗期和成株均可染病。幼苗受害,多在子叶边缘出现近圆形、略凹陷、淡褐色水浸状病斑。真叶被害初期病斑小、形状近似子叶上病斑;后期病斑逐渐扩大,少数愈合,边缘淡褐色,中央水浸状。严重时茎部形成梭形、淡褐色病斑,病部常缢缩,甚至导致幼苗死亡。成株期主要危害叶片,病叶自植株基部向上部发展,病斑近圆形、大小不等,直径4~18毫米,初为水浸状,很快干枯呈红褐色,周围有黄色晕圈,常几个小斑连接成不规则形大病斑。病斑上轮生黑色小粒点(病菌的分生孢子盘),潮湿时病斑表面生粉红色黏稠状物(病菌分生孢子块),干燥时病斑常开裂穿孔,甚至造成叶片干枯。茎、蔓、叶柄上病斑呈椭圆或长圆形、稍凹陷,初呈水渍状淡黄色,后变为黑色。严重时,病斑连接,环绕主蔓,致使植株一部或全部枯死。瓜条上病斑长圆形,初呈淡绿色,后为黄褐色或暗褐色,病部稍凹陷,表面有粉红色黏稠物,后期常开裂,病瓜弯曲变形,留种黄瓜发病重。叶柄和瓜条上有时出现琥珀色流胶。

【发病规律】

1. 病原 本病由瓜类炭疽菌 *Colletotrichum orbiculared* 侵染所致的真菌病害。

2. 传播途径 病菌主要以菌丝体或拟菌核在种子上,或随病残体在田间越冬,也可在温室、大棚内旧木料上腐生。潜伏在种子上的菌丝体可以直接侵入子叶引起幼苗发病;条件适宜时越冬病菌发育形成孢子盘,产生分生孢子萌发出附着器和侵入丝侵入寄主,一般接近地面的叶片先发病。病斑上形成的分生孢子,经雨水、灌溉水和农事作业等传播,进行反复再侵染,使病害扩展蔓延。

3. 发病条件 病菌生长和发病温度 10℃~30℃,最适 20℃~24℃。在适温范围内,湿度高是影响发病的主要因素,空气相对湿度 87% 以上和植株表面有水珠或水膜时,病菌侵染 3~4 天即可发病。气温 27℃~28℃、空气相对湿度低于 54% 发病较轻或不发病。黄瓜露地生产在温暖多雨、相对湿度高的季节、棚室黄瓜春秋季栽培易发病。地势低洼、排水不良、灌水过量、偏施氮肥,植株生长衰弱和连作重茬发病重。

【防治方法】

1. 种植较抗(耐)病品种 华北型黄瓜如中农 106 号、津优 48、盛秋 1 号、秋棚 1 号、宁丰 3 号、粤秀 3 号等;华南型黄瓜如早青 2 号、夏青 4 号、吉杂 8 号等;水果型黄瓜如绿翠、新世纪等,可因地制宜选用。

2. 种子消毒 从无病留种株采收无病种子,引进的种子以 50℃~51℃温水浸种 20 分钟,取出用冷水降温后催芽。或用 2.5% 咯菌腈悬浮种衣剂拌种,用药量 10 毫升加水 150~200 毫升,混匀后拌种 3~4 千克,包衣后播种。也用 40% 甲醛水剂 100 倍液浸种 30 分钟,捞出后用清水洗净后再播种。

3. 栽培防病 参见黄瓜霜霉病和疫病,结合炭疽病发生特点,

提倡与非瓜类作物实行3年以上轮作;田间农事作业尽量在露水落干后进行,减少人为传播病菌;发病初期及时摘除病叶、老叶,收获后清洁田园,把病残体带出田外妥善处理。加强棚室温湿度管理,适时适量通风排湿,减少叶面结露和吐水。

4. 药剂防治 发病初期及时喷洒25%咪鲜胺乳油(使百克)1 000倍液,或50%咪鲜胺锰盐可湿性粉剂(施保功)1 500倍液、60%苯醚甲环唑水分散粒剂4 000~5 000倍液,60%唑醚·代森联水分散粒剂2 000倍液,25%溴菌腈可湿性粉剂(炭特灵)500倍液、80%炭疽福美可湿性粉剂800倍液、60%福·福锌可湿性粉剂(炭疽灵)700倍液、40%多·福·溴菌腈可湿性粉剂(炭克)800倍液、70%甲硫·福美双可湿性粉剂500倍液、75%肟菌·戊唑醇水分散粒剂4 000倍液等,根据病情一般每隔10天喷药1次,连续防治2~3次。

棚室还可选用45%百菌清烟剂,每667米²·次250克,隔10天熏1次,连续或交替使用,也可于清晨或傍晚喷洒6.5%甲硫·霉威粉尘剂,或5%百菌清粉尘剂,每667米²·次1千克。

七、黄瓜灰霉病

黄瓜灰霉病在各地保护地或露地栽培均可发生,但以保护地黄瓜受害重,常造成大量烂瓜,冬春季节发病严重的温室、大棚可减产20%~30%。此病还危害西葫芦、丝瓜、番茄、辣椒、茄子、菜豆、莴苣等多种蔬菜。

【**症状识别**】 黄瓜花、果实、叶片和茎蔓均可染病。病菌多从开败的花瓣处侵入,使花腐烂并生出灰褐色霉层(病菌的分生孢子梗和分生孢子),进而向幼果果蒂扩展,引起水渍状软腐、萎缩,其上密生灰褐色霉层,使幼瓜部分或全部腐烂,成长的瓜也可受害。叶片和茎节发病,多由带菌花瓣散落其上引起。叶片初生水渍状、灰白色病斑,渐变近圆形至不规则形,淡褐色或褐色。潮湿时病部湿腐状,表面常生有轮纹,斑面长出灰色霉层;干燥时病斑穿孔、叶片枯焦。茎节部位较易发病,病斑灰白色,密生灰色霉层,当病斑环绕茎节一周,其上部叶片呈萎蔫状枯死,严重时茎基部茎节腐烂致蔓折断,植株枯死。

【发病规律】

1. 病原　本病由灰葡萄孢 *Botrytis cinerea* 侵染所致的真菌病害。

2. 传播途径　同番茄灰霉病。病菌随病残体遗留在土壤中存活,并能在有机物上腐生,分生孢子由气流、流水和农事作业传播;病苗、病花也是重要传播途径。在温度较低、空气相对湿度90%以上和植株表面结露时,分生孢子萌发产生芽管,从寄主伤口、衰老器官或死亡组织等侵入,在病部产生分生孢子进行频繁的再侵染,造成灰霉病流行。

3. 发病条件　病菌生长发育温度范围2℃～31℃,最适20℃～23℃。分生孢子抗逆性较强,在室内干燥条件下,仍然能保持生活力135天。黄瓜不耐低温,13℃～16℃时生长缓慢,5℃以下植株生理机能失调、抗病性弱,而病菌分生孢子在2℃时仍能萌发侵染,故在低温潮湿环境下易诱发此病。冬春季阴雨天气多,栽植过密,植株表面结露,浇水不当,放风不及时等,病害可迅速流行。

此外,由于内吸性杀菌剂的不合理使用,导致灰葡萄孢菌产生抗药性,是该病发生流行的重要原因。

【防治方法】

1. 改善棚室环境条件　选用新型的日光温室,如山东寿光第五代节能日光温室、辽沈Ⅳ型节能日光温室;覆盖流滴、消雾、保温、防老化多功能棚膜(见番茄灰霉病部分)。推广高畦(垄)地膜覆盖栽培,结合滴灌、管灌等节水措施,可明显降低棚室内空气相对湿度,减少棚膜滴水、叶面结露及叶缘吐水,有效的预防或减轻黄瓜灰霉病等病害发生。勤擦拭棚膜除尘,保持棚膜清洁和采光性能良好,温室内北墙面上张挂镀铝反光幕,增加棚内反射光照;设置二氧化碳发生器,上午定时释放二氧化碳,补充棚内二氧化碳的不足。

2. 加强栽培管理 施足腐熟基肥,适时追肥,增施磷、钾肥、适当控制氮肥,采用配方施肥技术,增强寄主抗病力。培育移植无病壮苗,合理密植,及时吊蔓和整枝抹杈,生长前期及发病后适当控制浇水,适时适量放风,降低棚内湿度。寒潮和降温天气要注意保温,有加温条件的温室可生火提高室内温度、降低湿度,防病效果明显。

3. 清除病残体和棚室消毒 黄瓜定植前对棚室内部、架材等,喷施啶酰菌胺、啶菌噁唑等药液进行表面灭菌。苗期、瓜膨大前及时摘除病叶、病花、病瓜,放入塑料袋内带出棚室外深埋,减少再侵染的病源。夏季棚室休闲期间,彻底清除病株残体,土壤深翻20厘米以上,将土表遗留的病残体翻入底层,浇足透水和覆盖地膜后,密闭棚室15～20天,利用太阳能使土壤温度增到50～60℃,杀灭土壤和棚室内的病菌。

4. 药剂防治 黄瓜灰霉病菌对多菌灵、腐霉利、异菌脲、乙霉威和嘧霉胺产生抗药性的地区,在敏感性恢复之前,应停用这些单剂、少用这些药剂的混配制剂,选用生物制剂和敏感的化学杀菌剂,交替轮换使用药剂。

(1)生物防治 发病初期选用10%多抗霉素可湿性粉剂500～600倍液,或1 000亿孢子/克枯草芽孢杆菌可湿性粉剂700～1 000倍液,3亿CFU/克哈茨木霉菌可湿性粉剂400～500倍液,2亿活孢子/克木霉菌可湿性粉剂250～500倍液等,视病情一般隔5～7天防治1次。

(2)化学防治

①预防性施药 在环境条件适宜发病时及时喷雾保护,可选

第五章 葫芦科蔬菜病害

用75%百菌清可湿性粉剂500倍液,或50%福美双可湿性粉剂600~800倍液,或80%代森锰锌可湿性粉剂500倍液等,重点喷施容易发病及其周围的植株,一般每间隔7天喷施一次。

②治疗性施药 发病初期选用敏感药剂,如50%啶酰菌胺水分散粒剂(烟酰胺)1 000~1 500倍液,或25%啶菌噁唑乳油800~1 000倍液,或50%咯菌腈可湿性粉剂4 000~5 000倍液,或45%噻菌灵悬浮剂(特克多)3 000倍液,或21%过氧乙酸水剂300~400倍液,或60%唑醚·代森联水分散粒剂2 000倍液,或40%啶菌·福美双悬乳剂800倍液等。依据天气和病情发展,一般每间隔7天喷施一次,也可与百菌清、福美双等保护剂轮换使用。

不常使用或停用几年后下列药剂的地区,可在防治中采用下述方法和杀菌剂。

熏烟法和粉尘法:发病初期用10%腐霉利烟剂每667米^2·次200~250克,或15%腐霉·百菌清烟剂每667米^2·次250克,或15%异菌·百菌清烟剂250~300克等,晚上密闭棚室熏烟,也可在早晨或傍晚喷洒5%灭霉灵粉尘剂,或5%百菌清粉尘剂,或6.5%甲硫·乙霉威粉尘剂(甲霉灵),每667米^2·次1千克,隔10天1次,连续或与其他方法交替使用2~3次。

喷雾法:可选用50%腐霉利可湿性粉剂(速克灵)1 500倍液、50%异菌脲可湿性粉剂(扑海因)1 000倍液,50%多菌灵可湿性粉剂500倍液、40%菌核净可湿性粉剂1 000倍液、50%乙烯菌核利可湿性粉剂(农利灵)800倍液、25%咪鲜胺乳油(使百克)2 000倍液、40%嘧霉胺悬浮剂(施佳乐)1 200倍液、30%霉威·百菌清可湿性粉剂500倍液、65%甲硫·乙霉威可湿性粉剂500~600倍液、50%乙霉·多菌灵可湿性粉剂500倍液、50%异菌·福美双可湿性粉剂(灭霉灵)800倍液、30%嘧霉·福美双可湿性粉剂600倍液,提倡轮换交替用药或使用复配制剂。

八、黄瓜菌核病

黄瓜菌核病是一种重要土传病害,保护地或露地黄瓜均可发生,但以保护地黄瓜受害重,可引起烂瓜和死秧,在高寒冷凉地区甚至可以毁棚。该病寄主范围十分广泛,可侵染 64 科 383 种植物,还危害苦瓜、丝瓜、西甜瓜、番茄、茄子、甜椒、菜豆、莴苣、芹菜和白菜等多种蔬菜。

【症状识别】 苗期至成株期均可发生,主要危害茎蔓和果实。茎基部或主侧枝分权部最易染病,初呈水渍状小斑,无明显边缘,扩大后变褐色、软腐,皮层纵裂,但木质部不腐败,病部以上叶、蔓凋谢枯死。果实多从顶端残花部开始发病,水渍状,继而向瓜果部扩展,病健部界限不明显,后期瓜果湿腐或腐烂。叶片和叶柄发病部分呈水浸状软腐。在各被害部位,均生白色绵毛状菌丝和黑色鼠粪状菌核(病菌的菌丝体扭集形成)。

【发病规律】

1. 病原 本病由核盘菌 *Sclerotinia sclerotiorum* 侵染所致的真菌病害。

2. 传播途径 菌核遗留在土壤中或混杂在种子中越冬、越夏,干燥条件下菌核可存活 4～11 年,水田或淹水经 1 个月腐烂。条件适宜时菌核萌发长出子囊盘,放散出子囊孢子随气流传播,侵染衰老的花瓣、叶片和茎蔓上,长出菌丝后危害柱头、幼瓜、叶片和茎秆。在田间带菌雄花落在健叶或茎上经菌丝接触引起发病,并以这种方式进行重复侵染导致病害流行。黄瓜茎基部发病,多由菌丝体直接接触所致。

3. 发病条件 核盘菌喜好低温潮湿环境,适合发病的温度为 0℃～30℃,(最适 18℃～22℃),空气相对湿度 90% 以上和黄瓜体表有水膜存在,有利菌核和子囊孢子萌发,菌丝发育和侵染及子囊盘产生。低温、潮湿或多雨的早春、秋末和初冬季节,有利于该病的发生和流行,一般南方 2～5 月及 11～12 月,北方 2～4 月及 10～12 月初发病较重。此外,蔬菜连作重茬,排水不良的低洼地,偏施氮肥,不处理土壤和清洁田园、棚室放风不及时或黄瓜遭受冻害等条件下发病重。

【防治方法】

1. 茬口安排和土壤处理 重病田与水生蔬菜、禾本科作物及葱蒜类蔬菜隔年轮作。黄瓜收获后清洁田园,深翻土地 30 厘米以上将菌核埋入深土层,抑制子囊盘出土。在夏季利用太阳能进行土壤消毒(参见黄瓜枯萎病),病田夏季灌水 10 天以上,促使菌核腐烂。定植前每 667 米^2 用 50%腐霉利或异菌脲可湿性粉剂 1 千克,对细土 20 千克拌匀配成药土耙入土壤中防病灭菌。

2. 种子消毒 用 10%盐水漂种 2～3 次,以汰出混杂在种子中的菌核。50℃温水浸种 10 分钟,可杀死菌核再催芽播种。

3. 改善棚室环境条件和加强田间管理 参见黄瓜灰霉病。重病棚室可选用紫外线塑料膜,以抑制子囊盘及子囊孢子形成。

4. 药剂防治 参见黄瓜灰霉病,先清除病残体后施药,注意喷洒植株基部和地面。发病初期用 50%异菌脲可湿性粉剂 1 000 倍液、50%乙烯菌核利可湿性粉剂 800 倍液、25%咪鲜胺乳油 2 000 倍液、60%唑醚·代森联可分散粒剂 1 000 倍液,或 50%烟酰胺水分散粒剂 1 000 倍液,或 70%甲基硫菌灵可湿性粉剂 800 倍液喷雾,视病情 8～9 天防治 1 次,连续 3～4 次。还可在发病初期用 10%腐霉利烟剂每 667 米^2·次 200～250 克,45%百菌清烟剂每 667 米^2·次 250 克熏烟,或 5%百菌清粉尘剂 1 千克喷粉。病情严重时,还可把 50%腐霉利可湿性粉剂 50～100 倍液,涂抹在瓜蔓病部控制扩展,还有治疗作用。在地面初见子囊盘时,可用 5%氯硝基铵粉剂每 667 米^2 用量 2～2.5kg,加 15 千克干细土拌匀制成药土撒施地面。

九、黄瓜黑星病

黄瓜黑星病又称疮痂病,是棚室黄瓜的一种重要病害,一些省(市)将该病列为检疫对象。东北地区发生较普遍,感病品种病瓜率可达50%以上,严重影响产量和品质。山东、北京、河北、内蒙古、海南、上海等省、自治区、直辖市曾零星发生。此病还危害西葫芦、甜瓜、南瓜、冬瓜等。

【症状识别】 黄瓜全生育期均可发生,主要危害生长点、嫩叶、嫩茎和幼瓜。幼苗发病子叶出现黄白色近圆形病斑,严重时心叶枯萎,形成秃头苗,成株生长点被害形成秃桩。嫩叶染病,叶面呈现近圆形褪绿小斑点,扩大为2~5毫米近圆形或不规则形病斑,淡黄褐色,后期多呈星状开裂,病叶多皱缩。茎、卷须、叶柄、果柄上的病斑长梭形,黄褐色,稍凹陷,易龟裂,潮湿时表面生灰黑色霉层(病菌的分生孢子梗和分生孢子)。瓜条染病,初生暗绿色圆形至椭圆形病斑,溢出透明的黄褐色胶状物,后变为琥珀色,凹陷、龟裂呈疮痂状,病部停止生长,瓜畸形,病瓜一般不腐烂,但无食用价值,潮湿时可生明显的灰黑色霉层。

【发病规律】

1. 病原 本病由瓜疮痂枝孢霉 *Cladosporium cucumerinum* 侵染所致的真菌病害。

2. 传播途径 病菌随病株残体在土壤中或保护地支架上、也可附着在种子表皮内、外越冬,适宜条件下形成分生孢子萌发出芽管,从寄主表皮或气孔和伤口侵入引起发病。病部产生的分生孢子借风雨、气流、灌溉水和农事操作等方式传播,使病害扩大蔓延。

3. 发病条件 病菌生长温度范围2℃~35℃,最适20℃~22℃,分生孢子萌发需有水滴。在温度9℃~30℃,空气相对湿度85%以上时该病即可发生。棚室内温度约17℃,相对湿度高于

第五章 葫芦科蔬菜病害

90%和植株表面结露,不利黄瓜生长降低抗病性,以及连续雨(雪)天气时该病易流行。由于品种间的抗病性差异明显,使用长春密刺、津研4号和6号、夏丰等感病品种和带菌种子,病区黄瓜连作,植株郁闭等都会加重病情。

【防治方法】

1. 加强检疫 保护无病区,严格制种、调种和市场流通管理,防止带菌种子和病瓜传播。

2. 选用抗病品种 华北型黄瓜如中农31和津优50、中农203和207、津春1号、津优31号和32号、寒秀、路圣顶峰1号、5号等,耐低温弱光能力和抗病性强,适宜冬春季保护地栽培。水果型黄瓜有中农19号、29号、春光2号、MK160等,种植抗病品种是防病的重要措施。

3. 无病留种和种子消毒 从无病棚和无病植株上留种。外购的种子用55℃~60℃的温水浸种15分钟,或50%多菌灵可湿性粉剂500倍液浸种20分钟,清水冲净后催芽,也可用0.3%的多菌灵或50%克菌丹可湿性粉剂拌种,均有良好的杀菌防病效果,结合无病土育苗。

4. 农业防治 病害常发区实行与非瓜类作物2~3年轮作,采用高畦(垄)地膜覆盖栽培,膜下暗灌浇水。定植后至结瓜期控制浇水,注意温湿度管理,采取放风排湿等措施,减少叶面结露,抑制病菌萌发和侵入寄主。拉秧后彻底清除病株残体,集中堆沤处理,减少菌源。

5. 药剂防治

(1)棚室硫磺粉熏蒸消毒 同黄瓜白粉病。

(2)粉尘法和熏烟法 于发病初期开始用喷粉器喷洒10%多百粉尘剂或5%防黑星粉尘剂1千克/667米²·次,或施用45%百菌清烟剂200克/667米²·次,连续防治3~4次。

(3)喷雾法 棚室或露地黄瓜发病初期喷洒40%氟硅唑乳油

(福星)6 000~8 000倍液,或25%咪鲜胺乳油2 000倍液、10%苯醚甲环唑水分散粒剂1 000~1 500倍液、60%唑醚·代森联水分散粒剂1 000倍液、20%腈菌·福美双可湿性粉剂600倍液、687.5克/升氟菌·霜霉威悬浮剂(银法利)600倍液等。50%多菌灵可湿性粉剂800倍液、60%福·福锌可湿性粉剂700倍液、50%甲硫·福美双可湿性粉剂600倍液、78%波尔·锰锌可湿性粉剂600倍液、2%武夷菌素水剂150倍液加50%多菌灵可湿性粉剂600倍液、70%代森锰锌可湿性粉剂500倍液、75%百菌清可湿性粉剂600倍液。隔7~10天1次,连续防治3~4次。

十、黄瓜蔓枯病

黄瓜蔓枯病俗称黑斑病、黑腐病,在我国各地区都有发生,但以南方多雨地区春、秋季保护地发病率较高,夏、秋季节露地栽培黄瓜发病严重,一般病株率为20%左右,重病田达80%以上,病害流行时致使瓜秧茎蔓基部腐烂、瓜秧枯萎,植株成片死亡。此病还危害西瓜、甜瓜、西葫芦、冬瓜、苦瓜、南瓜、丝瓜和笋瓜等瓜类蔬菜。

【症状识别】 主要危害茎蔓、叶片和果实。幼苗茎基部染病,引起腐烂和全株枯萎。黄瓜生长中后期发病较多,茎基部、茎节和叶柄上初生油渍状病斑,梭形或椭圆形,扩大后往往围绕茎蔓半周至一周,灰白色渐变暗褐色,稍凹陷,常溢出琥珀色胶质物。潮湿时茎节腐烂,甚至折断,干燥时病部呈黄褐色干缩,最后病部纵裂呈乱麻状,造成病部以上茎叶枯萎。叶片多在叶缘产生半圆形或"V"字形病斑,扩展后病斑直径一般2~3厘米,甚至达10厘米以上,浅褐色至黄褐色,后期病斑易破裂。幼瓜受害软化呈心腐状。茎、叶上病斑上散生小黑点(病菌的分生孢子器)为本病的识别特征,可引起瓜秧枯死,但维管束不变色与枯萎病相区别。

第五章 葫芦科蔬菜病害

【发病规律】

1. 病原 本病由甜瓜球腔孢 *Mycosphaerella melonis* 侵染所致的真菌病害。

2. 传播途径 病菌主要以分生孢子器或假囊壳随病残体在土壤中,或在种子表面和内部,或附着在棚架、架材上越冬存活。条件适宜时产生子囊孢子和分生孢子器,经风、雨及灌溉水传播,从寄主伤口、气孔、水孔侵入引起植株发病;播种带菌种子,侵染幼苗子叶。田间病株上产生大量分生孢子,进行频繁的再侵染,使病害扩大蔓延。

3. 发病条件 病菌喜温暖、高湿的环境条件。病菌孢子萌发温度10℃~32℃、空气相对湿度80%以上,温度高于22℃、相对湿度85%以上有利病害发生,病害的潜育期5~7天。南方露地黄瓜夏秋季雨日多、雨量大、湿度高,天气闷热等气候条件下易流行。保护地栽培种植密度过大、光照不足、空气湿度过高、通风不及时发病重。瓜类蔬菜连作,平畦栽培、排水不良、缺肥以及瓜秧长势衰弱会加重病情。

【防治方法】

1. 实施轮作 避免瓜类作物连作,病田与非瓜类作物轮作2~3年,消除和压低田间侵染菌源。

2. 选用无病种子和种子消毒 从无病田或无病种株上留种。外购种子消毒可用2.5%咯菌腈悬浮种衣剂拌种,用药量10毫升加水150~200毫升,混匀后拌种3~4千克,包衣后播种。或96%噁霉灵粉剂3 000倍液浸种20分钟,或55℃温水浸种15分钟,再催芽播种。

3. 提高栽培管理水平 拉秧后清除田间病残体,瓜田深翻晒土,高畦深沟、地膜覆盖栽培,采用膜下滴灌浇水技术,避免大水漫灌和喷灌浇水,雨后及时排除田间积水,保持土壤水分和降低空气湿度。棚室注意通风排湿,保护地黄瓜在雨季覆盖顶膜,采用防雨措施。

增施酵素菌沤制的堆肥和腐熟农家肥,进行配方施肥,避免偏施氮肥,适当增施磷钾肥,防止黄瓜中后期脱肥早衰,提高植株抗病性。

4. 药剂防治 尚未见黄瓜蔓枯病菌产生抗药性的报道,但要从兼治其他病害方面选择药剂种类,做到发病盛期的病情有效控制。

(1)发病前预防性施药 可选用80%代森锰锌可湿性粉剂500倍液,或75%百菌清可湿性粉剂500倍液,或50%福美双可湿性粉剂600~800倍液,或80%代森锌可湿性粉剂500~600倍液等。

(2)发病初期治疗性施药 如70%甲基硫菌灵可湿性粉剂1 000倍液,或50%异菌脲可湿性粉剂800倍液,或25%咪鲜胺乳油800~1 000倍液,或10%苯醚甲环唑水分散粒剂1 500倍液,或20%氟硅唑微乳剂2 000~2 500倍液,或60%唑醚·代森联可分散粒剂1 500倍液或78%波尔·锰锌可湿性粉剂500~600倍液等,一般隔5~7天喷1次,连喷2~3次。

也可在病茎上涂50%多菌灵或50%甲基硫菌灵可湿性粉剂50倍液。有条件地方可用5%百菌清或5%春雷·王铜粉尘剂每667米^{2}每次1千克。一般5~7天施药1次,连续防治2~3次。

十一、黄瓜细菌性角斑病

黄瓜细菌性角斑病是一种常发性病害,北方保护地栽培在冬季早春、华东等地雨季发生较重。该病易于霜霉病混淆而不能对症用药,可造成较大损失。此病还危害西葫芦、苦瓜、丝瓜、南瓜、葫芦等以及西瓜、甜瓜。

【症状识别】 黄瓜幼苗期和成株期均可发病,主要危害叶片,也危害果实和茎蔓。叶片初生鲜绿色水渍状小斑点,渐变淡褐色,扩大后受叶脉限制成多角形、灰褐色至黄褐色、油浸状病斑,潮湿时叶背病斑外围有黄色晕环,内生乳白色水珠状菌脓,干后留有膜状白痕,后期叶部病斑质脆易穿孔。严重时,病斑相互连接呈褐色油纸状斑块,叶脉受害变黑色,生长停滞,引起叶片皱缩畸形。茎、叶柄、卷须上病斑由水浸状小斑扩展为长条形,严重时纵向开裂呈水渍状腐烂,变褐干枯。果实上病斑为不规则形或连片,可向内扩展,沿维管束的果肉变色,蔓延到种子感染病菌,后期病瓜腐烂发臭。瓜条病斑干燥后呈灰白色,形成溃疡状裂口,后期病瓜腐烂发臭。角斑病叶片病斑穿孔、不生霉状物而在叶片背面出现白色菌脓,有别于霜霉病。

【发病规律】

1. 病原 本病由丁香假单胞杆菌黄瓜角斑致病型 *Pseudomonas syringae* pv. *Iachrymans* 侵染所致的细菌病害。

2. 传播途径 病菌在种子内、外或随病残体在土壤中越冬,成为初侵染源。病菌在种子内可存活 1 年,土壤中病残体上可存活 3~4 个月。种子带菌率为 2%~3%,可随种子调运远距离传播,播种带菌种子侵染苗床幼苗。保护地黄瓜病部溢出的菌脓,随浇水及棚膜大量水珠下落、黄瓜结露及叶缘吐水滴落、飞溅传播蔓延,进行多次重复侵染。黄瓜露地栽培,除病苗传播外,土壤里病菌主要通过风雨传播蔓延,灌溉水、昆虫及农事操作也能传播,从气孔、水孔、皮孔和伤口侵入寄主,在细胞间繁殖,进行反复侵染使病情发展。

3. 发病条件 病菌生长温度 4℃~39℃,适温 24℃~28℃,致死温度 48℃~50℃经 10 分钟。田间植株 10℃~30℃均可发病,以 18℃~26℃最适。湿度是病害流行的主导因素,最适空气相对湿度 75% 以上,温暖、多雨有利于病害的发生和发展。昼夜温差大、降雨多、湿度大或结露重、持续时间长的露地和棚室黄瓜发病重。地势低洼、排水不良、土壤水分高、多年重茬、氮肥多的田

块会加重病情。黄瓜不同品种间的抗病性有差异

【防治方法】

1. 选用无病种子和种子消毒 从无病田种瓜上留种,外购种子可用70℃恒温干热灭菌72小时,或50℃温水浸种20分钟,捞出后晾干催芽播种;还可用次氯酸钙300倍液浸种30～60分钟,或40%甲醛水剂150倍液浸90分钟,或100万单位硫酸链霉素500倍液浸种2小时,充分冲洗干净后催芽播种。

2. 选用较抗(耐)病品种

(1)华北型黄瓜 如中农8号、12号、16号、21号、中农106、118、203和207、北京301、402、津优36、津绿1号、鲁黄瓜12号、翠绿、锦农绿1号、东农807、龙杂黄6号、甘丰11号、仙都黄瓜、新黄瓜3号、际州露星21—6、绿园4号等。

(2)华南型黄瓜 如早青3号、夏青4号、龙杂黄7号、春华1号、金黄1号、翠玉、吉杂8号、9号等。

(3)水果型黄瓜 如中农19号、瑞光2号、迷你2号、4号、东农804、805、仙食美2号、3号、5号、6号、绿多星、水果黄瓜1号、新世纪、金帝黄瓜、金翠节成等,应根据栽培方式、种植习惯等因地制宜选用。

3. 栽培防病 黄瓜与非瓜类作物实行2年以上轮作,用无病土育苗,棚室高温土壤消毒或深翻晒垡,预防病害发生。增施腐熟农家肥和磷钾肥,采用高畦地膜覆盖栽培,保护地适时适量放风排湿,高温雨季露地黄瓜采取防雨棚栽培,避免田间积水,收获后清洁田园并进行深翻等,详见黄瓜霜霉病和疫病。

4. 药剂防治 发病初期及时喷洒47%春·王铜可湿性粉剂(加瑞农)700倍液,或78%波尔·锰锌可湿性粉剂500倍液、50%琥胶肥酸铜可湿性粉剂500倍液、50%氯溴异氰尿酸可湿性粉剂1 200倍液、60%乙铝·琥·锰锌可湿性粉剂500倍液、53.8%氢氧化铜干悬浮剂(可杀得)1 000倍液、14%络氨铜水剂300倍液等。

第五章 葫芦科蔬菜病害

也可选用24％链霉素可溶性粉剂（细菌清）1000倍液,或72％农用链霉素可溶性粉剂4000倍液,或41％已蒜素乳油800～1000倍液,或2％春雷霉素水剂300～400倍液,或40万单位青霉素钾盐对水稀释成5000倍液也有效。隔7天1次,连续防治3～4次。

十二、黄瓜细菌性缘枯病

黄瓜细菌性缘枯病是棚室黄瓜发生的新病害,病情有发展趋势,严重时病株率可达100％,还侵染甜瓜、南瓜等瓜类作物。

【症状识别】 主要危害叶片,多在叶缘水孔附近产生水渍状小斑点,逐渐扩大为淡褐色不规则形病斑,周围有晕圈,后相互连接呈带状枯斑,或由叶缘向叶中间扩展的"V"型坏死大斑。茎、叶柄、卷须上病斑呈褐色,水渍状。果实发病,先在果柄部形成水渍状褐色病斑、湿腐,后脱水干枯果实黄化凋萎。湿度大时病部溢出污白色菌脓。

【发病规律】 本病由边缘假单胞菌边缘假单胞致病型 *Pseudomcnas marginalis pv. marginalis* 侵染所致的细菌病害。病菌越冬越夏、侵染和传播途径与黄瓜细菌性角斑病相似。保护地温度℃8～23℃,空气相对湿度90％以上,叶面结露和叶缘吐水,是本病发生流行的重要条件,当温度超过25℃时,病害发展受到抑制。栽培条件不良,植株抗性减弱时感病。北方棚室冬春茬黄瓜、长江流域等地春茬黄瓜,在12月到翌年4月多雪(雨)、温度较低、昼夜温差大的年份,本病最易发生。

【防治方法】参见黄瓜细菌性角斑病。

十三、黄瓜花叶病毒病

黄瓜花叶病毒病在全国各地都有发生,露地栽培比保护地栽培发病重,夏秋季高温年份,个别发病严重的地块减产损失明显。黄瓜花叶病毒寄主范围广,传毒昆虫种类多,黄瓜染病还为番茄、辣椒、多种十字花科和瓜类蔬菜等敏感寄主提供毒原和蚜虫传毒介体,造成更大损失。

【症状识别】 黄瓜受害多全株性系统发病。苗期受害,子叶发黄枯萎,幼叶呈现浓淡绿色相间的花叶。成株染病,嫩叶呈黄绿相嵌状的花叶、病叶小,皱缩,向上或向下扣卷,植株矮小。瓜条受害往往停止生长,表面呈现浓绿与浅绿相间的疣状斑块。发病后期下部叶片逐渐变黄枯死。轻病株一般结瓜正常,但果面多产生褪绿斑驳,重病植株不结瓜或瓜条畸形。

【发病规律】

1. 病原 本病由黄瓜花叶病毒(CMV)、甜瓜花叶病毒(MMV)侵染所致的病毒病害。CMV是主要毒源,单独或与MMV复合感染率较高,个别地区还检测出烟草花叶病毒(TMV)侵染。

2. 传播途径 黄瓜花叶病毒能侵染40科191种植物,可在冬季温室(大棚)芹菜、番茄、黄瓜及老根菠菜、十字花科蔬菜种株越冬;及多年生宿根杂草如苦荬菜、鸭跖草、刺菜、反枝苋等越冬,成为初侵染源。黄瓜种子、土壤不带毒,瓜蚜、桃蚜等获毒和传毒时间很短,主要由有翅蚜迁飞、扩散进行非持久性传播;汁液接触也可传播甜瓜花叶病毒,田间农事操作如整枝、打杈、绑蔓等,易将病株汁液接触到健株从而传播病毒。

3. 发病条件 发病温度16℃~28℃(最适20℃),气温高于25℃表现隐症。气温高少雨干旱,有利于蚜虫的增殖、迁飞和传播病毒,适合病毒病的发生发展。

瓜地与番茄、辣椒等毒源蔬菜邻作,田间杂草多,则发病早、病情重,粮食作物区栽培黄瓜,一般病毒病发生轻。栽培管理不当,瓜类重茬连作,黄瓜缺水、缺肥,生长不良等发病均重。

第五章 葫芦科蔬菜病害

【防治方法】

1. 选用抗病品种 是防治病毒病的主要措施,根据其发生危害特点,应重点备好适合露地栽培的品种。

华北型(刺瓜型)黄瓜抗病品种:中农6号、8号、16号、18号、20号、106号、116号、118号;津优42号、48号、401号、津园5号、津园6号;北京401号、403号和鲁缘十一号等。

华南型黄瓜(旱黄瓜)抗(耐)病品种:如早青2号、京研秋瓜等。

2. 加强栽培管理 保持田园清洁,铲除杂草;培育壮苗,适时定植,农事作业时减少接触传染,搞好肥水管理,提高植株抗病性。

3. 防控蚜虫减低传毒效能 温室或大棚覆盖防虫网阻隔蚜虫迁入,是预防蚜虫和病毒病的有效措施,及时防治蚜虫是减轻病毒病的重要方法。

4. 药剂防治 发病初期喷洒20%吗胍·乙酸铜可湿性粉剂300~400倍液,或20%盐酸吗啉胍可溶性粉剂200~300倍液,或2%氨基寡糖素水剂300倍液,或0.5%菇类蛋白多糖水剂250倍液,或8%宁南霉素水剂600~800倍液,或1.8%辛菌胺醋酸盐水剂300~450倍液等,隔7~10天喷一次,连喷2~3次,有一定的防病效果。

十四、黄瓜绿斑驳花叶病毒病

黄瓜绿斑驳花叶病毒病是世界许多国家和地区的重要检疫性病毒,严重威胁西瓜、甜瓜、黄瓜等作物生产。20世纪初期从进口的瓜类种子传入我国,先后在辽宁、河北、北京、浙江个别地区发现并造成严重危害。2006年12月农业部发布第788号公告,将其列入国家农业植物检疫性病害。

【症状识别】 黄瓜受害,开始在新叶出现黄色小斑点,以后黄色部分扩展成花叶、斑驳,并产生浓绿瘤状突起,叶片畸形。有时黄色小斑点沿叶脉扩展成星状,或叶脉间褪色使叶脉呈绿带状。果实在病轻时只发生淡黄色圆形斑点,病重时出现浓绿色瘤状突起,形成畸形瓜,植株严重矮化,呈系统性传染。有些亚洲黄瓜品种的叶片并不表现明显症状,却造成产量下降。

【发病规律】

1. 病原 本病是由黄瓜绿斑驳花叶病毒(CGMMV)侵染所致的病毒病害。CGMMV 稳定性极强,室温下体外存活期数月至 1 年;寄主范围较窄,自然侵染主要是葫芦科的黄瓜、西瓜、甜瓜、瓠瓜、南瓜、葫芦、丝瓜、苦瓜等。

2. 传播途径 病毒可在种子和病残体中越冬存活,带毒种子是主要初侵染源和远距离传播途径,种传寄主主要有黄瓜、西瓜、甜瓜、瓠瓜和南瓜等,收获后 1 个月的黄瓜种子种传率约为 8%,保存 5 个月则下降至 1%;被病残体污染的土壤等也能传毒,条件适宜即可侵染引起黄瓜发病。病原病毒较易通过汁液接触传播,接触到病株汁液的健康植株可在 7~12 天内发病。田间作业是黄瓜整个生育期再侵染的主要途径,如嫁接、整枝、搭架、摘心、采收均可扩大传播,受污染的塑料钵、架材、旧薄膜、农具、刀片等也都能传毒。在黄瓜嫁接过程中,砧木中的病毒也可传到接穗,嫁接苗和病苗可扩大病毒病的传播扩散范围。

3. 发病条件 该病的发生受温度影响,在 16℃时发病需要 2~3 周,症状较轻,在 28℃~35℃下条件下接种 1 周即可发病,症状亦重,高温条件下有利于病害发生和病情发展。田间遇有暴风雨,造成植株互相碰撞枝叶摩擦,或田间作业如锄地时造成的伤根,都是病毒侵染的重要途径。

【防治方法】 黄瓜绿斑驳花叶病毒病传入我国局部地区及时发现后,2006 年国家有关部门和植物检疫机构启动了铲除计划,疫情得到了有效控制,但是潜在的威胁并没有消除,应继续监测疫情,做好防控工作。

第五章 葫芦科蔬菜病害

1. 严格植物检疫工作 加强对制种单位（公司、基地）的管理，杜绝瓜类和砧木种子、种苗传播病毒，一旦发现新的零星疫情，应依法采取铲除措施，保护广大地区瓜类蔬菜生产安全。

2. 预防性措施 瓜类和砧木种子进行干热处理70℃ 72小时，去除或钝化病毒。瓜菜生产与非葫芦科植物实行3年以上轮作，或水旱轮作；育苗选用无病毒污染的营养土或净土，育苗盘、塑料钵及嫁接用具等洗净、晾晒。

3. 加强栽培管理 保持田园清洁，铲除杂草；搞好肥水管理，提高植株抗病性；农事作业避免损伤植株，中耕时防止伤根等。

十五、黄瓜根结线虫病

黄瓜根结线虫病是难以防治的重要土传病害，随着保护地蔬菜栽培的持续发展，瓜类和茄果类蔬菜长年连茬栽培，该病在各地相继发生并逐年加重，严重时可造成黄瓜毁产，病原线虫还可传播或诱发某些真菌和细菌病害。此病寄主范围广，还危害其他瓜类、茄果类、豆类、叶菜类等多种蔬菜。

【**症状识别**】 植株被害主要发生在侧根和须根上，形成瘤状根结（瘿瘤）。根结如同油菜籽、绿豆或蚕豆大小不等，有时呈串珠状连生，也可数个愈合成1个较大的瘤状物，或使根系变粗。根结初为白色，质地柔软，后变为浅黄褐色或深褐色，表面粗糙，有时龟裂。剖视较大的根结内部，可见白色细小的线虫。轻病株生长缓慢，叶片较小，叶色发黄，似缺肥、缺水状。重病株矮小，长势衰弱，结瓜不良，遇高温干燥则中午萎蔫，后期枯死。

【**发病规律**】

1. 病原 主要由南方根结线虫 *Meloidogyne incognita* 等侵染所致的线虫病害。

2. 传播途径 病原线虫以二龄幼虫、卵囊中卵和雌成虫随罹

病根结在土壤表土层5~30厘米越冬,以5~15厘米间最多,也可在未腐熟粪肥中存活,一般可存活1~3年。当土壤温度适宜时,卵孵化成一龄幼虫,蜕皮后变为二龄幼虫,在植物根分泌物的引诱下,从近根冠的部位侵入取食根细胞,并注入唾液腺分泌物,刺激根系细胞间的细胞壁溶解、合并,形成巨型细胞。巨型细胞非正常分裂造成根组织膨大,形成根结,破坏韧皮部妨碍水分和养分的吸收、运输和利用,造成植株生长迟缓,叶片小而黄,直至萎蔫。病原线虫在田间主要通过病土、病苗和灌溉水传播,自身蠕动在土粒间移动,农事操作和农具携带也有一定的传播作用。

3. 发病条件 黄瓜根结线虫生存的最适宜温度为25℃~30℃,25℃左右时20天可完成1代,数量增长很快,低于5℃或高于40℃时很少活动,55℃经10分钟死亡。土壤湿度也是影响根结线虫孵化和繁殖的重要因素,与黄瓜适宜的湿度基本一致,但土壤干燥或过湿,其活动受到抑制。在我国加温温室、节能日光温室和南方塑料棚中根结线虫病可周年发生,二龄幼虫进行频繁的再侵染,常引起病害流行。黄瓜结瓜期进入感病期,长江中下游地区保护地栽培的发病盛期在5~6月,露地秋黄瓜在8~9月。

【防治方法】 根结线虫病一旦发生,较难清除,应切实做好预防工作;目前黄瓜尚无抗根结线虫病的品种,但采取综合防治措施可以有效地控制其危害。其中,黄瓜嫁接栽培和土壤太阳能高温灭菌措施见黄瓜枯萎病部分,其他防治方法同番茄根结线虫病。此外,还应注意以下方面。

1. 合理轮作 是有效的防治措施,黄瓜与高抗线虫病的蔬菜如大葱、洋葱、大蒜、韭菜和辣椒等蔬菜,实行2年以上轮作,可降低土壤中根结线虫种群密度;发病重的地块与禾本科作物轮作,提倡水旱轮作效果最好。

2. 早期使用微生物肥料制剂 线虫毕克(市售)是由植物提取物和寄生性真菌活孢子100亿/克组成,具有促进黄瓜种子萌发、根系及植株生长,又能寄生根结线虫的卵壳、幼虫及雌性成虫,明显减轻根结线虫病危害,具有安全、长效、无污染等特点。用本品100克和种子量/667米²混拌均匀,经2～3小时阴晾后播种;或加水调成糊状,移栽幼苗时蘸根;或与细土、麦麸、米糠等混合,移栽时穴施;或混拌有机肥或其他肥料,于翻耕前撒施后及时翻耕。本产品在温度高于25℃真菌活孢子失活,购买后注意存放条件并及时使用,病害严重的地块应适当增加用量,不能与杀菌剂混合使用。

3. 土壤消毒与药剂灌根结合 盛夏季节用50%氰氨化钙颗粒剂48～64千克/667米²与适量切碎的作物秸秆,在盛夏季节进行太阳能土壤消毒;黄瓜移栽时将1.8%阿维菌素乳油667毫升/667米²,稀释1000倍液灌根,每株灌药液167克,可提高防治根结线虫病的效果,适合重病区采用。

十六、黄瓜畸形瓜

黄瓜果实畸形,属于生理病害,在露地和保护地栽培的生长前期和后期经常发生,影响黄瓜产量、品质和商品性,大幅度的降低产值。

【症状识别】 黄瓜在生育过程中出现果实发育异常,而形成畸形瓜,以下列4种形状较为常见。弯瓜即瓜条向一侧弯曲,严重时呈勾状或"C"字形,有时呈不规则扭曲。尖嘴瓜为瓜条顶部尖细而瓜身和瓜柄正常,有的从瓜条中后部向顶部逐渐变细呈尖嘴状,反之为大头瓜或称大肚瓜,大头瓜多数易形成弯瓜。细腰瓜为瓜条中部一处或几处缢缩细长,形似细腰蜂状。纵剖瓜条,可见内部产生空洞或褐色龟裂。发病较轻的瓜条,外形基本正常,但内部有空洞或龟裂现象。

【发病原因】 黄瓜栽培的环境条件或植株营养不良时产生畸

形瓜。

1. 弯瓜 生理弯瓜是由于叶片光合作用产物不足,或不能正常输入果实使其发育不良而形成弯瓜。如定植水未浇透,缓苗水又未跟上,或定植时伤根等出现大缓苗则前期瓜易弯曲。土壤缺水、缺肥,植株过密,光照不足,昼夜温差过大或过小及地温低等,在黄瓜生长后期易发生弯瓜。黄瓜雌花或幼瓜被茎蔓、架材遮阴,或瓜条下部担在茎蔓与架材交接处不能下垂,也可形成机械弯瓜。此外,若花期条件不适宜,子房可表现出弯曲状态,随幼瓜长大弯曲加重。

2. 尖嘴瓜 黄瓜未经授粉也能单性结实(但无种子),在营养条件好时可发育成正常瓜条。但在植株长势弱或温、湿、光照条件不良,植株光合作用降低时,就易出现尖嘴瓜。

3. 大肚瓜 当雌花授粉不充分,授粉的先端先膨大,营养充足可发育成正常的瓜条,如营养不足或水分不均匀时,就会形成大肚子瓜。

4. 细腰瓜 子房发育不良,或植株营养和水分供应时好时坏,瓜条积累的光合作用同化物不均匀时出现细腰瓜。土壤缺硼也是病因之一。

【防治方法】

1. 掌握品种特性 在棚室黄瓜冬春季栽培,选用耐低温、弱光品种,如华北型黄瓜品种津优 35、38、39、303 和 307、中农 16、21、26、202 和 203、津育 5 号等。水果型黄瓜品种如津美 2 号、3 号、中农 19 号和 29 号、瑞光 2 号、仙食美 2 号、绿多星、康德、新世纪等,出现畸形瓜较少。此外,雌性系黄瓜品种每节有瓜,加强管理、水肥充足才能避免畸形瓜而获得高产。

2. 优化棚室环境 选用新型的日光温室(见黄瓜灰霉病),采用无滴棚膜,经常清除棚膜上尘土,增加透光率。棚室夜间气温高于 13℃,白天最高气温不要持续在 30℃ 以上;防止空气湿度过高

第五章 葫芦科蔬菜病害

或过低。

3. 加强管理 增施腐熟基肥,提倡配方施肥技术,或氮磷钾按 5∶2∶6 比例施用。结瓜期浇水和追肥密切结合,还要进行叶面追肥,可喷施 1‰～2‰磷酸二氢钾,或喷施宝 1 毫升对水 11～12 升,还可以使用富尔 655 高效活性肥 300 倍液等植物生长调节剂。同时,注意植株调整和防止瓜秧早衰。提倡营养钵等护根育苗和嫁接育苗,培育壮苗;结合田间管理及时摘除无商品性的畸形瓜。

4. 预防和校正弯瓜 在搭架、绑蔓时注意防止出现弯瓜。幼瓜弯曲可将塑料绳两头系住直径约 5 厘米的泥坨或石块,套在弯曲的黄瓜下部,使黄瓜受到重力作用而伸直,重物自然脱落,一些地方农民采用此法很有效。

5. 应用熊蜂授粉 是一项无公害生产新技术,国内已实现熊蜂批量生产和出售。棚室黄瓜花期每 667 米^2 放置熊蜂 1 箱(约 100 头),熊蜂白天访花授粉,可提高坐瓜率、产量和改善质量。

十七、西葫芦病毒病

西葫芦病毒病又称花叶病,是各地生产的最主要病害之一,发病率高、减产损失重,果实品质低劣,严重时造成绝收。此病还危害黄瓜、南瓜、冬瓜、甜瓜、西瓜、番茄、辣椒、茄子、豇豆和菠菜等多种蔬菜。

【症状识别】 苗期和成株期均可发病,症状类型多样主要有以下 3 种:

1. 鸡爪型 叶片扭曲畸形,严重时变成条状鸡爪型。较为普遍和常见,发生在大多数品种和各发病时期。

2. 花叶型 多发生在幼苗期和开花结瓜前,嫩叶上出现明脉及褪绿斑点,后表现为花叶和皱缩,有深绿色疱斑,发病早的可引起全株萎蔫,不结瓜或果实畸形。

3. 黄化皱缩型 植株上部叶片沿叶脉失绿,有浓绿色皱纹,继而叶片黄化,皱缩下卷,或出现小叶、蕨叶,植株节间缩短、矮化。病株后期花冠扭曲畸形、色深,雌蕊柱头变短、扭曲,不结瓜或果实小,果面出现暗绿斑点或条斑,或凹凸不平的瘤状物,中后期有的病瓜脱落,严重时植株枯死。

【发病规律】

1. 病原 本病主要由黄瓜花叶病毒(CMV)、甜瓜花叶病毒(MMV)侵染引起的病毒病害。南瓜花叶病毒(SqMV)、西瓜花叶病毒(WMV)和烟草环斑病毒(TRSV)也能侵染西葫芦。

2. 传播途径 病毒的寄主范围广泛,可在保护地和露地栽培的瓜类、茄果类、菠菜、芹菜等多种蔬菜和野生杂草上越冬。主要由刺吸式口器昆虫蚜虫,以及叶蝉、粉虱等传播病毒,感染个别或少数植株后,迅速扩散和发展,甚至引起全田发病。此外,农事作业如拔病株、掐病叶和人工授粉,自然风雨引起的植株间碰撞,造成病、健株伤口汁液接触传染;种子也可带毒传播。

3. 发病条件 不同品种的抗(耐)病性有差异。幼苗2片真叶展开前易感染病毒,1、2头带毒蚜虫即可传播病毒病,衰老的植株抗病性不断减弱。高温干旱、日照强,管理粗放如定苗晚和伤根、缺肥少水,蚜虫数量多病毒病严重。

【防治方法】

1. 选用抗(耐)病品种 如翠莹101和105、凯旋八号、世诚301、中葫3号、美葫3号、四季绿、京葫2号和12号、淄葫1号、济葫1号、烟葫4号、东葫4号、亮剑、碧爽、谷雨·S100、晋园6号、嫩玉、晋西葫芦5号和6号、春玉1号、陇葫1号等,引进的品种如阿拉斯、法国冬玉、美国碧玉、荷兰碧波等,可因地制宜选用。

2. 防治蚜虫 苗床和棚室通风口覆盖防虫网,阻止蚜虫迁入,悬挂黄板诱杀有翅蚜。苗期和生长期蚜虫点片发生时,可选用10%吡虫啉可湿性粉剂2 000倍液,或25%噻虫嗪水分散粒剂(阿

第五章 葫芦科蔬菜病害

克泰)5 000倍液,或2.5%高效氯氟氰菊酯乳油(功夫)3 000倍液等应及时喷雾灭蚜。

3. 种子消毒 为避免种子传带病毒,可用10%磷酸三钠溶液浸种20~30分钟,或1%高锰酸钾溶液浸种30分钟,清水洗净后催芽播种;种子含水量在10%以下,可进行70℃干热处理种子72小时。

4. 培育无病壮苗 夏、秋季苗床要建在肥沃、通风、没有杂草的地块,并尽量避免和葫芦科作物邻作或连作,采取遮阴和覆盖防虫网育苗,根据当年的气候条件适期晚播,使幼苗期避开高温及蚜虫迁飞高峰期。苗期要加强肥水管理,每10天喷1次5毫克/升的α-萘乙酸水剂或多微高效复合肥等,连喷2~3次。

5. 减少传染源和人为传播 清除田间、棚室及其周边杂草,减少传染源。及时拔出早期病株,携出田外深埋,用肥皂洗手后再进行田间管理。采摘、整枝和授粉等田间作业,要避免造成伤口,减少接触传毒。

6. 栽培防病 提倡大小行栽培,加大行距,吊蔓和覆盖地膜。施足底肥,增施磷、钾肥,防止后期脱肥,苗期适度控水、中耕2~3次,促进根系发育,高温季节勤浇水,降低地温,防止植株早衰提高抗病性。

7. 药剂防治 在定植前、后各喷1次10%混合脂肪酸水剂(83增抗剂)100倍液,发病初期喷洒或3.85%氮苷·铜·锌水乳剂500倍液,或20%吗胍·乙酸铜可湿性粉剂500倍液,或2%氨基寡糖素水剂300倍液,或20%盐酸吗啉胍可溶性粉剂200~300倍液,或60%吗胍·乙酸铜可溶性片剂800~1 000倍液,或0.5%菇类蛋白多糖水剂(抗毒剂1号)300倍液等。隔10天左右喷1次,连续防治2~3次,有一定防治效果。

十八、西葫芦灰霉病

西葫芦灰霉病是各地棚室栽培的主要病害,特别是北方日光温室冬春茬、早春茬及秋冬茬的中后期及南方露地发病较重,病瓜率10%~40%,在低温寡照的年份造成大量烂瓜。

【症状识别】 叶、茎、花及果实均可染病,以危害幼瓜为主。病菌多从开败后雌花侵入,花和幼瓜的蒂部初呈水浸状,逐渐软化,表面生灰色霉层,果实腐烂,有时长出黑色菌核。叶部发病,病斑初为水渍状,后变为浅灰褐色,其边缘较明显,中间有时有灰色霉状物,有时有不明显的轮纹。茎上发病,溃烂,生灰褐色霉状物,前部瓜蔓折断死亡。

【发病规律】 本病由灰葡萄孢 *Botrytis cinerea* 真菌侵染而引起的真菌病害,该病发生规律参见黄瓜灰霉病。

【防治方法】同黄瓜灰霉病。由于病菌主要由花器侵入,在防治措施中应注意下列两点。

1. **蘸花时用药** 在配制好的2,4-D或防落素稀释液中,加入50%啶酰菌胺(烟酰胺)水分散粒剂1 000~1 500倍液,或25%啶菌噁唑乳油800~1 000倍液,或50%咯菌腈可湿性粉剂4 000~5 000倍液,或60%唑醚·代森联水分散粒剂2 000倍液,或40%啶菌·福美双悬乳剂800倍液,于8~9时对刚开和即将开花的雌花进行蘸花。子房和雌蕊要同时处理,使子房全部均匀着药,以提高结果率、果实重量和保护花瓣与柱头减少发病,注意避免重复处理。

2. **及时摘除残花** 一般西葫芦花开放10~12小时凋谢,2~3天后花冠从幼瓜上脱落。但在棚室内相对湿度高和植株表面结露条件下,花冠可附着在幼瓜上7~10天,有的瓜膨大到500克以上,花冠只萎缩变小而不脱落,有利于病菌侵染。因此,应在幼瓜

第五章　葫芦科蔬菜病害

上花瓣凋萎3天后摘除,连同开过的雄花一并装入塑料袋内带出田外深埋处理,能明显减轻发病率。

3. 药剂防治　药剂种类、用量和注意事项同黄瓜灰霉病。

十九、西葫芦白粉病

西葫芦白粉病是保护地和露地栽培的一种主要病害,发生普遍,常可导致减产10%～30%,甚至造成叶片干枯、植株死亡、提早拉秧。除西葫芦外,还危害黄瓜、苦瓜、南瓜、冬瓜、笋瓜、瓠瓜、西甜瓜等其他瓜类蔬菜。

本病由两种真菌白粉菌侵染而引起,受害叶片布满一层白粉(病菌的菌丝体、分生孢子梗和分生孢子),病叶褪色变黄,最后褐色坏死,白粉渐变呈灰色,表面初生成堆的黄褐色、后变黑色小粒点(病菌的闭囊壳)。茎蔓和叶柄上病斑与叶片相同。植株中部叶片先发病,老叶次之,然后为上部叶片,而顶端嫩叶较少染病。西葫芦叶片正面或背面出现病斑后,4天内病情发展较缓慢,在随后12天内病叶率增加很快,同时病斑扩展到病叶正、背两面,条件适宜时4天后病叶率可达到100%。

该病发生规律和防治方法参见黄瓜白粉病,结合其发生特点,在防治中应注意下列措施。

1. 选用抗(耐)病品种　如翠莹101和105、中葫3号、玉莹、美葫2号和3号、四季绿、京葫1号和12号、京珠、淄葫1号、济葫1号、烟葫4号、东葫2号、晋西葫芦5号和6号、陇葫1号、春玉1号、美玉、天津25、绿嘉、碧峰、碧爽等,进口的品种如法国冬玉、美国碧玉、玛丽亚、极早优美、新浪潮等,可因地制宜选用。

2. 熏蒸消毒　温室、塑料大棚定植前10天,用硫磺粉2.3克加锯末4.6克/米³混合后分放数处,点燃后密闭棚室熏一夜,温度保持20℃才能保证灭菌效果,但西葫芦生长期禁用防止发生药害。也可用45%百菌清烟剂,方法和用量参见霜霉病。

3. 提高植株抗病性 及早采摘植株上达到商品标准的嫩瓜,避免瓜多损秧,降低植株的抗性。在叶片初染病斑后及时进行叶面补糖,用1%葡萄糖溶液进行叶面喷施,每5天1次连喷3次,一般每667米²每次喷糖溶液80千克。

4. 生物制剂和物理防治 叶片初生病斑后的4天内,是药剂防治适期,以控制白粉病的病情发展,参见黄瓜白粉病部分。

5. 药剂防治 20世纪70年代以来,瓜类白粉病菌先后对硫菌灵、甲基硫菌灵、苯菌灵、三唑酮、嘧菌酯和醚菌酯等产生抗(耐)药性。应选用白粉病菌敏感的药剂,如苯醚甲环唑、乙嘧酚、戊唑醇、腈菌唑、氟菌唑、四氟醚唑、氟硅唑等,并与百菌清、福美双、硫磺悬浮剂、百菌清烟剂和粉尘剂等,使用剂量参见黄瓜白粉病部分。

上述药剂要在发病初期早方快治,注意轮换、交替选择和使用不同类型的杀菌剂。喷雾的药液量要充足,每667米²每次喷药液80千克,保证叶片正面、背面和茎秆周到展着药液,一般每隔7~10天喷1次,连续防治2~3次。

二十、苦瓜疫病

我国南方地区苦瓜栽培历史悠久,现今全国各地均有种植,已成为夏、秋季主要的蔬菜品种之一。由于露地和保护地重茬栽培面积不断扩大,苦瓜疫病出现了发展蔓延趋势,严重时发病率高达60%~80%,多雨季节病害流行造成死秧(藤)、烂瓜可减产30%以上,严重影响了苦瓜的产量与品质。本病还危害黄瓜、冬瓜、节瓜、西葫芦、菜瓜、南瓜、西瓜和甜瓜等。

【症状识别】 幼苗期生长点及嫩茎发病,初呈暗绿色水浸状软腐,后干枯萎蔫。成株期以植株茎(蔓)基部和嫩蔓节部发病较

第五章 葫芦科蔬菜病害

多,初呈水浸状暗绿色病斑,后变淡褐色、软化缢缩,病部以上叶片萎蔫枯死,叶片仍保持绿色。叶片发病多从叶缘或叶尖开始,病斑暗绿色圆形或不规则形,水渍状,边缘不明显,有隐约轮纹,潮湿时扩展很快呈湿腐状,干燥时病斑停止发展,边缘褐色、中部青白色,干枯易破裂。一般下部叶片先发病,后逐渐向上蔓延。瓜果发生暗绿色近圆形水渍状病斑,无明显边缘,可扩展至整个果面产生皱缩、软腐。潮湿时病茎、病瓜表面生灰白色稀疏霉状物(病菌的孢子囊及孢囊梗)。

【发病规律】

本病主要由甜瓜疫霉 *Phytophthora melonisi* 侵染所致的真菌土传病害,传播途径和发病条件见黄瓜疫病,苦瓜种子亦能带菌,引起幼苗发病。温度28℃~30℃、降雨次数多和降雨量大,是病害流行的主要因素;土壤连作、排水不畅或通风不良的潮湿地块,发病较重。例如,湖南省衡阳地区露地栽培一般在5月中旬开始发病,6月下旬至7月下旬为发病盛期,9月下旬病情发展趋缓,10月上旬基本停止发展,进入病情稳定期。

【防治方法】由于苦瓜疫病流行性强,至今无高抗和免疫的品种,应切实做好预防工作,抓好栽培防病措施,及时进行药剂保护。结合苦瓜疫病及其作物栽培特点,应注意以下事项,其他防治措施和药剂防治参见黄瓜疫病部分。

1. 实行轮作 与非瓜类作物、最好与水稻等水生作物实行4~5年以上轮作。

2. 嫁接防病 以云南黑籽南瓜、黑皮冬瓜、瓠瓜和白籽南瓜(威龙1号)作砧木,与苦瓜优良品种作接穗进行嫁接栽培,是防治疫病的有效措施。据湖南衡阳报道,威龙1号砧木与湘早优1号接穗嫁接的亲和性最好、成活率高,防病增产效果明显。

3. 种植抗(耐)病品种 近些年来培育的新品种如湘早优1号、大肉2号、春玉、春帅、热研1号、春华、春绿等,抗(耐)病性较强、丰产优质,可因地制宜选用。

4. 栽培防病　南方酸性土壤菜区,在大田耕作前每667米^{2}施石灰75千克,并于移栽前土壤充分晒白风化灭菌。合理密植,如衡阳等地苦瓜一般采用搭人字架或平棚栽培,每667米^{2}分别种植1 000～1 200株或800～1 000株,防止密度过大。定植后及时搭架,当苗高0.5～0.6米时及时引蔓上架,枝叶长满棚架时进行植株调整,疏剪植株基部侧枝和发黄的衰老叶片,以利通风透光,减轻病害发生。

5. 药剂预防　种子处理可用72.2%霜霉威水剂或25%甲霜灵可湿性粉剂800倍液浸种30分钟,清水洗净后在55℃恒温水中浸泡30分钟,晾干后催芽、播种。播种前苗床土壤处理,可每平方米床土用70%噁霉灵可湿性粉剂、30%甲霜·噁霉灵水剂或72.2%霜霉威水剂1.5克对水3升,播种前均匀浇灌苗床,播种后用药土覆盖或选择灭菌土作育苗土。在雨季到来之前喷施药液预防。

二十一、苦瓜其他重要病害

(一)土壤根病

在保护地和露地苦瓜栽培都有发生,以保护地危害较重,而且防治难度较大。

苦瓜根结线虫病主要由南方根结线虫 *Meloidgyne incognita* 侵染引起,受害植株的须根上形成球形或不规则形瘤状物,多在结瓜后表现症状,植株长势衰弱,叶片由下向上变黄、坏死,至全株萎蔫枯死。

苦瓜枯萎病由真菌尖链孢苦瓜专化型 *Fusarium oxysporum* f. sp. *momordicae* 侵染所致,病株的茎基部缢缩,有时在病茎上溢

第五章 葫芦科蔬菜病害

出琥珀色胶质物；根部褐色腐烂，茎基部常纵裂，维管束变褐色，在潮湿环境下，表面常生白色至粉红色的霉状物（病菌的分生孢子及分生孢子梗）。植株一般在开花结果后表现症状，叶片自上向下萎蔫至全株枯死。

两病的发生规律和防治方法参见黄瓜有关部分，其中应注意抓好以下 2 项措施。

1. 嫁接防病 可有效防治根结线虫病、枯萎病，并收到提早采收、增加产量和延长采收期的效果，经济效益高。适宜的砧木有云南黑籽南瓜、90-1 南瓜、威龙 1 号、2 号南瓜、蓉砧 1 号丝瓜及台湾农友种苗公司的专用砧木双依、壮士和共荣等。接穗品种应根据品种特性及不同地区的市场需求而定，如苦瓜病害部分介绍的抗病、丰产、优质品种。一般华南地区以绿色苦瓜为主，可选用滨城苦瓜、英引苦瓜、碧绿 2 号、早绿苦瓜、大肉 2 号、江门大顶、谭边大顶、翠绿 2 号等；长江流域及其以北等地多以（绿）白色苦瓜为主，可选用四川大白苦瓜、成都大白苦瓜、蓝山大白苦瓜、株洲长白苦瓜、扬子洲苦瓜等，通常采用靠接法或顶芽斜插法嫁接。苦瓜嫁接栽培一般应比自根苗降低定植密度约 10%，定植时尽量使嫁接口位置高于地面，基肥和追肥比自根苗增加 10%～15%，催瓜水要比自根苗晚浇 3～5 天，一般在根瓜开始采收后进行，以后要勤浇水，保持见干见湿，同时要增加采收次数。

2. 选用抗（耐）枯萎病的丰产、优质品种 如湘苦瓜 2 号、4 号和 5 号、碧绿苦瓜、早绿苦瓜、衡杂苦瓜 2 号、翠玉、秋月、川苦 6 号、绿箭、热研 1 号、湘早优 1 号、北部 3 号大肉油绿苦瓜、碧绿二号、翠绿三号、长丰 3 号、闽研 1 号和 2 号、如玉 11 号、翠玉、西园苦瓜、长丰 3 号、绿王子油瓜、巨宝 2 号、海南大肉苦瓜、丰绿苦瓜和华研 2 号等品种，对苦瓜枯萎病表现为抗病。油绿三号、海南厚肉苦瓜 F1、农得利苦瓜 3 个品种对苦瓜枯萎病表现为中抗（耐病）和泰国绿珠等，可因地制宜选用。

(二)地上部病害

主要有炭疽病、白粉病、病毒病、蔓枯病、霜霉病和细菌性角斑病等,其田间症状、发生规律和防治方法参见黄瓜病害有关部分。首先,应针对当地主要病害,因地制宜选用品种。如湘苦瓜2号、4号、5号兼抗病毒病、霜霉病和白粉病,绿宝石、大肉2号和3号兼抗白粉病和炭疽病,衡杂苦瓜2号抗病毒病、霜霉病,湘早优1号、绿箭、佳玉、碧绿二号抗霜霉病、白粉病,泰国绿珠兼抗(耐)病毒病、枯萎病、白粉病、斑点病、灰霉病和根结线虫病。

第六章 豆科蔬菜病害

一、豇豆病毒病

豇豆病毒病主要指豇豆花叶病毒病、坏死花叶病毒病等,是各豇豆产区的主要病害,初秋季节发病最盛,一般发病率为70%~80%,嫩荚的产量和品质下降,造成明显的经济损失。此病还危害菜豆、扁豆、蚕豆、菜用大豆、豌豆以及芝麻、烟草等作物。

【症状识别】 多表现为系统性症状。苗期至成株期均可发病,嫩叶上出现花叶、明脉、褪绿和畸形,上部叶片浓绿部分稍突起,成为疱突。有些病株产生褐色凹陷条斑,叶肉或叶脉坏死。严重时病株矮化,生长僵滞,开花延迟,花器变形,结荚小而少呈鼠尾状,豆粒产生黄绿花斑;有些病株生长点枯死或个别叶鞘坏死。

【发病规律】

1. 病原 本病的毒原种类较多,主要由豇豆蚜传花叶病毒(CABMV)、黄瓜花叶病毒(CMV)豇豆株系、蚕豆萎蔫病毒(BBWV)和黑眼豇豆花叶病毒(BCMV)等侵染引起。田间发病可由单独病毒侵染危害,多为2种或2种以上病毒复合侵染所致。

2. 传播途径 带病毒的种子是主要初侵染源,还可随种子调运做远距离传播,如豇豆花叶病毒种子带毒率平均为5%~10%,最高达17%。此外,病毒在棚室栽培的豆科蔬菜上、田间越冬的宿根寄主植物上存活,也是重要的初侵染源。播种带毒的种子,苗期发病后成为中心病株,主要由有翅蚜(豆蚜、瓜蚜和桃蚜)传毒,植株间汁液接触及农事作业也可传播,从寄主伤口侵入,进行多次再侵染,使病毒病在田间扩大蔓延。

3. 发病条件 病毒喜高温干旱的环境,发病最适为温度20℃～35℃,空气相对湿度80%以下,发病潜育期10～15天。春季温度高、少雨,夏秋季天气高温干旱,苗期缺水,蚜虫发生数量大及多年重茬,是病毒病流行的重要条件。地势低洼、缺肥、缺水、氮肥施用过多的田块发病也重。留种田发病重,种子带毒率高则会造成翌年病毒病大发生。

【防治方法】

1. 选用抗(耐)病品种 我国在豇豆丰产、优质育种方面进展较快,抗病性有了提高。适宜保护地栽培的早熟品种或露地矮生型早熟品种有之豇特早30、之豇矮蔓1号、浙翠无架等;春提前早熟栽培品种中之豇28-2、早豇2号、成豇3号、之青3号、春丰等。露地春、夏季栽培中之豇108、之豇106、之豇特长80、之豇翠绿、之豇90、之豇19、赣蝶3号、瓯豇一点红、瓯豇二尺玉、瓯豇白52、丰豇1号、丰豇绿优、丰豇一点红等;秋季栽培品种秋豇512、秋豇17、秋赤豇、秋紫豇6号、赣蝶3号等品种抗(耐)病性较强,可根据市场需求因地制宜选用。

2. 种子消毒 播种前先用清水浸泡种子3～4小时,再放入10%磷酸三钠溶液中浸20～30分钟,捞出洗净后催芽。

3. 建立无病留种田 不断汰除带毒病苗,生产无病毒种子以保障生产田安全,从无病田或无病株上选留种子。

4. 避蚜治蚜和预防传毒 保护地采用防虫网覆盖栽培,可有效防止有翅蚜传播病毒。黄板诱蚜和早期及时用药剂防治蚜虫,减少病毒传播有良好的防病效果。在蚜虫点片发生时,及时用50%抗蚜威可湿性粉剂2 000～3 000倍液喷雾,对瓜蚜外其他蚜虫效果好,还可保护自然天敌。其他常用的药剂有10%吡虫啉可湿性粉剂3 000倍液、20%唑蚜威可湿性粉剂1 500倍液、或5%烯啶虫胺水剂、5%啶虫脒乳油3 000倍液、或1%印楝素水剂800倍液、0.65%茼蒿素水剂500倍液,或2.5%高效氯氟氰菊酯乳油

第六章　豆科蔬菜病害

3 000倍液、2.5%溴氰菊酯乳油3 000倍液或20%菊·杀乳油2 500倍液等。

农事作业过程中手和农具,接触病株后,用肥皂水洗净,防止接触传播。

5. 栽培防病　露地豇豆春季栽培适期早播和起垄覆盖地膜,提高地温有利豇豆生长发育,减少苗期有翅蚜虫传播病毒。盛夏季节棚室豇豆覆盖遮阳网,降低温度和光照强度,减轻病情。增施优质有机质基肥,适时浇水、追肥、搭架引蔓,开花结荚期喷施0.1%～0.2%磷酸二氢钾等溶液,提高植株抗病力。清除田间杂草,早期拔除中心病株,减少病毒传播。

6. 药剂防治　夏、秋季节豇豆发病初期,可用8%宁南霉素水剂400倍液,或2%氨基寡糖素水剂300倍液,或20%吗胍·乙酸铜可湿性粉剂300～400倍液,或20%盐酸吗啉胍可湿性粉剂500～600倍液等喷雾,隔7～10天喷1次,防治2～3次,可减轻病情。

二、豇豆锈病

豇豆锈病是豇豆的一种重要病害,国内各豇豆产区都有发生,以华中、华南和西南地区受害较重,夏秋季高温多雨病害易于流行,病株率超过90%,严重时产量损失可达30%。除长豇豆外还危害普通豇豆、华眉豇豆、海滨豇豆和野豇豆等。

【**症状识别**】　主要危害叶片,近地面的成熟叶片先发病,逐渐向植株上部蔓延。病叶初生褪绿的黄白色小斑点,逐渐扩大、变褐,隆起成近圆形的黄褐色小疱斑,后期病斑中央的突起呈暗褐色(病菌夏孢子堆),周围常具黄色晕环,在变淡及发黄的叶上,夏孢子堆周围绿色形成绿岛,夏孢子堆表皮破裂后散出大量锈褐色粉末(病菌的夏孢子)。严重时,新老夏孢子堆相互连结成椭圆形或不规则锈褐色枯斑,病斑可布满全叶,引起叶片枯黄、脱落,采收期缩短,结荚少而小。茎蔓、叶柄及花梗也可染病,夏孢子堆多为近圆形或短条状,可围生一圈长圆形的次生夏孢子堆。随着植株衰老或天气转凉,夏孢子堆转变为黑色的冬孢子堆,表皮破裂后散出栗褐色粉状的冬孢子。有时在发病早期的叶片正面产生直径在1.3~3.0毫米的圆形黄绿色小斑点,其中央褐色部分密生栗褐色小粒点(性孢子器),并在相对应的叶背产生黄白色绒毛状物(锈孢子器),但在豇豆上性孢子器和锈孢子器不常见。

【发病规律】

1. 病原 豇豆单孢锈菌 Uromyces vignae 侵染所致的真菌病害,病原菌是单主寄生的全型锈菌,只危害豇豆,能产生性孢子、锈孢子、夏孢子、冬孢子和担孢子。

2. 传播途径 在我国南部如广东、海南等周年种植豇豆的温暖地区,病菌无明显越冬现象,夏孢子辗转侵染危害使该病全年发生。长江流域如湖北广大地区,初侵染源主要是随季风由南方吹来的夏孢子,在适宜条件下夏孢子萌发产生芽管,从气孔或表皮直接侵入寄主。豇豆发病后产生大量新的夏孢子进行频繁的再侵染,致使病害流行成灾。在北方地区病菌以冬孢子随病株残余组织在田间越冬,翌春环境适宜萌发产生担孢子引起初侵染,约8~9天潜育后出现病斑,形成性孢子、锈孢子,锈孢子萌发后侵入叶片;其后病部形成夏孢子堆并产出夏孢子进行重复再侵染,直至秋后形成冬孢子堆及冬孢子越冬。

3. 发病条件 病菌喜高温高湿环境,豇豆叶面有水膜存在是夏孢子萌发和侵入的必要条件。一般日平均气温24℃,降雨次数多、时间长,则病害易于流行。丘陵山区雾多、露重,通常比平原地区发病早而重;豇豆套种或晚播豇豆与早播重病田邻作发病常重。豇豆多年连作,偏施氮肥,地势低洼,排水不良及种植过密,田间郁闭或棚室通风不良病情亦重。不同品种间抗病性有明显差异,植

第六章　豆科蔬菜病害

株顶部叶片不易发病,豇豆苗期抗病性较强,开花结荚到采收中后期为感病阶段,是药剂保护的重点。

【防治方法】

1. 选用抗(耐)病品种　据报道,适宜保护地或露地矮生型早熟栽培品种有浙翠无架、美国无架、鄂豇豆7号、之豇矮蔓1号、早玉-80等;春提前早熟栽培品种扬早豇12、连豇1号、耐湿王、苏豇1号等。露地春夏季和秋季栽培品种有绿豇1号、之豇108、之豇106、之豇90、之豇19、湘豇2001-4、赣蝶3号、高优四号、珠豇1号、珠豇3号、瓯豇二尺玉、穗丰8号、丰产七号、早玉-80等,秋季专用品种秋豇512、连豇1号、苏豇1号等丰产、优质品种抗(耐)病性较强,可根据市场需求因地制宜选用。

2. 农业防病　合理安排茬口,避免豇豆连作,不在早豇豆地中套种晚播豇豆,并使迟豇豆和早播病田间隔一定距离,避免病菌交互侵染。实行配方施肥,防止前期偏施氮肥,以提高植株的抗病力。合理密植,高畦栽培,雨后及时排水,棚室栽培适时适量通风,降低田间湿度。及时摘除棚室内中心病叶,防止病菌扩展蔓延。收获后清除病残体,集中棚外销毁或大田栽培就地销毁,减少再侵染菌源及越冬菌量。

3. 药剂防治　发病初期病斑未开裂前开始喷药,可选用5%氨基寡糖素水剂800倍液,或15%三唑酮可湿性粉剂1 000倍液,或30%氟硅唑微乳剂3 000～5 000倍液,或40%氟硅唑乳油5 000～6 000倍液,或25%丙环唑乳油3 000倍液,40%苯甲·丙环唑微乳油1 500～2 000倍液,5%氨基寡糖素水剂800倍液与40%苯甲·丙环唑微乳油1 500～2 000倍液混用,或50%醚菌酯干悬浮剂2 000～3 000倍液,或10%苯醚甲环唑水分散粒剂1 000～1 500倍液,或50%萎锈灵乳油800溶液,或12.5%烯唑醇可湿性粉剂2 500～3 000倍液,或43%戊唑醇可湿性粉剂3 000～4 000倍液,或70%硫磺·锰锌可湿性粉剂300～400倍液,或70%代森锰锌可湿性粉剂1 000倍液加15%三唑酮可湿性粉剂1 000倍液,或50%硫磺悬浮剂200倍液等进行喷雾。在南方重病田一般从苗期(3～4片叶)发病初开始施药,伸蔓期、初花期和初花期10天后各喷药1次,注意交替轮换用药、

三、豇豆煤霉病

豇豆煤霉病又称叶斑病、叶霉病,在各地发生普遍,严重时可造成叶片干枯脱落,影响鲜荚生长,缩短采收期,降低鲜荚产量,已成为我国南方地区豇豆丰产的重要障碍。此病还危害菜豆、蚕豆、扁豆、大豆、菜用大豆、豌豆、绿豆、红小豆及刀豆等多种豆科作物。

【症状识别】 主要危害叶片。初期叶片正、背面产生紫褐色斑点,扩展后呈近圆形或不规则形红褐色或褐色病斑,直径0.5～2厘米,病健部交界不明显。湿度大时,病斑表面密生灰黑色煤烟状霉层(病菌的分生孢子梗和分生孢子),叶背尤为明显。植株多从下部老叶先发病逐渐向上发展,严重时病斑连片、枯死,造成植株早期落叶,仅残留顶端数片嫩叶。病害严重时茎蔓和豆荚亦可被害,初生褐色梭形病斑,后期变成灰黑色。

【发病规律】

1. 病原 豆类煤污尾孢菌 *Cercospora vignae* 侵染引起的真菌病害。

2. 传播途径 我国南部温暖地区豇豆可全年生长,病菌无明显越冬现象,该病周年发生危害。其他地区病菌以菌丝块附着在病残体上于田间越冬,条件适宜时产生分生孢子进行初侵染。其后病部不断产生新的分生孢子,借气流或浇水传播,进行再侵染而导致病害的流行。

3. 发病条件 病菌发育温度为7℃～35℃,最适30℃。豇豆一般在开花结荚期开始发病,高温(25℃～30℃)、高湿(空气相对

第六章 豆科蔬菜病害

湿度85％以上)或多雨有利该病流行。通常春播比夏播、大棚比露地栽培发病重,尤以晚春播豇豆受害最重。凡连作套种、地势低洼、排水不良、长势弱的地块发病均重。豇豆不同品种间对煤霉病的抗病性差异较明显。

【防治方法】

1. 选用抗病品种 适宜保护地或露地矮生型早熟栽培品种有浙翠无架、鄂豇豆7号、之豇矮蔓1号、早玉-80、春丰、美国无架等;春提前早熟栽培品种扬早豇12、连豇1号、之青3号、鄂豇豆2号、耐湿王等。适合露地春、夏季栽培品种绿豇1号、之豇翠绿、之豇90、贺研2号、湘豇99-3、瓯豇白52、鄂豇豆8号、鄂豇2号、早玉－80等;秋季专用品种秋豇512、紫秋豇6号、连豇1号等,可春夏秋季栽培的湘豇2001-4等丰产、优质品种,抗(耐)病性较强,可根据市场需求因地制宜选用。

2. 控制和减少菌源的农作方法 避免豇豆套种、连作,重病田与非豆科蔬菜轮作2～3年;发病初期及时摘除病叶,收获后清除地面上的病残体集中处理,并进行深翻,减少菌源,减轻发病。

3. 加强栽培管理 注重施用有机肥及磷钾肥,促使生长健壮。适时进行叶面施肥,每667米^{2}用磷酸二氢钾150克加(红或白)糖500克,对水50升,于发病前早晨喷洒中下部叶片,隔5天喷1次,连喷4次,可提高叶片含糖量,提高植株抗病力。露地实行深沟窄畦栽培,以利雨后及时排水,降低田间湿度;棚室采用地膜覆盖,适时通风换气,防止田间积水和湿度过大;合理密植,以利田间通风透光,防止湿度过大。

4. 药剂防治 发病初期开始喷洒50％腐霉利可湿性粉剂800～1 000倍液,或50％多菌灵可湿性粉剂500倍液,或70％甲基硫菌灵可湿性粉剂1 000倍液,或70％代森锰锌可湿性粉剂500～700倍液,或77％氢氧化铜可湿性微粒粉剂500倍液,或55％嘧霉·多菌灵可湿性粉剂600倍液,或65％甲硫·乙霉威可湿性粉剂 500~600 倍液,或 50%乙霉•多菌灵可湿性粉剂 500 倍液、或 78%波尔•锰锌可湿性粉剂 500~600 倍液,或 50%多•硫悬浮剂 800 倍液,每隔 10 天左右防治 1 次,连续防治 2~3 次。

四、豇豆疫病

豇豆疫病俗称死秧(藤),是长江流域及其以南地区豇豆的重要流行性病害,本病仅危害长豇豆、豇豆和饭豇豆等豇豆属作物。

【症状识别】 幼苗和成株期均可发病,主要危害蔓茎、叶片和豆荚。幼苗子叶期根颈受害呈水渍状缢缩,幼苗猝倒状死亡;顶心受害缢缩、萎蔫枯死。第一复叶展开至爬架前蔓茎多在节或近节处发病,初暗绿色水渍状、缢缩变细,后变灰褐色、褐色或红褐色,从病处倒折造成其上部茎叶死亡。爬架后亦可在节间显症,病部缢缩、色较浅,因有架材支撑病处不倒折,有时受腐生菌二次侵染出现白霉或黑霉,病部以上死亡。叶片受害后产生不规则灰绿色坏死斑,病斑中间灰褐色,皱缩不平整,叶脉变细、色深,雨水多时常腐烂,晴天干燥后病处青白色,易破碎。叶柄、花梗上的症状与蔓茎同。豆荚受害初为暗绿色水渍状斑,可很快引起全荚软腐;天气干燥时病处失水变细,且不规则扭曲。上述发病部位边缘均不明显,雨天或潮湿时病部可生稀疏白霉(病菌的孢囊梗及孢子囊)。

【发病规律】

1. 病原 豇豆疫霉 *Phytophthora vignae* 侵染所致的真菌病害。

2. 传播途径 病菌以卵孢子随病残体遗留在土壤中越冬,条件适宜卵孢子萌发形成孢子囊,产生游动孢子借风雨、流水等传播侵染寄主,出现中心病株;其后病部又产生孢子囊进行再侵染,可引起病害流行。

3. 发病条件 病菌喜高温、潮湿环境,温度 25℃~28℃、多雨

第六章 豆科蔬菜病害

和空气相对湿度95%以上,有利于病菌生长发育和侵染。当中心病株出现后,夏季降雨早、雨日多、雨量大,特别是雨后乍晴,疫病易流行。凡平畦浅沟,地势低洼,沟渠不畅,大水漫灌,雨前中耕、浇水过多过勤,田间积水等,大棚栽培未及时通风排湿,湿度过大均会加重病情。病地重茬,土壤黏重,播种期晚,种植过密,施用未腐熟带病残体的有机肥,则发病重。豇豆不同品种间的抗病性有明显差异,一般植株不同生长阶段以前期发病较重,进入采收期后病害发生有明显减少趋势。

【防治方法】 目前豇豆无免疫和高抗疫病的品种,应在抓好农业防治等预防性措施基础上,及时进行药剂保护。

1. 选地、选种与轮作 选择地势平坦、排灌方便的地块,有条件选用砂质壤土种植豇豆。选用抗(耐)病丰产良种:鄂豇2号、之豇特早30、之豇特长80、丰产六号和芦113等均较抗病,可因地制宜选用。发病严重的露地田块和棚室,应与非豇豆属作物进行2年以上轮作。

2. 加强田间管理 南方重病区采用高畦深沟窄畦栽培,精细平整土地并覆盖地膜,做好雨季防涝排渍,做到雨停沟干。科学浇水,需要时进行浸灌,杜绝大水漫灌,避免雨前中耕、灌水。大棚夏播豇豆采用防雨栽培,避免雨季敞棚播种、移栽。棚室及时通风换气,避免出现闷热的不良小气候条件。施足优质基肥,及时追肥,防止偏施氮肥,提高植株抗病性。清洁田园,及时清除病秧(藤)、病荚和病残体于田外深埋或烧毁,减少病菌在田间传播。

3. 药剂防治

(1)苗床土壤处理 播种前每平方米床土用70%噁霉灵可湿性粉剂、30%甲霜·噁霉灵水剂或72.2霜霉威水剂1.5克对水3升,均匀浇灌苗床,播种后用药土覆盖或选择灭菌土作育苗土。

(2)发现中心病株及时施药 可选用50%烯酰吗啉可湿性粉剂1 500倍液,或20%氟吗啉可湿性粉剂1 000倍液,或60%氟吗·锰锌可湿性粉剂(菌清风)800 倍液,或 69%烯酰·锰锌可湿性粉剂(安克锰锌)600 倍液,或 58%甲霜·锰锌可湿性粉剂 500 倍液,或 72.2%霜霉威水剂 600～700 倍液、72%锰锌·霜脲可湿性粉剂 700 倍液、78%波尔·锰锌可湿性粉剂 500 倍液、70%乙铝·锰锌可湿性粉剂 500 倍液。若病情较重时,可喷施 60%唑醚·代森联水分散粒剂 1 000 倍液,或 687.5 克/升氟菌·霜霉威悬浮剂(银法利)600 倍液等。隔 7～10 天 1 次,视病情一般防治 2～3 次。施药前应清除病残体,根据天气预报在降雨前喷药并保障植株上药液干爽,提高药剂防治效果。

五、豇豆重要土壤根病

(一)豇豆枯萎病

国内许多豇豆产区都有发生,特别在海南、广东、广西、福建和江西等地区高温高湿季节,常在结荚期造成植株大面积枯死,产量损失可达到 70%左右,近年来已成为影响产量和品质的最重要病害。该病由尖镰孢菌嗜导管专化型 Fusarium oxysporum f. sp. tracheiphilum 侵染引起的真菌病害,全株枯萎,剖查病株根和茎基部,内部维管束组织变褐色,严重时外部呈黑褐色,根部腐烂,湿度大时病部表面生粉红色霉层(病菌的分生孢子梗和分生孢子)。

(二)豇豆根腐病

随着豇豆多年种植和面积的扩大,该病呈发展趋势,在江苏、江西等局部地区发生危害严重和较难防治,重病田死亡率可达 60%。病原为腐皮镰孢菌菜豆专化型 Fusarium solani f. sp. phaseoli 真菌,病株主根和地下茎病部凹陷,呈红褐色,侧根脱落;

植株多从开花结荚期开始,叶片由下部向上部变黄枯萎至全株死亡。根部腐烂处维管束变褐色,但不向上发展有别于枯萎病。

两种病害的发生规律和防治方法可参见菜豆有关部分,应注重选用抗(耐)病的丰产、优质品种。

抗(耐)枯萎病品种:在华南高温地区种植才能正常开花结荚的抗病品种有丰产2号、谭岗油青、丰产6号。适宜华南地区栽培的中等抗性水平品种如华赣银豇、华珍甜豆、宁豇3号、福建黄金柱、广丰7号、春宝2号。此外,鄂豇豆7号、镇豇早丰、瓯豇一点红、瓯豇二尺玉、瓯豇白52、高优四号、珠豇1号、珠豇3号、广丰7号、穗丰8号、丰产7号、奥斯曼、镇豇早丰、丰豇绿优、丰豇一点红、天畅5号、珠江1号和3号、秦丰3号等抗(耐)病性较强,可因地制宜选用。

抗(耐)根腐病品种:据浙江丽水重病区报道,春季种植可选用之豇844、扬早豇12、特早30、特级早熟王、良丰8号、早生王、华豇4号等品种;夏、秋季栽培可选用春宝、龙星90、绿领8号、绿领4号、赣蝶3号、汕豇70、汕豇77等。此外,鄂豇2号和7号、绿豇1号、之豇108、丰产二号、奥斯曼、丰纯206、穗郊101等抗(耐)病性较强,可因地制宜选用。

六、菜豆炭疽病

菜豆炭疽病是各地菜豆生产的主要病害,在我国北方和高海拔地区发生普遍,严重时可造成减产20%~30%,影响菜豆的产量和品质,豆荚在贮运期间可继续受害。此病还危害豇豆、豌豆、扁豆和绿豆等。

【症状识别】 幼苗至成株期间均可发病,主要危害叶、茎及荚。幼苗期染病,子叶出现红褐色至黑褐色圆形斑,凹陷成溃疡状。真叶被害多发生在叶片背面的叶脉上,初为红褐色,后变为黑褐色多角形小条斑。叶柄出现锈褐色病斑,严重时叶片萎蔫。茎被害出现条状锈色斑,凹陷、龟裂,有时病斑可愈合成长条斑,严重时植株折断枯死。豆荚被害时,初生褐色斑点,后扩大为近圆形的黑褐色斑,有的直径可达1厘米,稍凹陷,边缘有深红色晕圈,潮湿时病斑表面常溢出红色的黏稠物(病菌的分生孢子盘)。种子上的病斑为黑褐色或黄褐色小斑。

【发病规律】

1. 病原 本病是由菜豆炭疽菌 *Colletotrichum lindemuthianum* 侵染引起的一种真菌性病害。

2. 传播途径 病菌主要以休眠菌丝体潜伏在种皮下和附着在种子上越冬,在种子内可以存活5年,随种子调运造成区域间的传播。播种带菌种子,幼苗发病率较高,形成田间的发病中心,在子叶或幼茎上产出分生孢子,随气流、灌溉水、雨水、昆虫传播。该菌还以菌丝体在病残体内越冬,可存活1~2年,条件适宜时产生分生孢子,通过灌溉水、雨水飞溅进行初侵染,分生孢子萌发后产生芽管,从伤口或表皮直接侵入,一般经4~7天出现症状,并进行再侵染。

3. 发病条件 发病的适宜温度为17℃~20℃,低于13℃或高于27℃则对发病不利。空气相对湿度为100%发病重,低于92%,病害很少发生。多雨(雾、露)的温凉多湿地区,早春气温回升早,夏秋连阴雨多发病重。多年重茬、地势低洼、密度过大、底肥不足、窝风、土壤黏重的地块及春秋季大棚栽培通风不良发病均重。品种间抗病性有差异,蔓生品种较矮生品种抗病性强。

【防治方法】

1. 选用无病种子或种子处理 在无病区繁育种子或从无病株豆荚采种,播种前通过粒选淘汰病种,并用种子重量0.4%的50%福美双可湿性粉剂拌种,或用40%萎锈·福美双200FF种衣剂以35~40毫升,与10千克种子拌种。

2. 种植抗(耐)病品种 主要用于春秋露地栽培的矮生菜豆有江户川、矮黄金、无筋绿地豆、矮生宽荚油豆王90-3(又叫绿衣1号或绿油1号)和宽荚白莲等;适宜春秋露地和保护地栽培的蔓生品种较多,如龙油豆1号、将军油豆、早丰、哈菜豆8号、连农无筋2号、青龙出海、花龙1号、双丰1号、2号和3号、翠龙、苏菜豆1号、芸丰、王中王架豆、穗丰3号等;其中,早丰、连农无筋2号还可用于冬春保护地栽培,可因地制宜选用。

3. 加强田间管理 实行与非豆类蔬菜作物轮作2年以上,采用地膜或稻草等覆盖栽培,可防止或减轻土壤病菌传播。使用旧架材要喷洒50%代森铵水剂800倍液,进行表面灭菌消毒。深翻土地,增施磷钾肥;雨后及时中耕,注意排涝,降低土壤含水量。棚室内加温、通风降低空气相对湿度,造成不利该病发生的环境条件。

4. 药剂防治 发病初期喷洒75%百菌清可湿性粉剂600倍液,或70%甲基硫菌灵可湿性粉剂800倍液,或65%代森锌可湿性粉剂500倍液,或80%福·福锌可湿性粉剂800倍液,或60%福·福锌可湿性粉剂700倍液,或70%甲硫·福美双可湿性粉剂500倍液,或60%唑醚·代森联水分散粒剂800~1 000倍液,或50%咪鲜胺锰盐可湿性粉剂1 500倍液,或25%溴菌腈可湿性粉剂500倍液,或30%苯噻氰乳油(倍生)1 300倍液等。隔7~10天1次,连续防治2~3次。

棚室还可选用45%百菌清烟剂,每667米^2·次250克,隔10天熏1次,连续或交替使用,也可于清晨或傍晚喷洒6.5%甲硫·乙霉威粉尘剂,或5%百菌清粉尘剂,每667米^2·次1千克。

七、菜豆根腐病

菜豆根腐病俗称烂根,是各地区露地和保护地菜豆栽培重要的病害,常与丝核菌、腐霉菌形成复合侵染,造成更大的危害,尤以连作地和低洼地发病较重,可引起成片菜豆茎叶枯死,减产损失超过20%。此病还危害豇豆、豌豆、小红豆等。

【症状识别】 主要危害根系和地下茎基部。病部初生水渍状红褐色斑,随着病斑扩大和合并,根系和茎基部表现为红褐色坏死,后变为暗褐色或黑褐色,稍凹陷,有时病斑表面开裂,并深延到皮层内。一般春菜豆在开花结荚期才表现症状,植株下部叶片发黄,边缘开始枯萎,病叶自下向上发展但不脱落。秋菜豆高温季节,种子发芽后染病,胚根产生红褐色长条形病斑,渐呈暗褐色。植株顶部嫩叶先变褐、萎缩、畸形,下部老叶暂时保持正常。后期病根部可呈糟朽状,主根腐烂或坏死,侧根少,植株矮化,容易拔出。严重时,植株萎蔫死亡。在潮湿的条件下,病株茎基部常有粉红色霉状物(病菌的分生孢子和分生孢子梗)。本病一般仅限于根和根茎部,病部腐烂处维管束变褐色,但不向上发展,而且种子不带菌,有别于枯萎病。

【发病规律】

1. 病原 尖镰孢菌菜豆专化型 *Fusarium solani* f. sp. *phaseoli* 侵染所致的真菌病害。

2. 传播途径 病菌主要以厚垣孢子随病残体在土壤耕作层休眠越冬,可存活10年以上,或以菌丝体随病残体在土壤里越冬,成为主要的初侵染源,其次为带菌的未腐熟厩肥。在菜豆种子萌发时根尖分泌的营养物质刺激下,厚垣孢子萌发生出菌丝以及土壤中的菌丝通过伤口、气孔或直接侵入根系。其后在病部产生分生孢子,由雨水、灌溉水或农具传播蔓延,使病害流行。

3. 发病条件 病菌生长发育温度为13℃～35℃,发病适温24℃～28℃,土壤相对湿度80%以上。冬季温室、早春大棚和秋季露地菜豆均可发病,一般北方菜区秋菜豆播种后20～30天幼苗期是发病高峰期,天气转凉后发病株率大为减少。连作地、低洼地

第六章 豆科蔬菜病害

和粘质土壤,管理不善造成伤根及地下害虫危害、大水漫灌或棚室内滴水处发病均重。目前,国内尚无高抗根腐病的菜豆品种,但不同品种间抗(耐)病性有差异。

【防治方法】

1. 种植抗(耐)病品种 选择适合当地栽培的抗(耐)病良种,是防病增产的经济有效方法。据报道,适宜郑州地区栽培的有九粒白、623、双抗 2 号、851 等抗病品种;适用甘肃天水地区的品种有甘科架豆王、秋抗 6 号、春丰 4 号、丰收 1 号等。此外,矮生菜豆宽荚白莲,蔓生菜豆抗热 52、福三长丰芸豆、一挂鞭油豆、丰力双季豆等抗(耐)病较强。

2. 轮作倒茬和清洁田园 菜豆忌连作,重病田应与非豆科蔬菜如白菜、葱、蒜等实行 3 年以上轮作,配合施用腐熟厩肥是有效的防病措施,条件允许实行水旱轮作。前茬蔬菜收获后及清除根茬和残枝落叶,并将病残体带出田外集中烧毁或深埋,同时结合深翻晒土减少土壤中的菌源。

3. 栽培防病 选择地势高、排水好、有机质多的地块,播前平整土地,避免低洼积水。推广应用高垄、高畦栽培,防止大水漫灌、串灌,提倡采用滴灌浇水技术。春季 10 厘米地温高于 13℃ 时适期播种,深度适中,有利出苗减少病菌侵染;秋季菜豆适期推迟播种,以避开苗期高温期,可减轻发病。

【药剂防治】

1. 种子包衣处理 在苗期根腐病严重的地区,用种子重量 0.4% 的 50% 福美双可湿性粉剂,或 50% 多菌灵可湿性粉剂拌种,预防菌的早期侵染,兼治丝核菌和腐霉菌侵染引起的根腐病。

2. 土壤消毒 育苗栽培的床土,应取自 3 年以上未种过豆科作物的地块,或用草炭、蛭石等育苗基质,每立方米床土加 50% 多菌灵可湿性粉剂或 70% 敌磺钠可湿性粉剂 80~100 克充分混匀。幼苗定植前,每 667 米^2 面积选用 70% 敌磺钠、70% 甲基硫菌灵、

50%多菌灵可湿性粉剂1~1.5千克,对细干土50份拌匀配制药土,撒入穴中,有良好的防病效果。

3. 喷洒药液或灌根 田间出现零星病株及时拔除并带出田外处理,可选用2.5%咯菌腈悬浮剂1 000倍液、70%甲基硫菌灵可湿性粉剂600倍液、14%络氨铜水剂300倍液、50%多菌灵可湿性粉剂1 000倍液加70%代森锰锌可湿性粉剂1 000倍液,喷洒茎基部,喷药液量以能沿茎蔓下滴为宜,7~10天喷1次,早防、早治2~3次。或用30%噁霉灵水剂1000倍液、68%噁霉·福美双可湿性粉剂1 000倍液、40%五硝·多菌灵可湿性粉剂500~800倍液、50%氯溴异氰尿酸可溶性粉剂1 000~1 500倍液;60%乙铝·琥·锰锌可湿性粉剂500倍液、20%甲基立枯磷乳油1 000倍液、10%双效灵水剂200倍液灌根,每株灌对好的药液0.3~0.5千克,隔10天后再灌1次,连续防治2~3次。

八、菜豆枯萎病

菜豆枯萎病(萎蔫病)俗称死秧,是各地常见的重要土传病害,管理不善常引起菜豆成片死亡。

【症状识别】 多在初花期开始发病,植株下部叶片发黄,逐渐向上发展,叶片叶脉两侧变黄色或黄褐色,叶脉呈褐色,严重时全叶枯黄脱落。病株结荚显著减少,有的豆荚腹背合线呈黄褐色。根系发育不良,侧根少,易被拔起,根茎处有横向裂纹,剖开根、茎、枝部,可见维管束变褐色至暗褐色。结荚盛期病株大量枯死,潮湿时茎基部常产生粉红色霉状物(病菌的分生孢子梗和分生孢子)。

【发病规律】

1. 病原 尖镰孢菌菜豆专化型 *Fusarium oxyspolium* f. sp. *phaseoli* 侵染引起的真菌病害。

2. 传播途径 病菌以菌丝、厚垣孢子和菌核在病残株、土壤

第六章 豆科蔬菜病害

和堆肥中越冬,离开寄主仍可存活3年以上;还可附着在种子上越冬,并成为远距离传播的主要途径。病菌通过根部伤口或根毛顶端细胞侵入,进入寄主导管内发育,随水分的输送,迅速扩展到植株的顶端。病菌繁殖堵塞导管并分泌毒素,引起植株萎蔫。病菌分生孢子随灌水、雨水及农具进行短距离传播,扩大危害。

3. 发病条件 发病的最适温度为24℃~28℃,空气相对湿度80%以上。重茬连作,低洼地、土质黏重,土壤含水量高病害发展迅速;肥料不足,又缺少磷钾肥,土壤偏酸和施用未腐熟堆肥发病重。

【防治方法】

1. 实行轮作 重病田与非豆科蔬菜、有条件地区与粮食作物实行3~4年轮作。

2. 种植抗(耐)病品种 地豆王1、2、4号矮生品种,双丰二号、秋抗19号、青龙出海、一挂鞭油豆、丰收1号、特选2号、春丰2号和4号等蔓生品种抗(耐)病性较强,可因地制宜选用。

3. 种子消毒 用种子重量0.5%的50%多菌灵可湿性粉剂拌种,或用60%多菌灵可湿性粉剂600倍液(加0.01%渗透剂平平加),或36%硫磺·多菌灵悬浮剂50倍液浸种3~4小时,带药播种效果好。或用40%甲醛水剂300倍液浸泡4小时,浸种后用水洗净后播种。

4. 土壤处理 每667米^{2}用60%多菌灵可湿性粉剂2千克,或50%苯菌灵可湿性粉剂1千克,加上细土50~100千克拌匀后,均匀地撒在播种沟内,再盖上一层细土,然后播种。

5. 加强田间管理 高畦栽培,合理灌水,防止田间积水,适时通风降低棚室湿度,控制病势发展。增施腐熟有机肥,追施磷、钾肥,增强植株抗性。及时清除病叶、病荚,携出田外和棚室外销毁或深埋。

6. 药液灌根 发现零星病株后,及时用54.5%噁霉·福美双可湿性粉剂 500 倍液，或 80％多·福·福美锌可湿性粉剂 700～1 000 倍液，或 20％甲基立枯磷乳油 800～1 000 倍液＋70％敌磺钠可溶性粉剂 600～800 倍液，或 50％苯菌灵可湿性粉剂 800～1 000 倍液＋50％福美双可湿性粉剂 500～800 倍液，或 70％甲基硫菌灵可湿性粉剂 600～800 倍液＋60％敌菌灵可湿性粉剂 600～800 倍液，或 10％多抗霉素可湿性粉剂 600～1 000 倍液等，进行灌根防治，每株（墩）灌药液 300 毫升，视病情隔 7～10 天 1 次。

九、菜豆细菌性疫病

菜豆细菌性疫病又称火烧病、叶烧病，全国各地都有发生，以南方菜区发病普遍危害较重，降低产量影响品质。此病还危害豇豆、扁豆、绿豆和小豆。

【症状识别】 主要危害叶片、茎蔓、豆荚和种子。幼苗发病，子叶及其着生的节、真叶叶柄基部生棕褐色溃疡斑，病斑绕茎一周后幼苗折断干枯。成株叶片发病始于叶尖或叶缘，初生暗绿色油渍状小斑点，后逐渐扩大成不规则形褐色病斑，边缘有黄色晕圈，潮湿时有的病斑溢出淡黄色菌脓，干燥条件下呈白色或黄色菌膜，病部变薄近透明。严重时病斑相互连片，高温高湿下部分叶片迅速变黑干枯，似火烧状。嫩叶受害扭曲、畸形，容易脱落。茎蔓染病，呈红褐色溃疡条斑，中部稍凹陷，常环切茎部，致其上部茎叶萎蔫后枯死。豆荚染病，病斑圆形或不规则形，由红褐色变褐色，中央略凹陷，有淡黄色菌脓，严重时豆荚皱缩。种子染病，产生黄色或黑色凹陷小斑点，种脐部溢出黄色菌脓。

【发病规律】

1. 病原 野油菜黄单胞杆菌菜豆疫病致病型 *Xanthomonas campestris* pv. *phaseoli* 侵染引起的细菌病害。

2. 传播途径 病原细菌主要在种子内部或附着在种皮外表

第六章 豆科蔬菜病害

越冬,也可随病残体在土壤内越冬。种子内的病菌可存活2~3年,带菌种子萌发后,病菌侵染子叶、生长点和幼茎,并产生菌脓,由风雨、灌溉水、昆虫和农事作业接触传播,从寄主的水孔、气孔及伤口等处侵入,在植株的输导组织内扩展,以后迅速蔓延到植株各部。田间病害往往由中心病株向周围传播、蔓延。

3. 发病条件 该病为高温高湿型病害,在24℃~32℃和菜豆体表有水滴时即可发生,且病菌侵染率随温度增加而提高,36℃时侵染受抑制。高温、高湿或多雨(雾、露)天气,尤其是遇强风暴雨后病害易流行。夏播菜豆及棚室通风不良,土壤肥力不足,密度过大、大水漫灌、插架不及时、植株长势弱,虫害严重时发病均重。

【防治方法】

1. 选用无病豆种和种子消毒 由无病区引种或由健株采种是防病的关键措施。带菌种子用45℃恒温水浸种10分钟;或用50%福美双可湿性粉剂或95%敌磺钠原粉(敌克松)拌种,药量为干种子重量的0.4%,带药播种。

2. 实行轮作 重病田与非豆科蔬菜3年以上轮作。

3. 加强栽培管理 蔓生品种应及早插架绑蔓,发病初期摘除植株下部病叶,及时中耕除草和灭虫等,其他措施参见菜豆枯萎病。

4. 药剂防治 发病初期及时喷药,可用24%硫酸链霉素可溶性粉剂(细菌清)1 000倍液,或72%硫酸链霉素可溶性粉剂4 000倍液,或90%新植霉素可湿性粉剂4 000倍液,或50%氯溴异氰尿酸水溶性粉剂1 000倍液,或14%络氨铜水剂300倍液,或50%琥胶肥酸铜可湿性粉剂(DT)500倍液,或78%波尔·锰锌可湿性粉剂500~600倍液等,每隔10天喷1次,连喷2~3次。

十、菜豆花叶病毒病

菜豆花叶病毒病是世界范围分布的重要病害,我国各地都有发生,尤以夏秋季露地栽培的蔓生菜豆发病重,有时病株率可达100%,产量损失35%以上。此病还可危害豇豆、扁豆、蚕豆、豌豆等100多种植物。

【症状识别】 主要危害叶片,幼苗至成株期间均可发病,田间症状较为复杂。常见其嫩叶初现明脉,沿脉腿绿,继而呈现花叶。病叶凸凹不平,浓绿色部分往往突起呈疱状,病叶细长变小,常向下弯曲,有的病叶呈皱缩状。在叶脉和茎上可产生褐色枯斑和坏死条斑。严重时植株矮化,下部叶片干枯,生长点坏死,开花少易脱落,有时豆荚上出现黄色斑点或斑驳。根系变黑,重病株往往提前枯死。

【发病规律】

1. 病原 本病由病毒侵染所致,主要毒原为菜豆普通花叶病毒(BCMV),及黄瓜花叶病毒(CMV)菜豆系,还有菜豆黄花叶病毒(BYMV)等,这些病毒可单独或复合侵染造成危害。

2. 传播途径 病毒初侵染主要来源于带毒的种子和越冬寄主。BCMV种子带毒率极高,一些菜豆品种中甚至可高达83%,斑驳荚和开花前感染的病株种子带毒率高,播种带毒种子长出的幼苗,在适宜条件下即可发病。CMV的越冬寄主见豇豆病毒病。病毒在田间的传播蔓延,主要通过有翅蚜的迁飞活动,以非持久性传播病毒进行重复侵染,使病害扩大蔓延。菜豆普通花叶病毒的传播媒介为瓜蚜、桃蚜、萝卜蚜等;桃蚜、瓜蚜传播黄瓜花叶病毒菜豆系病毒;传播菜豆黄花叶病毒的蚜虫有豌豆蚜、豆蚜和桃蚜等。此外,机械接种(汁液接触)也可传播病毒。

3. 发病条件 气温20℃～25℃利于显症,气温18℃左右只

第六章 豆科蔬菜病害

表现轻微花叶,26℃～28℃高温植株多表现为重花叶、卷叶或植株矮化。高温少雨年份有利于蚜虫增殖和有翅蚜迁飞,病害发生普遍、严重。不同品种间抗病性有差异,植株生长不良发病重。

【防治方法】

1. 选用抗(耐)病品种 地豆王1号、2号和4号、五月绿、矮黄金等矮生类型品种;春丰4号、龙油豆1号、芸丰、芸丰-623、丽芸1号、花龙1号、抗热52、超长四季豆、早满架、架豆1号、太空菜豆1号、春丰4号、83-B菜豆等蔓生类型品种抗(耐)病性较强,可因地制宜选用。

2. 其他措施 种子消毒、建立无病种子田、栽培防病措施及药剂防治等,参见豇豆病毒病。

十一、菜豆其他重要病害

(一)菜豆锈病

是各地菜豆生产中常发性的一种重要病害,由真菌疣顶单胞锈菌 *Uromyces appendiculatus* 和菜豆单胞锈菌 *Uromyces phaseoli* 侵染所致,主要危害叶片,叶柄、茎蔓、豆荚亦可染病。在夏秋季高温、多雨年份植株生长中后期容易流行,植株叶片布满孢子堆,影响叶片的光合作用,并造成植株水分的大量蒸腾,引起中下部叶片早枯脱落,菜豆大幅度减产和降低豆荚质量。该病的症状、发生规律和防治方法可参考豇豆锈病,首先要注重选用抗(耐)病的丰产优质新品种。

可用于春秋露地和保护地栽培的矮生菜豆有矮黄金、哈莱豆6号、地豆王1号、佳绿菜豆、江户川矮生菜豆、意大利矮生玉豆等。适宜春秋露地种植的品种如穗丰3号、穗丰4号等(南方地区)、双丰2号、抗热52、龙油豆3号、春丰4号等(北方地区)。春秋露地和保护地栽培兼用的蔓生品种较多，如将军油豆、丰芸1号和12号、连农97-5、早丰、连农无筋2号、连农特长8号和9号、12号玉豆、花龙1号、双丰3号、翠龙、九架豆11号、苏菜豆1号、芸丰、碧丰、83-B菜豆等；其中，早丰、连农97-5、连农无筋2号还可用于冬春保护地栽培，可因地制宜选用。

(二) 菜豆灰霉病

是各地棚室菜豆生产的主要病害，尤以北方地区日光温室越冬栽培受害损失严重。本病由灰葡萄孢 *Botrytis cinerea* 侵染引起的真菌病害，幼苗和成株期均可发生，叶、茎、花和豆荚均可染病。叶片染病，形成较大的轮纹斑，后期易破裂。茎部受害，先在根颈部上方出现云纹斑，周缘深褐色、中部淡棕色或浅黄色，干燥时病斑表皮破裂形成纤维状；有时在茎蔓分枝处形成凹陷水浸斑，后萎蔫。衰败的花最易染病，很快扩展到豆荚，病斑初期淡褐色至褐色然后变软腐。潮湿时在病部产生灰褐色霉层（病菌分生孢子和分生孢子梗），是本病的识别特征。

该病发生规律和防治方法参见番茄、黄瓜灰霉病。病菌主要以菌丝和菌核，在病残体或遗留在土壤中越冬或越夏。环境条件适宜时，病残体中营腐生生活的菌丝，产生分生孢子侵染菜豆；菌核萌发产生菌丝直接侵入寄主或产生菌丝生出分生孢子，分生孢子萌发出芽管，从伤口或残花等部位侵入，进行初侵染。菜豆发病后又在病部产生大量分生孢子，通过气流、雨水、棚膜滴水或灌溉水、田间农事作业等途径传播，进行频繁的再侵染。腐烂的病荚、病叶、病卷须、败落的病花落在菜豆健部也可引起发病。在环境条件不利时，病部可产生大量抗逆性强的菌核，在田间存活期较长，遇到适合条件即萌发侵染寄主。由于灰霉病菌寄主种类多，病菌的菌量大、侵染期长；菜豆生产上缺少抗病品种，只要具备温度20℃左右和空气相对湿度90％以上的条件，病害易流行。

第六章 豆科蔬菜病害

【防治方法】 目前,主要推行农业防治措施、生态防治与化学防治相结合的综合措施。

1. 农业防治 高畦、地膜覆盖栽培;增施腐熟基肥和磷钾肥,提高植株抗病力;用无菌基质培育无病壮苗;根据不同品种特性保持合理密度,防止田间阴湿、郁闭和不利采光;及时摘除病叶、病果,用塑料袋装好带出田外销毁,减少病菌传播;菜豆采收后清洁棚室和田园。

2. 生态防治 加强管理,提高棚室夜间温度,增加白天通风时间,降低棚室内湿度和结露持续时间,优化棚室环境条件不利于病害发生。夏季棚室休闲期间,利用太阳能消毒土壤同番茄灰霉病。

(3) 药剂防治 药剂种类、用量及其克服病菌抗药性等注意事项,参见黄瓜灰霉病。

(三)菜豆菌核病

是冬春茬温室和春、秋季保护地菜豆栽培的重要病害,由真菌核盘孢 *Sclerotinia sclerotiorum* 侵染引起,危害菜豆的茎、荚和叶。近地面茎基部或蔓局部受害,病部初呈水渍状,后变浅灰色,后期皮层溃裂致病部以上枝叶枯死。凋谢的花瓣受害后菌丝向嫩荚扩展,产生淡褐色的水渍状病斑,病部软腐。叶片病斑不规则形、水渍状。潮湿环境下病部密生白色絮状菌丝并可形成黑色菌核,引起湿腐但无恶臭是本病的识别特征。

该病发生规律和防治方法参见番茄菌核病,由于病原菌寄主范围广,菌核越冬、越夏能力强,保护地土壤中病菌逐年积累,增加了病害的防治难度,有时会造成毁灭性的危害。因此,要做好棚室清洁消毒和农业防治措施,尽可能地降低田间菌源量;搞好棚室的温度管理和通风降低湿度,减少病害发生。由于菜豆对菌核净敏感,常规喷雾后对其生长有明显的抑制作用,延迟菜豆收获期20天以上,并对开花、结荚产生不良影响。在药剂防治中要慎用菌核净进行常规喷雾,如需要用这种药剂进行喷雾时,一定要注意药剂的使用浓度,避免在菜豆伸蔓期喷雾,并且要掌握好安全间隔期。

十二、菜用豌豆白粉病

白粉病是各地菜用豌豆的主要病害,露地和保护地栽培都有发生,一般在植株生长的中后期发生危害重,植株早衰枯死,造成减产损失并降低品质。此病还危害豆科、茄科、葫芦科等60多种作物。

【症状识别】 主要危害叶片、茎蔓和荚。叶片受害,初生淡黄色小斑,扩大后呈不规则形白粉状斑,病斑互相连结,叶片正、背面均覆盖一层白粉,病叶由下至上变黄干枯。嫩茎、叶柄和豆荚染病后,也出现白色粉斑,严重时病部布满白粉,造成茎蔓枯黄、嫩荚干缩,后期病部产生黑色小粒点(病菌的闭囊壳)。

【发病规律】

1. 病原 本病由豌豆白粉菌 *Erysiphe pisi* 侵染所致,病菌属专性寄生真菌。

2. 传播途径 在温暖地区和冬季棚室内,病菌以分生孢子在菜用豌豆等寄主作物上传播危害,无明显越冬现象。北方寒冷地区,病菌以闭囊壳随病残体在土表越冬,翌年条件适宜时产生子囊孢子,借气流和浇水溅射传播进行初侵染。病部产生分生孢子进行频繁的再侵染,使该病发展蔓延。此外,病菌可通过豆荚侵染种子,病种子也是重要的初侵染源。

3. 发病条件 病菌分生孢子萌发的温度为10℃~30℃,最适16℃~24℃,空气相对湿度25%~95%均可发病,最适为45%~70%。温暖湿润、雨日多的地区,如广东等地12月至翌年3月,福建等地3~4月为发病高峰期。昼暖夜凉温差大,潮湿、结露多的棚室发病重。但在温暖干燥的条件下该病也易发生、流行。

第六章　豆科蔬菜病害

植株生长中后期抗病性下降,豆田生长郁闭进入发病盛期。密度过大,土壤缺少磷钾肥,植株生长不良,通风差则病害传播蔓延快。

【防治方法】

1. 种植抗(耐)病品种　根据市场需求因地制宜选用,如软荚品种(食用嫩荚)食用大荚豌1号、苏豌1号、须菜1号和3号、保丰5号、宝峰东8、法国大荚荷兰豆、腾飞五号(新西兰引进)、腾飞7号(原美国一号)、台湾长寿仁等矮生类型品种,食用大荚豌8号、成功30、温豌1号、改良珍蜜甜豌豆、红花荷兰豆等蔓生类型品种;食用嫩豆粒品种如宝峰3号、草原276、象豌1号、秦选1号、保丰5号、中豌5号和6号、台湾长寿仁等矮生类型品种;食用嫩梢品种如保丰5号、宝峰东8、无须豆尖1号等,抗(耐)病性较强。

2. 种子消毒　播前精选种子晾晒3～5天,用种子重量0.3%的70%甲基硫菌灵或50%多菌灵可湿性粉剂,与75%百菌清可湿性粉剂(1∶1)混合拌种,并密闭48～72小时后播种,可明显推迟发病期。

3. 棚室消毒灭菌　播种或定植前1～2天,每667米^{2}用硫磺1.5千克,锯末3千克混匀,分放几处点燃密闭熏蒸一夜。但在生长期禁用,避免药害。

4. 栽培防病　避免豌豆重茬栽培,至少须经1～2年的轮作,防止连作障碍和预防白粉病发生。露地生产提倡豌豆与小麦、玉米、水稻及叶类蔬菜轮作。选择地势高干燥、平坦的地块种植豌豆,注意清沟降渍,采用高畦栽培,降低田间湿度。施足基肥增施磷钾肥,后期喷施植宝素6 000倍液等叶面肥,增强植株抗病力。合理密植,蔓生品种及时搭架引蔓,保持棚室和田间通风透光良好,收获后清洁田园。

5. 药剂防治

(1)豌豆伸蔓期于发病前　喷洒50%硫磺悬浮剂300倍液,

或40%多·硫悬浮剂500倍液,或75%百菌清可湿性粉剂700倍液,棚室栽培每667米²面积用45%百菌清烟剂用250克,于傍晚进行熏烟,预防病害发生。

(2)豌豆开花期初见病斑时 及时喷洒12.5%腈菌唑乳油1500~2000倍液,或4%四氟醚唑水乳剂1000倍液,或75%肟菌·戊唑醇水分散粒剂3000倍液,或62.25%锰锌·腈菌唑可湿性粉剂600倍液,或10%苯醚甲环唑水分散粒剂2000倍液,或70%甲基硫菌灵可湿性粉剂1000倍液,或12.5%烯唑醇可湿性粉剂3000~4000倍液,或25%戊唑醇水乳剂2000倍液,或30%氟菌唑可湿性粉剂3000倍液等,根据病情,隔7~10天喷1次,连续喷2~3次。不常使用三唑铜、氟硅唑的地区,还可用25%三唑铜可湿性粉剂(粉锈宁)2000倍液,或40%氟硅唑乳油5000~6000倍液等,与其他药剂合理轮用。

十三、菜用豌豆褐斑病

褐斑病是菜用豌豆的常发性病害,各地都有发生,南方地区春季多雨潮湿的年份发病重,可引起豌豆茎叶枯死,豆荚上病斑累累,对产量和质量影响较大。此病还危害菜豆、蚕豆和扁豆等。

【症状识别】 危害叶、茎、荚和种子。叶片染病产生圆形淡褐色至黑褐色病斑,边缘明显与叶片健康部分界限清晰。病斑表面有不规则的轮纹,上有黑色针尖大小的小点(即病菌的分生孢子器)。茎和攀缘蔓受害,病斑纺锤形或椭圆形,褐色至黑褐色,后期下陷。靠近地面的茎部易染病,病斑可绕茎一圈,造成上部叶片变黄,植株枯死。花器染病会引起落花。豆荚上病斑圆形至不规则形,稍凹陷,中部淡褐色,边缘黑褐色,后期也产生黑色小点;潮湿时病部溢出分泌物,干燥后病斑呈疮痂状。病斑向荚内扩展可使种子带菌,但病斑不明显,湿度大时呈污黄色或灰褐色。

第六章 豆科蔬菜病害

【发病规律】

1. 病原 本病由豌豆壳二孢菌 *Ascochyta pisi* 侵染引起的真菌病害。

2. 传播途径 病菌主要以休眠菌丝体附着在种子内外越冬，菌丝体或分生孢子器也可在田间病残体上存活。种子带菌率可达60%以上，是主要的初侵染源，其次是土表病残体上的菌丝体，可引起幼苗和植株发病。病部产生的分生孢子，借气流或浇水传播，进行频繁的再侵染，使病害扩大蔓延。

3. 发病条件 病害发生的温度为8℃～32℃，最适15℃～20℃，空气相对湿度90%以上。豌豆开花结荚期易感病，遇温暖多雨潮湿天气有利于病害发生和蔓延，长江中下游地区4～6月进入发病盛期。豌豆连作、地势低洼、排水不畅，播种过早、密度过大、通风透光差、偏施氮肥，以及早春低温冷害的影响等因素，均会加重病情。

【防治方法】

1. 选用无病种子及种子消毒 从无病田或健荚上选留种子，播种前先将种子放在冷水中浸泡4～5小时后，置入50℃温水中浸5分钟，再移入冷水中冷却，晾干播种。也可用2.5%咯菌腈悬浮种衣剂，用于种子包衣处理。按药剂10毫升加水150～200毫升，稀释混匀后拌种2～2.5千克，包衣晾干后播种。

2. 轮作和清洁田园 与非豆科蔬菜实行2～3年轮作。收获后及时清洁田园，进行深翻，减少越冬菌源。

3. 加强栽培管理 选择地势高燥、土质疏松的田块，结合深耕施足基肥和钾肥，保障豌豆采收期不脱肥早衰，提高抗病力。采用高畦栽培，合理密植，保持田间通风透光良好。

4. 药剂防治 发病初期喷洒18%戊唑醇微乳油1 000～2 000倍液，或40%氟硅唑乳油5 000～6 000倍液，或10%苯醚甲环唑水分散粒剂600倍液，或30%苯甲·丙环唑微乳油1 000～2 000

倍液。也可用70%甲基硫菌灵可湿性粉剂500倍液,或50%苯菌灵可湿性粉剂1 500倍液,或50%多菌灵可湿性粉剂500倍液,或40%多·硫悬浮剂800倍液,或75%百菌清可湿性粉剂600倍液等,每隔7～10天防治1次,连续防治2～3次。

十四、菜用豌豆其他重要病害

(一)豌豆根腐病

是各地豌豆生产普遍发生的一种重要病害,病原真菌为腐皮镰孢菌豌豆专化型 Fusarium solani f. sp. pisi。病株主根和侧根部分变黑色,根毛和根瘤明显减少,植株多从开花结荚期开始表现症状,叶片由下部向上部变黄枯萎,有的分支呈萎蔫或枯萎状。轻病株开花和结荚少,籽粒瘦瘪。重病株茎基部缢缩或凹陷变褐,病部皮层腐烂,开花后大量枯死。根部腐烂处维管束变褐色,但不向上发展有别于枯萎病。

该病的发生规律和防治方法参见菜豆根腐病,应根据市场需求选用抗(耐)病良种。例如,软荚品种(食用嫩荚)中须菜1号和3号、保丰5号、宝峰东8等矮生品种,温豌1号、草原31等蔓生品种;食用嫩豆粒品种如宝峰3号、草原276等矮生品种,抗(耐)病性较强。

(二)豌豆病毒病

我国许多豌豆产区都有发生,病毒种类较多,主要毒原为蚕豆萎蔫病毒(BBWV),田间经常出现BBWV与黄瓜花叶病毒(CMV)、莴苣花叶病毒(LMV)等复合侵染;有的地区以菜豆黄色花叶病毒(BYMV)危害重。均由桃蚜、豆蚜以非持久性方式传毒,通常表现出顶部叶片黄化、重花叶、叶皱、早枯、株矮、丛枝、不开花等严重症状。

【防治方法】

1. **选用抗病品种**　各地应重视筛选、品比工作,如内软 1 号 (矮软 2 号)等食嫩荚豌豆抗病性较强。

2. **农业防治**　合理规划成片种植,由于近郊菜区毒源作物面积大,传毒媒介蚜虫多而发病重,提倡豌豆生产向远郊发展,集中成片种植,避病增产作用明显。适时播种,培育壮苗,有利于豌豆苗健壮生长。

3. **避蚜措施**　保护地采用防虫网覆盖栽培,可有效防止有翅蚜传播病毒。实行豌豆与大蒜套栽,利用银灰色反光膜栽培,有良好的避蚜防病作用。

4. **黄板诱蚜和早期治蚜**　在豌豆第一片真叶长出后及时喷药灭蚜防病,常用药剂有 50% 抗蚜威可湿性粉剂 2000 倍液,或 10% 吡虫啉可湿性粉剂 2 000 倍液等,以后视情况 5~7 天后再喷 1 次,减少传毒传播有良好的防病效果。

5. **施用抗病毒病制剂**　发病初期开始喷洒 8% 宁南霉素水剂 500 倍液,或 2% 氨基寡糖素水剂 300 倍液,或 20% 盐酸吗啉胍可溶性粉剂 200~300 倍液等,隔 10 天左右 1 次,连续防治 2~3 次。

(三)豌豆种传花叶病毒病

我国华东地区及四川、云南、广东等地曾有发生,由豌豆种传花叶病毒(PSbMV)侵染引起,主要随种子调运和育种材料的交换进行广泛传播,一旦发生危害较重,降低产量和品质。染病种子是初侵染源,种传率大于 30%;在田间该种病毒则由桃蚜、豆蚜、豌豆蚜、马铃薯长管蚜等作非持续性传播,进行再侵染,主要寄主有豌豆、香豌豆、小扁豆、蚕豆、菜豆、野豌豆、茴香和藜等杂草。

豌豆新叶染病出现明脉,叶片症状为褪绿斑驳和花叶,叶皱缩向背面纵向卷曲,早枯。植株矮化或成簇,节间缩短,开花结荚少

或不结荚,花畸形,豆荚扭曲,种皮常发生破裂或有坏死的条纹。有时一些豌豆品种侵染病毒后,不表现症状。

【防治方法】

1. 实行检疫措施 严禁从疫区引种,播种无病毒感染的种子,有效的控制初侵染源是防病的根本措施。植物检疫部门建立和应用血清学等快速检测方法,是保障无病毒种子质量控制的有效手段。

2. 拔除病株 苗期发现病株必须立即拔除,防止扩大传播。

3. 避蚜、诱蚜和早期及时治蚜 见豌豆病毒病。

4. 选用抗病品种 加强筛选和种植避病、抗病或免疫品种的工作,改变目前豌豆生产上较少使用的现状,对保证豌豆安全生产有重要意义。

(四)豌豆灰霉病和菌核病

是保护地反季节豌豆生产和南方秋播冬收、冬播春收豌豆栽培的重要病害。

豌豆灰霉病由灰葡萄孢 *Botrytis cinerea* 侵染引起的真菌病害,主要危害叶片,以及茎、花和荚。病部初呈水渍状,后在病部长出灰色霉层,即病原菌的分生孢子梗和分生孢子,严重时可引起茎叶花荚枯死。

豌豆菌核病由核盘菌 *Sclerotinia sclerotiorum* 侵染引起的真菌病害,豌豆多先从地表茎基部或茎枝分杈处发病。病部初呈水渍状,后逐渐变为灰白色,病茎皮层软腐,致茎蔓萎蔫枯死、上部叶片凋萎。潮湿时豆荚和茎上生出棉絮状菌丝,后在病茎内部或病组织上产生鼠粪状黑色菌核。

两种病害在低温高湿条件下易流行,其发生规律和防治方法,参见菜豆相关内容。

第七章 十字花科蔬菜病害

一、大白菜病毒病

大白菜(结球白菜)病毒病又称花叶病,各地普遍发生,在北方地区大流行年份曾有减产 20%～50%以上的记载。多年来由于抗病品种等综合措施的广泛应用,使其发生危害程度明显减轻;但受气候变暖和我国大部分地区高温、干旱程度加剧的影响,若大白菜栽培管理不当,病毒病也会较重发生并易诱发霜霉病和软腐病。此外,白菜类、芥菜类、甘蓝类各种蔬菜和萝卜也受其害。

【症状识别】 幼苗期发病,首先心叶出现明脉及沿叶脉褪绿,继而呈黄绿相间的花叶,叶面皱缩、质脆,心叶扭曲畸形,有时叶脉出现坏死的褐斑、条斑或橡叶斑,重病株矮化。成株期受害,叶片变硬较脆,外叶呈轻微花叶,叶背主、侧脉可产生褐色条纹和黑褐色坏死斑点,外叶黄化。严重时病株矮化、畸形,甚至不能包心结球。贮藏期病株症状加重,引起部分心叶干腐。采种株显症,种株矮小、扭曲,花梗具有裂口,抽薹短、抽出晚。新叶出现明脉和花叶,老叶形成坏死斑。花提前衰败,结荚瘦小且籽粒不饱满,发芽率低。重病株未等抽薹已死亡。

【发病规律】

1. 病原 芜菁花叶病毒(TuMV)为主侵染所致病毒病害,或与黄瓜花叶病毒(CMV)、烟草花叶病毒(TMV)复合侵染。

2. 传播途径 我国北方,TuMV主要在白菜、甘蓝、萝卜等种株上越冬,还可在保护地十字花科蔬菜及荠菜、独行草、苍耳和宿根性杂草上越冬。翌春主要通过有翅蚜虫和摩擦接种进行传播,

使多种十字花科蔬菜发病,经夏菜再传至秋季大白菜、萝卜等蔬菜上。萝卜蚜、桃蚜、瓜(棉)蚜、甘蓝蚜,是多种病毒的传播介体,通过口器吸食病株汁液得到病毒,迁飞到健株上取食时传毒。若经几次在无毒株上取食,就不再有传毒能力,这种传毒方式属于非持久性的。摩擦接种主要是农事作业时由人或农具将病毒传给健株。南方大部分地区 TuMV 在冬季十字花科蔬菜和野生寄主上越冬,华南南部冬暖地区该病周年发生,但要在白菜上通过越夏阶段。

3. 发病条件 该病的发生流行与大白菜苗期的气象条件关系密起。幼苗 6 片真叶前抗病性弱,其中 1～2 叶期最易感病,高温(26℃～27℃)干旱天气和土壤温度高,使其抗病性降低;同时有利于病毒传播媒介蚜虫的繁殖、有翅蚜迁飞,以及病毒的增殖和显症,适宜病毒病的发生流行。此外,大白菜丰产栽培技术水平,尤其是品种的抗病性对该病发生程度有重要影响。杂交一代的抗病性要高于常规品种,青邦品种的抗性要好于白邦品种。一般田块杂草丛生或与十字花科蔬菜邻作、连作,播种早,土壤肥力低和苗期肥水管理水平差,病毒病均重。

【**防治方法**】 采用以抗病品种和农业措施为主的综合防治措施。

1. 选用丰产抗病良种 近 30 年来,各地培育或引进了很多抗芜菁花叶病毒、兼抗其他病害的丰产、优质良种,参见第二部分提高蔬菜抗性。此外,如中白、秦白、胶研系列大白菜品种等,可根据市场需求、产地环境条件和栽培季节、方式不同,因地制宜的选用。北京地区主栽的品种有:春季早熟大白菜京春系列品种;秋播早熟小杂系列品种、京秋新 56、中白 50、60 等;秋播中熟品种京秋 65、75、金秋 70,中白 78 等;秋播晚熟品种北京新 4 号、新 5 号,中白 85、青庆等;出口大白菜的品种有秋绿 60、津秋 78 等。

2. 合理轮作和邻作 调整蔬菜作物布局,避免十字花科蔬菜

重茬连作,大白菜宜与非十字花科蔬菜(最好是大田作物)实行2～3年轮作;提倡与玉米、韭菜间、套作,可有效地减少蚜虫传播病毒。大白菜采种株应远离早播早熟早上市的贩菜地,并避免与十字花科蔬菜及黄瓜、番茄等邻作。有条件的地方,少种或停种夏季十字花科蔬菜,减少秋菜的毒源和蚜虫密度。

3. 适期播种 应根据多年播期与病情轻重和产量的关系,结合当年气象条件,确定本地播种适期。如北京地区秋晚熟大白菜的播种适期,在立秋前5天至立秋后3天,西安地区则为立秋后3～5天,辽宁北部为7月25日至8月3日、上海郊区为8月下旬至9月上旬播种为宜。重病区和高温干旱年份(季节)提倡适期晚播。

4. 防虫网覆盖育苗 育苗移栽的畦块,播种后应立即用40筛目的白色或银灰色塑料纱网或尼龙纱网覆盖在小拱棚上,忌避和防止有翅蚜虫迁入与传播病毒;高温季节宜在拱棚上方覆盖遮阴网。

5. 加强苗期肥水管理 大白菜6叶期前易感染病毒病,高温干旱有利该病发生,因此苗期不能缺水。北方地区一般实行"三水齐苗,五水定棵",是培育壮苗防病的有效措施。在多雨地区或年份,大雨后可减少浇水次数,但降雨不足15毫米,仍要注意照常浇水。进行中耕和蹲苗,增强苗期抗逆性,天气干旱时不要过分蹲苗。施足基肥,并以农家肥为主,按期追肥,追肥应以农家肥与化肥混用。如苗期施少量的提苗肥,莲座期施适量的发棵肥,结球期结合灌水进行追肥,并增施钾肥,有利于防病增产。

6. 治蚜与避蚜 尽量提早腾地,整地前及苗期喷洒50%抗蚜威可湿性粉剂2 000～3 000倍液,10%吡虫啉可湿性粉剂2 000倍液,或20%氰戊菊酯乳油2 000倍液等杀虫剂,消灭传毒昆虫,减少传毒介体,其他药剂见菜蚜和瓜蚜的防治方法。

7. 施用抗病毒制剂 发病前或发病初期,可喷2%氨基寡糖素水剂300倍液,或1%香菇多糖水剂400倍液,或20%吗胍·乙酸铜可湿性粉剂200~300倍液,或20%盐酸吗啉胍可湿性粉剂500倍液,或1.5%烷醇·硫酸铜乳剂1 000倍液,或50%氯溴异氰尿酸可溶性粉剂(消菌灵)800~1 000倍液等,每7~10天一次,连喷2~3次,有利于提高植株抗病毒能力、减轻病情。

二、大白菜霜霉病

大白菜霜霉病是全国性的主要病害之一,在沿江、沿海和气候潮湿、冷凉地区易流行,减产损失20%以上,而且病株不耐贮存。小白菜、萝卜、油菜、菜薹、芥菜、榨菜、甘蓝、青花菜等十字花科蔬菜也受害较重。

【症状识别】 幼苗期发病,子叶上出现褐色斑点或凹陷斑,真叶产生黄色多角形病斑,潮湿时叶背和子茎上出现白色霉层,严重时子叶、嫩茎干枯、死苗。成株期受害,叶片正面和背面出现多角形、黄色病斑,逐渐发展呈淡褐色坏死斑。潮湿时叶背病斑生白色霉层,病斑边缘不整齐。病叶由外向内发展,病斑多时可连片,病叶部分或全部枯死,严重时植株不能包心。采种株染病,花梗往往肿大弯曲,俗称"龙头病",潮湿时其上长出白霉。花蕾染病,产生黑色条纹,潮湿时也可长出白霉。花器被害则肥大畸形,花瓣变为绿色,久不凋落。种荚被害产生黑色斑,枯黄,生白霉,瘦小,结实不良或不结实。

【发病规律】

1. 病原 寄生无色霜霉菌 *Hyaloperonospora parasitica* 侵染所致的真菌病害,病菌只能生活在活体寄主上(专性寄生菌)。

2. 传播途径 我国北方及高海拔地区,病菌以卵孢子随病株残体在土壤里,或以菌丝体在留种株及冬贮菜的根头上越冬。条件适宜时越冬卵孢子萌发芽管,侵染春菜幼苗子茎,菌丝体向上扩

第七章 十字花科蔬菜病害

展至1~2片真叶,在叶片和幼茎上产生孢子囊进行再侵染。此外,被侵染的种子中潜伏的菌丝,也可直接侵染幼苗。在我国北方冬季保护地内和南方温暖地区四季种植十字花科蔬菜,无明显的越冬阶段。田间病害蔓延是孢子囊频繁再侵染的结果,孢子囊靠风雨传播,从叶片气孔和表皮细胞侵入,引起发病或病害流行,从春菜~夏菜再到秋菜。

3. 发病条件 病菌产生孢子囊的适宜温度为8℃~12℃,孢子囊萌发的温度为3℃~25℃(最适7℃~13℃),并要求95%以上的空气相对湿度,在叶片结露和有水滴时最为有利,孢子囊3~4小时即可萌发。病菌侵染最适温度为16℃左右,20℃~24℃最有利于菌丝在寄主体内扩展。条件适宜时,病菌经3~4天即可产生新的孢子囊扩大传播。北方平原菜区早春、晚秋两季气温16℃~24℃、空气湿度高,或气温忽高忽低,日夜温差较大,光照不足,多雨露天气,有利霜霉病发生发展,尤其在大白菜莲座期至包心期,若多雨、多雾,日夜温差大,病害极易流行。在现有生产条件下,种植感病品种和秋白菜播期过早,是影响该病流行的主要因素。此外,植株密度大,间苗晚,底肥不足、追肥不及时或氮肥过量,以及病毒病、软腐病发生较重,均会加重霜霉病的病情。

【防治方法】 种植抗病品种、优化栽培管理技术和药剂防治结合的综合防治措施。

1. 选用抗病品种 抗病毒病的品种一般都兼抗霜霉病,可因地制宜选用(参见大白菜病毒病部分)。2008年通过国家鉴定、适宜较广范区域秋季种植的早熟品种有德高16、新早58、中白62;中早熟品种有津秋606,中熟品种有天正秋白5号;中晚熟品种有天正秋白4号、胶研5869、津秋78,晚熟品种有新绿2号、金秋90、青华76。

2. 种子消毒 未用种衣剂包衣的种子,播前应进行药剂拌种。可选用种子重量0.3%的2.5%咯菌腈悬浮种衣剂拌种包衣,

或用种子重量0.3%~0.4%的70%甲霜·福美双可湿性粉剂,或25%甲霜灵可湿性粉剂,或68%精甲霜·锰锌水分散粒剂干拌种子。种子处理以大面积统一进行效果较好,经消毒的种子应在24小时内用完。

3. 选好地块,适期播种 大白菜应避免与十字花科蔬菜连作和邻作,应间隔2~3年与非十字花科蔬菜轮作。播种期不宜过早,在霜霉病常发生区及干旱年份,应适当延后1~2天播种。

4. 加强田间管理 南方应采用深沟窄厢高畦、短畦栽培方式,并注意及时清理沟系保持排灌畅通,利于降低地下水位、防止雨后积水。北方提倡带状等行距种植,每隔6~8行留一施药行,便于大白菜封垄后通风透光和喷药防治病害。结合病毒病的防治,做到苗期不要缺水,蹲苗不宜过长;施足底肥(粪肥),增施磷、钾肥,生长期可进行叶面追肥。此外,播前平整土地,防止田园淤涝,雨后及时排水,落干后进行浅中耕,避免大水漫灌。间苗、定苗时清除病苗,收获后清洁田园,及时进行深翻土地。

5. 药剂防治 在发病初期及时防治,控制病害蔓延。常用药剂有:3%多抗霉素可湿性粉剂150~200倍液,50%烯酰吗啉可湿性粉剂500倍液,或58%甲霜·锰锌可湿性粉剂500倍液,或72.2%霜霉威水剂、722克/升霜霉威盐酸盐水剂600~800倍液,或64%噁霜·锰锌可湿性粉剂500倍液,或70%乙铝·锰锌可湿性粉剂500倍液,或72%霜脲·锰锌可湿性粉剂(克露)600~800倍液,60%唑醚·代森联水分散粒剂1 000倍液,或687.5克/升氟菌·霜霉威悬浮剂600倍液,或50%胂·锌·福美双可湿性粉剂800~1 000倍液,或40%三乙膦酸铝可湿性粉剂200倍液等。

上述不同杀菌剂提倡轮换使用,并与下列保护剂交替使用,减缓病菌产生抗(耐)药性,如50%福美双可湿性粉剂700倍液,或80%代森锰锌可湿性粉剂600倍液,或75%百菌清可湿性粉剂600倍液,或70%丙森锌可湿性粉剂300倍液,或45%代森胺水

第七章 十字花科蔬菜病害

剂700~800倍液等,每7~8天喷一次,视病情连续喷雾2~3次。

为了便于大白菜中、后期田间施药和提高防治效果,减少人工作业造成的植株伤口,许多地区隔6~8行白菜预留1施药行,取得了良好的成效。

三、大白菜软腐病

大白菜软腐病又称腐烂病,是全国性的大白菜主要病害,在其生长、运输、贮存期间均可发病。除大白菜、白菜、萝卜、甘蓝、青花菜受害较重外,还危害茄果类、葱类、黄瓜、莴苣、芹菜和胡萝卜等蔬菜。

【症状识别】 田间症状一般出现在大白菜生长中后期,常见的有3种类型。

1. 茎基腐 外叶叶柄基部先发病,初为水渍状椭圆形病斑,后逐渐扩大变软呈暗灰色。最初外部叶片在烈日下表现萎蔫下垂,但早晚尚能恢复,随着病情发展,严重时大半叶邦腐烂、有臭味,外叶平贴地面仅露出叶球,俗称脱邦。

2. 短缩茎腐烂 叶球基部开始发病,初呈水渍状浸润区,后扩展为淡灰褐色,组织呈黏滑软腐状,植株叶柄基部和根茎处心髓组织完全腐烂,充满黄色黏稠菌脓,散发恶臭味,用脚一碰植株即折倒,俗称"烂葫芦"。

3. 叶腐型 多发生在食叶害虫危害后,叶球顶部叶片开始发病,初呈水渍状、淡褐色腐烂,后向叶球内侵染呈黏滑软腐状。3种症状的病部腐烂后充满黄色黏稠菌脓,散发恶臭味,在日晒失水条件下,病叶变干呈薄纸状,紧贴叶球。软腐病发生后病部维管束不变黑,以此与黑腐病相区别。

此外,病菌还可从幼苗的根部直接侵入,引起部分病苗死亡,而大数病苗仅叶色发蓝,植株生长缓慢,至包心期因大水漫灌根部

出现厌氧条件时,才出现软腐症状。

【发病规律】

1. 病原 胡萝卜软腐果胶杆菌胡萝卜亚种 *Pectobacterium carotovorum* subsp. *carotovorum* 侵染所致的细菌病害。

2. 传播途径 北方菜区,病菌主要在田间病株、窖藏种株、土壤和农家肥里病残体及害虫体内越冬。由灌溉水、雨水、带菌肥料及媒介昆虫等传播,从植株地面部分的伤口、自然裂口和幼嫩的根部侵入,经维管束向上输导,整个生长期在大白菜体内潜伏,称为潜伏侵染,并成为大白菜莲座、包心期和贮藏期发病的菌源。其中自然裂口(特别是纵向裂口)对侵染最为有利,虫伤、病伤和机械损伤都是病菌侵入的通道。黄条跳甲、猿叶虫、地蛆、金针虫、菜青虫、小菜蛾、甘蓝夜蛾等取食不仅留下伤口,这些害虫还是病原细菌的载体和传播介体。由于该菌的寄主范围广,使软腐病从春季、夏季再到秋季相继发生。我国南方温暖地区,周年种植十字花科蔬菜,病菌在田间辗转传播侵染致病,软腐病可周年发生。

3. 发病条件 大白菜不同发育期愈合伤口的能力不同,对病害的抗性也有很大差异,苗期伤口愈合能力强于莲座期,包心期,因此大白菜包心期易发病。该病在2℃~38℃均可发生,大白菜生长期久旱突降大雨,及包心期遇低温、多雨,其伤口不易愈合而发病重。地下害虫和食叶害虫发生轻重程度,会影响病情。该病适宜蔬菜寄主连作,地势低洼,土壤黏重,平畦栽培,播期偏早,蹲苗过度,大水漫灌均能加重发病。不同品种间抗(耐)病性有差异。

【防治方法】采取农业措施、种子处理和防治害虫为主,药剂治病为辅的综合防治措施。

1. 农业防治

(1)合理布局 田块选择地势平坦的肥沃土壤,避免十字花科蔬菜连作,前茬以水稻、麦类、豆类为好。

(2)深耕晒垡 软腐病菌抗逆性较弱,前茬蔬菜收获后及早腾

第七章 十字花科蔬菜病害

地,深耕晒垄,反复耕翻,令其晒透,有良好的灭菌效果和防病作用。

(3)加强田间管理 精细平整土地,垄作或高畦栽培,防止田间积水。施足基肥,合理追肥,保障植株生长健壮,减少自然伤口。

(4)清园 及时清除田间病株和病残体,同时病穴撒石灰消毒,防止病害蔓延。

2. 适期播种耐病品种 目前尚无专用的抗软腐病品种,可选用疏心直筒(如青麻叶)及抗病毒病、霜霉病的较抗(耐)病品种,减轻病情。根据每年气象条件,因地制宜选择最适播期,防止盲目早播。

3. 种子处理 用生防制剂3%中生菌素可湿性粉剂600~800倍液倍液浸种;或用枯草芽孢杆菌B_1可溶性粉剂(菜丰宁B_1)100克拌150克种子,拌前先将种子用少量清水洇湿,拌匀后立即播种。也可用杀菌剂50%福美双可湿性粉剂,或50%琥胶肥酸铜可湿性粉剂,或60%琥铜·乙膦铝可湿性粉剂拌种,用药量为种子重量的0.4%。

4. 及时防治害虫 播前药剂土壤处理防治地下害虫,从大白菜苗期至包心期用不同类型的杀虫剂,及时防治地下害虫、黄条跳甲、小菜蛾、菜青虫等传病媒介害虫,防治方法参见蔬菜害虫部分。

5. 药剂防治

(1)药液灌根 田间出现零星病株初期,用3%中生菌素可湿性粉剂、菜丰宁B_1可溶性粉剂各600~800倍液,沿着病株菜根侧挖穴灌入,药液量0.3升/株,忌灌根后浇水或下雨。

(2)喷洒药液 发病初期以零星病株及其周围健株为重点,以贴近地面的叶柄及茎基部为靶标,可喷洒72%硫酸链霉素可溶性粉剂3 000~4 000倍液,或24%硫酸链霉素可溶性粉剂600~800倍液,或20%叶枯唑可湿性粉剂500~600倍液,或20%噻菌酮悬浮剂600~800倍液,或50%福美双可湿性粉剂800倍液,或50%

氯溴异氰尿酸可溶性粉剂800~1 000倍液,或50%琥胶肥酸铜可湿性粉剂700倍液,或48%琥铜·乙膦铝可湿性粉剂500倍液,77%氢氧化铜可湿性粉剂700倍液等,每7天1次连续喷雾2~3次,有一定防治效果。

使用上述药剂不要提高浓度,防止产生药害。有些大白菜品种对铜制剂敏感,应先做试验确定没有药害后,才可大面积应用。此外,在喷洒抗生素药液时,有时会引起大白菜的叶缘变白,一般数日后会恢复正常,不必采取其他措施。

四、大白菜细菌性角斑病

大白菜角斑病在各地都有发生,近些年来在内蒙古、山东、北京、天津、吉林、河北等地发生较普遍,主要危害早熟白菜、莲座期至包心期的结球白菜,常与黑腐病、软腐病混合发生引起较重的损失。还能危害甘蓝、花椰菜、小白菜、萝卜、芥菜、番茄、辣椒、黄瓜、莴苣、菜豆和芹菜等。

【症状识别】 主要危害叶片,叶背初生水渍状、稍凹陷斑点,后扩大受叶脉限制呈大小不等的多角形斑,叶面病斑呈灰褐色油渍状。潮湿时叶背病斑溢出污白色菌脓,干燥时病部变干、质脆,呈开裂或穿孔状。从莲座期至包心期急性发病时,植株外部3~4层叶片出现水渍薄膜状腐烂,病叶呈铁锈色或褐色干枯,后病部破裂、脱落成穿孔,残留叶脉。严重时病菌可侵染叶邦并引起腐烂。

【发病规律】

1. 病原 丁香假单胞菌丁香致病型 *Pseudomonas syringae* pv. *syringae* 侵染所致的细菌病害。

2. 传播途径 病原细菌主要在种子上或随病残体在土壤中越冬,种子上病菌一般可存活1年。带菌种子播种发芽后,病菌可侵染叶片,土壤中的病菌可随雨水或灌溉水溅射到叶片上,由气

第七章 十字花科蔬菜病害

孔、伤口侵入引起发病。病部产生的细菌借灌溉水、雨水传播进行再侵染,条件适宜时病情发展快。

3. 发病条件 病菌在 4℃~40℃ 范围内均能生长发育,最适温度为 25℃~28℃,空气相对湿度 85% 以上。病菌在 48℃~49℃ 条件下经 10 分钟死亡。一般田间发病温限为 15℃~35℃,发病适温约 25℃,10℃ 以下基本不发病。大白菜莲座期至包心期降雨天气多、叶面结露重,病害易发生和迅速蔓延;连作田发病重。

【防治方法】 参见大白菜软腐病部分,结合本病特点在重病区应采取下列措施。

1. **选用无病种子和种子消毒** 种子公司应建立无病留种田,保障种子安全生产。种子消毒可用 50℃ 温水浸种 25 分钟,或用 45% 代森铵水剂 300 倍液浸泡 15 分,捞出种子晾干后播种。

2. **栽培防病** 避免十字花科蔬菜连作,大白菜可与茄果类、瓜类蔬菜进行 2 年以上轮作。采用高垄或高畦栽培,加强田间管理,雨后及时排除田间积水。

3. **选用抗(耐)病品种** 一般青邦品种比白邦品种抗(耐)病强。在青岛地区青研系列、琴萌系列秋大白菜品种表现抗病。

4. **药剂防治** 同大白菜软腐病。

五、大白菜黑斑病

大白菜黑斑病又称黑霉病或轮纹病,从 20 世纪 70 年代末期以来发生危害呈上升趋势,西南、华北、西北和东北一些地区,曾有发生流行减产损失 20% 以上的记载,对产品质量影响较大,贮藏期间可引起叶邦腐烂,已成为我国大白菜主要病害之一。还危害白菜、菜薹、芥菜、甘蓝、小萝卜和萝卜等。

【症状识别】 主要危害叶片及花梗和种荚。叶片病斑圆形,一般直径 2~6 毫米,灰褐色或褐色,有明显的同心轮纹和黑褐色

霉状物(病菌的分生孢子梗和分生孢子)。病斑变薄有时破裂或脱落,周围有或无黄色晕圈。严重时病斑密布,可相互愈合成较大的不定型坏死斑,使大部至整个叶片枯死。植株病叶由外向内干枯。叶柄病斑为长梭形,暗褐色凹陷,大小不一,最大直径可达20余毫米,表面生黑色霉层,可引起叶柄腐烂。采种株花梗和种荚病斑椭圆形、暗褐色,有或无轮纹,潮湿时生长黑色霉状物。种荚瘦小,种子干秕发芽率低。

【发病规律】

1. 病原 由芸薹链格孢 *Alternaria brassicae*、甘蓝链格孢 *A. brassicicola* 和萝卜链格孢 *A. raphani* 侵染所致的真菌病害。前2种是主要致病菌,由于对温度的适应性不同,在地区和季节间致病菌的种类(优势种群)也不相同;萝卜链格孢菌仅在个别地区发现。

2. 传播途径 北方地区病菌主要以菌丝体和分生孢子,随病残体在土壤中越冬,也可在种子表面、冬贮大白菜和种株上越冬。带菌种子播种后,病菌从幼苗气孔侵入,引起发病。土壤病残体上和冬贮大白菜和种株上的病菌,在翌年春季条件适宜时病菌发育出分生孢子,经风雨传播并产生芽管从寄主的气孔或表皮直接侵入,经3~5天潜育期引起小白菜、小萝卜、春播大白菜和十字花科蔬菜种株等发病。病斑可产生大量分生孢子,病菌在适合的条件下可以不经侵染及潜育,在病斑上直接增殖,使其孢子数量迅速增加,进行重复再侵染,先后危害夏菜及秋季大白菜。在我国南方菜区,该病可在不同季节、茬口的十字花科多种蔬菜上传播危害,周年发生。

3. 发病条件 病菌对温度适应范围很广,菌丝在0℃~35℃均可生长,0℃~30℃分生孢子萌发。但病菌不耐高温,50℃经10分钟死亡。空气相对湿度在50%以上分生孢子即可萌发,湿度愈大和叶片上有水膜时侵染率愈高;春、秋季发病的温度范围为

11℃~24℃，温度17℃~20℃、空气相对湿度80％以上病害发展快。北方秋季大白菜黑斑病的流行，与9月下旬至10月上旬降雨天数有关，在此期间有4天以上降雨，特别是连阴雨天气，病害有可能流行。播种早、密度大，地势低洼，管理粗放，缺肥缺水植株长势弱、抗病能力差时发病重。大白菜品种间抗（耐）病性有差异。

【防治方法】 采取以农业防控措施为基础，结合化学防治的综合防治技术。

1. 选用抗（耐）病品种 陕春白1号、潍白45、早熟5号、鲁白15、鲁白17、青研4号、秋珍白6号、天正超白2号、金冠1号、秦白2号、3号和4号、秦杂1号、秦杂2号、四季春、中白2号、50号、76号和114、北京新1号、3号和新5号、北京88、青庆、津青9号、保定青麻叶、豫白菜3号、郑杂2号、郑白4号、5号和10号、太原2号、晋菜3号、沈农超级白菜、牡丹江1号、牡丹江3号等的抗（耐）病性较强，若能较大面积种植，对病害发展能起到一定的抑制作用，但需加强与其他措施的配合。

2. 农业防治措施 大白菜尽量避免与早熟白菜邻作。适期播种，避免早播；增施有机肥，并混施磷钾肥料，提倡测土进行配方施肥，提高植株抗病性。病害流行期适度控水，降低田间湿度，收获后清除病残体，在田外加以无害化处理。

3. 种子消毒 播前种子用50℃温水浸种20~25分钟，期间要保持好水温并不断搅拌，再移入凉水中冷却，晾干后播种。还可用种子重量0.3％的2.5％咯菌腈悬浮种衣剂拌种包衣，或种子重量0.2％~0.3％的25％甲霜灵可湿性粉剂，或种子重量0.3％的50％异菌脲可湿性粉剂、50％腐霉利可湿性粉剂，或种子重量0.4％的50％福美双可湿性粉剂拌种。

4. 药剂防治 根据病情和天气变化，应在大白菜封垄后病害流行前适时用药，是防治该病的主要措施。可选用2％春雷霉素水剂250~300倍液，或2％嘧啶核苷类抗生素水剂（抗霉菌素

120)200倍液,或58%甲霜灵•锰锌可湿性粉剂500倍液,或50%异菌脲可湿性粉剂1 000倍液,或50%腐霉利可湿性粉剂600～700倍液,或50%福美双可湿性粉剂500倍液,或70%代森锰锌可湿性粉剂400倍液,或64%噁霜•锰锌可湿性粉剂500倍液,或430克/升戊唑醇悬浮剂2 000～2 500倍液,或10%苯醚甲环唑水分散粒剂(世高)1 500倍液等。每7～8天一次,连喷3～4次。为了预防因黑斑病引起的烂窖,北京地区在大白菜收获前撕去外叶后,用50%异菌脲可湿性粉剂1 000倍液进行喷雾处理后入窖,收到了很好的效果。

六、大白菜白斑病

大白菜白斑病在各地均有发生,东北三省、内蒙古、山西省和南方高山菜区发生较重,该病流行年份防治失时可造成20%～30%的减产损失,降低大白菜的产品质量和影响贮藏。还侵染白菜、芜菁、红菜薹、萝卜、雪里蕻和甘蓝等十字花科蔬菜。

【症状识别】 主要危害叶片,初期叶面上散生许多灰褐色小圆斑,后期可扩展到大小为6～18毫米的不定型病斑,中央白色或灰白色,病斑外围有淡黄色晕圈。病斑对应的背面周围,有时有污绿色晕圈。潮湿时病斑表面长出暗灰色霉状物(病菌的分生孢子梗和分生孢子),最后病斑变成白色膜状,有时破裂或脱落成洞孔。因病斑扩展连片,形成不规则形大病斑,病叶干枯死亡。严重时病叶由植株外层向里层层干枯,似火烤状,田间一片枯白。

【发病规律】

1. 病原 芸薹假小尾孢 *Pseudocercosporella capsella* 侵染所致的真菌病害。

2. 传播途径 病菌主要以菌丝体、菌丝块(孢子梗基部的菌丝团),随病叶遗留在地面以及采种株上,或附着在种子表面的分

第七章 十字花科蔬菜病害

生孢子越冬。翌春越冬病菌借雨水或灌溉水溅射到植株上,分生孢子萌发产生芽管,自叶片气孔侵入,引起春菜发病;病斑形成后产生分生孢子,借助风雨传播进行多次再侵染,病情加重。该病从春季露地和保护地栽培的白菜、大白菜和小萝卜,经夏白菜传播到秋季大白菜、萝卜等寄主。

3. 发病条件 该病在 5℃～28℃ 均可发生,最适宜温度为 11℃～23℃ 和空气相对湿度 60% 以上。北方地区白斑病盛发期为 8～10 月,长江中下游湿润地区春、秋季均可发生,发病盛期分别为 4～6 月和 9～11 月。当温湿度适合的条件下,露地大白菜遇降雨量 16 毫米以上时,一般雨后约 15 天开始染病,初期病情较轻;进入包心期旬平均气温 11～20℃,昼夜温差大于 12℃,遇降雨或相对湿度 60% 以上,病害开始流行。此外,地瘠早播,多年连作,白口菜集中,大白菜长势弱等发病均重。品种间早熟品种比晚熟品种抗病性弱,白口菜比青口菜易感病。

【防治方法】

1. 选用抗病品种 据报道,大白菜早熟 5 号、改良青杂 1 号、青杂 3 号、青杂 5 号、春夏王、夏秋王、四季白菜王、绿星 70、辽白 1 号、玉青、白包头、锦州青包头、小青口、大青口、津东中青 1 号、疏心青白口、北京 1 号、北京新 4 号、京绿 7 号、津绿 55、津绿 75、冀白菜 6 号、石绿 85、吉研 1 号、吉研 3 号、吉研 5 号、通园 7 号、沈农超级白菜、沈农超级 2 号等较为抗病,尤其在重病区可因地制宜试种、选用。

2. 种子消毒 温汤浸种、咯菌腈悬浮种子剂拌种,参见大白菜黑斑病。也可将种子稍加湿润后,用干种重量 0.4% 的 50% 福美双可湿性粉剂或 50% 多菌灵可湿性粉剂,或干种重量 0.3% 的 50% 异菌脲可湿性粉剂拌匀种子,并尽快播种和带药入土。

3. 加强栽培管理 大白菜与瓜类、豆类、葱蒜类等非十字花科蔬菜进行 2～3 年轮作。适期播种,播种前施足底肥,增施磷钾

肥,适时追肥,增强作物抗病性。平整土地,避免菜田积水。收获后清洁菜园,翻耕土壤。保护地春茬大白菜要注意通风降湿,夏季高温闷棚进行土壤消毒。

4. 药剂防治 发病初期适时喷药,进行全面防治。可选用10%苯醚甲环唑水分散粒剂1 500倍液,或50%醚菌酯水分散粒剂3 000倍液,或50%异菌脲可湿性粉剂800倍液,或25%多菌灵可湿性粉剂400～500倍液;或52.5%噁酮·霜脲氰水分散粒剂1 000倍液,或50%福美·多菌灵可湿性粉剂600～800倍液,或70%甲基硫菌灵可湿性粉剂800倍液,80%代森锰锌可湿性粉剂600～800倍;50%乙霉·多菌灵可湿性粉剂800倍液,或65%甲硫·乙霉威可湿性粉剂1 000倍液,或50%多菌灵可湿性粉剂与5%井冈霉素水剂,按体积1∶1.5混合后稀释600～800倍液喷洒。根据病情10～15天喷1次,连喷2～3次。

七、大白菜炭疽病

炭疽病是大白菜一种重要病害,在长江流域及其以南各省(区)发生危害较重,降低大白菜的品质与商品性,在北方大白菜产区也呈发展趋势。还危害白菜、萝卜、甘蓝、花椰菜、芜菁、芥菜、油菜和瓢儿菜等十字花科蔬菜。

【症状识别】 主要危害叶片、花梗和种荚。叶片染病,初生苍白色或褪绿水渍状小斑点,扩大后成圆形或近圆形的病斑,灰褐色,中央略凹陷、边缘稍隆起,直径多为1～2毫米。后期病斑中央呈灰白色,薄纸状、半透明,容易破裂和穿孔。严重时整片叶面布满病斑,相互融合成不规则形大病斑,使叶片萎黄枯死。叶脉上病斑多发生于叶片背面,形成长短不一的条状病斑,稍凹陷,灰褐色或淡褐色。叶柄(菜帮)染病,形成长圆形或纺锤形至梭形病斑,灰褐色,凹陷深,有时开裂,长1～5毫米,大的可达1～2厘米。病斑

第七章 十字花科蔬菜病害

密集使叶柄失水,引起叶片干枯,甚至植株死亡。

采种株花梗、花荚染病,产生长椭圆形或梭形病斑,褐色或灰褐色,凹陷。潮湿时病部常长有淡红色的黏状物(病菌的分生孢子梗和分生孢子)。

【发病规律】

1. 病原 芸薹炭疽菌 *Colletotrichum higginsianum* 侵染所致的真菌病害。

2. 传播途径 病菌主要以菌丝体随病残体遗留在土壤中,或分生孢子附着在种子表面越冬或越夏。田间环境适宜时,菌丝体产生分生孢子通过雨水或灌溉水传播到植株上,发芽产生芽管从伤口或直接穿透表皮侵入,潜育期仅3~5天。发病后病斑上又产生大量分生孢子,由风雨和灌溉水传播进行再侵染。大白菜一个生长季可侵染多次,使病害扩大蔓延。带菌种子是该病远距离传播的主要途径。

3. 发病条件 炭疽病在13℃~38℃均可发生,最适宜温度为26℃~30℃和空气相对湿度70%~90%。高温、高湿是该病流行的主要条件,如大白菜生育期连续5天平均温度20℃以上,降雨多或相对湿度保持80%以上,有利于病害流行。十字花科蔬菜连作或大面积邻作,播种偏早,种植密度过大,间苗、定苗不及时,通风透光性差,基肥不足又未能及时追肥,土壤忽涝忽旱等,都不利于作物的正常生长,会加重病情。大白菜白帮菜染病较重。

【防治方法】

1. 合理规划,轮作倒茬 大白菜避免与其他十字花科蔬菜邻作和连作,实行与瓜类、茄果类、豆类等非十字花科蔬菜3年以上的轮作;收获后清洁田园。采用育苗移栽方式,其育苗畦要远离小白菜田。

2. 种子消毒 选用种衣剂包衣的种子,否则播前应进行种子处理。可用50℃温水浸种20分钟,取出经冷水洗晾后播种。或用50%多菌灵或50%福美双可湿性粉剂拌种,药量为干种子重量的0.4%。也可50%多菌灵可湿性粉剂1000倍液浸种1小时,换清水冲洗1小时、晾干播种。

3. 精细整地,适期播种 尽可能早腾地,深耕晒垡,精细整地,采用高垄、短畦栽培,开好排水沟系,便利灌溉和排水,防止局部积水和土壤过湿。根据气象预报确定播种适期,如遇高温时应适期晚播。

4. 选用抗(耐)病品种 优选早熟5号、特优早熟5号抗病性强,青杂3号、5号等有一定的抗(耐)病性。

5. 药剂防治 发病初期及时喷药防治,可选用25%咪酰胺乳油1000倍液,或50%咪鲜胺锰盐可湿性粉剂1000~1500倍液,或10%苯醚甲环唑联水分散粒剂1000倍液,或50%福·福锌可湿性粉剂500~700倍液,或70%甲硫·福美双可湿性粉剂800~1000倍液,或50%异菌·福美双可湿性粉剂800倍液,或75%肟菌·戊唑醇水分散粒剂3000~5000倍液,或80%福·福锌可湿性粉剂500倍液,或80%代森锌可湿性粉剂600~800倍液,或50%多菌灵可湿性粉剂500倍液,或70%丙森锌可湿性粉剂600倍液,或20%溴菌腈可湿性粉剂500倍液,或70%甲基硫菌灵可湿性粉剂800倍液,或75%百菌清可湿性粉剂600倍液等,每7天喷一次,连喷3~4次。

八、大白菜干烧心病

大白菜干烧心病又称干心病、焦边病,俗称夹皮烂,自20世纪70年代以来,已成为大白菜主产区的重要病害,尤以北方菜区发生普遍,病株率常可达10%~20%。田间患病后贮藏期病情发展,易受其他病菌感染引起腐烂、霉变。

【症状识别】 危害大白菜叶球。结球期和贮藏期发病,植株

第七章　十字花科蔬菜病害

外观正常,剥开叶球后可见部分叶片从叶缘处变干黄化,叶肉呈半透明、干纸状的带状或不规则形病斑,叶脉淡黄褐色,无异味。病、健组织界限清晰,严重者失去食用价值和商品性。在发病严重的地块,大白菜莲座期就可表现症状,心部嫩叶边缘水渍状条形斑,后干枯变为干边。

【发病规律】

1. 病因　是生理性钙素缺乏引起的生理病害,称为球叶缺钙症。大白菜结球期生长量约占植株总量的80％以上,对钙素反应最敏感。当环境条件不适宜,造成土壤中可溶性钙的含量下降,植株对钙的吸收和运输受阻,而钙素在菜株内移动性差,外叶积累的钙不能被心叶所利用,致使叶球缺钙而显症。

2. 影响发病因素　土壤盐分浓度小于0.2％时,对该病发生影响较小,超过0.2％时有不同程度发病。有时盐分含量不高的地区,由于氮、钾、钠离子含量偏高,不利于植株吸收钙离子而发病。茬口安排不当,不良的气象条件影响,在干旱年份蹲苗过度,使土壤缺水;有机农家肥施用量低,而过量施用氮素化肥,特别是一次性氮肥施用量过大;用污水或咸水灌溉,土壤板结紧实等,发病均重。此外,不同品种间的抗(耐)病性也有很大差异。

【防治方法】

1. 菜田选择　菜田土壤有机质含量应在3％以上,全盐含量在0.2％以下,水质无污染,氯化钠含量低于500毫克/升。合理安排茬口,尽量避免与吸收钙量高的作物如甘蓝、番茄、大豆等连作。常年发病的低洼盐碱地,需经过土壤改良后才能种植大白菜。

2. 适期播种,适度蹲苗　根据当年天气状况,在适期内播种,特别是窖藏菜不宜早播。大白菜苗期提倡小水勤浇,在干旱年份莲座期和包心初期应缩短蹲苗期,保持土壤相对含水量为80％。在雨涝年份,应注意控制浇水,适当中耕,并延长蹲苗天数。

3. 合理施肥　增施农家肥料,对长期使用氨态氮的土壤,要深耕施足基肥,改善土壤结构,提高保水保肥能力。控制单一氮素化肥用量,根据土壤肥力一般掌握在每 667 米^2 施纯氮含量在 15~18 千克为宜;并应按各生育期要求分期、重点施入,切勿一次施用。按照配方施肥要求,依据土壤肥力水平,配合磷、钾肥使用。

4. 选用抗(耐)病品种 要因地制宜,以窖藏菜为主的地区更应注意品种选择。如长筒形青邦品种津绿 55 和 75、秋绿 60、津秋 78、中白 70、金秋 70 等抗病性强,早熟品种黄帝、东洋春王、中晚熟品种金锦、亮春、寒玉 90、潍白 4 号、秦白 1 号、郑杂 1 号、金玲 2 号等发病轻。

5. 补施钙素 酸性土壤可适当增施石灰,调节土壤酸碱度成中性或弱碱性,以利于根系对钙的吸收。在大白菜莲座初期,向心叶撒施 1 次钙粒肥(含 8%氯化钙)或颗粒肥(含 6.7%钙及协和效应元素),每株 3~4 克。从莲座中期开始进行叶面补钙,对心叶喷施 0.7%氯化钙加萘乙酸 50 毫克/升混合液,或 0.08%硫酸锰溶液,每 7~10 天 1 次,连续喷洒 3~4 次,均有一定防效。

6. 控制贮藏条件 大白菜贮藏期间,库(窖)温度应稳定在 0℃~1℃,空气相对湿度 90%~95%,可减轻干烧心的发展和危害。

九、白菜病毒病

白菜(不结球白菜)病毒病又称花叶病,各地广泛分布,保护地和露地均可发生,是我国南方白菜(青菜)、菜薹(菜心)、乌塌菜等的主要病害,影响产量降低质量。

【**症状识别**】 嫩叶初现明脉、花叶或皱缩,随病情发展呈黄绿相间的斑驳、泡状花叶。严重时,病叶呈匙状或卷缩,病株矮化、畸形,叶脉常出现褐色至黑褐色的斑点或短条斑。外叶产生大小不等近圆形至不规则形坏死斑,黄褐色至灰褐色,斑中央凹陷,有时边缘具黄色晕环或环状坏死蚀纹斑,严重时病叶死亡。系统感染芜菁花叶病毒则心叶白化,散生许多不规则灰褐色坏死斑点,菜株严重畸形,随后病株死亡。

【发病规律】

1. **病原**　同大白菜病毒病。

2. **传播途径**　长江流域和华东地区,病毒在田间生长的十字花科蔬菜、菠菜、藜草和车前草等杂草上越冬。翌春主要通过有翅蚜虫和摩擦接种进行传播,引起白菜、菜薹、乌塌菜等发病,经夏菜再传至秋菜等作物。华南地区四季种植十字花科蔬菜和豆瓣菜,可使白菜、菜薹病毒病周年发生。

3. **发病条件**　该病在南方菜区夏秋季发病重。干旱天气、土壤温度高,利于有翅蚜迁飞传播病毒,适宜病毒病发生流行。不同品种间的抗病性差异很大;缺少防蚜措施和治蚜不及时,管理粗放、缺水缺肥、连作菜田发病重。

【防治方法】

1. **选用抗病品种**　依市场需求选用品种,重点解决病害盛发期和流行年的抗病品种。小白菜(青菜)中暑绿、矮抗系列品种如4号、6号等,矮杂2号、3号,上海矮抗青,黑(白)叶四月慢、五月慢,广州17号,四季青江白菜、四季小白菜,京绿1~7号和改良奶白等;红杂50、70、紫菘2号、早优1号、秦薹1号等菜薹,抗(耐)病性强,可因地制宜种植。

2. **合理种植和加强管理**　避免与十字花科蔬菜邻作与间作,清洁田园和铲除杂草,搞好肥水管理,增施磷钾肥和叶面肥,提高植株抗病力。

3. **防蚜与治蚜**　夏、秋季棚室白菜育苗和生产,覆盖防虫网和遮阳网,可有效预防蚜虫及其传播病毒,并有降温和防暴雨作用,实现安全生产。露地菜田应将蚜虫消灭在毒源植物上和加强苗期治蚜工作,参见大白菜病毒病的防治方法。

十、萝卜肉质根生理病害

萝卜在生长和贮藏期间,常出现肉质根外部畸形和内部组织糠心和发黑等现象,不但降低萝卜产量和商品性,而且不耐贮存和容易腐烂,直接影响农民的经济效益。

【症状识别】 萝卜肉质根生理病害症状较多,常见的有下列4种,可单独或与其他症状类型混合发生。

1. 裂根 多发生在直根生长中后期,肉质根开裂,内部组织外露。以沿直根纵向开裂(纵裂)居多,横向开裂(横裂)次之,还有龟裂共3种类型。裂口长度和深度不一,严重时纵裂长度几可纵贯肉质根,其深度超过肉质根半径。

2. 歧根(杈根) 主根生长发育不良,一个或多个侧根生长膨大而形成的畸形。有的主根仍较粗大、侧根仅稍膨大,或主根与几个侧根同时膨大,或主根细小被几个肥大的侧根所代替。

3. 糠心 肉质根重量减轻,用手敲击有中空感觉。切开萝卜可见局部至全部薄壁细胞组织呈苍白色、绵软甚至有絮状感,重者产生空隙或空洞,不能食用。

4. 黑心 收获和窖内贮藏的萝卜出现肉质根发黑的现象。切开萝卜可见其木质部一些薄壁细胞变黑,呈现许多黑色小点,重时连片。变黑部分稍发硬,不堪食用。有时在肉质根表面也出现灰黑色或黑色斑块,无光泽。

【发病规律】

1. 病因 多种不良的环境因素引起的生理病害。

(1)裂根 由土壤水分供应不均引起。在萝卜生长前期遇高温干旱天气,若土壤水分不足,则肉质根的皮层组织老化。进入生长中后期当温度、水分等条件适宜时,肉质根的薄壁细胞迅速膨大,而皮层组织不能相应生长,造成肉质根开裂。萝卜开裂后,可以引起肉质根的木质化,并在开裂处产生周皮层。

(2)歧根　多因主根生长点被破坏或主根生长发育受阻而造成侧根膨大,从而长成分叉的肉质根。

(3)糠心　肉质根形成期木质部薄壁细胞迅速膨大,如水分和营养物质供给不足,使细胞内含物迅速降低引致糠心;也与贮藏条件和品种等因素有关。

(4)黑心　主要原因是肉质根组织缺氧所致。

2. 影响发病因素

(1)歧根受多种因素影响　①播种陈籽,萝卜生长势弱,影响主根生长点的生长和伸长。②耕作层浅或底层土质过于黏重、板结,以及土壤中的石块、瓦片等使主根不能正常下扎,而后侧根逐渐生长膨大。③施用未充分腐熟的有机肥因含尿酸量较多,或基肥施得不匀,在灼伤主根的同时也会刺激侧根长出。追施化肥过于集中或离根太近,造成主根"烧伤"。④主根被地下害虫咬伤,或移栽致使主根生长点受损,锄地等农事操作误伤等,均可造成侧根膨大形成歧根。

(2)糠心　①萝卜中肉质疏松的大型品种,较肉质致密的小型品种易发生糠心;一般早熟生长期短的品种较晚熟种易糠心。②肉质根膨大期,植株需水量和蒸腾作用均较大,若遇干旱或土壤水分供应不足、土壤脱肥,会导致肉质根的薄壁细胞产生相互分离、间隙增大形成糠心。③收获过迟,水分大量消耗;植株过早抽薹,肉质根营养物质转化后向生长点输送,均会出现糠心症状。④贮藏期窖温过高、湿度偏低,因肉质根呼吸消耗快和水分散失增多;或贮藏期过长,肉质根的短缩茎萌芽生长(先期抽薹)也能加重糠心病情。

(3)黑心　施用未腐熟有机肥尤其是圈粪,使土壤中微生物活动旺盛,消耗氧气过多;或萝卜地长期湿度过大,或雨后一定时间地面积水,均易造成根部窒息,部分组织会因缺氧而发生黑心或黑皮。贮藏窖内存放萝卜过多,耗氧量增大而又没有及时通风换气,造成窖内缺氧也会诱发和加重黑心现象。

【防治方法】

1. **因地制宜选用不易糠心的品种**　如短叶13、红丰2号、宁红、鲁萝卜2号、60早生、双红一号、红宝萝卜、澧县白萝卜、中红秋萝卜、白玉春和大棚秋根等,选用新种子播种。

2. **选地和精细整地**　选择富含有机质、质地疏松、排水良好、土层深厚的中性沙壤土或壤土种植萝卜。深耕土地,高畦栽培,捡除土中的石块、瓦片等影响主根下扎的障碍物。

3. **科学施肥**　施用与施匀充分腐熟的有机肥,施肥量以保证萝卜地上茎叶与地下肉质根生长得到平衡为宜。适时叶面追肥,可喷布0.2%尿素液,促进叶片生长及直根膨大。喷布植物生长调节剂降低糠心程度,一般萝卜播种后25~30天和35~40天,各喷施一次5%萘乙酸水剂5000倍液(有效成分为10毫克/千克),收获前10天左右再喷施1次,效果较好。

4. **加强田间管理**　适期播种,适度密植,均匀灌水保持土壤潮湿,防止土壤忽干忽湿或过干或过湿状态,一般以保持壤含水量稳定在20%左右为宜。及时防治地下害虫,勤中耕培土,适期收获。

5. **适量贮藏,控制温湿度**　贮藏窖内存放萝卜要适量,一般不能超过窖容的1/2。萝卜贮藏期为防止糠心和黑心,要控制最适温度为1℃~3℃,空气相对湿度85%~90%。若挖沟贮藏,则盖土不宜过干。

十一、榨菜病毒病

榨菜(茎瘤芥)病毒病又名缩叶病,俗称坐蔸等,是我国南方榨菜产区的主要病害,常年发生,病害流行年份平均病株率20%,重

第七章 十字花科蔬菜病害

病区(田)达50%以上,瘤茎(菜头)减产损失30%~40%,而且品质下降影响加工榨菜产品的质量。

【症状识别】 榨菜全生育期均可发病,以苗期及移栽后茎瘤膨大前发病最重,主要有2种类型。

1. 皱缩型 心叶或嫩叶叶脉透明,随之叶片呈浓淡相间的花叶和皱缩,叶脉间组织凸凹不平,有时病叶向一边扭曲、卷缩。叶脉生褐色坏死条纹或裂口,有时叶柄和茎瘤上出现坏死斑。重病株矮缩,组织质脆易折,下部叶片黄化、枯死,茎瘤呈细棒状、皮厚筋多,根系变褐、变短而须根少,发育不良,重病株黄化死亡。

2. 花叶型 心叶或新生嫩叶初现明脉,有时褪色部扩展成带状。叶片呈花叶或变成深浅相间凸凹不平的斑块。重病株同皱缩型。

采种株春后发病薹茎抽生异常,薹茎上叶片皱缩,枝梗扭曲,荚果丛生,结实少、种子秕而不实,重病株早期死亡。

【发病规律】

1. 病原 检测到的毒原种类较多,主要毒原是芜菁花叶病毒(TuMV),及其与黄瓜花叶病毒(CMV)复合侵染所致的病毒病害。

2. 传播途径 长江上、中游地区和浙江产区,榨菜分别于9月中、下旬和9月下旬至10月初播种,田间多种十字花科蔬菜的TuMV和CMV,是榨菜幼苗病毒病的初侵染源,主要靠有翅萝卜蚜和桃蚜迁飞传播。病毒在菜株上过冬,引起榨菜春季继续发病,并成为十字花科蔬菜的重要毒源,使该病周而复始,终年发生。

3. 发病条件 榨菜5叶期前为感病阶段,苗期高温干旱少雨,有翅蚜繁殖迁飞量大,传毒机会多,则病害重。播期早和沙地栽培,近郊菜区早秋十字花科蔬菜病源田多且距离近,病毒病发生也重。

【防治方法】

1. 防蚜避蚜,培育无病壮苗 采用防虫网全程覆盖育苗,隔

离毒源和传毒介体有翅蚜。或播种后在苗床上方设50厘米高的拱棚,每隔30厘米纵横各拉一条银灰色反光塑料薄膜,出苗后覆盖35~40天,待菜苗5~6片真叶时移栽至大田,避蚜防病效果好。露地苗床应远离十字花科蔬菜生产田,以减少毒源,减轻病毒病的发生。

2. 选用抗(耐)病良种 近些来榨菜主产区在农家品种选纯复壮,以及培育抗(耐)病新品种方面取得很大进展,如重庆地区的涪杂1号、2号、涪丰14等已用于生产;而蔺市草腰子等品质好适宜加工的品种,由于抗(耐)病性较差,适合轻病区种植。浙江的红卫米碎叶、浙桐一号、潮丰1号等,田间表现出一定的抗(耐)病性,可因地制宜试种推广。

3. 适期播种,合理布局 盲目早播病毒病发生危害严重,应于避免,在天气干旱年份要适期晚播。调整近郊区榨菜小片种植的面积,扩大远郊粮菜区连片集中种植榨菜的面积,可明显减少毒源和传播介体蚜虫,起到防病增产作用。

4. 及时治蚜防病 幼苗第一片真叶出现及5~7天后各施药1次,移栽本田后再施1次药治蚜防病,使用药剂见大白菜病毒病和菜蚜部分。

十二、甘蓝枯萎病

甘蓝枯萎病是甘蓝的重要病害之一,目前在世界大部分甘蓝种植区均有发生,防控难度大、造成的减产损失重。2001年发现在我国北京市延庆县甘蓝生产基地发生危害,随后几年发生面积迅速蔓延,造成的产量损失常高达30%以上,个别地块甚至绝收。近年在山西、河北、陕西等越夏甘蓝上也有发生,对我国甘蓝生产构成威胁。据有关专家分析,可能与大量引种国外的品种传播有关。除了结球甘蓝外,还可危害花椰菜、青花菜、抱子甘蓝、羽衣甘

第七章 十字花科蔬菜病害

蓝、球茎甘蓝、芜菁甘蓝、芜菁、萝卜、水萝卜、芥菜、大叶芥菜、芥蓝、不结球白菜、油菜等十字花科蔬菜。

【症状识别】 甘蓝全生育期均可受害。苗期发病,最初叶脉变黄,继而叶片变黄,植株枯死。莲座期染病,先是个别叶片中肋或侧脉变黄,随着病情发展,可使整叶或全株变黄,叶片基部变为紫色或褐色,根系减少,植株矮小、萎蔫,下部叶片脱落,影响结球,甚至不能结球,最后死亡。发病植株的叶脉、叶柄和短缩茎横切面的维管束明显变褐色。

【发病规律】

1. 病原 尖孢镰孢菌黏团专化型 *Fusarium oxysporum* f. sp. *conglutinans* 侵染所致的真菌病害。

2. 传播途径 病菌以菌丝体、厚垣孢子以及分生孢子在土壤,或随病残体在未腐熟的厩肥肥中越冬,种子也可以带菌并做远距离的传播。翌年春季条件适宜时,病菌分生孢子萌发出芽管或菌丝体从根部的伤口、根尖、侧根生长点或根毛顶端的微孔中侵入寄主组织,适宜环境下 3 天即可完成侵染,并进入维管束。在导管内继续繁殖、发育,生成小型分生孢子,萌发出菌丝体进入到木质部。病菌阻塞导管,影响植株的营养和水分供应,分泌一些酶来消解细胞,破坏和堵塞寄主的输导组织,造成寄主茎叶的萎蔫和死亡。病原菌侵入植株的嫩茎、叶片和种子,最终到达病残体的表面,产生大量的分生孢子落入土壤中,成为下茬甘蓝的病原;在条件不利时则越冬存活,成为翌年甘蓝等十字花科蔬菜的侵染源。带菌土壤、病残体和未腐熟厩肥、种子、染病幼苗及病菜运输、灌溉水流以及在病田中耕作的农具等,均可造成病原菌传播蔓延,扩大病情和病害的分布区域。

3. 发病条件 甘蓝枯萎病菌在 10℃～24℃均能生长,最适宜温度为 24℃～28℃。该病的发生流行与土壤温度的关系密切,一般在土壤温度在 16℃时田间可见病株,随着地温升高病情逐渐加重,达到 25℃～29℃时发病最为严重,感病品种 2 周内即可死亡。北京延庆县春甘蓝在 2 月底至 3 月初育苗,4 月底至 5 月初定植,多在 6 月底前采收。该病从 4 月下旬开始发病,移植定植后加重,在 6 月中、下旬达到发生高峰,全年在发病相对较轻。而夏甘蓝 5 月底育苗,6 月底至 7 月初定植,9 月下旬至 10 月初采收,发病盛期为 6 月中下旬至 9 月初,全年中发病较重,一般造成产量损失高达 30% 以上。在我国已有的主栽甘蓝品种如中甘 11、8398、报春、京丰、8132、北农早生和铁头 4 号均易感枯萎病,是该病在传入区严重发生危害的重要原因。此外,病区甘蓝连作,畦面不平浇水后低洼积水处易发病,田间肥水管理不善、蹲苗过重,降低甘蓝抗病性,不注意田园卫生等,均会加重病情。

【防治方法】 加强甘蓝枯萎病菌的植物检疫,保护广大无病区十字花科蔬菜安全生产。北方点片发病的疫区,采取以选用抗病品种和农业防治措施相结合的绿色防控技术。

1. 实施严格的检疫措施 目前甘蓝枯萎病仅在我国北方 4 省、直辖市菜区点片发生,做好预防工作至关重要。各级植物检疫部门应加强检疫工作,加速建立甘蓝种子的健康检测方法,从国外引种或进口种子要严格检测,防止枯萎病菌随种子传入我国。在国内检疫方面,不要在疫区进行十字花科蔬菜制种、采种和生产商品苗,同时限制疫区甘蓝等染病蔬菜产品运往外地,防止病菌传播蔓延,保护广大无病区蔬菜生产安全。

2. 选用抗病优良品种 种植抗病品种是防治甘蓝枯萎病的关键措施,从国外引进的珍奇、百惠、夏强、绿太郎等对枯萎病抗性强,尤其适合发病区种植,国内也开展了甘蓝枯萎病的抗病品种选育工作。

3. 无病土育苗 选择从未种植过十字花科作物,或从未发生过甘蓝枯萎病的田块取肥沃园田土 4～5 份,腐熟筛细的厩肥 5～6 份,撒施适量三元复合肥做基肥,将苗床土耙松、耙平后育苗。

第七章　十字花科蔬菜病害

提倡采用基质育苗,即用蛭石和草炭各占5份,每立方米培养土加三元复合肥1.5千克、烘干消毒鸡粪5千克,每平方米育苗面积准备0.1立方米的基质。

4. 实行轮作或太阳能消毒灭菌　甘蓝枯萎病病区应选择与非寄主如谷类、玉米及葫芦科、茄科等蔬菜进行5年以上轮作,以减少因连作造成的土壤中枯萎病菌的累积,控制病害的发生危害。与瓜类、茄果类蔬菜轮作,有益于提高经济效益。

国外防治该病的太阳能消毒灭菌法:在前茬甘蓝或十字花科作物收获后,将其残株用机器搅碎、晒干,使用旋耕机将粉碎物与表土层(约15厘米)充分混匀,然后连续灌溉3天至土层76厘米处,用0.025毫米厚的透明薄膜覆盖,在阳光下暴晒4～6周。可能是在植物残体分解时产生的具有杀菌效果的气体,能杀死土壤处理层中枯萎菌等绝大多数病原菌,掀膜后平整土种植甘蓝。盖膜处理时应经常检查,防止边角漏气,遇到畦面薄膜破损,应及时盖土,防止漏气,以提高增温效果。该种方法可供国内实行轮作困难的病区参考。

5. 栽培防病

(1)适期播种,调整移栽适期,避开发病高峰期　甘蓝枯萎病是典型的高温型病害,我国北方甘蓝枯萎病发病高峰期集中在6～9月。春甘蓝宜适当提前播种、秋甘蓝则适当推迟播种,避开枯萎病的盛发期,减轻枯萎病对甘蓝的危害。

(2)加强田间管理　蹲苗适度,防止苗期土壤干旱,遇有苗期干旱年份,地温过高时宜勤浇水降温,确保根系正常发育。科学灌溉,适时浇水,掌握前少后多的原则,莲座期前可结合追肥浇水,进入结球中期,一般甘蓝夏秋栽培每4～6天浇1次水。多雨季节要及时排水以防渍涝,避免土壤积水造成根部缺氧。发现病株,应及时将病株连同周围5～10米的植株拔除;收获后及时清洁田园,带到田外做无害化处理。

此外,有资料介绍了甘蓝种子和苗床土的药剂消毒法,用种子重量0.3%的50%多菌灵可湿性粉剂拌种,或0.3%的2.5%咯菌腈悬浮种衣剂进行包衣处理。培养土药剂处理方法,按每平方米苗床面积用50%多菌灵可湿性粉剂8～10克,或70%甲基硫菌灵可湿性粉剂8～10克,或80%多·福·福锌可湿性粉剂3～4克,混培养土15～20千克掺拌均匀。施药前先把营养钵、穴盘或苗床浇透底水,水渗下后取药土1/3均匀撒到床土上或播种沟内,其余2/3(药土)覆盖在播下的种子上面,最后覆土。但经病区实际应用后反映,对该病的防治效果较低,如何提高杀菌剂预防保健处理的效果,值得进一步的研究。

十三、甘蓝黑胫病

甘蓝黑胫病又称根朽病,是甘蓝的重要病害,全国各地均有发生,以东北、华北、西北地区发生危害较重,大发生年份减产损失可达30%～40%,贮藏期病情继续发展。除甘蓝外还危害花椰菜、青花菜、球茎甘蓝、芥蓝、大白菜、小白菜、油菜、萝卜和芹菜等。

【症状识别】 幼苗染病,子叶和真叶上初现模糊的灰白色病变区,渐变成圆形或椭圆形病斑,幼茎病斑椭圆形至长圆形,微凹陷,边缘紫色,病斑表面灰白色或灰色,严重时病斑环绕幼茎,病苗枯萎死亡。轻病苗移栽后,病斑沿着茎基部向上下扩展,形成灰褐色至黑紫色条形斑,严重时病茎、病根皮层腐朽,露出木质部致植株死亡,将病茎或根部纵切,可见到变黑的维管束。成株期老叶和成熟的叶片发病,产生不规则形坏死板块,灰褐色。植株各部位病斑表面,均散生许多黑色小粒点(病菌的分生孢子器)。种株花梗、种荚上病状与茎上相似,种皮皱缩,病荚内种子干瘪。储藏期发病,叶球表现出干腐状。

第七章 十字花科蔬菜病害

【发病规律】

1. 病原 由黑胫茎点霉 *Phoma lingam* 侵染所致的真菌病害。

2. 传播途径 病菌以菌丝体在种子、土壤中或未腐熟的厩肥病残体上和十字花科蔬菜种株上越冬。菌丝体在土壤中可存活2～3年,在种子内可存活3年。翌年当气温达到20℃时,越冬病原菌产生分生孢子,并萌发出芽管从气孔、皮孔、水孔和伤口入侵子叶,后蔓延到幼茎,病菌从薄壁组织进入维管束繁殖、蔓延,导致维管束变黑,引起幼苗发病;播种带菌种子直接侵染和引起幼苗发病。病苗可产生分生孢子器释放出分生孢子,在苗床中进行再侵染扩大危害。菜田甘蓝等发病的菌源,来自土壤中越冬后的病菌和病苗,分生孢子借灌溉水、雨水的水滴飞溅及地下害虫传播,反复侵染可使病害流行。

3. 发病条件 温度20℃～24℃,空气相对湿度达60%～80%时适宜病害的发生。苗床湿度大幼苗发病重。甘蓝等栽培季节湿润多雨以及雨后高温的气候条件,甘蓝重茬连作、排水不良地块,黑胫病发生危害重。

【防治方法】

1. 选用无病种子或种子消毒 从无病植株上选留种子,外购的未包衣的商品种子,播前处理种子杀菌消毒可采用50℃温水浸种20分钟,经冷水冷却后晾干播种,或用种子重量0.4%的50%福美双可湿性粉剂,或50%琥胶肥酸铜可湿性粉剂(DT)拌种。

2. 苗床土壤处理 无病土育苗参见甘蓝枯萎病。苗床土壤消毒按每平方米面积,用40%五氯硝基苯粉剂8克,或45%五氯·福美双粉剂7～9克,与30千克无病菌培养土拌匀,将1/3药土撒在畦面上,播种后再将其余2/3药土撒在种子上。

3. 改进育苗方式,加强管理 冬春季苗房做好保温和通风,多次少量浇水。夏季育苗在防雨棚内进行,采用营养钵育壮苗,防

止雨淋减少再侵染,避免移栽伤根。定植时应严格剔除病苗,仔细检查苗茎基部变灰黑色者立即剔除做无害化处理,保障无病壮苗定植菜田。

4. **实行轮作** 甘蓝、大白菜等与非十字花科蔬菜作物轮作3年以上。

5. **药剂防治**

(1)防治地下害虫 甘蓝、大白菜等直播田或育苗移栽田,及时药剂防治根蛆等地下害虫,以减少伤口和病菌侵染,参见苗期地下害虫部分。

(2)发病初期施药 可用60%多·福可湿性粉剂600倍液,或40%多·硫悬浮剂500~600倍液,或70%百菌清可湿性粉剂600倍液等,间隔7~10天喷1次,连续防治2~3次。

十四、十字花科蔬菜黑腐病

十字花科蔬菜黑腐病是一种世界性的重要病害,20世纪80年代以来在全国各地普遍发生,随着我国菜田复种指数的普遍提高,发病危害程度呈现上升趋势。主要寄主有甘蓝、花椰菜、青花菜,其次是萝卜和结球白菜。高温多雨年份病害流行,减产损失可超过20%,还可侵染甘蓝类、白菜类、芥菜类等多种十字花科蔬菜,野生寄主有独行菜、荠菜、野生萝卜、大蒜芥、臭芥、毛果群心菜等杂草。

【症状识别】 种子发芽后染病不能出苗,幼苗感病子叶初呈水浸状,后变黄色萎蔫状、枯死,严重时迅速蔓延至真叶,根髓部变黑而幼苗死亡。成株期叶片发病,多从叶缘向内扩展,呈"V"字形黄褐色至灰褐色坏死,具明显的黄绿色或黄色晕边,并逐步扩展成大型不规则黄褐色斑,周围组织淡黄色,病健部界线不明显。病斑内叶脉灰褐色或黑褐色、缢缩变细(粗的叶脉症状比较明显);严重时可引致全叶枯死或外叶局部或全部腐烂,干燥时呈干腐状或穿孔状。叶柄(叶邦)受害,病菌沿维管束向上扩展,形成淡褐色干腐,常使叶片歪向一侧,病叶甚至叶球腐烂;病菌向下发展可使茎部、根部维管束变黑,髓腔中空,严重时植株死亡。病株受害部位易诱发软腐病,而单独侵染时腐烂部无臭味有别于软腐病。干燥时呈干腐状。

【发病规律】

1. 病原 野油菜黄单胞杆菌野油菜黑腐病致病型 $Xanthomonas\ campestris$ pv. $campestris$ 侵染所致的细菌病害。

2. 传播途径 病菌在种子、随病残体在土壤中和种株上越冬,还可在野油菜、独行菜、幽芥、荠菜等野生寄主上存活,成为该病的初侵染源。种子带菌率为 0.03% 时就能造成该种病害的暴发,播种带病菌种子,幼苗出土时可引起子叶及子茎发病,病菌也可从子叶的伤口及叶缘水孔侵入扩大蔓延。病原细菌在植株病残体上可存活 2~3 年,而离开植株残体在土壤中存活不足 6 周,带菌的植物病残体是田间最主要的初侵染源。土壤中的病菌通过雨水、灌溉水、农事操作及昆虫等传播到叶片上,从水孔或伤口侵入,先侵染薄壁细胞,然后进入维管束组织,由此上下扩展成系统侵染。染病种株栽植后,病菌从果柄处维管束侵入、扩展进入种子皮层,或经荚皮的维管束进入种脐,致种内带菌。病菌可在种内存活 2 年以上,种子带菌是远距离传播的主要途径。田间作业造成的伤口利于病菌侵染,菜青虫等食叶害虫是田间黑腐病菌再侵染的重要媒介。

我国华南地区,周年种植十字花科蔬菜,病菌在田间辗转传播侵染致病,黑腐病可周年发生,每年 6~11 月发生危害严重。

3. 发病条件 病菌喜高温、高湿的条件,病菌生长适温为 5℃~39℃,最适温度 25℃~30℃,致死温度 51℃经 10 分钟。北方菜区盛夏初秋高温高湿季节,病菌可大量繁殖,再侵染频繁,有利于病害流行。育苗期间遇上大雨或定植后遇暴风雨，往往病势发展快。十字花科蔬菜长年连作，地势低洼，土壤黏重，大水漫灌，播期偏早，偏施氮肥，植株徒长及早衰，防治食叶害虫不及时发病均重。

【防治方法】

1. 选用抗（耐）病品种　甘蓝类蔬菜不同品种间的抗（耐）黑腐病性有一定差异，应根据市场需求和生产季节等因地制宜地选用。①春甘蓝早熟品种如秦甘55、秦甘8505、秦甘60，春秋兼用早熟品种中甘18；夏甘蓝如早夏16号、黑丰、夏甘58、秦甘80，夏强、H-60；夏秋甘蓝如苏甘8号、西园8号、10号，中熟秋甘蓝中甘9号、20号；秋甘蓝晚熟品种如秋抗、久越2号、绿翠等。②花椰菜早熟品种如雪冠65、丰花60、津品55、60，夏花6号、60天，白雪公主及福花1号等；中熟品种如津雪88、89、云山2号、雪姬、雪玉80等；晚熟品种有雪洁、兴绿杂100和白玉100等。③青花菜（绿菜花）中的中青1号、2号、6号，沪绿5号，碧秋，青峰等。④大白菜中青邦长筒形抗病性较强，白邦品种容易感病。新杂1号、秦白2号、津青9号、德高8号、中白81、晋菜3号、太原二青等相对抗（耐）黑腐病。

2. 选用无病种子和种子消毒　坚持从无病田或无病株上采种，对可能带菌的种子进行灭菌处理。温汤浸种：种子先用冷水预浸20分钟，再用50℃温水浸种25分钟，按时倒去温水并立即置入清水中，冷却后播种。药液处理用45%代森铵水剂300倍液，浸种15~20分钟，然后用清水冲洗晾干播种；或用50%琥胶肥酸铜可湿性粉剂（DT），按种子重量的0.4%拌种，对种子携带的病菌均匀良好的消毒灭活作用。

3. 合理轮作　重病田与非十字花科蔬菜实行2~3年轮作，最好与大田作物倒茬。

4. 加强栽培管理　前茬蔬菜收获后，及时深翻土地、晾晒土

第七章 十字花科蔬菜病害

壤,灭菌效果显著,是行之有效的防病措施。适时播种,实行防雨育苗,防止高温抢种;合理密植,高畦深沟栽培,雨后及时排水、地面见干及时浅中耕,浸灌浇水、发病时控制浇水,降低田间湿度;施用充分腐熟有机肥,并按土壤缺素情况,混追氮、磷、钾化肥;及时防治菜青虫、小菜蛾、黄条跳甲等害虫,减少植株的伤口⑥清洁田园,及时铲除田边十字花科杂草、清除病残体,减少病原细菌的侵染源。

5. 药剂防治 田间发病初期开始喷药,可选用72%硫酸链霉素可溶性粉剂3 000～4 000倍液,或24%硫酸链霉素可溶性粉剂600～800倍液,或20%叶枯唑可湿性粉剂500～600倍液,或20%噻菌铜悬浮剂600～800倍液,或45%代森铵水剂800～1 000倍液,或50%福美双可湿性粉剂800倍液,或50%氯溴异氰尿酸可溶性粉剂(消菌灵)800 1000倍液,或50%琥胶肥酸铜可湿性粉剂700倍液,或14%络氨铜水剂350倍液,或48%琥铜·乙膦铝可湿性粉剂500倍液,77%氢氧化铜可湿性粉剂700倍液等。

使用上述药剂的注意事项,参见大白菜软腐病。因甘蓝类蔬菜叶面蜡质较多,在上述药液中加0.07%柔水通等展着剂,或把柔水通稀释1500倍液后再加入适量药剂,可提高药液黏着、覆盖的性能和防治效果,此法适用芹菜等其他病害。

十五、十字花科蔬菜菌核病

菌核病是十字花科蔬菜重要病害,在田间及贮藏期均可危害,长江流域及南方各地发生普遍,北方保护地也多有发生。还侵染茄果类、瓜类和豆类蔬菜及莴苣、茴香、芹菜、胡萝卜等。

【症状识别】 主要危害植株的茎基部,及叶片、叶球、茎秆和种荚,苗期与成株期均可染病。幼苗被害,根茎部产生水浸状病斑,很快腐烂或猝倒,严重时可引起成片死苗。成株期发病,多在近地表的茎、叶柄或叶片上,出现水浸状淡褐色不规则形病斑,后病部组织软腐,引起茎基部或叶球腐烂,病部生白色或灰白色棉絮状菌丝体和散生黑色鼠粪状菌核,腐烂处无臭味。当茎基部病斑环茎一周后全株枯死。

采种株终花期最易受害,一般先从基部老叶和叶柄处发病,扩展到茎秆上出现浅褐色凹陷病斑,渐转为白色,表面生絮状菌丝,后病部组织腐朽,破裂呈乱麻状,茎中空,髓部内生黑色鼠粪状菌核,茎往往折倒。病株矮小,病荚易早熟或开裂,种子瘦瘪。

【发病规律】

1. 病原 核盘菌 *Sclerotinia sclerotiorum* 侵染所致的真菌病害。

2. 传播途径 病菌以菌核或随病残体在土壤中,或附着在采种株上、混杂在种子里越冬、越夏。在干燥土壤中菌核可存活 3 年以上,潮湿土壤中只能存活 1 年,水淹后 1 个月腐烂。早春至初夏、晚秋至冬初季节多雨,设施环境潮湿时,菌核萌发产生子囊盘放射出子囊孢子,借气流、水流传播到衰老的叶片及花瓣上,进行初侵染引起发病;菌核也可产生菌丝直接侵入植株茎基部或近地面的叶片。发病后长出菌丝,通过病、健株或病、健组织的接触进行再侵染,农事作业携带也可传播病害,使病害扩展蔓延,到生长后期又形成菌核越冬或越夏。

3. 发病条件 适宜病菌生长发育的温度范围较广(0℃～35℃),子囊孢子和菌核萌发最适温度较低,分别为 5℃～10℃ 和 15℃,菌丝生长和菌核形成的最适温度 20℃、最适空气相对湿度 85% 以上,65% 以下则病害轻或不发病。因此,较低温度和高湿环境有利病害发生和流行。长江中下游地区露地蔬菜发病盛期为 2～6 月,其次是 10～12 月,薄膜覆盖塑料棚栽培早春和晚秋发病重。北方棚室蔬菜多在冬春季发生。不同年度间若早春低温、连续阴雨或梅雨期间多雨,有利于病害流行;晚秋初冬寒流早、低温

第七章 十字花科蔬菜病害

多雨多雾的年份发病重。栽培条件对该病发生影响较大,连年栽植十字花科、豆科、茄科等蔬菜的地块容易加重发病。凡地势低洼、排水不良、大水漫灌,栽培过密或偏施氮肥造成枝叶徒长、通风不良的棚室和地块均易发病。

【防治方法】

1. **种子处理,净土育苗** 选用无病种子,引进的商品种子播前处理,可用10%食盐水漂洗种子,汰除混杂在种子中的菌核及其他杂质,然后用清水洗净,晾干后播种。改善育苗条件,用草炭、蛭石基质或粮田土育苗,培育无病苗。

2. **合理轮作** 菌核病一旦发生很难根治,最好能与稻、麦等禾本科作物进行隔年轮作。

3. **加强田间管理** 南方地区推行窄厢深沟栽培,雨后及时排水,防止湿气滞留,病害流行季节,露地蔬菜应抓紧清沟理墒,排水降渍;保护地蔬菜注意通风,降低田间空气湿度,发病后应适当提高棚室温度和延后浇水,注意控制浇水量。施足腐熟基肥,增施磷钾肥及硼锰等微量元素,提高植株抗病性。

4. **清洁田园** 发病初期和盛花期,及时清除病残体及衰黄老叶,集中携出田外销毁,防止病菌蔓延。蔬菜收获后翻耕土地,将将菌核埋入土壤12厘米以下,使其不能萌发或子囊盘不能出土。

5. **药剂防治** 发病初期可选用下列农药喷洒:50%啶酰菌胺水分散粒剂1 500倍液,或50%异菌脲可湿性粉剂1 500倍液,或50%腐霉利可湿性粉剂1 500倍液,或50%乙霉·多菌灵可湿性粉剂800倍液、50%异菌·福美双可湿性粉剂800~900倍液;或50%乙烯菌核利可湿性粉剂1 000倍液,或20%甲基立枯磷乳油1 000倍液,或75%百菌清可湿性粉剂600倍液,或50%福美双可湿性粉剂600~700倍液,或50%多菌灵可湿性粉剂700倍液,或50%多菌灵磺酸盐可湿性粉剂700倍液,或40%多·硫悬浮剂500~600倍液,或50%甲基硫菌灵500倍液等。

保护地每 667 米² 使用 45% 百菌清烟剂 250 克,或 10% 腐霉利烟剂 250 克点燃熏烟,每 7～10 天 1 次,连续喷(或熏)3～4 次。

十六、十字花科蔬菜根肿病

十字花科蔬菜根肿病又名天冬根,是世界性具毁灭性危害的病害,寄主植物包括大白菜、白菜、芥菜、红菜薹、甘蓝、花椰菜、青花菜、球茎甘蓝、萝卜、樱桃萝卜、油菜等十字花科蔬菜与野生杂草。20 世纪 50、60 年代本病仅在我国南方个别地区零星发生,现已分布多数省、自治区、直辖市,尤以云南、贵州、四川、重庆等地区发生面积广、危害重,病害流行可致减产 20%～30%,重病田超过 50% 甚至毁种失收。

【症状识别】 田间蔬菜苗期易感病,成株期也可受害。根部发病后形成肿瘤并逐渐膨大、畸形,肿瘤表面由光滑变粗糙,进而龟裂、凸凹不平,常受到其他杂菌感染而腐烂发臭,根系生理功能紊乱或丧失,严重影响吸收和利用水分与养分的功能。发病初期地上部症状不明显,以后植株生长逐渐迟缓、矮小,基部叶片中午时出现萎蔫,早晚恢复正常似缺水症状,病情发展病叶干枯,大白菜、甘蓝包心不足,严重时病株枯死。白菜、大白菜、油菜、甘蓝、花椰菜、芥菜等根部受害,其肿瘤多发生在主根及侧根上,呈纺锤形、手指形或不规则形。主根上肿瘤可大如鸡蛋但数量少;侧根的肿瘤小如米粒或豆粒,数个至 20 余个连在一起呈串珠状。萝卜、芜菁等根菜类蔬菜,肿瘤多发生在侧根上,主根一般不变形或仅在根端产生瘤。

【发病规律】

1. 病原 芸薹根肿菌 *Plasmodiophora brassicae* 侵染所致的真菌病害。

2. 传播途径 病菌主要以休眠孢子囊在土壤中、随病根残留物在未腐熟的厩肥和黏附在种子表面越冬、越夏。休眠孢子囊抗逆性很强,可在土壤中存活6~7年。在田间休眠孢子囊靠雨水、灌溉水、土壤中地下害虫的活动以及农具进行传播。远距离甚至省际传播,则主要通过根系染病的菜株、菜苗调运或带菌泥土的转移。休眠孢子囊在适宜条件下,萌发产生游动孢子,从根毛或幼根侵入寄主表皮细胞内,发育成变形体和和游动孢子囊,释放游动孢子从土壤中侵入根部皮层、形成层的细胞内,受病菌的刺激而大量分裂、膨大,导致根部形成肿瘤。维管束发育和输导功能受阻,而出现地上部的症状。

3. 发病条件 病菌休眠孢子囊和游动孢子萌发及入侵,需要潮湿环境,土壤含水量在50%~98%,而以70%~90%最为适宜,还需保持18小时以上病菌才能完成侵染过程。土壤温度19℃~25℃是发病的最适温度,当温度低于或高于此范围时发病较轻。土壤酸碱度对发病最具影响力,pH4.0~7.0可发病,但以5.4~6.5(酸性土壤)为最适宜,一般pH7.0或7.2以上不发病。土中可交换性钙离子浓度达到1200毫克/千克时也不发病。

南方菜区的环境条件,有利于根肿病的发生和流行,秋季比春季发病重。长沙地区8月中、下旬育苗的大白菜,苗床期开始染病,9月上中旬出现根肿,移栽大田后病害继续扩展蔓延,9月中下旬出现萎蔫病株,10月中下旬至11月初为盛发期,田间病情达到高峰,11月中旬后趋于稳定。西南病区全年均可侵染发病,以5~9月为发病盛期。不同生育阶段幼苗极易受害,定植遇雨或数日内降雨则病害加重。播种或移栽期早、低洼黏质土壤、十字花科蔬菜连作和平畦栽培、土壤贫瘠有机质含量低等,均会加重病情。

【防治方法】 防治根肿病应注重预防,针对发病条件相应采取农业措施为主的综合防治技术。

1. 加强植物检疫工作 目前根肿病在我国南方适宜发生区域仍然属于局部发生,植保植检部门应执行检疫法规,严格种苗和外

调十字花科蔬菜的检疫,防止带菌传播到新菜区,保护广大无病区。生产者也需增强植物检疫意识和识别、防控本病技能,免受其害。

2. 调节土壤酸碱度 添加熟石灰可调整土壤 pH 值至弱碱性,抑制根肿病的发生,有资料报道,不同土壤施用熟石灰数量如下:

表5 不同 pH 的土壤防治根肿病施用熟石灰数量表

土壤 pH 值	5	5.5	6	6.5	7	7.5	8
熟石灰用量(千克/667 米^2)	370	300	230	155	115	115	0

增施熟石灰要与施用充分腐熟的基肥结合并进行翻犁,以播种或移栽前 7～10 天为好。或发病初期用 15％石灰乳灌根,每株 0.3～0.5 升。

另据报道,日本每 1 000 米^2 土地使用 5 000 千克细炉渣,能够抑制花椰菜、甘蓝等十字花科蔬菜根肿病的发生,使蔬菜产量和品质有明显提高,且有持续效果,可以进行试验或试用。

3. 土壤消毒 一般在高温的夏天进行,先整好地,覆盖薄膜,使土表下 20 厘米处增温 45℃以上,持续 20 天左右,可消灭部分病菌,起到减轻发病的作用。

4. 清洁田园 清除病株、病根携出田外烧毁或加石灰深埋,不可任意扔在田埂和水渠里。病田水不要窜灌,以减少病害传播。

5. 实行轮作 发病重的菜地要实行 5～6 年轮作,春夏可与茄果、瓜类和豆类蔬菜轮作,秋冬可与菠菜、莴苣和葱蒜、韭菜类蔬菜轮作;有条件地区可实行水旱轮作。

6. 加强栽培管理 培育无病苗。蔬菜苗期是根肿病病原菌侵入的最危险时期,因此重视苗期防病至关重要。主要措施是采用营养钵或营养盘草炭等基质育苗,及苗床培养土要做到净土和

第七章 十字花科蔬菜病害

消毒,具体方法参见菜苗猝倒病中培养土和基质消毒部分。移栽应选择晴天进行,并汰除病弱苗,移栽无病种苗。采用深沟高畦栽培,并注意田间排水。调整播期,避免早播,缩短病原菌同寄主的接触时间。勤中耕,勤除草,增施有机肥和磷钾肥以提高植株抗病性。

7. 选用抗病丰产品种　选育芥子油含量高的品种,增强对根肿病菌的抗性,如大白菜西园6号耐根肿病。CR欣欣、CR福临、CR灿光、青麻叶、绿宝、青庆、金耀等对根肿病抗性较强。在湖北、湖南等地金韩早熟5号、改良青杂3号、优纯改良青杂2号,拉萨地区小杂55、高抗王AC-1等田间表现有抗病性。由于不同地区的根肿病菌存在变异性,抗(耐)病品种的表现也会有差异,应在试种成功后扩大推广应用。

8. 药剂防治　据报道,在预防和控制根肿病病情的基础上,不同时期采取相应的化学防治方法,有一定的防治效果。病区每667米^{2}可用75%五氯硝基苯可湿性粉剂2～3千克,或75%棉隆可湿性粉剂6～7千克,或50%氯溴异氰尿酸可溶性粉剂2～3千克,在播前或移栽前混细土40～50千克,条施播种沟或定植穴中。用50%氟啶胺悬浮剂300毫升,对水60升对播种沟或定植穴土壤喷雾,然后均匀混土10～15厘米,进行土壤消毒。还可用75%五氯硝基苯可湿性粉剂700～1000倍液、75%百菌清可湿性粉剂1000倍液或80%代森锌可湿性粉剂600倍液,移栽前每穴浇灌药液0.25～0.5升,或在田间发病初期浇灌病株。此外,50%氰氨化钙颗粒剂每667米^{2}用量50千克,病情较重的土壤可适当增加用量,撒施土面结合整地均匀混土10～15厘米;施用后必须间隔7～10天再播种(移栽),否则会引起药害。由于本品含氮和钙元素,在酸性土壤环境下是一种可以药肥兼用的产品。

第八章 绿叶蔬菜和其他蔬菜病害

一、菠菜病毒病

菠菜病毒病发生普遍,是影响露地菠菜生产的主要病害,越冬根茬菠菜受害最重,病株率可达30%,降低产量和质量。

【症状识别】 整个生育期均可发病,成株至采收期症状明显。田间多表现全株性症状,病株嫩叶呈现浓绿或淡绿相间的花叶、斑驳,心叶萎缩,染病老叶提早枯死脱落。植株卷缩成球状,或严重萎缩、矮化呈丛枝状,可在越冬前后出现死苗,留种株不能抽薹结籽。因毒源不同病叶可见花叶、斑驳、畸形、坏死斑,叶缘上卷或下卷等症状。

【发病规律】

1. 病原 芜菁花叶病毒(TuMV)、黄瓜花叶病毒(CMV)、甜菜花叶病毒(BtMV)及蚕豆萎蔫病毒(BBWV)等,单独或复合侵染所致病毒病害。

2. 传播途径 各地菠菜以秋播和越冬栽培为主,田间十字花科、瓜类、豆类蔬菜上的病毒,为菠菜苗期的初侵染源。病毒在菠菜、多种蔬菜寄主及菜田杂草上越冬,由桃蚜、萝卜蚜、豆蚜、瓜(棉)蚜等介体昆虫或汁液接触传染,引起翌春越冬返青菠菜和采种株发病,再相继传播春菠菜、夏菠菜引起病毒病。

3. 发病条件 最适发病温度为12℃~25℃,空气相对湿度70%以下。北方地区越冬根茬菠菜、采种菠菜春季病毒病发生危害重;长江中下游地区9~12月是该病盛发期,其次是3~6月。秋旱或春旱年份,有利于蚜虫的繁殖、迁飞和传毒活动;根茬或风

第八章 绿叶蔬菜和其他蔬菜病害

障菠菜播期早、耕作管理粗放、窝风处或靠近十字花科蔬菜、黄瓜等的菠菜发病均重。

【防治方法】

1. **隔离和清除初侵染源** 选择通风良好,远离十字花科蔬菜、黄瓜田等毒源的地块种植菠菜。清洁田园,及时拔除病株,铲除田间杂草,减少病毒传播。

2. **栽培防病措施** 越冬菠菜在秋季日平均温度下降到17℃～19℃时适期播种,采种菠菜应在晚秋播种。深耕细作,有利根系发育,施足充分腐熟的有机肥作基肥,增施磷肥、钾肥,提高寄主抗病性;遇有秋旱或春旱要多浇水,适时、适量浇好冻水,即掌握浇水后夜间土壤能冻结,中午尚能消融为最宜,提高植株抗病力和耐寒性。

3. **避蚜防病和防治蚜虫** 越冬根茬菠菜在封冻前建好风障,不可过早避免引起蚜虫聚集,加重病毒病的发生危害。秋菠菜栽培在高温季节育苗时,可采用银灰色遮阳网、防虫网覆盖培育无病苗;或播种后覆盖稻草或麦秸降温保湿,拱土后揭去覆盖物,小水勤浇降低土温、保湿。提倡田间挂银灰膜条避蚜防病。幼苗出土后及时防治蚜虫,参见大白菜病毒病。

4. **选用抗(耐)病良种** 如菠杂10号、15号、18号,菠杂冠能,国外引进的美国早熟杂交种7号、金奖、妙曲等,抗(耐)病性较强,可因地制宜引进试种。

5. **施用抗病毒制剂** 发病前或发病初期,可喷吗胍·乙酸铜、类蛋白多糖和氯溴异氰尿酸等,参见大白菜病毒病。

二、菠菜霜霉病

霜霉病是各地露地和棚室菠菜栽培的主要病害,随着菠菜规模化种植的发展,连作和复种面积逐年扩大,霜霉病发生也呈加重趋势,春、秋季严重时可造成减产损失约 10%,降低菠菜的质量和商品价值。

【症状识别】 主要危害叶片。叶片正面初生边缘不清晰、淡黄色近圆形病斑,病斑背面呈黄白色,有的叶片病斑凸起呈疱疹状。随病情的发展,叶片上的病斑扩大呈不规则形,大小不一,直径 3~17 毫米,常互相连接成片,呈明显的隆起状。叶片背面病斑表面产生灰色至淡紫色霉层(病菌的孢囊梗和孢子囊),后期霉层变为深紫色。病害由外叶逐渐向内叶发展,从植株下部向上部扩展,干燥时病叶枯黄,病斑灰白色,半透明,病健部分界明显,湿度高则病部易腐烂,严重时全株叶片变黄枯死。种子带菌形成系统侵染,病株明显矮化畸形,呈萎缩状,多数早衰死亡。

【发病规律】

1. 病原 由粉霜霉菌 *Peronospora farinosa* 侵染所致真菌病害,病菌属专性寄生菌。

2. 传播途径 病菌以菌丝体潜伏在染病根茬菠菜、棚室植株和种子上越冬,也可以卵孢子随病残体越冬。条件适宜时产生孢子囊,通过气流、灌溉水、农具及农事操作传播,孢子萌发产生芽管,由寄主表皮或气孔侵入引起发病。病部产生大量孢子囊,进行频繁的再侵染。

3. 发病条件 病菌孢子囊形成适温为 7℃~15℃,萌发适温 8℃~10℃,最高 24℃,最低 3℃。露地或棚室菠菜在春秋季节,遇低温(10℃左右)、高湿(空气相对湿度 85% 以上)条件,该病易发生流行。菠菜重茬连作,种植密度大,雨多雾重,田块积水及播种过早,病害发生较重,冷凉多雨天气下易暴发成灾。

【防治方法】

1. 选用抗(耐)病品种 据报道,菠杂 18、冠能、曼迪、新前锋、帝沃 2 号、武迪、墨丽、时代超人、东京绿冠、巴恩特、杜埃特、鲍纳斯、斯特丹、富贵黑圆叶等品种抗(耐)病性较强,可因地制宜引进

第八章 绿叶蔬菜和其他蔬菜病害

试种或选用。

2. 种子消毒 提倡无病株留种,若种子带菌可用种子重量0.3%的25%甲霜灵可湿性粉剂拌种。

3. 轮作和田园卫生 重病田和棚室与其他蔬菜实行2~3年轮作,冬菠菜返青时,及时发现并拔除系统侵染的矮缩病株,收获后清除病株残体,减少田间菌源。

4. 加强田间管理 合理密植,科学浇水,配方施肥,改善通风透光条件降低田间和棚室湿度,提高植株抗病力。搭塑料薄膜棚采取避雨栽培,菠菜发病轻。

5. 药剂防治

(1)预防发病 喷施75%百菌清可湿性粉剂700倍液,或80%代森锰锌可湿性粉剂500倍液,或50%福美双可湿性粉剂600~800倍液等。

(2)发病初期 及时喷洒52.2%噁铜·霜脲氰水分散粒剂(抑快净)1 000倍液,或72%霜脲·锰锌可湿性粉剂600~800倍液,或69%烯酰·锰锌可湿性粉剂600~800倍液,或25%甲霜灵可湿性粉剂800倍液,或58%甲霜·锰锌可湿性粉剂500倍液,或72.2%霜霉威水剂600~800倍液,或40%琥铜·甲霜灵可湿性粉剂600倍液,或50%多菌灵盐酸盐可湿性粉剂600~800倍液等,或40%乙膦铝可湿性粉剂200倍液,把药液喷到植株基部叶片背面。

棚室菠菜每667米^2·次,用45%百菌清烟剂250克,或30%百菌清烟剂350克,20%腐霉·百菌清烟剂250克,于傍晚密闭棚室熏烟,防治效果较为理想。

三、菠菜炭疽病

菠菜炭疽病是常见病害,各地菠菜种植区都有发生,栽培管理不当往往发病较重,会造成一定的损失。

【症状识别】 主要危害叶片和茎部。叶片染病,初生淡黄色污点,逐渐扩大成灰褐色、圆形或椭圆形病斑,后期病斑中央呈灰白色,变薄,易开裂。严重时病斑可布满整个叶片,相互融合成不规则形,叶片变黄早枯。病斑具轮纹,中央有黑色小粒点。采种株茎也可染病,产生纺锤形或梭形病斑,并逐渐干枯凹陷,中部灰白色,边缘灰褐色,其上密生轮纹状排列的黑色小粒点(即病菌的分生孢子盘),是本病的典型特征。

【发病规律】

1. 病原 由菠菜刺盘孢 *Colletotrichum spinaciae* 侵染所致真菌病害。

2. 传播途径 病菌以菌丝体在病残体组织内越冬,成为第二年主要初侵染源;分生孢子也可黏附在种子表面越冬。条件适宜时,产生的分生孢子通过风雨、昆虫等传播,由伤口或直接穿透表皮侵入寄主,几天后即可表现症状。植株发病后又产生分生孢子盘和分生孢子进行再侵染,病害发生程度与栽培管理措施有关。

3. 发病条件 病菌生长发育最适宜温度为22℃～24℃,当田间温度达20℃以上,空气相对湿度高于85%时发病重。露地和棚室菠菜春、秋季节,有利于发病,冬、夏季节病情受到抑制。重茬田、清理病残体不彻底或种子带菌率高;雨水多或阴雨天持续时间长,田间和棚室通风不良、浇水多湿度大;地势低洼、排水不良,种植密度高、植株长势差或偏施氮肥,发病均重。

【防治方法】

1. 轮作和田园卫生 重病田和棚室菠菜与其他蔬菜实行2～3年轮作。播种或移栽前及收获后,清除田间病株残体及其四周杂草,集中烧毁或沤肥;深翻耕地灭茬、晒土,促使病残体分解,减少田间初侵染源。

2. 种子消毒 播种前将种子在52℃水中浸种20分钟,取出经冷水洗晾后播种。药剂处理可用50%多菌灵可湿性粉剂,或

第八章　绿叶蔬菜和其他蔬菜病害

50%福美双可湿性粉剂拌种,药量为干种子重量的0.4%。

3. 加强田间管理　合理密植,改善株间通风透光条件。施足腐熟有机肥,配方施肥。田块四周开好排水沟,降低地下水位,适时适量浇水。降低田间和棚室空气湿度,提高植株抗病力。

4. 药剂防治　初发病初期及时喷洒2.5%咯菌腈悬浮剂1 000倍液,或50%咪鲜胺锰盐可湿性粉剂1 000~1 500倍液,或50%福·福锌可湿性粉剂500~700倍液,或70%甲硫·福美双可湿性粉剂800~1 000倍液,或50%异菌·福美双可湿性粉剂800倍液,或75%肟菌·戊唑醇水分散粒剂3 000~5 000倍液,或80%福·福锌可湿性粉剂500倍液,或50%多菌灵可湿性粉剂500倍液,或70%丙森锌可湿性粉剂600倍液,或20%溴菌腈可湿性粉剂500倍液,或70%甲基硫菌灵可湿性粉剂800倍液,或75%百菌清可湿性粉剂600倍液等,每7~天喷1次,连喷2~3次。

四、芹菜斑枯病

芹菜斑枯病又称晚疫病、叶枯病,俗称火龙,是世界性威胁芹菜生产的主要病害,我国各地保护地和露地芹菜发生普遍,发生期长、流行速度快,若不早期及时防治,常可减产损失30%以上,严重时达50%~80%,还降低产品的食用质量和商品性。芹菜贮藏期病情可继续发展,造成严重损失。除了西芹、本芹和采种芹菜外,此病还危害根芹、野生芹。

【**症状识别**】　主要危害叶片,也侵染叶柄、茎、果梗和种子。一般是老叶先发病,向中上部叶片发展。叶上病斑多散生,大小不等,直径1~10毫米,初为淡褐色油渍状小斑点,后逐渐扩大,中部呈淡褐色坏死,病斑边缘明显、深褐色,中间散生少量小黑点(即病菌的分生孢子器)。另一种病斑后期中部呈黄白色或灰白色,边缘聚生很多黑色小粒点,病斑外常具一圈黄色晕环。严重时叶片上布满病斑,相互连片,叶片褐色干枯似火烧状,叶片易脱落。叶柄及茎部病斑长椭圆形或梭形,灰褐色,稍凹陷,病部散生黑色小点。后期在种皮、果梗的病斑上生有黑色小粒点。

【发病规律】

1. 病原 由芹菜生壳针孢菌 *Septoria apiicola* 侵染所致的真菌病害。

2. 传播途径 病菌主要以菌丝体潜伏在种皮内或附着在种子上,也可在病残体和采种母根上越冬。种皮内、外的病菌可分别存活 1~2 年,播种后随着种子的萌发而生长,侵染胚轴产生坏死斑,幼苗出土后即为病苗。病残体上的病菌一般可存活可存活 8~11 个月,侵染幼苗叶片引起发病。病部产生的分生孢子在苗床内传播蔓延,移栽时将病苗带入田间,扩大传播范围。病菌在适宜的环境下,形成分生孢子器及分生孢子,靠气流、灌溉水、农事作业、农具等传播。分生孢子在有水滴时萌发出菌丝,从气孔或穿透皮层侵入寄主,条件适宜时潜育期 8~10 天,显症后病部产生的分生孢子进行频繁的再侵染,可使斑枯病流行。

3. 发病条件 分生孢子萌发温度 9℃~28℃,发育适温 20℃~27℃,高于 27℃生长发育缓慢,致死温度为 48℃~49℃经 30 分钟。该病在 10℃~30℃和高湿条件下易发生,田间发病的最适温度为 18℃~24℃,空气相对湿度 90% 以上,植株体表有水滴时是病害发生必要条件,连续 3 天芹菜体表保持湿润状态即可发病;而空气相对湿度低于 75% 该病基本不发生。芹菜生长期多阴雨天气,冬、春季生产棚室内昼夜温差大,夜间结露时间长,或温度忽高忽低,通风排湿不及时,连作重茬,土壤肥力不足,芹菜生长势弱常可导致病害的迅速扩大和蔓延。

【防治方法】

1. 选用抗(耐)病品种 据报道,特选玻璃脆、脆芹 1 号、津南实芹、津南实芹 1 号和 2 号、津奇 1 号、SG 抗病西芹、文图拉、美国

第八章　绿叶蔬菜和其他蔬菜病害

西芹、嫩脆等抗病(耐)性较强,可根据市场需求选用。

2. 使用无病种子和种子消毒　选择无病种株做留种母根,从无病株采种或应用存放 2 年陈种。若使用当年种子,育苗前需进行消毒,可用 50℃温水浸种 30 分钟,边浸边搅拌,使种子受热均匀,再投入凉水中散热,晾干后播种。浸种法虽然使种子发芽率有所降低,但消毒比较彻底,需增加 10％的种子量,浸种后要做发芽试验。还可用 75％百菌清可湿性粉剂 700 倍液浸种 4～6 小时。

3. 栽培防病措施

(1)合理轮作　重病田应采取与其他蔬菜作物实行 2 年以上轮作。

(2)清除菌源　定植时汰出病苗,发病初期及时摘除病叶、脚叶,带出田外进行无害化处理,收获后清除病残体,并进行深翻,减少菌源。

(3)遮阴降温,培育壮苗　夏季育苗要防晒、防高温和热雨,提倡用遮阳网和防雨棚育苗,及时间苗除草、浇水、施肥,使幼苗健壮。

(4)降低棚室和田间湿度　施足基肥,合理密植,防止密度过大,增加通风透光条件。浇水宜少量勤浇,防止大水漫灌和田间积水,保护地芹菜栽培,白天温度高于 20℃及时通风,夜间保持 10℃～15℃,缩小昼夜温差和减少结露,控制相对湿度在 80%以下。

4. 药剂防治

(1)预防发病　芹菜育苗期定植后加强病情检查,发病前或初见病斑时,喷施 75％百菌清可湿性粉剂 700 倍液,或 80％代森锰锌可湿性粉剂 500 倍液,或 50％福美双可湿性粉剂 600～800 倍液,或 70％丙森锌可湿性粉剂 500～600 倍液等,重点喷施容易发病及其周围的植株,每间隔 10 天喷施 1 次;或用百菌清烟剂熏烟。

(2)常规防治　初发病时摘除病叶,及时喷洒 10％苯醚甲环

唑水分散粒剂1500倍液,或25%丙环唑乳油(金力士)500～750倍液,或25%腈菌唑可湿性粉剂3000倍液,或50%异菌脲可湿性粉剂1000倍液,或650/升嘧菌·百菌清悬浮剂500～800倍液,或32%苯甲·嘧菌酯悬浮剂1500倍液,或64%噁霜·锰锌可湿性粉剂500倍液,或60%乙铝·琥·锰锌可湿性粉剂500倍液,或40%硫磺·多菌灵可湿性粉剂500倍液,或50%敌菌灵可湿性粉剂500倍液,或30%苯噻氰乳油1300倍液,或77%氢氧化铜微粒剂500倍液等,根据病情,一般每7～10天喷1次,连续2～3次。特别注意不同种类药剂的轮换使用,防止或减缓抗药性的产生。

棚室芹菜还可选用45%百菌清烟剂,每667米^{2}每次用药量250克,隔7～10天熏1次,连续2～3次或与喷雾法交替使用。

五、芹菜叶斑病

芹菜叶斑病又称早疫病、斑点病,是芹菜生产的主要病害。在夏季高温育苗时发病,可出现大量死苗,生长期严重发病时造成叶片干枯,一般产量损失10%,严重时可达30%以上,对芹菜产量和质量影响很大。

【症状特点】 主要危害叶片,也侵染叶柄、茎和种子。叶片初生黄绿色水渍状斑点,扩大后呈圆形或不规则形,大小为2～15毫米,中央灰褐色或暗褐色,周缘黄褐色或浅褐色,稍隆起。严重时叶片上布满病斑,相互汇合成大型斑块,致叶片干枯死亡。叶柄及茎部病斑水渍状椭圆形或纵条形,大小为3～23毫米,开始时黄色,渐变灰褐色凹陷,严重时叶柄折断或茎秆开裂、缢缩、全株倒伏。潮湿时叶片和叶柄上病斑表面,生出灰白色霉状物(即病菌的分生孢子梗和分生孢子)。本病病斑上不产生黑色小粒点,有别于芹菜斑枯病。

第八章 绿叶蔬菜和其他蔬菜病害

【发病规律】

1. 病原 本病由芹菜尾孢菌 *Cercospora apii* 侵染所致的真菌病害。

2. 传播途径 病菌以菌丝体附着在种子和土壤中病残组织上越冬,也可在冬季棚室芹菜上侵染危害。适宜条件下,病菌的分生孢子通过气流、灌溉水、雨水飞溅和农事操作等方式传播,经由气孔或表皮侵入芹菜组织内,形成初侵染;继而在病斑上产生新的分生孢子,进行频繁的再次侵染,使病情不断发展甚至流行。

3. 发病条件 病菌喜高温高湿的环境,菌丝发育的适宜温度为 25℃~30℃,分生孢子形成的适温是 15℃~20℃、接近饱和的空气相对湿度持续 10 小时,萌发的适温为 28℃。叶斑病在田间发生的温度为 15℃~30℃,适宜温度为 22℃~30℃,空气相对湿度在 85% 以上。高温多雨或高温干旱,夜间叶片结露持续时间长,易发病。芹菜生长期缺水、缺肥或浇水过多发病重。在幼苗期、成株期均可发病,以成株受害较重。北京地区一年四季均可发生,1月上旬为温室芹菜叶斑病的始发期,2月中旬至3月中旬发生较重,8~9 月为露地病害流行高峰期,10 月中下旬随着气温的降低病害进入衰退期。

【防治方法】 应注意芹菜夏季高温育苗和生长期的病情发展,采取以化学防治为主的综合防治措施。其中,种子消毒可用 50% 福美双可湿性粉剂 600 倍液,浸种 50 分钟捞出用清水冲洗、晾干后播种。夏季育苗棚(室)要遮阴、防雨并与生产田隔离、避免混栽育苗病菌交叉感染,使用无菌净土或进行土壤消毒,定植前 15 天撤去遮阳网炼苗,培育无病壮苗。其他参见芹菜斑枯病。

六、芹菜软腐病

芹菜软腐病是生产中的重要病害,分布广泛、保护地和露地芹

菜各生育期都可发生,但以成株至收获期发生危害较重,特别是夏季高温季节,防治不及时可造成严重损失。除危害芹菜、胡萝卜等伞形花科蔬菜外,也侵染十字花科、茄科、菊科和百合科蔬菜作物,易发病的寄主有大白菜、白菜(青菜)、萝卜、甘蓝、番茄、辣椒、马铃薯、莴苣、生菜、葱、洋葱、大蒜等蔬菜作物。

【症状识别】 主要危害叶柄基部和根茎部,先出现水浸状、淡褐色纺锤形或不规则形的凹陷斑,渐变为褐色或深褐色,潮湿时病斑扩展迅速,病部呈湿腐状,维管束变黑,内部组织腐烂、发臭,腐烂处伴有黄白色黏稠物。严重时生长点烂掉,甚至全株枯死。田间干旱或湿度低时,病斑扩展缓慢,病部干缩,病叶倒伏。植株受害后叶片由外向内逐渐变黄、萎蔫、瘫倒,软腐发臭是其典型症状。苗期主要表现是心叶腐烂坏死,似"烧心"状。

【发病规律】

1. 病原 由胡萝卜软腐欧氏杆菌胡萝软腐致病型 *Erwinia carotovora* subsp. *carotovora* 侵染所致的细菌病害。

2. 传播途径 病原细菌随病残体在土壤中、堆肥、留种株或保护地芹菜上越冬,借雨水、灌溉水、昆虫、农事操作等途径,传播到芹菜叶柄基部,经由育苗移栽、机械损伤和地下害虫等造成的伤口或自然裂口侵入,快速繁殖,破坏寄主组织。病菌可反复进行再侵染,使植株坏死腐烂。

3. 发病条件 发病温度范围 4℃～38℃,最适温度为 25℃～30℃,空气相对湿度 90% 以上,高温高湿环境易造成病害流行。夏秋季温度高雨水多,有利于病菌增殖,及植株上的伤口不易愈合发病重,上海地区 5～9 月是病害盛发期。多年连作,地势低洼、排水不良,基肥不足,偏施氮肥,秋茬种植过早,植株密度过大,田间和棚室通透性差,植株长势弱,地下害虫多发时,发病均重。

【防治方法】 应采取以农业防治技术为主的综合防治措施。

1. 合理轮作 避免芹菜与易发病的十字花科、茄科等蔬菜作

第八章 绿叶蔬菜和其他蔬菜病害

物连作,可与豆科、禾本科等作物轮作 2~3 年以上。

2. 清洁田园 病菌在日光下暴晒 2 小时可大部死亡,在离开寄主的土壤中只能存活约 15 天。芹菜生产及早耕翻晒土、精细整地,发病初期及时拔除病株在田外销毁,并用石灰撒入病穴消毒土壤,收获后彻底清除病残体,可以有效地降低菌源。

3. 防治地下害虫 播种前用辛硫磷颗粒剂,或辛硫磷、敌百虫配制毒土,防治蝼蛄、金针虫等地下害虫,避免造成伤口,参见芋软腐病部分。

4. 加强栽培管理 提倡实行深沟高畦栽培,起秧、定植、松土、除草时避免伤根或造成植株伤口,培土宜用生土,培土切勿过高,不要将叶柄、茎埋在土内。科学灌水,发病期尽量少浇水或停止浇水,防止田间积水。

5. 药剂防治 发病初期拔除病株后及时喷雾防治,可选用 20% 噻菌铜悬浮剂 1 000~1 500 倍液,或 72% 硫酸链霉素可溶性粉剂 3 000~4 000 倍液,或 20% 噻唑锌悬浮剂 500~600 倍液,或 50% 琥胶肥酸铜可湿性粉剂 400~600 倍液,14% 络氨铜水剂 350 倍液,78% 波尔·锰锌可湿性粉剂 500~600 倍液,或 50% 氯溴异氰尿酸可溶性粉剂 800~1 000 倍液,或 47% 春雷·王铜可湿性粉剂 500 倍液,或 50% 琥胶肥酸铜可湿性粉剂 700 倍液,或 30% 氧氯化铜悬浮剂 600 倍液,或 77% 氢氧化铜可湿性粉剂 800 倍液,或 47% 氧氯化铜可湿性粉剂 600~800 倍液;2% 春雷霉素可湿性粉剂 400~500 倍液等。重点喷洒植株基部及地表,根据病情一般 7~10 天喷药 1 次,连续防治 2~3 次。

七、芹菜病毒病

芹菜病毒病又称花叶病,是芹菜(本芹和西芹)生产的重要病害之一,在我国各地均有不同程度的发生,以夏、秋季栽培发病较多,高温干旱年份危害重,明显降低芹菜产量、质量和商品价值。

【症状识别】 苗期至成株均可被害。幼苗染病初期,叶片出现明脉和轻微花叶,渐变为黄绿相间或浓淡相间的花叶、斑驳或者黄化,后期叶片变小、皱缩、畸形,重病株心叶生长停顿、扭曲,全株矮化以至死亡。成株发病,感病早的病株,新生嫩叶先表现斑驳,继之发展为典型花叶,病叶变小,常皱缩、扭曲、畸形,有的叶肉退化、叶片变窄而狭长呈鸡爪状,叶柄纤细,植株矮化。感病晚的轻病株,仅新生叶片呈现浓淡绿色相间的花叶或黄绿斑块,植株生长基本正常。

【发病规律】

1. 病原 侵染芹菜的病毒有多种,黄瓜花叶病毒(CMV)寄主范围广泛,是主要毒源;其次是芹菜花叶病毒(CeMV),可侵染菊科、藜科、茄科一些植物,田间症状是两种单独或复合侵染所致的的系统性病毒病害。

2. 传播途径 两种病毒在温室大棚瓜类、茄果类及十字花科蔬菜种株等多种蔬菜、越冬菠菜、芹菜及多年生宿根杂草上越冬,成为初侵染源。翌年春季条件适宜时,由传毒介体桃蚜、瓜蚜、胡萝卜微管蚜、芹菜蚜(柳二尾蚜)和莴苣指管蚜等非持久性传播,也可通过汁液接触从寄主伤口侵入,以及田间农事操作接触摩擦传播,潜育期10~15天,引起芹菜发病,并进行频繁的再侵染。

3. 发病条件 病毒喜高温干旱的环境,适宜发病的温度为15℃~38℃,最适温度20℃~35℃,空气相对湿度80%以下。一般持续高温干旱天气,有利于病害发生和流行。芹菜苗期是病毒病的高度敏感期,夏、秋季育苗期温度偏高、少雨、蚜虫多发的年份发病重。芹菜与高感病毒病的作物连作、间作会加重病情。耕作管理粗放、田间杂草多、田间农事操作不注意预防传毒,有机基肥不足、缺水、氮肥施用过多的田块发病重。

第八章 绿叶蔬菜和其他蔬菜病害

【防治方法】

1. 选用抗(耐)病品种 据报道,新泰芹菜、津南实芹、黄旗堡实心芹、平度大叶黄空心芹菜、玻璃脆芹、意大利夏芹和冬芹、美国西芹等品种,抗(耐)性较强,可因地制宜引进试种或选用。

2. 培育无病壮苗 夏秋季利用棚室育苗,应做到遮阴网、塑料薄膜和防虫网三覆盖,或搭成四面通风防雨、防蚜、降温的小拱棚。播后保持苗床湿润,防止苗期染病。

3. 治蚜防病 田间悬挂黄板诱杀蚜虫和进行虫情监测,在苗期、定植后蚜虫点片发生阶段,及时用药进行局部防治,防止有翅蚜迁飞扩散传播病毒。可选用10%吡虫啉可湿性粉剂2 000倍液、25%噻虫嗪水分散粒剂6 000倍液、25%吡蚜酮可湿性粉剂1 500倍液、3%啶虫脒乳油2 000倍液、20%氰戊菊酯乳油3 000倍液、1%印楝素水剂或0.36%苦参碱水剂500倍液等喷雾。除瓜蚜外的蚜虫,提倡用50%抗蚜威可湿性粉剂2 000~3 000倍液防治。

4. 搞好田间管理 芹菜与豆科等非寄主作物轮作或者间作。适当调整播栽期,使芹菜苗期避开蚜虫的大发生期,田间悬挂黄板诱杀蚜虫。合理密植,施足有机基肥,加强肥水管理;田间操作中,接触过病株的手应该用肥皂水冲洗,防止再传染;清洁田园,及早清除田间杂草和拔除病株,以减少毒源。

5. 药剂防治 发病初期喷洒2%宁南霉素水剂500倍液,或20%吗胍·乙酸铜可湿性粉剂300~400倍液,或2%氨基寡糖素水剂300倍液,或20%盐酸吗啉胍可溶性粉剂200~300倍液,或7.5%菌毒·吗啉胍水剂500倍液,或0.5%香菇类蛋白多糖水剂250倍液,或1.8%辛菌胺醋酸盐水剂300~450倍液等,隔7~10天喷1次,连喷2~3次,有一定的防病效果。

八、芹菜黑心病

芹菜黑心病又称心腐病,是各地芹菜生产的常见病害,在露地和保护地栽培均可发生,西芹比本芹受害重。近10年来,曾在河南省和内蒙古局部地区造成严重危害,死亡率在40%以上,甚至全田毁种。病株在运输和贮藏期间病情可继续发展。

【症状识别】 芹菜整个生长期均可受害,多发生在8～12叶期。初发病时,植株短缩茎中央的心叶叶缘出现褪绿斑,很快变为褐色,整个心叶凋萎、枯焦,甚至死亡,形成黑褐色的心腐,并向短缩茎扩展,叶柄基部的维管束组织变褐,病部变黑呈干腐状。有的病株初为心叶、叶脉间变褐,其后叶片外缘变为黑褐色,生长点干枯似干烧心,植株外表基本正常,到生长后期才表现出明显的症状。病情轻的短缩茎四周仍可长出略向外展的叶片,但其顶部或边缘组织常常坏死,有时可迅速发展为大型褐色、渐变黑色坏死斑。植株成熟时病害向外叶和根系迅速发展,根尖变黄,剖开根茎内部及根部组织均变褐坏死。潮湿时,病部受腐生细菌或软腐病菌侵染,致心叶变黑褐色、黏滑、湿腐状,短缩茎中央褐腐,全株萎蔫倒伏或枯死。

【发病规律】

1. 病因 主要是因植株体内缺钙所引起的生理病害,造成短缩茎中央叶片的生长点缺钙症。钙是芹菜生长发育必需的矿质营养元素之一,在叶丛生长盛期8～12真叶(采收适期),生长量占植株总量的70%～80%,对钙素的需求量大,反应也最敏感。当土壤中可溶性钙含量不足,或不良的栽培环境条件,造成植株对钙的吸收和运输受阻,而钙素在菜株内移动性差,外叶积累的钙不能被心叶所利用,造成心叶组织生理紊乱而表现症状。

第八章 绿叶蔬菜和其他蔬菜病害

2. 影响发病因素

(1) 土壤因素 当土壤中钙含量低于 0.1%～3%,土壤缺钙不能满足植株对钙的需求,如南方一些地区土壤系从花岗岩、正长岩、硅质砂岩发育来的,全钙含量低,容易产生黑心病。此外,芹菜喜中性或偏碱性土壤,适宜 pH 范围为 6.0～7.6,耐碱性比较强。故在中性或偏碱性土壤中栽培很少发病,而在酸性土壤中栽培发生黑心病严重。

(2) 偏施化肥 施用氮肥和钾肥过多,或过量施用硫酸铵、硫酸钾、氯化钾、氯化铵肥料,提高了土壤溶液浓度,由于元素间的拮抗作用,即使土壤中有充足的钙,也仍然会阻碍钙的吸收,导致黑心病的发生。

(3) 土壤干旱 芹菜根系分布浅,多在 7～10 厘米表土范围内,吸收能力弱。由于栽植密度大、蒸腾作用强,要求土壤经常保持湿润状态,特别是到营养生长盛期,更需要保持充足的土壤水分。土壤干旱直接阻碍芹菜根系对钙素的吸收。

(4) 气候因素 芹菜生长发育要求较冷凉湿润的环境条件,在高温、强光照等条件下,促进芹菜生长发育,加速植株对氮、钾、镁等元素的吸收,但妨碍了对钙的吸收,造成缺钙。

【防治方法】

1. 选用耐病优良品种 据报道。在我国广泛种植的芹菜品种中,加州王、优他 52-70、文图拉、皇后、意大利冬芹、FS 西芹 3 号、胜利西芹、SG 抗病西芹、四季西芹、正大脆芹等优良品种耐缺钙症,可因地制宜种植。

2. 选择地块 芹菜适宜有机质丰富、保水保肥力强的壤土或黏壤土栽培,土壤的酸碱度为中性。对于酸性土壤一般每 667 米^2 施用石灰 50～75 千克,与耕作层的土壤掺匀,调节土壤的酸碱度为中性或弱碱性,并增加土壤中的钙质营养。

3. 均衡配方施肥 增施腐熟的有机肥,提高土壤活性,中等肥力的土壤每 667 米^2 施用腐熟农家肥 3 000～5 000 千克、三元复合肥 40～50 千克,深翻 20 厘米,使土壤和肥料充分混合。定植后 10～15 天每 667 米^2 追尿素 5 千克,以后 20～25 天追尿素和硫酸钾各 10 千克,收获前 10 天停止追肥浇水,保持本芹对氮、磷、钾的吸收比率约为 3∶1∶4,西芹则约为 4.7∶1.1∶1。

4. 加强水分平衡管理 因地、因时和芹菜生长状况进行浇水管理,避免土壤忽干忽湿,保持土壤和空气湿润为目标。初夏季节温度急剧上升时要小水勤浇,保持畦面湿润;高温时不能缺水,注意遮阴降温、防止土壤干旱;露地芹菜浇水宜在早晨或傍晚进行,保护地则在晴天上午进行,避免大水漫灌,夏季注意排水防涝、及时中耕松土,降低土壤湿度。

同时,应做好温度管理,尽可能保持营养生长期适宜温度 16℃～20℃,深冬和早春保护地内加小拱棚保温,夏秋季加设遮阳网和及时通风降温,注意避免高温的不良影响。

5. 及时补钙 芹菜长到 7～8 片真叶时,叶面喷洒 0.5% 氯化钙溶液、0.5% 硝酸钙溶液,或绿芬威 3 号 1 000 倍液,将钙液喷入芹菜心部,每 7～10 天喷一次,连喷 2～3 次;或 17% 螯合钙肥 2 000 倍液,每 10 天喷一次,连喷 2～3 次。

九、芹菜其他重要病害

(一)芹菜灰霉病

是冬春棚室芹菜的一种重要病害,发病率 20%～50% 不等,对生产有一定影响。由真菌灰葡萄孢菌 *Botrytis cinerea* 侵染所致,芹菜心叶、下部叶片、叶柄或枯黄外叶均可染病,初期水渍状,后期病部软化、腐烂或萎蔫。每年 11 月下旬至翌年 4 月低温、高湿条件下易发病,病部长出灰色霉层。

第八章　绿叶蔬菜和其他蔬菜病害

防治措施可参见韭菜灰霉病中防治方法部分。

(二) 芹菜菌核病

是冬春棚室芹菜的一种重要病害,一般病株率为 10%～20%,常引起植株腐烂。由真菌由核盘菌 *Sclerotinia sclerotiorum* 侵染所致,芹菜叶片、叶柄和短缩茎均可染病,初生暗绿色、水渍状病斑,后发展成软腐或溃烂。发病条件和发病期与芹菜灰霉病相近,潮湿时病部表面生浓密的白色霉层和黑色菌核。

防治措施可参考莴苣和生菜菌核病中防治方法部分。

十、莴苣和生菜菌核病

菌核病分布广泛,是露地和保护地莴笋、生菜生产的主要病害,冬春保护地栽培病害最重,南方多雨年份露地栽培也造成一定损失,尤以留种莴苣受害为甚;还侵染十字花科、葫芦科、豆科、茄科、藜科、伞形花科等 19 科的 71 种蔬菜,引起湿腐样腐烂,甚至整株死亡。

【症状识别】　苗期和成株期均可染病,生长中后期受害最重。多从茎基部开始发病,形成褐色水渍状病斑,并向上部蔓延,病组织腐烂。潮湿时病斑表面密生白色絮状菌丝,后生成初为白色、渐变为黑色鼠粪状菌核。病株叶色变淡、萎垂,最后整株腐烂、死亡。结球莴苣在气候干燥时,染病叶球外形不变,内部腐烂生白色絮状菌丝及黑色菌核,外叶黄褐色、薄纸状,叶片基部有时能见白色絮状霉。

【发病规律】

1. 病原　由核盘菌 *Sclerotinia sclerotiorum* 侵染所致的真菌病害。

2. 传播途径　病菌主要以菌核随病残体在土壤内越冬、越夏,土壤干燥可存活 3 年以上,潮湿时只能存活 1 年,而土壤长期存水经 1 个月即腐烂死亡。条件适宜菌核萌发产生子囊盘、子囊和子囊孢子,孢子成熟后借气流传播,生出芽管从植株衰老的组织侵入,混在种子中的菌核也能传病。田间再侵染主要靠植株的健康部位接触病部由菌丝扩散蔓延,通过农事操作等也能传播。

3. 发病条件 病菌菌丝生长适宜温度范围较广,当田间温度达 18℃～20℃,空气相对湿度高于 85% 时发病重,低于 70% 则病害轻或不发病。南方冬春低温季节,遇长期阴雨天气及保护地栽培高湿环境发病均重。植株密度过大、通风透光差、地势低洼排水不良及偏施氮肥的田块发病常重。华南等地当年 11 月至翌年 3 月、甘肃酒泉 6～8 月莴苣露地栽培和制种田;天津地区保护地栽培 3～4 月和 11～12 月是主要发病时期。

【防治方法】

1. 选用抗病品种 如挂丝红、红皮圆叶、红叶莴苣等带红色的品种抗病性较强,可因地制宜选用。

2. 培育无病壮苗 清选种子,汰除菌核。清除病残体用无病营养土或基质育苗,进行甲醛消毒。按 1 米^2 床土用 40% 甲醛水剂(福尔马林)40 毫升,对水 3 升喷洒,然后用塑料薄膜将床土表面盖严,闷 4～5 天后除去覆盖物,耙松放气 2 周以上进行播种。

3. 栽培防病措施 重病田和有条件的地区、农场等,提倡菜田与水稻等禾本科作物实行轮作,仅一季即可杀死土中菌核。莴苣和生菜采用地膜覆盖栽培,带土定植,使膜紧贴地面。最好选用双色地膜(下面为黑色,上面为白色或银灰色),将出土的子囊盘阻断在膜下,抑制其发育减少初侵染来源。合理施用氮肥,增施磷、钾肥,中耕保墒防湿。田间发病后,及时清除失去光合作用的底叶和病叶并妥善处理,减少传播蔓延。收获后彻底清除病残体并进行深耕,将菌核埋入土中 6 厘米以下,使其不能萌发或子囊盘不能出土。

4. 棚室温、湿度管理和土壤消毒 适时浇水与通风,避免湿度过大。生长前期和发病后,适当控制浇水。选择晴天上午浇水,避

第八章 绿叶蔬菜和其他蔬菜病害

免大水漫灌,并及时通风排湿。阴雨天也要适时适量通风,注意避免引起冻害,每天中午都要进行通风,夜间最低气温高于8℃时,可整夜通风。利用夏季换茬休耕时期,深翻土地、灌大水并覆盖地膜,封严地膜边缘,闭棚使土壤升温10~15天,用高温杀灭病菌。

5. 药剂防治 做好莴苣和生菜生长前期和浇水前1~2天药剂防治,使植株基部叶片和根茎部附着药液,还应兼喷根部定植穴。病菌对亚胺和羟酰胺类药剂无抗性地区,可选用50%腐霉利可湿性粉剂,或50%异菌脲可湿性粉剂,或50%乙烯菌核利可湿性粉剂1000~1500倍液,或40%菌核净可湿性粉剂800倍液,或50%异菌·福美双可湿性粉剂600~800倍液等防治。病菌对咪唑类药剂未产生抗性的地区,可选用70%甲基硫菌灵可湿性粉剂,50%多菌灵可湿性粉剂,或50%苯菌灵可湿性粉剂,或50%咪鲜胺可湿性粉剂以及70%甲基硫菌灵可湿性粉剂800~1000倍液防治。病菌对上述药剂均产生抗药性时,应选用25%咪鲜胺乳油(使百克)2000倍液、60%唑醚·代森联可分散粒剂1000倍液,或50%烟酰胺水分散粒剂1000倍液,25%啶菌噁唑乳油(菌思奇),或30%嘧霉胺悬浮剂,或50%乙霉·多菌灵可湿性粉剂,或50%甲硫·乙霉威可湿性粉剂,或70%多·福·乙霉威可湿性粉剂800~1000倍液防治。病害较重的棚室在晴朗天气下提倡采用喷雾法施药技术,每隔7~10天1次,连续防治3~4次。

保护地栽培可在前期病害发生较轻或浇水后和连阴天时,于傍晚或放苫前每667米^{2}用45%百菌清烟剂、10%腐霉利烟剂或20%腐霉·百菌清250克烟剂熏烟;或用5%百菌清粉尘剂喷粉,每667米^2·次用1000克喷粉。

十一、莴苣和生菜霜霉病

霜霉病是莴笋和生菜的常见病害,其中以叶用直立生菜和油麦菜发病受害较重,影响植株生长和产品质量。此病还危害菊苣、苦苣等蔬菜。

【症状识别】 幼苗到成株期均可发病,以成株受害较重。主要危害叶片,病叶由植株下部向上发展。发病初期在叶面形成浅黄色近圆形至多角形病斑,空气潮湿时叶背病斑生白色霉层(病菌的孢囊梗和孢子囊),有时可蔓延到叶片正面。后期病斑变为黄褐色,多个病斑连片,全部外叶枯黄死亡,潮湿时病叶腐烂。

【发病规律】

1. 病原 由莴苣盘梗霉菌 *Bremia lactucae* 侵染所致的真菌病害。

2. 传播途径 病菌在种子或随病残体在土壤中越冬,在南方温暖地区和冬季棚室可继续侵染危害。病菌孢子囊由风雨、昆虫及浇水、田间作业传播,进行初侵染和再侵染。

3. 发病条件 孢子囊萌发适宜温度为6℃~10℃,病菌侵染适温15℃~17℃及85%以上的空气相对湿度和一定结露时间。春、秋季阴雨连绵、棚室湿度高或夜间结露时间长,病害发生重。栽植过密,浇水过多、土壤潮湿或排水不良会加重病情。

【防治方法】

1. 实行轮作 与豆科、茄科或百合科蔬菜实行2~3年轮作。

2. 选用抗(耐)病品种 目前种植的寒江雪、尖叶先锋莴笋、白叶莴笋及澳洲抗热耐寒香帅、新西兰香妃,叶用莴苣中花叶生菜、前卫75号、萨利娜斯、皇帝、大湖366、红结球莴苣、鸡冠结球莴苣、广东结球莴苣等抗(耐)病较强,可因地制宜种植。

3. 加强田间管理 采用小高畦覆盖地膜和滴灌浇水,降低湿度控制病害发生发展;合理密植,使植株通风透光良好;浇小水或膜下浇水,防止大水漫灌,适时通风降低湿度;收获后清洁田园,减少菌源。

4. 药剂防治 播种前可用50%福美双可湿性粉剂拌种,药量

第八章 绿叶蔬菜和其他蔬菜病害

为种子重量的 0.3%～0.4%，或用种子重量 0.2%～0.3%的 25%甲霜灵可湿性粉剂拌种处理，杀灭种子表面所带病菌，减少侵染源。发病初期及时喷洒或 52.5%噁铜·霜脲氰水分散粒剂(抑快净)1 000 倍液，或 72%霜脲·锰锌可湿性粉剂 600～800 倍液，或 69%烯酰·锰锌可湿性粉剂(安克锰锌)600～800 倍液，或 25%甲霜灵可湿性粉剂 800 倍液，或 58%甲霜·锰锌可湿性粉剂 500 倍液，或 72.2%霜霉威水剂(普力克)600～800 倍液，或 50%多菌灵盐酸盐可湿性粉剂(溶菌灵)600～800 倍液，或 40%三乙膦酸铝可湿性粉剂 200 倍液，或 75%百菌清可湿性粉剂 700 倍液等，把药液喷到植株基部叶片背面。也可每 667 米^2 每次用 45%百菌清烟剂 250 克于傍晚密闭棚室熏烟，或 5%百菌清粉尘剂喷粉，每 667 米^2 每次用 1 000 克，防治效果较为理想。

十二、蕹菜白锈病

白锈病为各地蕹菜生产的主要病害，随着蕹菜生产面积的扩大和种植年限的增加，病情呈发展趋势。华南、华东地区和江西、湖南、四川、台湾等省发病较重，大发生时病株率可达 80%以上，显著降低蕹菜质量和商品价值，严重时经济损失达 50%以上。该病还危害甘薯、田旋花、牵牛等旋花科植物。

【症状识别】 主要危害叶片，叶柄和嫩茎亦被害。苗期和成株期均可染病，叶片正面初生淡黄绿色至黄色斑点，边缘不明显，后渐变褐色较大病斑。叶片背面对应部位生白色隆起状疱斑，近圆形或椭圆形至不规则形，有时愈合成较大的疱斑，后期疱斑表皮破裂后，散出白色粉末状物(病菌的孢子囊及孢囊梗)。严重时病叶凹凸不平，病斑密集，变黄枯死或脱落；叶柄症状与叶片的相似。茎基部、根部被害呈肿瘤状，淡黄褐色，不规则形，内含大量卵孢子。病株叶片背面和肿茎产生白色疱斑是本病特征。

【发病规律】

1. 病原 由蕹菜白锈菌 *Albugo ipomoeae—aquaticae* 侵染所致的真菌病害,寄生菌专化性较强。

2. 传播途径 病菌主要以卵孢子随在病残株在土壤里越冬或越夏,卵孢子可存活2年;种子表面也能附着卵孢子。翌春或下一季蕹菜出苗后,卵孢子萌发伸出薄膜泄囊,泄囊产生游动孢子借雨水反溅传播,黏附在叶片上。游动孢子在水滴中萌发产生芽管,经由幼嫩叶片的气孔侵入,引起子叶和植株上部嫩叶发病(初侵染),田间发病出现中心病株。病原菌沿茎维管束上下系统侵染,菌丝在叶肉细胞间蔓延,并在叶片背面生出白色疱斑(孢子囊堆)。其表皮破裂后,散出孢子囊,借风雨或农事操作传播,引起再侵染。随着植株嫩叶、嫩梢相继生成,病情不断发展。在南方地区该病每年4~10月为发病期,7月份至8月上旬高温少雨病情缓和。

3. 发病条件 孢子囊萌发温度为15℃~35℃,最适25℃~30℃。一般夜间温度偏低(21℃左右),植株叶面水膜保持5~6小时,适宜病菌侵入;白天温度25℃以上有利病菌扩展和病情发展,6~9月是发病盛期。白天高温、夜晚凉爽的高湿天气,梅雨季节或台风雨频繁最有利于本病的发生流行。病菌侵染部位多在植株顶部3~4片嫩叶和上梢,以下部位的叶片抗病性强可不显症。蕹菜多年连作或与甘薯等连作,由于卵孢子的逐渐积累,以及土壤瘠薄、疏于肥水管理和偏施氮肥、地势低洼、植株生长不良的地块蕹菜发病早而重。品种间抗病性有差异,窄叶型较为抗病。

【防治方法】

1. 实行轮作 重病区(田)与非旋花科蔬菜轮作2~3年,有条件地区与水稻、水生蔬菜轮作,效果更好。

2. 清洁田园 收获后集中收集、烧毁病株残体,翻晒土壤,减少菌源。

3. 加强田间管理 低湿地区实行高垄、高畦栽培,合理密植,

第八章 绿叶蔬菜和其他蔬菜病害

增施有机质肥和磷、钾肥,提高土壤肥力和疏松度,适时喷施叶面肥、少量勤施追肥,促植株早生快发,壮而不过旺,减轻延缓病害发生。要合理灌溉,干旱时沟灌,夏、秋季应坚持早晨泼洒浇水,做到早、勤、透,冲掉叶面露水,切断病菌侵染来源。

4. 选用无病种子或种子处理 种子带菌是远距离传病的重要途径,远离病田(病区)设无病留种田,选用无病种子或用35%甲霜灵拌种剂、72%霜脲·锰锌可湿性粉剂、69%烯酰·锰锌可湿性粉剂(安克·锰锌),按干种重量0.3%拌种。

5. 选种抗(耐)病品种 如福建华安蕹菜、广东大骨青、赣蕹2号、细叶通菜和柳叶菜等,尤其在重病区应适当选种。

6. 药剂防治 南方菜区6月中旬种子田和低洼田,8~9月生产田发病盛期,是药剂防治的重点时期。在梅雨或台风雨频繁季节应抓住雨后或抢晴施药,可参见莴苣和生菜霜霉病的用药种类,如72%霜脲·锰锌可湿性粉剂600~800倍液,或58%甲霜·锰锌可湿性粉剂600倍液,或250克/升醚菌酯悬浮剂1 200倍液,或50%琥铜·甲霜灵可湿性粉剂700倍液,或25%三唑酮乳油1 500倍液,或43%戊唑醇悬浮剂3 000~5 000倍液,或50%多菌灵磺酸盐可湿性粉剂(溶菌灵)600~800倍液,或40%三乙膦酸铝可湿性粉剂300倍液等,根据病情每7~10天喷1次,连喷2~3次。

十三、芦笋茎枯病

芦笋(石刁柏)茎枯病是我国各地芦笋生产中普遍发生、危害损失具有毁灭性的病害。在长江流域、华南及北方东部地区发生危害尤为严重,病害流行常造成大面积植株枯黄和茎秆倒伏,影响根盘的养分积累,使当年和翌年芦笋的产量锐减,常造成成片绝收或大面积毁园。

【症状识别】 主要侵染嫩茎、侧枝和拟叶。发病初期多在主

茎近地面处出现水渍状小斑点,由淡青色变为灰褐色,病斑扩展呈纺锤形,边缘红褐色或褐色,中间稍凹陷、灰褐色或灰白色,病斑边缘生白色绒状菌丝,中间表面散生或轮生小粒点,灰黑色至黑色(病菌的分生孢子器)。天气干燥病斑边缘界限清晰,不再扩大,成为"慢性型病斑";若天气阴雨潮湿,则病斑迅速扩大为"急性型病斑",病斑长度从几厘米至10多厘米不等,沿边呈水浸状,浅褐色。病菌很快侵入木质部和茎秆髓部,导致茎秆中空易折,上部枯死。侧枝发病形成环切后,病部以上组织枯死。拟叶发病一般来势迅猛,田间的芦笋几天内便可成片枯黄。

【发病规律】

1. 病原 由天门冬拟茎点霉 Phomopsis asparagi 侵染引起的真菌病害,自然条件下该菌只侵染芦笋。

2. 传播途径 病菌主要以分生孢子器和菌丝体在田间病株残体上越冬,是翌年春季的主要初侵染源;种子带菌还可进行远距离传播,导致新芦笋产区发病。条件适宜时分生孢子器释放出分生孢子,由风雨传播到植株上,萌发产生芽管,直接穿透表皮或由伤口侵染嫩茎;此外,病菌在芦笋萌生的幼茎未出土前也可侵染,多在植株茎基部10～15厘米处出现病斑。病部产生的分生孢子,随风雨扩散在田间进行频繁的再侵染,诱发病害流行。长江流域及其以北地区,一年中5～6月和8～9月有二次发病高峰,秋季危害性更大。

3. 发病条件 病菌生长的温度范围为15℃～36℃,适温23℃～26℃。分生孢子从分生孢子器释放、萌发和侵染,需在芦笋体表有水膜条件下进行。在芦笋生产季节,空气相对湿度90%以上或多雨、重雾,是病害流行的重要条件。夏、秋季一般每次雨后10天,田间就出现一次病情发展。降雨量大小和次数多少,是影响病害流行的主要因素,台风暴雨后病情迅速发展。芦笋品种间对茎枯病的抗性差异较大,一代杂交种(F_1)比二代杂交种(F_2)的

第八章　绿叶蔬菜和其他蔬菜病害

抗病性强,而目前我国种植的芦笋绝大部分是二代杂交种,有利于该病发生。芦笋幼茎、新枝、顶梢最易感病,随着茎秆木栓化而增强抗病力。地势低洼、土壤黏重、植株过密、生长过高等可促进发病。芦笋与甘薯、棉花、玉米等作物间作,或采笋田与育苗田相邻、混作,氮肥不足或过多,病情有加重趋势。

【防治方法】　以选用抗病品种和秋、冬季清园为基础,发挥栽培措施防病和增强寄主抗病性的作用,结合药剂保护的综合防治技术。

1. 选用抗病品种　国产杂交一代良种有鲁芦笋 1 号、芦笋王子、新世纪、冠军、硕丰、绿塔、京绿芦 4 号、京绿芦 1 号、京紫芦 2 号、井冈 701、WF(潍坊)28 以及台南选 1 号、3 号等。从国外引进的杂交一代良种如新王朝、巴格林、格兰德、阿特拉斯、格林伟治、阿波罗、改良帝王、泽西巨人、玛丽·华盛顿 500、特来蜜、杰西奈特(Jersey Knight)、JIJNLIM 等抗(耐)病性较强,可因地制宜选用。

2. 种子消毒　培育无病苗是预防病害,防止病菌传入芦笋新种植区或轮作 5 年以上地区的重要措施。播种前直接用 60 热水处理 20 分钟,或经冷水浸种 24 小时后再用 55℃ 热水处理 20 分钟,可杀灭种子所带的病菌,还有促进发芽作用和对幼苗生长无不良影响。目前多采用先将干种子在 60℃～65℃ 热水中浸泡 5～10 分钟,随即转在冷水中漂冷后,放入 25% 多菌灵可湿性粉剂 400 倍液中浸泡 2～3 天,再进行催芽播种。

3. 清园和土壤消毒　清除菌源是预防病害的重要措施。冬季地上茎枯萎时拔出病株、齐土割掉枯死的茎秆,彻底清除地表残体或遗留残桩,远离栽培田集中晒干烧毁,并将草木灰埋于沟中增施钾肥。越冬后及时退土,再清一次病茬,然后用多菌灵或波尔多液常用剂量进行土壤消毒。生长期及时割除枯老茎枝、病茎和细弱茎,带出田间焚毁,减少菌源和有利田间通风透光。

4. 搞好夏季笋田的管理 雨后要注意排涝,防止田间积水。适时中耕除草,保障土壤中氧气含量和根系呼吸。控制笋田的母茎留量,多余的或病劣嫩茎应及时拔除,防止密度过大。定植后第二年的笋田切忌套种其他作物,以防田间郁闭,通风、透光不良。留母茎采笋或合理调整采收期,使嫩茎大量出土感病期避开梅雨期。

5. 合理施肥 增施有机肥和适量钾、磷和钼肥,控制氮肥施用量,促使植株健壮生长,提高抗病能力和产量。

6. 芦笋避雨防病栽培 把芦笋露地种植改为大棚避雨栽培,在7~9月夏秋雨季芦笋采收旺季,保留顶模避雨、拆去裙膜通风降低湿度,能有效控制该病流行,并能提早采笋、延长采笋期,经济效益显著。

7. 药剂防治 初春清园后,选晴天扒开鳞芽盘晾晒,并每667米^{2}用50%多菌灵可湿性粉剂等0.5千克,对水100升灌根,可防治茎枯病和根腐病等病害。利用药剂护茎技术以提高和延长药效,即母茎出土5~7天,株高15~20厘米时,用50%多菌灵可湿性粉剂400倍液,或75%百菌清可湿性粉剂400倍液等涂茎,隔5天再涂1次,防病效果显著。

芦笋发病初期,采取及早喷雾、雨后补喷、高湿条件多喷的原则。母茎分枝后,可优先使用50%多菌灵可湿性粉剂600倍液、75%百菌清可湿性粉剂600倍液、70%甲基硫菌灵可湿性粉剂800倍液、50%醚菌酯水分散粒剂3 000~4 000倍液、50%异菌脲可湿性粉剂1 000倍液、80%代森锰锌可湿性粉剂800倍液、30%苯甲·丙环唑悬浮剂3 000~4 000倍液,防治芦笋茎枯病。还可用10%苯醚甲环唑水分散粒剂1 500倍液,40%腈菌唑可湿性粉剂2 000倍液,64%噁霜·锰锌可湿性粉剂500倍液,50%乙霉·多菌灵可湿性粉剂1 000~1 500倍液,或25%咪鲜胺乳油1 500~2 000倍液,1%申嗪霉素悬浮剂600~800倍液,2%春雷霉素水剂 200~300 倍液等,一般 7~10 天喷 1 次,连喷 3~4 次,注意交替轮换用药。

十四、芦笋根腐病

芦笋(石刁柏)根腐病在各芦笋产区均有发生,山东、江苏、河南、安徽、浙江等省老笋田常造成缺株断垄,在茎枯病发生重的田块,会加重根腐病病情,当两病并发时可致芦笋大面积毁种绝收。

【症状识别】 发病初期根毛和细根呈褐色干枯状,后期脱落。茎基或根的病部变褐色,皮层逐渐腐烂,仅残留表皮及维管束,表皮下有白色菌丝体,植株生长衰弱、部分茎枝变黄或枯死。重病株翌年开春不能抽发嫩笋,采笋结束退土平垄时地下部根盘死亡,贮藏根成为只剩下皮层的空心管状物。

【发病规律】

1. 病原 本病由几种尖镰孢霉菌复合侵染所引起的真菌病害。主要有串珠镰孢霉菌 *Fusarium moniliforme*、腐皮镰孢霉菌 *F. solani*、尖孢镰孢霉菌 *F. oxysporum* 和再育镰孢菌 *F. proliferatum* 等。不同地区的优势种类有差异,病菌除侵染芦笋外,还可侵染瓜类、茄果类和豆类等多种蔬菜。

2. 传播途径 病菌在土壤中或其他寄主植物的病残根系中可存活 6~7 年。病菌对幼根、老根均能危害。一般 4 月下旬开始发病,7~8 月份为发病盛期。

3. 发病条件 芦笋植株生长旺盛,根系未受损伤时,病菌不易侵染。当植株生长衰弱、根系受到损伤或茎枯病发生严重时,病菌便侵入发病。通常采笋多年的老笋田,土质黏重或排水不良,生长衰弱的笋田发病重。

【防治方法】

1. 农业防治 育苗地不宜连作,提倡与大田作物实行 3~4

年轮作。在施肥、中耕时尽量避免损伤根系和地下茎盘。防止大水漫灌,雨后及时排水,雨后或浇水后要及时松土,降低田间湿度,增加土壤的通气性。控制氮肥施用数量,增施有机肥,改变土壤微生物群落,提高芦笋植株的抗病力。采用留母茎采笋和适时停止采笋,防止过度采笋造成植株早衰。及时清除病株,将病株挖出并烧掉,在病穴处撒入石灰进行灭菌。

2. 药剂防治 预防病害发生:幼苗移栽时和扒开老笋田根盘上的土壤,药液浇灌1~2次,同芦笋茎枯病。控制该病危害:发病田块在选留母茎与秋茎地下茎前各浇灌1次。③病株枯死后进行灭菌补栽,先将病根和地下茎盘彻底清除出田外销毁,然后用药液喷洒坑内,再将一年生大苗在春季萌芽前补栽,药液浇灌幼苗。在幼苗成活后,间隔10天左右,用50%多菌灵可湿性粉剂600倍液,或70%甲基硫菌灵可湿性粉剂800倍液,25%苯菌灵可湿性粉剂500倍液等,喷洒茎基部,喷药量以能沿茎蔓下滴为宜。或用30%噁霉灵水剂1000倍液、68%噁霉·福美双可湿性粉剂1000倍液,40%五硝·多菌灵可湿性粉剂500~800倍液、50%氯溴异氰尿酸可溶性粉剂1000~1500倍液等,每株灌药液0.3~0.5千克,隔10天后再灌1次,连续防治2~3次。

十五、芋疫病

芋疫病俗称芋瘟,在芋(头)产区发生普遍,尤以南方地区危害重,高温多雨季节病害流行,可引起芋头减产20%~50%,染病芋头(球茎)无食用和商品价值。

【症状识别】 芋的全生育期均可染病,主要危害叶片和叶柄,球茎(芋头)也可受害。叶片初生圆形、椭圆形至不规则形的暗绿色水渍状斑点,后逐渐扩大成淡褐色至黄褐色病斑,斑面常现浓淡相间的褐色同心环或轮纹,边缘具暗绿色水渍状或黄色环带。潮

第八章　绿叶蔬菜和其他蔬菜病害

湿时,斑面出现稀疏的灰白色霉层(病菌的孢子梗和孢子囊),常分泌出淡黄色至淡褐色的液滴状物。病斑多从中央腐烂或穿孔,多个病斑相连,病叶呈枯黄或枯褐色,严重时仅残留叶脉呈破伞状。叶柄染病,出现大小不等的长椭圆形或不规则形的黑褐色病斑,周围组织褪绿变黄。病斑可相互连接并环绕叶柄,致叶柄腐烂折倒,叶片枯萎。地下球茎受害,病部组织变褐腐烂,严重时扩及整个球茎。

【发病规律】

1. 病原　由芋疫霉菌 *Phytophthora colocasiae* 侵染引起的真菌病害。

2. 传播途径　病菌主要以菌丝体在种芋的球茎内或病残体及水芋上越冬,也能产生厚垣孢子随病残体在土壤中越冬。带菌种芋为发病的主要初侵染源,种植的带菌种芋长出的植株便成为中心病株,在环境条件适宜时,病部产生大量孢子囊,借助气流、水流或风雨溅散传播,萌发产生游动孢子或菌丝,从气孔、伤口或直接侵入,一般潜育期 3～5 天,进行频繁的再侵染,使病害扩大蔓延。我国南方地区,初侵染源主要来自遗落田间的零星病株,病菌无明显的越冬期,并经风雨辗转传播,病害可周年发生。

3. 发病条件　病菌喜高温、高湿的环境条件,温度 24℃～28℃,多雨、露大、雾重、空气潮湿的天气有利于该病的发生。芋株生长中期(地下球茎膨大期)当地的降雨量大和降雨日数多,台风暴雨后常暴发流行。广东、广西 3 月上中旬至 4 月中旬始发,6～8 月进入发病盛期,10 月气温下降发病渐趋缓和。湖南芋产区 8 月中旬至 9 月上旬全年发病高峰期。另外,种植过密、偏施氮肥、植株生长过旺或田间积水、地势低洼、田间郁闭不通风等情况下发病也较重。浙江一般 3 月中下旬至 4 月中旬开始零星发病,6～9 月为病害盛发期。据报道,芋品种和品系间抗病性差异较大,通常水芋较陆芋抗病,槟榔芋较红芽芋、白芽芋抗病。

【防治方法】

1. 因地制宜选用抗(耐)病品种 如潮州香芋以及莱阳多子芋、鲁芋1号、8520等中晚熟品种等,可因地制宜选用。从无病田块健壮植株上选母芋中部的无病子芋作种芋,播种前,将种芋翻晒1~2天。

2. 实行轮作 实行1~2年轮作,南方产区芋与水稻或荸荠(马蹄)等轮作,可明显减轻病害的发生。北方地区与芋头轮作的作物主要有小麦、玉米、花生、大豆等,有的菜区轮作作物主要为姜和大蒜。

3. 清除菌源 我国南方地区在芋头收获后,及时铲除田间遗留的零星残株,清理病残体,集中烧毁。

4. 合理密植 依品种、肥水、土壤条件而定,不同地区播种株数明显不同。山东省青岛和烟台大部分地区芋头每667米^{2}播种株数为2 800~3 000株,浙江种植槟榔芋每667米^{2}种植密度应在800~1 000株之间。

5. 加强田间管理 选择地势高燥、排灌便利的地块种植;做到深沟高畦,保持土壤湿润管理,避免田间植株长期浸泡在水中。雨天及时清沟排水,生长盛期球茎形成时,宜早、晚沟灌,后期保证充足水分。施足基肥,施用充分腐熟的有机肥,增施磷、钾肥,后期避免偏施氮肥。及时铲除田外零星芋株,芋田作物收获后要及时清园,将残株落叶及杂草带出田外处理。及时培土,但注意不能损伤茎部。及时铲除中心病株,并集中销毁。

6. 药剂防治 在发病初期及时施药防治,如华南地区一般从6月下旬开始,每隔7~10天用药1次,连续2~3次。可选用50%烯酰吗啉可湿性粉剂(水分散粒剂)1 500倍液,或50%锰锌·氟吗啉可湿性粉剂500~600倍液,或58%甲霜·锰锌可湿性粉剂500~600倍液,或64%噁霜·锰锌可湿性粉剂(杀毒矾)500倍液,或68%精甲霜·锰锌水分散粒剂(金雷)500~800倍液,或 72％霜脲·锰锌可湿性粉剂 500～800 倍液,或 72.2％霜霉威水剂 600～800 倍液,喷雾防治。一定要注意茎、叶等各部位喷药均匀,雨天后要及时补喷。发病严重时,也可用上述药液浇根处理,每穴施药液 200～300 克,每次间隔 15～20 天。

十六、芋软腐病

芋软腐病又称芋腐败病、芋腐烂病,在芋产区均有发生,是芋头重要病害之一。随着传统产区芋种植面积的扩大,该病发生日趋严重,在芋生长旺盛时期遇高温多湿天气常引起流行,降低产量和芋头商品价值。除危害芋外,还浸染水芋、马铃薯、大白菜、番茄和辣椒等多种蔬菜。

【症状识别】 主要危害叶柄基部和地下球茎(芋头)。叶柄基部染病,初生水渍状、暗绿色、不定型或条形病斑,扩展后叶柄内部组织变褐腐烂,可使叶片基部变褐色软腐,整张叶片变黄凋萎或倒折。球茎染病亦出现湿润状暗褐色斑,手压病部外皮凹陷,可使芋头局部乃至全部变软腐烂,发生严重时病部迅速软化、腐败,终至全株萎蔫以至倒伏,病部散发恶臭味。该病在芋头贮藏期可继续危害,发生软腐。

【发病规律】

1. 病原 胡萝卜软腐欧文氏菌胡萝卜软腐致病型 *Erwinia carotovora* subsp. *carotovora* 侵染所致的细菌病害。

2. 传播途径 病原细菌随病残组织在土壤中或球茎中越冬,成为第二年病害发生的初侵染源,同时也可随带菌种芋作远距离传播。病菌从伤口、气孔、皮孔侵入,伤口主要有自然裂口、虫伤、病痕、机械损伤等,在细胞间隙进行繁殖发育,分解细胞并造成空穴充满细菌,溢出以后成为菌脓,随雨水、灌溉水、农事操作及地下害虫活动等在田间传播蔓延,进行再侵染。该病通常在地下球茎

膨大之前（结芋前）开始发生，以球茎膨大以后（结芋后）发病最盛。

3. 发病条件 发病温度为 4℃～38℃，最适温度 25℃～30℃，大风大雨、高温高湿等剧烈天气变化时易暴发流行。一般连作地、种植过密、地势低洼积水、排水不良、田间湿度大、偏施氮肥植株浓绿郁闭、地下害虫重发等类型的田块发病较重。

【防治方法】

1. 合理轮作 该病害为土传病害，应实行 2～3 年轮作，参见芋疫病。

2. 种芋消毒 在播种前选好种芋翻晒 1～2 天后，可用 72% 硫酸链霉素可溶性粉剂 2 500 倍液，或 20% 噻菌铜悬浮剂 500 倍液浸种 1 小时，捞出晾干后种植，可减轻芋生长前期软腐病的发生。

3. 及时防治地下害虫 酸性土壤整地整畦前，每 667 米^2 撒施石灰 50～100 千克进行土壤消毒。在播种前每 667 米^2 用 5% 辛硫磷颗粒剂 2.5 千克，或 3% 辛硫磷颗粒剂 4～5 千克，拌匀细土 30 千克撒施。也可将 80% 敌百虫可溶粉剂 100～150 克，或 50% 辛硫磷乳油 200 克，对少量水稀释后拌细土 25～30 千克，制成毒土，均匀撒在播种沟（穴）内，覆一层细土后播种，可防治蛴螬、金针虫、蝼蛄等地下害虫，减少种芋被害造成伤口引发软腐病菌入侵危害。

4. 加强田间管理 深耕晒土，精细整地，深沟高畦，有条件可在田块四周深开围沟，有利排灌防止长期渍水。若出现台风、暴风雨天气或田间发现病株时，要及时排干沟中积水，降低田间湿度，抑制病情发展。充分施用腐熟农家肥，其他措施参见芋疫病。

5. 药剂防治 发病初期即病株开始腐烂或田水出现发酵情况时，要及时排水晒田，然后喷洒 72% 硫酸链霉素可溶性粉剂 3 000 倍液，或 24% 硫酸链霉素可溶性粉剂 600～800 倍液，或 20% 噻菌

第八章 绿叶蔬菜和其他蔬菜病害

铜悬浮剂500～600倍液,或20%噻唑锌悬浮剂500～600倍液,或50%氯溴异氰尿酸可溶性粉剂(消菌灵)800～1 000倍液,或47%春雷·王铜可湿性粉剂500倍液,或50%琥胶肥酸铜可湿性粉剂700倍液,或30%氧氯化铜悬浮剂600倍液,或77%氢氧化铜可湿性粉剂800倍液等,每7天1次连续喷雾2～3次,有一定防治效果。

十七、黄花菜锈病

黄花菜(金针菜)锈病在各种植地区普遍发生,是黄花菜的主要病害。管理不善病害发生可造成减产约10%,重病区的叶片发病率常在50%以上,有时高达100%,严重流行年损失在30%以上,还可侵染败酱草等杂草。

【症状识别】 主要危害植株中、上部叶片和花薹。最初在叶片或花薹上产生橘红色凸起疮斑(病菌夏孢子堆),埋于寄主表皮之下,周围褪绿变浅黄色。孢子成熟后表皮破裂,散落黄褐色粉状夏孢子。一般夏孢子堆排列不规则,散生;若夏孢子堆大而多则连接成片,叶片表层明显翻卷,叶片逐渐黄枯,使其他叶片散落一层黄褐色粉状物。黄花菜生长后期,叶片上产生短线状或长椭圆形黑色疮斑,称冬孢子堆,埋生于表皮下,非常紧密,一般不破裂,内生黑色冬孢子。危害严重时常整株叶片枯死,花薹短瘦或根本不能抽薹,花蕾易凋萎脱落。

【发病规律】

1. 病原 萱草柄锈菌 *Puccinia hemerocallidis* 属"转主寄生型"真菌,在两种不同的寄主上(黄花菜、败酱草)完成侵染循环。

2. 传播途径 病菌以冬孢子在黄花菜病株残体上越冬。春暖后冬孢子发育成担子释放出担孢子,不能侵染黄花菜,而随气流传播、侵染转生寄主败酱草,在叶面上产生性孢子器和性孢子,性孢子经气流、雨水和昆虫传播,继而在叶片背面产生锈孢子器和锈孢子。成熟的锈孢子借助气流飘移到黄花菜上,侵染寄主引起发病,并形成夏孢子堆和夏孢子。病株上的夏孢子在条件适宜时,可反复侵染黄花菜引起病害流行。在秋季黄花菜生长晚期产生冬孢子堆和冬孢子,随着黄花菜休眠在病残体上进入越冬阶段。

3. 发病条件 日平均温度24℃～26℃,空气相对湿度85%左右有利发病。长江流域产区该病一般5月始发,6月中旬至7月上旬病情迅速发展,进入发病盛期;9月秋苗开始染病,10月病情发展危害秋苗。春、秋季温暖湿润适宜发病,夏季多雨利于病害流行。同时,植株蔸龄过长,密度高田间郁闭度大,肥水不均,光照不足,徒长纤弱等情况也易于发病。

【防治方法】

1. 选种抗(耐)病品种 黄花菜不同品种间的抗病性有明显的差异,如四月花、细叶子则较感病;而长嘴子花、茄子花、五月花、荆州花、高垄花、片子花、叶子花、大乌嘴、白花和猛子花等抗(耐)病性较强,可因地制宜选用,同时要注意不同品种的合理布局和轮换种植。

2. 清除越冬菌源 随时清除田间病残体,在黄花采收结束后,应彻底清除病株残叶,并铲掉败酱草等杂草,带出田外集中烧毁,减少菌源;在秋苗期喷洒0.5波美度石硫合剂,或15%三唑酮可湿性粉剂1～2次,进行全面灭菌消毒。

3. 及时分株,更新老龄株丛 至少深挖覆土30厘米,并去掉部分老根,促进秋苗分株。苗龄超过5年应更新植株,保持生产中以壮龄为主,提高抗病性。

4. 合理施肥和浇水 冬前结合培兜覆无菌新土施足基肥;春季抽薹前重施催薹肥,促使花薹粗壮;增施磷、钾肥,特别是磷肥,每667米^{2}应施过磷酸钙20千克。南方冬季可套种绿肥,改造土壤活性;土壤酸性过大,增施草木灰,调节酸碱度。

第八章 绿叶蔬菜和其他蔬菜病害

5. 药剂防治 栽培田出现零星病株,及时摘除病叶或割去病株,然后进行喷药保护,控制发病中心。可选喷:25%丙环唑乳油2 000倍液,15%三唑酮可湿性粉剂2 000倍液,12.5%烯唑醇可湿性粉剂3 000~4 000倍液,20%腈菌唑可湿性粉剂2 000~3 000倍液,10%苯醚甲环唑水分散粒剂1 500倍液,40%氟硅唑乳油5 000倍液等。另外,15%三唑酮可湿性粉剂2 000倍液加70%代森锰锌可湿性粉剂1 000倍液,不仅增效还可提高安全性。每隔7~10天喷1次,连喷2~3次。

十八、黄花菜叶斑病

黄花菜叶斑病俗称水瘟等,是每年春季发生最早的一种苗期病害,管理不善可造成较大的减产损失,本病还可侵染大麦、小麦、棉花、蚕豆等作物引起根腐。

【**症状识别**】 主要危害花薹和叶片。病菌从叶片气孔或伤口侵入,多沿着叶脉附近出现淡黄色斑点,扩大后呈椭圆形病斑,边缘深褐色,四周具黄色晕圈,后期病斑中央部分由黄褐色变灰白色。干燥时病斑破裂,叶片易折断,潮湿时病部常长出淡红色霉层。花薹染病,初生褐色小点,逐渐扩展呈纺锤形至椭圆形病斑,中央棕褐色,病斑扩大可环绕花薹。症状与叶片相似,有时几个病斑汇合成10多厘米长凹陷病区,表面上长出粉红色的霉状物。病斑多影响花薹生长及花蕾形成,或致花薹折断枯死。

【**发病规律**】

1. 病原 由同色镰孢菌 *Fusarium concolor* 侵染引起的真菌病害。

2. 传播途径 病菌主要以菌丝体和分生孢子,在秋苗枯死的病叶、花薹和土壤中越冬。翌春3~4月随幼苗出土,分生孢子萌发产生芽管侵染叶片,幼苗发病后约1周,病部又产出分生孢子,

进行频繁的再侵染。气象条件等适宜病害极易流行。春黄花菜枯死后,病菌可在枯叶和花薹上越夏,进入秋季侵染秋苗。

3. 发病条件 病菌生长发育温度为 10℃～38℃,最适 20℃,旬平均温度 15℃～20℃,空气相对湿度高于 80% 或阴雨天气病害易流行。湖南产区 3 月中下旬始发,4 月中下旬至 5 月上旬春苗抽叶期温度适宜,每次大量降雨后,出现发病高峰;而抽薹期虽雨水较多,若温度较高,叶片与花薹则发病较轻。同样,秋苗病害发生程度与降雨和温度关系密切。此外。偏施氮肥,幼苗叶片生长柔嫩,种植密度过大,荫蔽严重;排水不畅,土壤黏重,田间湿度大,管理粗放发病重。

【防治方法】

1. **选用抗(耐)病优良品种** 如四月花、长嘴子花、白花、猛子花、茄子花、冲里花、细叶花、重阳花、冬子花、黑咀子花、长咀子等耐病或较抗病;高垄花、荆州花及庄子花则较感病。

2. **栽培防病** 合理施肥,更新老龄株丛同黄花菜锈病。清沟理墒,多雨季节及时排除田间积水,保持行间透风良好。采收期固定操作行,以减少人为造成叶片、花茎的损伤。采摘黄花后迅速割苗,及时清除秋苗田的病残体,集中烧毁或深埋。

3. **药剂防治** 发病初期及时喷药,可用 70% 甲基硫菌灵可湿性粉剂 500 倍液,或 50% 腐霉利可湿性粉剂 1 000 倍液,或 15% 三唑酮可湿性粉剂 600 倍液,或 10% 苯醚甲环唑水分散剂 2 000 倍液,或 25% 甲霜灵可湿性粉剂 800 倍液等,每隔 7～10 天 1 次,连续防治 2～3 次,效果良好。还可选用 40% 硫磺·多菌灵悬浮剂 500 倍液,或 50% 多菌灵可湿性粉剂 500 倍液,或 75% 百菌清可湿性粉剂 500 倍液,或 1∶1∶120 倍波尔多液等喷施。每隔 7～10 天 1 次,连续防治 2～3 次,上述药剂要注意交替或轮换使用或混用,以利提高防效,延缓产生抗药性。

第八章 绿叶蔬菜和其他蔬菜病害

十九、韭菜灰霉病

灰霉病是各地秋、冬、春季棚室韭菜栽培的主要病害,造成叶片枯死,韭菜湿腐、霉烂,严重时减产30%以上,染病的韭菜有异味,降低食用性和商品性。此病还危害洋葱、大葱、大蒜,但不侵染黄瓜、番茄、茄子、辣椒、菜豆、莴苣和十字花科蔬菜等。

【症状识别】 主要危害叶片,症状类型分为3种。

1. 白点型 初期叶面上散生白色小点,扩大后呈椭圆形至梭形的灰白色病斑,直径1~3毫米,后期病斑互相融合成大片枯死斑,致使半叶或全叶枯死,湿度大时病部表面密生灰色至灰褐色霉层(病菌的分生孢子梗和分生孢子)。

2. 干尖型 病部从叶尖向下扩展形成枯叶,或由割茬的刀口处向下软腐,初生水渍状,后变淡绿色,有褐色轮纹,病斑扩展后多呈半圆形至"V"形病斑,向下继续扩展2~3厘米、黄褐色,潮湿时生灰褐色或灰绿色绒毛状霉层。

3. 湿腐型 韭菜长势衰弱、贴近地面的老叶或密闭贮运期间,染病叶片成水渍状深绿色软腐呈湿腐状,并伴有明显的腥臭味。

【发病规律】

1. 病原 由葱鳞葡萄孢菌 *Botrytis squamosa* 侵染所致的真菌病害。

2. 传播途径 病菌主要以菌核在土壤中潜伏越夏。秋末冬初韭菜扣棚后温、湿度适宜,菌核萌发菌丝体或产生的分生孢子萌发,由伤口或直接穿透表皮侵入寄主(初侵染)。韭菜发病后又产生大量分生孢子,经气流、灌溉、农事操作等传播,频繁的进行再侵染。例如,每次收割韭菜时,分生孢子散落在土表或健叶上,特别是割茬的刀口成为重要的侵入途径,病害迅速扩展蔓延。

3. 发病条件 灰霉病在温度7℃~15℃,空气相对湿度75%

以上就可发生，温度20℃和空气相对湿度90%以上病害易流行，27℃左右产生菌核最多，并以菌核越夏。深秋、冬季和早春季节棚室密闭性强，白天温暖昼夜温差大，棚膜滴水，叶面结露，适于灰霉病发生，春季3～4月进入发病盛期，从点片发生到暴发流行，有时只需3～4天。韭菜连作3年以上菌源增多，棚室保温性能差或韭菜受冻，头刀、二刀和三刀割韭造成伤口利于病菌侵染，以及偏施氮肥，浇水过量，光照不足，植株生长衰弱等发病重。不同品种的抗（耐）病性有差异。

【防治方法】

1. 选用抗（耐）病优良品种　如早发1号、杭州雪韭、黄苗、中韭2号、平丰1号、4号、6号和8号、多抗富韭6号、克霉1号、寒青韭霸、津韭1号、天津黄苗、天津津南青、河南791、廊韭9号、临韭1号、胜利雪韭等品种，还具有一定的抗寒性，可因地制宜选用。

2. 培育壮苗和护根养茬　夏季韭菜做好防涝除草，当年播种或移栽的韭菜田平整畦面，沟渠配套，做到排灌及时，避免根部积水，防止韭菜倒伏和旺长。秋季施足有机肥、增施磷、钾肥，及时浇水和防治韭菜根蛆等害虫，在扣棚前养好韭根，提高韭菜抗病增产能力。

3. 棚室温、湿度管理　适合韭菜的生长温度为白天18℃～28℃，夜间8℃～12℃。根据天气和韭菜长势，遇激烈降温和寒潮天气，做好保温工作防止韭菜受冻。一般晴天中午打开一定量通风口，降低空气湿度。刚割过韭菜和外界气温低时，通风要和缓，一般不要开启棚室底部的通风口，严防"扫地风"冻伤韭菜而加重病情。

4. 栽培防病　发病后适当控制浇水，应勤中耕松土，降低棚室内湿度和减少叶面结露。收割韭菜后及时清除病叶、残株，携出田外妥善处理，同时将覆土清理到畦埂上，搂松表土以提高地温，有利伤口愈合，减少病菌侵染。

5. 药剂防治 发病初期可选用熏烟法和粉尘法防治。如10％腐霉利烟剂每667米² 每次200～250克,或45％百菌清烟剂每667米² 每次250克,晚上密闭棚室熏烟。也可在早晨或傍晚喷洒5％百菌清粉尘剂,或6.5％甲硫•乙霉威粉尘剂(甲霉灵),每667米² 每次1千克,隔10天1次,连续或与其他方法交替使用2～3次。

也可采用喷雾法防治,重点保护心叶并喷洒周围土壤,使用的药剂种类及浓度同莴苣和生菜菌核病。

二十、韭菜疫病

疫病是露地韭菜的主要流行性病害,棚室韭菜管理不善,也可引起植株成片死亡。此病还危害大葱、洋葱、大蒜及茄子、番茄等。

【症状识别】 韭菜根、茎、叶、花薹等部位均可受害,以假茎和鳞茎受害最重。叶和花薹多从下部开始染病,初为暗绿色水渍状病斑,当病斑扩展到叶片和花薹的一半时,病部缢缩,使其变黄、下垂、软腐,湿度大时病部长出灰白色的霉状物(病菌的孢囊梗和孢子囊)。假茎被害呈浅褐色软腐,叶鞘易脱落,湿度大时假茎上也长出灰白色稀疏的霉层。鳞茎被害,根盘部呈水渍状,浅褐色至暗褐色,易腐烂,生长受抑制并影响养分贮存。根部受害呈褐色腐烂,根毛减少,植株停止生长或枯死。

【发病规律】

1. 病原 本病由烟草疫霉 *Phytophthora nicotianae* 侵染引起的真菌病害。

2. 传播途径 病菌主要以卵孢子随病残体在露地土壤中越冬,翌年春季条件适宜,产生孢子囊和游动孢子,借风雨、灌溉水传播引起发病。病部形成的孢子囊及游动孢子,又借助雨水溅射或气流等传播,不断进行再次侵染,使病害得以蔓延。冬季在棚室韭菜上继续侵染危害。

3. 发病条件 该病在25℃～32℃,空气相对湿度95%以上和韭菜体表有水滴存在就可发生。一般雨季或大雨后天气突然转晴,气温急剧上升,病害常可迅速流行。北方地区露地韭菜养根期间,一般7月上旬开始发病,8月上旬进入高峰,10月中下旬病情停止。易积水的韭菜地,栽植过密、通风透光不良或偏施氮肥等会加重发病。韭菜扣棚后,在温暖、潮湿条件下疫病有所发展,特别是翌年3月中旬随气温升高,如放风不及时或浇水过量,韭菜易徒长和发病。4月底5月初不及时揭棚膜,或在棚室内套种喜温蔬菜,该病常局部严重发生。品种间抗病性有差异。

【防治方法】

1. 选用抗(耐)病品种 据报道,多抗富韭6号、雪青、雪里青较抗病,优丰1号、早发1号、雪韭791、平丰1号、4号和6号、赛松、胜利雪韭等品种有一定的抗(耐)病性,可因地制宜试种或选用。

2. 加强田间管理 露地和保护地韭菜疫病常发区,提倡合理轮作;做好土、水、气、肥和清洁田园等栽培防病措施,参见韭菜灰霉病部分。

3. 药剂防治 发现疫病发病中心或在发病初期,及时喷淋药液,可用72%霜脲·锰锌可湿性粉剂500～600倍液,或76%丙森·霜脲氰可湿性粉剂400～500倍液,或25%吡唑醚菌酯乳油1000倍液,或60%唑醚·代森联水分散粒剂1500倍液,或50%烯酰吗啉可湿性粉剂600倍液,或25%甲霜灵可湿性粉剂(瑞毒霉)750倍液,或44%精甲·百菌清悬浮剂600倍液,或58%甲霜·锰锌可湿性粉剂(瑞毒霉·锰锌)400～500倍液,或64%噁霜·锰锌可湿性粉剂(杀毒矾)400～500倍液,或40%三乙膦酸铝可湿性粉剂250倍液等,每公顷喷药液量750～900千克,连续防治2～3次。

第八章 绿叶蔬菜和其他蔬菜病害

二十一、大葱和洋葱霜霉病

霜霉病是葱类蔬菜的重要病害,各地都有发生,南方以洋葱受害为主,北方大葱受害重。由于近年葱地多肥、多水、连作等原因,引起葱霜霉病日趋严重,大发生年份造成叶片大面积干枯死亡,可减产30%~50%。此病除洋葱、大葱外,大蒜、冬葱、细香葱、分葱、韭葱和韭菜等作物也常有发生。

【症状识别】 叶片、花梗、假茎和鳞茎均可发病。

1. 大葱霜霉病 病叶主要出现在植株中下部,病斑椭圆形或长椭圆形,边缘不明显,淡黄绿至黄白色,长有白霉、紫霉或干枯,病部以上逐渐干枯下垂。种株花梗发病时,初期出现较大的纺锤形或椭圆形病斑,黄白色或乳黄色,有白霉产生(病菌的孢囊梗和孢子囊),后期变为淡黄色或暗紫色。假茎早期发病植株扭曲,晚期发病病部破裂并影响种子成熟。鳞茎染病,可引起系统性侵染,病株矮缩,叶片扭曲畸形,潮湿时病部表面长出大量白霉。

2. 洋葱霜霉病 叶片病斑浅黄绿色或苍白色、长椭圆形,严重时扩展至上半叶,病斑呈倒"V"形。花梗染病同叶部症状,易由病部折断枯死。潮湿时病部长出白色至紫灰色霉层。鳞茎染病后变软,外部的鳞片表面粗糙或皱缩,植株矮化,叶片扭曲畸形。

【发病规律】

1. 病原 由葱霜霉菌 *Peronospora destructor*(异名 P. schleidenii)侵染引起的真菌病害。

2. 传播途径 病菌主要以菌丝体潜伏在鳞茎及侧生苗上,或以卵孢子在土壤中或附着在种子表面越冬,成为翌年的初侵染源。条件适宜时病菌萌发,从植株的气孔侵入或以菌丝体在寄主体内蔓延引起发病。田间病株上产生大量的孢子囊,主要借助气流、雨水、昆虫、农事操作进行传播。孢子囊一旦接触到寄主感病部位,

条件适宜时几个小时就可萌发、侵入,其潜伏期3～5天即可显症。生长季节可进行反复多次再侵染。

3. 发病条件 病菌孢子囊产生温度13℃～18℃,最适15℃,空气相对湿度85%以上,萌发最适温度为10℃左右。因此,低温高湿是此病流行的必要条件。一般在白天温暖,晚上冷凉,容易结露,或多雨、重雾天气,有利于发病危害。通常长江流域的发病高峰在4～5月和10～11月,而华北、西北地区则在5～6月和9～10月。不同品种在田间的抗(耐)病性表现有差异;此外,连作种植、密度过大、地势低洼、土壤黏重、排水不良、大水漫灌及作物长势较弱等,均可诱发本病。

【防治方法】

1. 选播无病种子和进行种子消毒 选地势高燥没栽种过葱、韭、蒜的田块繁殖种子、种苗。对外购的种子在播种前用0.3%～0.4%的50%福美双可湿性粉剂拌种,或用0.2%～0.3%的25%甲霜灵可湿性粉剂拌种处理,减少侵染源。也可用50℃温水浸种25分钟,经冷却以后播种。

2. 选用抗(耐)病品种 根据产地环境条件和市场需求,选用丰产优质的抗(耐)病品种。如大葱中章丘大葱及其高白大葱、家禄1号、家禄2号,淄杂1号、2号、6号,阜葱1号、内葱2号等;从国外引进的长宝、明彦、改良长悦、天光、日本冬盛和春胜等。紫皮洋葱中连葱8号、紫星,红皮洋葱西葱2号,黄皮洋葱金红叶、港葱3号、7号等;从国外引进的红皮洋葱宏福,黄皮洋葱西部骑士、潘多拉、牧童、大宝、章琪运、黄皮02等。此外,表现抗或较抗的品种还有百利、金斯顿、福圣、福星、金美、农场主、富农等。

3. 加强栽培管理 与非葱类作物实行2～3年轮作,进行高畦高垄栽培,增施腐熟有机肥作基肥,合理密植,疏松土壤,及时排涝,避免大水漫灌,防止菜田阴湿,清除病株残体等,均可减轻病害。

第八章　绿叶蔬菜和其他蔬菜病害

4. 药剂防治

（1）定植前苗床喷药保护　尤其在夏、秋季阴雨天气多的年份，可用58%甲霜·锰锌可湿性粉剂500倍液，或64%噁霜·锰锌可湿性粉剂500倍液等防治2～3次，减少带病株率。

（2）田间发病前喷药预防　一般可选用75%百菌清可湿性粉剂600倍液，或70%代森锰锌可湿性粉剂600倍液，或50%福美双可湿性粉剂400倍液，或70%乙铝·锰锌可湿性粉剂500倍液喷雾等，喷施1～2次。

（3）发病初期喷药防治　及时选用50%烯酰吗啉可湿性粉剂600倍液，或25%吡唑醚菌酯乳油1000倍液，或60%唑醚·代森联水分散粒剂1500倍液，或58%甲霜·锰锌可湿性粉剂500倍液，或64%噁霜·锰锌可湿性粉剂500倍液，或25%甲霜灵可湿性粉剂800倍液，或50%烯酰·锰锌可湿性粉剂1000倍液，或72.2%霜霉威水剂800倍液，或72%霜脲·锰锌可湿性粉剂600倍液，或80%三乙膦酸铝可湿性粉剂400倍液等喷雾。一般每隔5～7天喷1次，连喷3～4次。注意在发病期如遇雨，或有大雾、重露天气以及浇水后，应及时喷1遍药，防止病情加重。

二十二、大葱和洋葱紫斑病

葱类紫斑病又称黑斑病，各地发生普遍，危害程度因地区或年份而异，华中、华南等地区多雨年份主要危害洋葱，东北地区大葱受害严重，直接影响葱叶的食用价值和葱籽的产量，而且还能引起贮运期间的损失。此病也常危害大蒜、韭菜等蔬菜作物。

【症状识别】　主要危害叶片和花梗，初为水渍状白色小斑点，病斑多靠近叶尖或位于花梗中部，后逐渐扩大为紫褐色、椭圆形病斑，长2～4厘米、宽1～3厘米，周围常有黄色晕圈，有同心轮纹，潮湿时病部表面长有黑褐色霉状物（病菌的分生孢子梗和分生孢

子)。病斑扩展常几个相互融合形成大斑,密布叶片导致枯死,或环绕花梗引起折倒,采种株花梗严重受害,种子皱缩影响成熟或不饱满。洋葱鳞茎受害,多从颈部或伤口感染处发病,引起半湿性腐烂,收缩变黑。

【发病规律】

1. **病原** 由香葱链格孢菌 *Alternaria porri* 侵染所致的真菌病害。

2. **传播途径** 在冬季温暖的南方地区,田间常年生长葱蒜等作物,病菌分生孢子可辗转危害;在北方寒冷地区,病菌以菌丝体潜伏在寄主体内和种苗上,或以分生孢子在病株残体上越冬。翌年条件适宜,越冬病菌产生新的分生孢子,借风雨传播,经气孔、伤口或从表皮侵入寄主,引起发病。病部产生大量分生孢子,进行再侵染。

3. **发病条件** 发病温度为15℃～33℃,低于12℃不发病,最适为24℃～27℃,空气相对湿度90%以上。而病菌分生孢子产生需要湿度高,萌发和侵入寄主需有水滴存在,夏季雨季适宜病害发生。在较高温度和高湿环境,病害的潜育期为3～5天,5天后即可产生分生孢子,利于病害流行。葱类衰老叶片比较感病,植株生长中后期发病重。连阴雨天、植株长势弱、田间管理粗放等,是诱发本病的条件。沙质土,旱地,早苗或老苗,缺肥以及葱蓟马危害重的田块发病重。

【防治方法】

1. **采用无病种苗和进行种苗消毒** 设无病种苗田或无病采种田。带菌种子用2.5%咯菌腈悬浮种衣剂包衣,或50%异菌脲可湿性粉剂拌种,用药量为干种子重量的0.3%。鳞茎用40℃～45℃温水浸泡1.5小时后,取出冲洗播种。

2. **选用抗(耐)病品种** 章丘大葱及其高白大葱、家禄1号、家禄2号,淄杂1号、2号、6号,新葱1号、2号,辽葱3号、6号,阜葱1号、内葱2号、箭杆白、掖辐1号,及日本天光、亚洲黑金长葱、亚洲长玉等的抗病性较强。紫皮洋葱中连葱8号、紫星,黄皮洋葱金红叶、港葱3号、5号,连葱4号、6号、7号等;此外,表现抗或较抗病的品种还有金斯顿、福圣、福星、金美、农场主、富农、百利、金罐1号、黄高早丰1号等,可因地制宜选用。

3. 加强栽培管理 与韭葱、蒜、韭菜等以外的作物实行2年以上轮作。施足基肥,增施磷、钾肥,提高植株抗病能力。清除病株残叶,减少病源,降低发病率。

4. 药剂防治 病初喷洒3%多抗霉素水剂700～800倍液,或50%福美双可湿性剂500倍液、65%代森锌可湿性粉剂600倍液、70%代森锰锌可湿性粉剂500倍液,或75%百菌清可湿性粉剂600倍液,或64%噁霜·锰锌可湿性粉剂500倍液,或58%甲霜·锰锌可湿性粉剂500倍液,50%异菌脲可湿性粉剂1 000倍液,40%代森锰锌可湿性粉剂500倍液,50%腐霉利可湿性粉剂1 000～1 500倍液,40%唑酮·多菌灵可湿性粉剂800～1 000倍液,50%异菌·福美双可湿性粉剂700倍液、10%苯醚甲环唑水分散粒剂1 500倍液等,每隔7～10天喷1次,连喷3～4天。

5. 适时收获,低温贮存 把握住收获适期,如洋葱在葱头顶部成熟时收获,并把鳞茎晾干后贮藏。贮藏窖温为0℃,空气相对湿度65%以下。

二十三、葱类锈病

葱类锈病在全国各产区均有发生,是葱蒜类蔬菜的主要病害,秋季严重发生时引起叶片枯死,对产量和质量有明显的影响。该病主要寄主有大葱、洋葱、大蒜、青葱和韭菜等。

【症状识别】 主要危害叶片、花梗和绿色假茎。病部初生纺锤形或椭圆形、稍起的疱斑(病菌夏孢子堆),后表皮破裂向外翻转,散出橙黄色粉状物即夏孢子。病斑四周具黄色晕圈,夏孢子堆可连片形成疱斑群。在植株生长后期,病部形成黑褐色、长椭圆形稍隆起的疱斑(冬孢子堆)。严重时,叶片长满疱斑,病叶枯黄死亡。采种株的花梗变成红褐色,花蕾干瘪或凋谢脱落。

【发病规律】

1. 病原 由葱柄锈菌 *Puccinia allii* 侵染所致的真菌病害。

2. 传播途径 北方寒冷地区病菌以冬孢子在病残体上越冬;南方则以夏孢子在葱、蒜、韭等寄主上辗转侵染危害,或在活体寄主上越冬。翌年春季气温回升后,越冬植株上产生的新的夏孢子随风雨传播,从寄主表皮或气孔侵入,在田内出现发病中心。4月中旬以后气温和湿度适宜,病菌能进行多次侵染使病情增长很快,由点片阶段发展到全田普发。夏季高温病菌则以夏孢子在病组织内越夏。秋季夏孢子反复侵染使病害再度流行,寄主进入生长后期的感病阶段,成为主要危害期。

3. 发病条件 发病温度为 6℃～23℃,最适温度 10℃～20℃,空气相对湿度85%以上或叶面布满水滴;温度超过24℃病害发展受到抑制。春夏4～6月和秋季温暖潮湿的气候条件,有利于病害的发生,尤其是在多露、重雾条件下,病害易流行。植株密度大、偏施氮肥、田间郁闭,或者地势低洼、易于积水的田块,有利于病害流行。品种间抗病性也有明显差异。

【防治方法】

1. 选用抗(耐)锈病品种 如大葱掖辐1号、洋葱天光、元藏、长宝、冬胜、春胜和西葱2号等,可因地制宜选用。

2. 选地与轮作 选择地势干燥平坦,排灌方便,土壤有机质含量高,保水肥能力强的壤土种植大蒜、洋葱。避免葱蒜韭菜混种和连作,提倡与非寄主作物2年以上轮作。

3. 加强田间管理 深沟高畦,开好排水沟系,杜绝大水漫灌,降低田间湿度。收获后及时清除病残体,携出田外处理,翻地灭茬

第八章 绿叶蔬菜和其他蔬菜病害

促进病残体分解,减少田间菌源。

4. 药剂防治 早春查找发病中心,及时喷药封锁,以后视病情发展情况和降雨情况,于发病初期及时喷药防治。可选用15%三唑酮可湿性粉剂1000倍液,或20%三唑酮乳油1500倍液,或25%丙环唑乳油(敌力脱)2000倍液,或40%氟硅唑乳油5000~6000倍液,或12.5%烯唑醇可湿性粉剂3000倍液,或6%氯苯嘧啶醇可湿性粉剂2000倍液,或50%醚菌酯干悬浮剂2000~3000倍液,或10%苯醚甲环唑水分散粒剂1000~1500倍液,或30%苯甲·丙环唑乳油3000倍液,或43%戊唑醇可湿性粉剂3000~4000倍液,每隔10~15天喷1次,喷1~2次。

二十四、姜腐烂病

姜腐烂病又称腐败病、青枯病,俗称姜瘟,是各地姜产区的主要病害,常引起姜大面积腐烂死亡,一般减产20%~30%,重者达60%以上甚至失收。病姜质量和商品性降低,不耐贮藏易引起腐烂。本病还危害瓜类、茄果类和豆类等多种蔬菜。

【症状识别】 全株性病害,多从茎基部及其相连的地下根茎的上半部母姜先发病,而后向子姜、孙姜和抽生的茎上扩展。病株茎基部和病姜初为水渍状、淡黄褐色,失去光泽,渐渐软化、腐烂,仅留外皮。腐烂组织内部分解变为污白色的黏稠汁液,具有恶臭味,有别于姜根腐病。地上茎发病呈暗紫色,根发病呈黄褐色,都可引起部分和全部组织变褐腐烂。由于根茎失去吸收和传导水分的功能,轻病株叶片凋萎下垂,叶缘卷曲,叶尖和叶脉鲜黄色至黄褐色,引起早期落叶;严重时叶片萎蔫卷曲,叶色由黄变为枯褐色,最后茎叶枯死和植株死亡。受潜伏侵染的根块在贮藏期可继续发病腐烂。

【发病规律】

1. 病原 主要由茄科劳尔氏菌 *Ralstonia solanacearum* 侵染所致的细菌病害,曾用名茄青枯假单胞杆菌 *Pseudomonas solanacearum*。有的地区为该菌和胡萝卜软腐欧氏杆菌胡萝卜软腐致病型 *Erwinia carotovora* subsp. *carotovora* 复合侵染。

2. 传播途径 病菌随病残体在土壤和根茎(种姜)内越冬,土壤里病菌可存活 2 年以上,病害还可通过种姜调运进行远距离传播。带菌种姜是田间的主要初侵染源,其次是带菌土壤,以及未腐熟的带菌粪肥。病菌多从伤口侵染植株茎基部,或直接引起地下母姜发病,也可从叶片的水孔侵入植株,沿维管束向上、下扩展、蔓延至根茎,进入薄壁组织引起腐烂。病部产生的病原细菌,经灌溉水、风雨以及地下害虫、农事作业等途径传播,进行频繁的再侵染,引起病害流行、植株死亡。田间病害由一个或多个发病中心向四周传播扩散,一旦蔓延就难以控制。

3. 发病条件 高温多湿、时晴时雨,土壤温度变化激烈易发病。6~8 月份一般旬平均气温 24℃时病害始发,28℃时病情迅速发展,雨后姜田积水遇烈日暴晒,或每降大雨后一周左右,田间即出现一次发病高峰,病情迅速流行蔓延。管理时病、健田灌溉水相串是病害流行的重要原因。多年连作、土壤黏重且含水量过高、施用未腐熟基肥和田间作业伤根,地下害虫危害等,均有利于病害发生发展。

【防治方法】 防控姜腐烂病要注重预防,从控制初侵染源入手,采用以农业防治为主,结合化学防治的综合措施,才能取得成效。

1. 选留无病种姜或种姜消毒 从无病姜田、窖内严格选种。种姜收获先晾晒几天,后放在 20℃~33℃条件下 7~8 天促进伤口愈合,剔除病姜后入窖,贮藏温度以 12℃~15℃为宜;旧窖可喷洒 45%代森铵水剂 200 倍液,或 40%甲醛水剂 80 倍液、47%春雷

第八章　绿叶蔬菜和其他蔬菜病害

·王铜可湿性粉剂(加瑞农)400倍液消毒。选择色泽鲜黄、组织致密,芽口多而完整无伤痕的老姜作种。种姜种植前先适度晾晒5～7天,可用40%甲醛溶液150倍液浸泡6小时,捞起姜种堆闷6～12小时后播种;也可用硫酸链霉素或新植霉素可溶性粉剂500毫克/千克浸种48小时,种姜块沾草木灰然后栽种。

2. 轮作换茬和施用净肥　老姜田轮作3年以上才能种姜。北方姜区提倡与葱蒜(或菠菜)、玉米、小麦、甘薯实行3年轮作制。南方姜区宜采用与小麦、水稻、油菜(或白菜、萝卜)、葱和大蒜等3～4年轮作。姜田施足充分腐熟的基肥并混用草木灰,不可用病株残体沤制土杂肥,做到种植生姜的基肥无腐烂病菌。

3. 加强栽培管理　选择土质疏松、高燥平整、土质肥沃地块种姜。深沟高畦栽培,雨后及时排水,防止病田排水流入无病姜田;采用无污染井水灌溉。田间发现病株及时拔除,病穴撒生石灰消毒。田间作业时,要避免生姜植株造成机械伤口,防止病菌侵染。收获后清洁田园。

4. 药剂防治

(1)防治地下害虫　种姜和生产田在栽前,要进行土壤处理防治蛴螬等地下害虫,避免病菌从地下根茎部的伤口侵染,处理方法参见苗期害虫部分。

(2)早期发现中心病株及时用药　发现叶片凋萎下垂,叶缘卷曲的中心病株时,对病株和周围的植株用8亿活芽孢/克蜡质芽孢杆菌可湿性粉剂100～150倍液,或3%中生菌素可湿性粉剂600～800倍液,或20%噻菌铜悬浮剂300～500倍液,或20%叶枯唑可湿粉剂400倍液,或50%氯溴异氰尿酸可溶性粉剂1 200倍液,或72%硫酸链霉素可湿性粉剂3 000倍液灌根,每株0.4～0.5升。也可选用75%敌磺钠可湿性粉剂1 000倍液,或1∶1∶200波尔多液,或50%琥胶肥酸铜可溶性粉剂500倍液,或77%氢氧化铜可湿粉剂800倍液等喷淋,每隔7天～10天喷1次,连喷

3~4次,大雨过后应补喷。

二十五、姜斑点病

姜斑点病又称白星病,是姜生产中的重要病害,分布区域广、发生普遍。一般病株率30%~50%,重病区病株率高达100%、病叶率70%~80%,严重影响大姜的产量和质量。

【症状识别】 斑点病主要危害叶片。发病初期病斑为浅褐色小点,周围具浅黄色晕环;后扩展成黄白色至灰白色病斑,呈梭形或长圆形,长2~5毫米,边缘红褐色,外围常有褪绿晕环;后期病斑中部易变薄,易破裂或穿孔。严重时全叶密布病斑,呈星星点点状,致叶片黄化坏死。病部密生针尖状小黑点,即病菌的分生孢子器。

【发病规律】

1. 病原 由姜斑点霉菌 *Phyllosticta zingiberi* 侵染所致的真菌病害。

2. 传播途径 病菌主要以菌丝体和分生孢子器随病残体在土壤中越冬,也可以子囊座在病残体上越冬。翌年产生分生孢子或子囊孢子,由雨水和灌溉水传播,进行初侵染源和再侵染,使病害发展蔓延。

3. 发病条件 温暖潮湿,雨季来临早或雨水多的年份易发病。山东莱州地区一般在7月中、下旬始见病株,8月进入发生流行期,末期在9月上旬。田间郁蔽,植株长势衰弱和连作田有利于发病,加之经常浇水造成田间湿度较大,极易引发此病。

【防治方法】 应采取农业预防措施为主、药剂防治为辅的综合防治技术。

1. 农业防治 轮作换茬、选地,增施有机肥和磷、钾肥,加强健身栽培,提高植株抗病能力,雨季清沟排涝,清洁田园等,参见

第八章 绿叶蔬菜和其他蔬菜病害

姜腐烂病。

2. 药剂防治 搞好田间调查早期发现病株,在发病初期及时喷洒50%异菌脲可湿性粉剂1 000倍液,或将80%代森锰锌可湿性粉剂800倍液、70%甲基硫菌灵可湿性粉剂800倍液,分别与75%百菌清可湿性粉剂800倍液混用等喷雾,隔7～10天喷1次,连喷2～3次,可以收到很好的防治效果。

二十六、姜炭疽病

姜炭疽病是各地的一种常发性病害,管理不善可造成叶片干枯死亡,该病还危害辣椒、茄子、番茄等蔬菜。

【症状识别】 主要危害叶片。多先自叶尖、叶缘出现病斑,初为水渍状褐色斑点,后向下、向内扩展成近圆形、棱形或不规则形病斑,边缘黄褐色,中央灰白色,斑面云纹明显或不明显。发病严重时,数个病斑融合成斑块状,叶片变褐干枯。如叶鞘染病,严重时叶片下垂,但仍为绿色。湿度大时,病斑表面出现小黑点(病菌的分生孢子器)。

【发病规律】

1. 病原 由辣椒炭疽菌 *Colletotrichum capsici* 和胶孢炭疽菌 *C. Gloeosprioides* 侵染所致的真病害。

2. 传播途径 北方地区病菌以菌丝体或分生孢子盘在种姜内,或随病残体在土壤中越冬,成为下一季发病的初侵染源。病部的分生孢子经风雨溅散或昆虫活动传播,条件适宜时萌发长出芽管,从寄主表皮的伤口侵入,频频进行再侵染。华南等地病菌的分生孢子终年存在,在田间寄主作物上辗转危害。

3. 发病条件 高温、高湿条件有利于病害发生,如平均气温26℃～28℃,空气相对湿度大于95%,叶面有水滴提供了分生孢子扩散传播的必要条件,病菌侵入后3天就可以发病和易暴发流行。连作重茬,植株生长过旺,田间湿度大,偏施氮肥,均有利于该病发生。

【防治方法】

1. 农业防治 参见姜腐烂病。

2. 药剂防治 发病初期及时喷施25%嘧菌酯悬浮剂1 000倍液,或25%咪酰胺乳油800倍液,或70%丙森锌可湿性粉剂600倍液,或25%溴菌腈可湿性粉剂800倍液,或50%甲基硫菌灵可湿性粉剂1 000倍液,或80%福·福锌可湿性粉剂800倍液,或70%代森锰锌可湿性粉剂600倍液,或50%福美双可湿性粉剂500倍液等,或30%苯甲·嘧菌酯悬浮剂2 000～3 000倍液,或40%甲硫·福美双可湿性粉剂600倍液等,根据病情,一般7～10天喷1次,连喷2～3次。

二十七、大蒜病毒病

大蒜病毒病是世界性的大蒜主要流行性病害,大蒜在我国各地均有栽培,病毒病发生普遍是制约大蒜生产发展的主要因素,田间发病株率常达80%左右,一般减产损失20%～50%,严重时基本失收,大蒜和蒜薹外观和内在品质明显下降,造成种性退化产量连年降低。该病还侵染大葱、韭葱、青葱、洋葱、韭菜、蚕豆、苋色藜和黄苗榆烟等多种寄主。

【症状识别】 田间症状类型复杂,主要有4种。一是病株的叶片瘦小,沿叶脉出现断续黄色条点,后连接成黄绿相间的条纹。二是叶片扭曲、开裂、折叠,叶色变淡无光泽,质地僵硬且脆,叶尖干枯萎缩,叶鞘上出现许多褪绿斑点和黄褐斑点。三是发病严重时植株明显矮化,瘦弱,心叶停止生长,根系发育不良,根短且须根减少,呈黄褐色。四是植株不抽薹,或抽薹后蒜薹上有明显的黄褐色斑块。病株鳞茎(蒜头)较小,蒜瓣减少,有时蒜瓣僵硬,且大蒜

第八章 绿叶蔬菜和其他蔬菜病害

的蒜瓣及鳞茎逐年变小。

【发病规律】

1. 病原 已知有韭葱黄条病毒(LYSV)、洋葱黄矮病毒(OYDV)、大蒜普通潜隐病毒(GarCLV)、青葱潜隐病毒(ShLV)、洋葱螨传潜隐病毒(OMbFV)、大蒜花叶病毒(GarMV)等10多种病毒,多为复合侵染大蒜所致的病毒病害。

2. 传播途径 大蒜属无性繁殖作物,植株感染病毒则直接传染给鳞茎。病原病毒主要在大蒜鳞茎及其他葱属植物中存活。播种带毒蒜瓣,出苗后即发病,是田间大蒜病毒病发生的主要因素。此外,病毒经传毒介体及汁液摩擦方式传播,田间主要有葱蚜、桃蚜、瓜(棉)蚜、萝卜蚜、蚕豆蚜、红蜘蛛和葱蓟马等媒介,进行非持久性传毒。农事作业等造成病健株枝叶接触和植株损伤等,病毒汁液摩擦接种传播。

3. 发病条件 农户在大蒜生产田内自行留种,鳞茎感染病毒较普遍,是该病严重发生的重要原因。蒜田土壤贫瘠、肥料不足,尤其是有机肥不足,过度密植大蒜个体发育不良,采薹过迟、假茎损伤及气温高蚜虫等发生量大,大蒜与大葱、洋葱和韭菜等连作或邻作等发病均重。

【防治方法】 应以选用无毒蒜种为主,结合轮作换茬、大蒜健身栽培和防控传毒昆虫等防止病毒的交叉感染的综合措施。

1. 选用脱毒大蒜生产种 采用茎尖培养结合热处理的方法脱毒,进行组织培养获取脱毒苗,再经快速繁殖后形成无毒鳞茎,恢复种性提高产量,有效预防病毒病。多地利用此项技术恢复名优大蒜品种种性,防控病毒病已取得显著成效。此外,大蒜脱毒快繁技术还选育出了脱毒大蒜系列优良品种,其中 VF 选1、VF 选4、VF05、VF06、VFl06、双丰1号、鲁蒜王1号和白蒜王等,已实现商品化和大面积推广。种植这类品种可有效控制病情、明显提高蒜头和蒜薹的产量,其增产潜力维持2~3年。

2. 选纯复壮蒜种

(1) 严格选择蒜种　在无病田留种,从幼苗期开始,对蒜种田进行严格选择,发现病株及时拔除,减少病害传播。选择优良单株的优良鳞茎和蒜瓣,确保具有本品种特征特性。

(2) 异地换种　对产自不同土壤及生态条件的同一品种大蒜,相互调换蒜种,大蒜长势可明显增强,产量提高。

(3) 气生鳞茎繁殖种蒜　据报道用气生鳞茎播种当年形成独瓣蒜,再将独瓣蒜播种则可获得分瓣的大蒜头,鳞茎产量显著提高。

3. 轮作换茬　实行 3~4 年轮作,避免大蒜与葱类、韭菜等葱类作物连作和邻作,防止病毒的交叉感染和重复感染。

4. 加强生产田管理　深耕细作、施足基肥,合理浇水,适量追肥;按不同品种的推荐株数合理密植,防止密度过大植株早衰,提高大蒜的抗病能力。蒜薹、蒜头成熟后应及时收获。

5. 铲除杂草和防治传毒昆虫　播种前和大蒜苗期及时铲除田间和田边苋色藜等杂草,早期防治传毒媒介昆虫,预防病毒的传播和侵染,在高温干旱年份更要抓紧进行。防治蚜虫可选用 50% 抗蚜威可湿性粉剂 2 000 倍液,或 10% 吡虫啉可湿性粉剂 2 000 倍液,或 10% 啶虫脒可湿性粉剂 2 000 倍液等。发现红蜘蛛点片发生时,及时喷施 1.8% 阿维菌素乳油 2 500 倍液,或 5% 噻螨灵乳油 1 500 倍液,或 15% 哒螨灵乳油 2 000 倍液等。若蚜虫和红蜘蛛混合发生时,可喷施 2.5% 联苯菊酯乳油 2 000 倍液,或 2.5% 高效氯氟氰菊酯乳油 2 000 倍液等。防治烟蓟马还可用 2.5% 多杀霉素悬浮剂 2 000~3 000 倍液,或 6% 多杀霉素悬浮剂 2 500~3 000 倍液等

6. 药剂防治　发病初期及时喷洒 2% 氨基寡糖素水剂 300 倍液,或 8% 宁南霉素水剂 400 倍液,或 20% 吗胍·乙酸铜可湿性粉剂 300~400 倍液,或 20% 盐酸吗啉胍可湿性粉剂 500~600 倍液

等,隔 7~10 天喷 1 次,防治 2~3 次,有一定的防病效果。

二十八、大蒜叶枯病

大蒜叶枯病又称黑斑病,全国各产区均有发生,常造成蒜株提早枯死和蒜薹腐烂。流行年份可造成大蒜减产 40%~50%,甚至 70%~80%。该病还侵染韭葱、青葱、大葱、洋葱、白菜、甘蓝、芹菜、胡萝卜和马铃薯等寄主。

【症状识别】 主要危害叶片和蒜薹,常有 4 种症状类型。

1. 尖枯型 在大蒜越冬期和早春季节,多从植株下部老叶尖端开始发病,变成枯黄色或深褐色,坏死卷曲,坏死部常向叶片中部扩展,严重时全叶黄枯。

2. 条斑型 在冬季和早春,植株中下部叶片出现较大的褐色纵条斑,沿中脉两侧或一侧扩展,有时宽度可占叶面的 1/3~1/2。

3. 紫斑型 大蒜全生育期均可发生,病叶上产生椭圆形至梭形紫褐色病斑最为常见,两端略尖并具明显的枯黄色坏死纹,扩展后致叶片大部或全部枯黄。

4. 白斑型 在抽薹期植株上部叶片和蒜薹上,易出现圆形至近圆形、散生小斑点,扩大后变为灰黄色至灰褐色病斑。阴雨天过后或田间空气潮湿时,病斑上均可生出黑色霉层(病菌的分生孢子梗和分生孢子),最后在病部散生许多黑色小粒点(病菌子囊壳)。叶鞘染病产生枯黄斑,发病严重时抽薹前大部分叶片枯死,田间一片枯焦。蒜薹染病在贮藏期霉烂。

【发病规律】

1. 病原 由匍柄霉菌 *Stemphylium vesicarium* 侵染所致的真菌病害。

2. 传播途径 病菌以分生孢子和菌丝体在病残体上越冬,成为春播大蒜的初侵染源。一般 6 月下旬该病始发,7 月大蒜孕薹

和抽薹期的雨量和降雨次数,是影响发病轻重的主要因素。7月中下旬平均温度24℃～28℃,有连续3次降雨总降水量12毫米以上,有利于分生孢子的产生和频繁的再侵染,经10～15天该病可大流行。

春播大蒜收获散落田间、大蒜堆放场所及加工场附近遗弃的病残体,成为秋播大蒜的主要越夏菌源。从病残体上产生的分生孢子随气流和雨水溅射传播,引起蒜苗叶片发病。从秋季至翌年4月上旬,病情增长缓慢,多数病叶上只有少量尖枯型和条斑型病斑。4月中旬至5月中旬进入发病盛期,病叶从底部向上扩展可致全株枯死,以紫斑型病斑最多。5月份以后,蒜株顶部叶片出现再侵染引起的密集的白斑型病斑,致蒜株成片霉烂枯死。秋播大蒜区翌年4月上旬至5月上旬的降雨量和雨日多少,是影响该病发生的重要湿度条件,此间温、湿度高于平常年份,就有可能大流行。

3. 发病条件 除降雨和温度外,大蒜田连作或蒜、葱、韭菜混作易发病,偏施氮肥,地势低洼、排水不良等发病重。

【防治方法】

1. 选好蒜种 用脱毒大蒜生产种和选纯复壮蒜种,提高植株抗病性,参见大蒜病毒病。

2. 实行轮作 大蒜不与葱、洋葱等葱属作物连作,提倡大蒜与小麦、玉米、豆类、瓜类蔬菜进行大面积轮作。

3. 清洁田园 大蒜收获后及时清除田间和贮放加工场所的病残体,集中烧毁。

4. 农业防治 播前精细整地,适时播种,合理密植。施足腐熟有机肥,注意氮、磷、钾平衡施肥,培育壮苗。越冬期注意防止受冻,烂母后以促为主,抽薹分瓣后加强肥水管理。避免大水漫灌,雨后及时排水,降湿降渍可减轻发病。

5. 药剂防治 搞好病情监测,当秋苗病株率达1%时及早防治发病地块;在大蒜叶枯病常发重发区,发病高峰期到来前10～15天,选用80%代森锰锌可湿性粉剂600倍液,或75%百菌清可湿性粉剂500倍液,或50%福美双可湿性粉剂400倍液等喷雾预防。在此基础上重点做好叶枯病始盛期的防治,可选用25%嘧菌酯悬浮剂1000倍液,或10%苯醚甲环唑水分散粒剂1500倍液,或60%唑醚·代森联水分散粒剂1500倍液,或2.5%咯菌腈悬浮剂1200倍液,或64%噁霜·锰锌超微可湿性粉剂600倍液,或50%腐霉利可湿性粉剂1000倍液等,根据病情一般隔7～10天1次,连续防治3～4次。

第九章 蔬菜主要虫害

一、烟粉虱

烟粉虱 Bemisia tabaci 又称棉粉虱、甘薯粉虱和银叶粉虱,属半翅目,粉虱科。这是一种由30余个生物型(或隐种)组成的世界性重要农业害虫,其中B型和Q型是入侵性最强、危害最重的"超级害虫"。1996～2000年入侵B型烟粉虱在广东、河北、山东、北京、天津和新疆等省、自治区、直辖市暴发危害,并迅速传播蔓延对我国蔬菜作物生产构成威胁,在北纬30°(浙江省绍兴市至四川省雅安市)以南为严重发生区。Q型烟粉虱则于2003年入侵我国,目前已在我国大部分地区逐渐取代B型烟粉虱成为优势的危害生物型。烟粉虱寄主植物多达600多种,蔬菜作物主要危害黄瓜、番茄、茄子、豇豆、菜用大豆、芥蓝和花椰菜等多种蔬菜,严重时减产损失在30%以上。烟粉虱除了成虫和若虫刺吸叶片汁液、分泌蜜露诱发煤污病造成危害外,最重要的是传播双生病毒引起番茄黄化曲叶病毒病,严重时造成整棚番茄绝收,损失惨重。

【形态特征】 烟粉虱属渐变态昆虫,个体发育分成虫、卵、若虫3个阶段。其中,若虫有4个龄期,通常将四龄若虫后期不再取食的阶段称为"伪蛹"或"拟蛹"。蜕下的皮为蛹壳。

1. 成虫 雌虫体长0.85～0.91毫米,雄虫体长约0.85毫米。成虫体色淡黄的,翅被有白色蜡粉,无斑点。触角7节,复眼黑红色,分上下两部分并有一单眼连接。前翅纵脉2条,前翅脉不分叉;后翅纵脉1条。静止时左右翅合拢呈屋脊状,从两翅中间的缝隙可见其腹部背面。跗节2爪,中垫狭长如叶片。雌虫尾部尖

第九章 蔬菜主要虫害

形,雄虫呈钳状。

2. 卵 椭圆形,约 0.2 毫米,顶部尖,端部有卵柄,卵柄通过产卵器直立插入叶表裂缝中,卵柄周围的一些胶体物质,水分通过胶体物质进入卵中。卵初产时为白色或淡黄绿色,随着发育时间的增加颜色逐渐加深,孵化前颜色加深变为深褐色。

3. 若虫 一至三龄体长 0.2~0.5 毫米,扁平,椭圆形,淡绿色至黄色。一龄若虫有 3 对足和 1 对触角,能活动。二龄、三龄若虫体呈椭圆形,淡绿色至黄色,腹部平、背部微隆起,足和触角退化至仅有 1 节,体缘分泌蜡质,帮助其附着固定在叶片上。四龄若虫又称伪蛹或红眼期,长 0.6~0.9 毫米,蛹壳呈淡黄色,边缘薄或自然下垂,无周缘蜡,管状孔长三角形,舌状突长匙状,顶部三角形,具有 1 对刚毛,尾沟基部有 5~7 个瘤状突起。烟粉虱蛹壳的基本特征在种间变化较大,常随其附着的寄主不同而出现蛹壳形态的变化。寄主植物的叶片表面光滑的,蛹壳没有或有很少背部刚毛;在有茸毛的植物叶片上,蛹壳多数生有背部刚毛。

【生活习性】 烟粉虱在南方地区 1 年发生 11~15 代,世代重叠现象严重。华南地区露地和棚室蔬菜烟粉虱周年发生,夏季种群数量达到高峰、危害程度最重;依次是秋季、春季,晚秋和冬季种群密度明显下降,仅造成轻微危害。烟粉虱在江苏露地寄主植物上不能越冬,在日光温室、智能温室和双膜大棚多种蔬菜繁殖危害,直到翌年 5 月下旬至 6 月中旬,并成为虫源基地。晚春季节温度升高,成虫由通风口陆续迁移到春菜和杂草,8 月中下旬至 9 月上、中旬达到种群数量和危害高峰期,11 月中下旬陆续迁入温室和大棚蔬菜,完成生活年史。北方地区该虫主要在加温温室、节能日光温室果菜和一品红花卉上繁殖危害,全年的盛发期和危害高峰期为 8~9 月,部分虫源可能是随季风从南方菜区和棉花产区迁移扩散而来。

烟粉虱适应高温的环境,25℃~30℃是种群发育、存活和繁殖

· 359 ·

最适宜的温度条件,在30%~70%的空气相对湿度条件下发育相对适宜。烟粉虱在合适的寄主植物上平均单雌产卵200粒以上,最高产卵量超过600粒,种群数量增长很快。因此,我国南方菜区和北方地区高温季节棚室蔬菜受害重。而在18℃以下对种群数量增长不利,尤其在较低温度下棚室栽培的叶用蔬菜上,种群数量明显下降,冬、春季是此虫发生规律中的薄弱环节。

此外,甘蓝、花椰菜、芥蓝等蔬菜也是该虫适宜寄主,受害后表现为叶片萎缩、黄化、枯萎,青花菜出现白茎等。根菜类如萝卜被害表现为颜色白化、无味、质量减轻。果菜类如番茄果实出现不均匀成熟,西葫芦叶片出现银叶。B型和Q型烟粉虱的生物学差异较大,其中Q型烟粉虱在对寄主植物的适应性、病毒传播能力及对化学药剂的抗药性方面均比B型烟粉虱更强。烟粉虱可以持久性方式在30多种作物上传播50余种病毒,其有效获毒及传毒所需的最短时间与病毒类型有关,一般5分钟~1小时,可引起番茄黄化曲叶、菜豆矮化花叶、黄瓜脉黄化等18种蔬菜病毒病,引起病毒病流行造成更大的减产损失。

【防治方法】 注重预防,做好秋、冬、春季烟粉虱虫源基地和育苗设施的治理,采取以农业措施为主的综合防治技术,围绕着断(切断生活史)、洁(培育无虫苗)、诱(黄板诱杀)、寄(释放寄生蜂)和治(必要时施用药剂)五个环节,采取下列具体措施。

1. 农业防治 日光温室和塑料棚秋冬茬栽植耐低温和烟粉虱不喜食的蔬菜,如芹菜、油菜(小白菜、青菜)、生菜、菠菜、茼蒿、韭菜等蔬菜,可有效抑制烟粉虱发生危害和有利阻断其生活史,并节省能源,提高经济效益。培育无虫苗;把育苗设施和生产棚室分开,育苗前彻底清除残体、自生苗和杂草,必要时点燃烟剂熏杀消灭残余虫口,可培育出无虫苗再定植到清洁的生产温室。只要抓住这一关键措施,可明显减轻烟粉虱的发生危害,也为其他措施的应用奠定基础。棚室蔬菜先后混栽,有利于烟粉虱发生危害,并增

第九章 蔬菜主要虫害

加防治难度,在有虫源的情况下,应避免采取这种栽培方式。因地制宜选用避虫品种,如佳粉17、茸粉1号和2号、毛粉802和皖粉4号等多茸毛、多抗病性的优质品种,全株被有较浓密的白色茸毛,对烟粉虱及蚜虫等有良好的驱避作用,减轻病毒病。结合农事作业整枝打杈,摘除感染烟粉虱的枯黄底叶携出田外处理,都有灭虫作用,收获后搞好棚室清洁。

2. 物理防治 在棚室果菜等种植前,清洁田园并于通风口、门窗加设60筛目防虫网,防止烟粉虱成虫迁入免受其害,有利切断粉虱的生活史,起到根治的效应。黄板诱杀成虫,在棚室果菜烟粉虱发生初期,每667米^{2}挂20~30片规格为40厘米×25厘米黄色诱虫粘板,高度略高于植株顶部,随着植物的生长不断调整黄板的高度,可起到监测虫情和防治的作用,还可兼治蚜虫、蓟马和潜叶蝇等害虫。

3. 生物防治 在棚室春、夏、秋季果菜上烟粉虱成虫发生密度较低时(平均0.1头/株以下),挂商用丽蚜小蜂或桨角蚜小蜂蜂卡,每次放蜂量1000~2000头,隔7~10天1次,共挂蜂卡5~7次,使寄生蜂建立种群并有效控制粉虱。若菜苗虫量稍高,可用安全药剂25%噻嗪酮可湿性粉剂1000倍液或10%吡丙醚乳油750倍液喷雾,压低烟粉虱发生基数与释放丽蚜小蜂结合。也可采用放蜂寄生若虫和黄板诱捕成虫相结合的方法。

4. 药剂防治 据报道,目前我国多数地区烟粉虱对各种杀虫剂均产生了不同程度的抗药性,特别是对有机磷类和菊酯类杀虫剂的抗药性很高,生产上可在科学监测基础上选择性使用;对烟碱类杀虫剂出现中等至高等抗药性水平,且对B型和Q型混合发生区的Q型烟粉虱具有潜在的选择作用,应慎重选择使用;部分地区烟粉虱对昆虫生长调节剂类杀虫剂也产生了抗药性,而对阿维菌素并未产生明显的抗药性。因此,各地应在抗药性监测数据基础上,结合用药历史和田间防治效果综合分析,进行科学选药并轮换用药,根据虫情一般间隔7～10天,连续防治2～3次,才能取得良好防治效果。

（1）灌根法 25％噻虫嗪（阿克泰）水分散粒剂3 000倍液,或10％溴氰虫酰胺悬浮剂1000倍液,对育苗的营养钵、育苗盘进行均匀喷淋,也可以在黄瓜、番茄苗定植后3天,每株灌药液量30～50毫升,移栽后正常管理。噻虫嗪、溴氰虫酰胺内吸性强,对烟粉虱有良好的速效性和持效性,还可兼治白粉虱、蚜虫、蓟马等害虫。

（2）喷雾法 在预防措施没有到位和没放蜂的棚室蔬菜,当烟粉虱种群数量较低时（2～5头/株）早期施药,是药剂防治成功的关键。

抗药性严重地区注意选用敏感药剂,如25％噻嗪酮可湿性粉剂1000倍液、22.4％螺虫乙酯悬浮剂2 000～2 500倍液,或10％吡丙醚乳油750倍液、10％溴氰虫酰胺可分散油悬浮剂1 000倍液等,对若虫高效且持效期较长,或10％烯啶虫胺水剂2 000～3 000倍,22％氟啶虫胺腈悬浮剂2 000～3 000倍液、1.8％阿维菌素乳油2 000倍液、2％甲氨基阿维菌素苯甲酸盐乳油3 000倍液、10％氯噻啉可湿性粉剂2 000倍液,或99.1％矿物油乳剂（敌死虫）200～300倍液。在烟粉虱虫口密度较高时,可分别用阿维菌素、烯啶虫胺、氟啶虫胺腈与噻嗪酮、吡丙醚等,按上述剂量混合使用。此外,不同作用机理的杀虫剂混配制剂有利于克服抗药性,如25％吡蚜·噻嗪酮可湿性粉剂1 500～2 000倍液、15％阿维·噻嗪酮悬浮剂1 000～1 500倍液、70％烯啶·噻嗪酮水分散粒剂2 500～3 000倍液、60％烯啶·吡蚜酮水分散粒剂2 500～4 000倍液等。提倡上述药剂在一茬蔬菜只用1次。

在历年虫情较轻、用药较少和对下列药剂敏感的地区,还可选用20％氰戊菊酯乳油,或2.5％溴氰菊酯乳油1 000～2 000倍液,或2.5％联苯菊酯乳油、2.5％高效氯氟氰菊酯乳油、20％甲氰菊酯乳油2 000～2 500倍液,或10％吡虫啉可湿性粉剂2 000倍液、

25%噻虫嗪水分散粒剂(阿克泰)3 000倍液、25%吡蚜酮可湿性粉剂2 000倍液,以及50%二嗪磷乳油或50%马拉硫磷乳油600~800倍液等。喷施的药液量要足和喷洒到叶片背面,若选择早上或傍晚成虫很少活动时进行喷雾,可提高防治效果。同时,提倡杀虫剂与喷雾助剂混用,即在药剂推荐剂量减少25%的药液中,添加0.1%杰效利、丝润(Silwet)等喷雾助剂,可提高药液的展着性、渗透性和防治烟粉虱效果。

(3)熏烟法 每667米^{2}用22%敌敌畏烟剂250~300克,或20%异丙威烟剂250克,于傍晚收工前将保护地密闭,把烟剂分成5~6份由里向门的方向依次点燃熏烟,可杀灭成虫。由于熏烟法对成虫外的其他虫态基本无效,可结合喷施吡丙醚、溴氰虫酰胺和螺虫乙酯防治若虫和卵。

我国南方菜区烟粉虱发生危害严重,药剂防治工作应抓好3个关键时期。一是冬季日光温室和保暖大棚在盖(扣)棚时施药,压低虫口密度减轻危害,有效降低或消灭越冬虫源;二是翌年4~5月揭棚前及时用药,减少烟粉虱扩散到露地蔬菜的数量;三是露地蔬菜定植之后,于烟粉虱发生危害初期及时进行物理和化学防治。

二、温室白粉虱

温室白粉虱 *Trialeurodes vaporariorum* 俗称小白蛾,属半翅目,粉虱科。随着设施园艺的迅速发展,1976年夏、秋季在北京等地多种蔬菜暴发成灾,至20世纪80年代初期已迅速传播蔓延华北、东北、西北广大菜区以及西南地区和江苏、福建等22个省、自治区、直辖市,成为我国园艺作物上的主要害虫。目前,在北方地区、西北、青藏高原等地区发生危害较重,南方非适生区如福建、广西、四川等个别地区,也有发生危害的报道。白粉虱的寄主植物多达898种(含变种),嗜食瓜类、茄果类、豆类等多种蔬菜,成、若虫群居叶片背面吸食汁液,分泌蜜露诱发煤污病,常可造成叶片干枯、植株死亡,降低蔬菜产量和商品性,严重时经济损失可达20%~30%。白粉虱还能传播黄瓜黄化病毒、番茄褪绿病毒、马铃薯黄脉病毒等,引起病毒病,但未见造成严重危害的报道。

【形态特征】

1. 成虫 体长约1毫米,体和翅覆盖白色蜡粉。触角7节、较短,末端有1刚毛,喙粗针状,前后翅的翅脉简单,翅外缘有1排小颗粒。

2. 卵 长约0.24毫米,长椭圆形,顶端稍尖锐,基部有卵柄从叶背插入叶片。初产时为淡绿色,微覆蜡粉,孵化前变成紫黑色,微具光泽。

3. 若虫 一至三龄体长0.29~0.51毫米,扁平,椭圆形,淡黄色。初孵若虫尾须较长,固着在叶片生活后其足和尾须退化。四龄(伪蛹)体长为0.7~0.8毫米,椭圆形,呈匣状,黄褐色,体背有长短不齐的蜡丝,体侧有刺。

温室白粉虱与烟粉虱外形相似,但也有明显的区别,现把它们的简易识别特征列于表6。

表6 温室白粉虱与烟粉虱的识别特征

虫态	温室白粉虱	烟粉虱
成虫	体稍大略粗壮,翅亮白色,静止时前翅合拢呈较平展的屋脊状,通常腹部被遮住,前翅1条脉分叉	体稍小较纤细,翅污白色,前翅合拢呈屋脊状明显,通常从两翅中间缝隙可见腹部背面,前翅1条脉不分叉
卵	多散产,有的排列成弧形或半圆形,孵化前黑紫色,有光泽	散产,少见排列成弧形或半圆形,孵化前琥珀色,不变黑
四龄若虫(伪蛹)	长0.7~0.8毫米,白色至淡黄色。蛹壳边缘厚,体似匣状,周缘排列细小蜡丝,背面常有发达的直立的长刺毛5~8对。丽蚜小蜂寄生后蛹壳黑色	长0.6~0.7毫米,淡黄至黄色。蛹壳边缘薄渐向叶面下陷,体呈卵圆形,周缘无蜡丝,背面长刺毛有或无常随寄主而异。被寄生的蛹壳褐色

第九章 蔬菜主要虫害

【生活习性】 温室白粉虱1年可发生10余代,世代重叠现象严重。在北方露地菜田、棚室油菜(小白菜、青菜)、生菜、菠菜、韭菜等上不能越冬;在芹菜上的种群数量显著降低;各虫态在加温和节能日光温室、苗房果菜、花卉上继续繁殖危害,无滞育或休眠现象,并形成虫源基地。翌年春季和初夏随着温度升高,白粉虱由移栽的菜苗传带和成虫迁飞扩散,从温室传播到春季大中小棚、露地蔬菜和杂草等寄主植物上。从温室区由片到面、由近及远地传播、扩散。在徐州地区,少量成虫和伪蛹可在背风向阳处的寄主上越冬。在露地蔬菜上白粉虱于春末夏初数量上升,夏季高温多雨时虫口有所下降,秋季迅速上升达到高峰。秋季温室蔬菜的粉虱来源有3条途径:一是露地或塑料棚育苗时受粉虱侵染,幼苗移栽时传入;二是温室内混栽的蔬菜和残存的自生苗、杂草寄生的粉虱;三是秋季塑料棚及露地蔬菜发生的粉虱成虫经门窗与通风口迁入,完成生活年史。在北方菜区由于温室、塑料棚和露地蔬菜生产紧密衔接和相互交错,使白粉虱可周年发生。此外,此虫还可随菜苗运输远距离传播。由于温室白粉虱世代多,发育速度快,存活率高,生育力较强,温室内环境条件有利,加之天敌的抑制作用微弱,使其种群数量呈指数增长的趋势。在温室春茬黄瓜定植时,只要有零星成虫发生,到拉秧时的种群数量增长超过万倍,而且黄瓜不同生育期,白粉虱发生越早危害程度越严重,均说明清除虫源和培育"无虫苗"的重要性。

　　白粉虱适宜温暖的环境条件,温度18℃~24℃有利于种群繁殖和存活,种群数量增长快。与烟粉虱适应高温的习性不同,是北方地区和青藏高原地区和棚室冬季早春季节的优势种。白粉虱以两性生殖为主,其后代性比为1:1,也可营孤雌生殖,其后代发育为雄虫。卵多散产在叶背,有时排列成弧形,以卵柄从气孔插入叶片组织中,与寄主植物保持水分平衡,极不易脱落。初孵若虫可在叶背游走较短距离,以后营固着生活,直至成虫羽化。成虫有选择嫩叶群居和产卵的习性,因此,随着寄主植物的生长,各虫态在植株的分布常有明显的规律性,即新产的卵集中在顶部叶片,稍下的叶片有黑卵,再往下依次为初孵若虫、二龄、三龄、四龄若虫。成虫对黄色有强烈的正趋性,可用黄色粘虫板进行诱捕。

【防治方法】 温室白粉虱在适生区域的综合防治技术,可与防控烟粉虱结合进行,应特别抓好冬春季棚室蔬菜虫源基地的治理工作。其中,棚室覆盖防虫网、培育无虫苗和种植其不嗜食蔬菜等措施,切断白粉虱的生活史,也是解决露地白粉虱发生危害的根本途径。

三、美洲斑潜蝇

美洲斑潜蝇 *Liriomyza sativae* 又称蔬菜斑潜蝇、蛇形斑潜蝇、甘蓝斑潜蝇等,属双翅目,斑潜蝇科,是世界性分布的蔬菜、花卉等主要农作物上的重要害虫。在我国属危险性外来入侵害虫,于1993年12月在海南省三亚市首次发现,1994年列为国内检疫对象,迅速传播蔓延至30个省、自治区、直辖市,遍布于全国大部分蔬菜产区,可危害瓜类、菜豆类、茄果类、大白菜、芹菜、油菜、辣椒、西葫芦、棉花和烟草等26科312种寄主植物,其中危害蔬菜达80余种。至20世纪90年代末期,偏嗜寄主茄科、豆科、葫芦科等蔬菜作物,一般减产20%～30%,局部毁产绝收。成、幼虫均可危害,在叶片上层(但不沿叶脉)形成潜道,潜道由细到粗,比较完整。受害严重的植株,斑潜蝇幼虫的虫道布满整个叶片,使蔬菜失去食用价值,造成巨大损失。幼虫和成虫通过取食还可传播病害,特别是传播某些病毒病,降低花卉观赏价值和叶菜类食用价值。近10年来,美洲斑潜蝇综合防治技术的广泛应用,已取得了良好成效,基本控制了严重发生危害的状况,成为常发性害虫。

第九章 蔬菜主要虫害

【形态特征】

1. 成虫 体小型,体长 1.3~2.3 毫米,雌虫比雄虫略大,浅灰黑色。头部额宽为复眼宽的 1.5 倍,额鲜黄色,侧额上面部分色深,甚至黑色,外顶鬃着生于黑色区域,内顶鬃位于黄与黑色交界处,触角 3 节,末节圆形具浅褐色触角芒。中胸背板亮黑色,小盾片圆形、黄色,背中鬃 4 根,3+1 式,中鬃排列不规则 4 行;前翅翅长 1.3~1.7 毫米,前缘脉加粗,中室小,M_{3+4} 脉末端长为前一段的 3~4 倍,后翅退化为平衡棒,黄色。足的基节和腿节鲜黄色,胫节和跗节颜色较深暗,前足为黄褐色,后足为黑褐色。腹部可见 7 节,背板黑褐色,腹板黄色。

2. 卵 长约 0.25 毫米,扁圆形,白色略透明,渐变浅黄色。

3. 幼虫 蛆状,共 3 龄,起初无色,后变为浅橙黄色至橙黄色,老熟时体长约 3 毫米,腹末端有 1 对后气门,突呈圆锥状突起,顶端三分叉,其中 2 个分叉较长,各具 1 小孔开口。

4. 蛹 长 1.3~2.3 毫米,椭圆形,金黄色至黄褐色,后气门同幼虫。

【生活习性】 美洲斑潜蝇世代历期短,各虫态发育不整齐,世代严重重叠。辽宁 1 年发生 7~8 代,北京 8~9 代,在北方自然条件下不能安全越冬,但可以各种虫态在加温和节能日光温室内寄主植物上繁殖过冬。因此,北方温室成为翌年露地发生的主要虫源,寄主植物的调运也是其虫源之一。该虫在上海 1 年发生 9~11 代,广东年生 14~17 代,海南年生 21~24 代,在广东、海南等地周年发生,无越冬现象。美洲斑潜蝇的发生危害与当地环境条件有密切关系,北京地区春、秋季保护地蔬菜的温度适宜,种群密度高危害重,露地蔬菜 7~10 月上旬为发生危害盛期。上海的盛发期在 5~6 月、8 月下旬至 10 月。在海南省旱季 11 月至翌年 4 月份发生量大,危害严重。

成虫白天活动,具较强的趋黄性,有一定的飞翔能力,但比较

弱。雌成虫喜欢在植株上部已展开的第3、4片真叶上产卵,随着植株生长逐渐上移,但不喜欢在顶端嫩叶上产卵,下部叶片上落卵量也较少。雌成虫用产卵器刺破叶片上表皮,形成白色刻点状刺孔,人的肉眼能观察到。雌、雄成虫从刻点吸取叶片汁液,雌虫产卵在伤孔中,或裂缝内,有时也产于叶柄上。雌虫世代短,繁殖力强,在25℃条件下平均产卵164.5粒。卵经2~5天孵化,初孵幼虫潜食叶肉,并形成隧道,幼虫通常仅取食叶肉上层的栅栏组织,而不钻蛀到叶柄或茎秆中取食。随虫龄增加隧道逐渐加长加宽,终端明显变宽,虫道两侧边缘排列有黑色短条状虫粪,幼虫期4~7天。末龄幼虫通常咬破叶上表皮从叶片正面钻出落地或在叶片表面化蛹,蛹经7~14天羽化为成虫。美洲斑潜蝇喜温、抗寒力弱,叶面上积水或土壤过湿影响其羽化率,暴雨可降低其种群密度。世代随温度变化而变化:15℃时,约54天;20℃时约16天;30℃时约12天。气温20℃~30℃有利于该虫的生长发育、存活和增殖,温度低于13℃或高于35℃时其生长发育受到抑制。该虫主要随寄主植物的叶片、茎蔓、甚至鲜切花的调运而进行传播。

【防治方法】

1.农业防治 棚室和露地蔬菜栽培要培育无虫苗,控制种群数量增长。有条件的温室采用喷灌浇水,可杀死部分叶面上的蛹。蔬菜种植前深翻土壤,夏季棚室换茬时,应进行高温闷棚处理,使掉在土壤表层的蛹不能羽化出土,降低虫口基数或减少越冬虫源数量。收获后清洁田园,把被害植株残体和杂草集中深埋、沤肥或烧毁。

在重发区应调整蔬菜种植布局,将斑潜蝇嗜食的瓜类、茄果类、豆类蔬菜与非寄主蔬菜如韭菜、葱、蒜类进行套种、轮作或与苦瓜、芫荽等有异味的蔬菜进行间作;合理疏植,增强田间通透性,促进植株生长,增强抗虫性;及时摘除植株底叶和虫叶。在北方地区棚室受潜叶蝇危害严重时,可在冬季改种小白菜(油菜、青菜)、菠菜、韭菜、甘蓝等耐寒性蔬菜。或冬季采取休闲揭膜冷冻大棚处理,可有效的灭除越冬虫源,切断该虫周年发生的主要环节。

2. 物理防治 保护地和育苗设施加设40目的防虫网,兼治烟粉虱应覆盖60目防虫网,防止成虫迁入,设施内部使用黄色粘板诱杀成虫(参见烟粉虱防治部分)。

3. 生物防治 有条件的地区可释放美洲斑潜蝇的天敌昆虫潜叶蝇姬小蜂,田间施用对天敌昆虫毒性低的选择性杀虫剂,如灭蝇胺、氟虫脲等,以保护和利用天敌。

4. 药剂防治 果菜叶片被害率达5%时,可作化学药剂喷雾的参考指标。常用药剂有10%灭蝇胺悬浮剂800倍液,或40%灭蝇胺可湿性粉剂3 000倍液,持效期10~15天,或20%阿维·杀虫单微乳剂(斑潜净)1 000倍液、10%溴虫腈悬浮剂(除尽)1 000倍液、1.8%阿维菌素乳油2 500~3 000倍液、2%甲氨基阿维菌素苯甲酸盐乳油4 000倍液、10%吡虫啉可湿性粉剂4 000倍液、40%阿维·敌敌畏乳油(绿菜宝)1 000~1 500倍液、4.5%高效氯氰菊酯乳油1 000~1 500倍液、2.5%高效氯氟氰菊酯乳油(功夫)2 500倍液、18%杀虫双水剂300倍液,及0.5%印楝素乳油(川楝素)800倍液等,或者选择5%氟虫脲乳油、5%定虫隆乳油(抑太保)2 000倍液等昆虫生长调节剂类杀虫剂,用药后成虫产的卵孵化率低,孵化幼虫大多死亡。防治成虫以上午8~12时施药为好,该虫大龄幼虫期抗药性强,防治幼虫以一至二龄期为最佳施药时期,隔6~7天防治1次,连续3~4次。提倡轮换交替用药,以防止抗药性的产生。棚室还可每667米^{2}用30%敌敌畏烟剂250克熏烟,熏烟法和喷雾法结合应用效果好。

四、南美斑潜蝇

南美斑潜蝇 *Liriomyza huidobrensis* 又称豆斑潜叶蝇等,属

双翅目,斑潜蝇科,与美洲斑潜蝇同属于危险性的外来入侵害虫。1993年该虫随引进花卉传入云南嵩明县,现已蔓延到云南、贵州、四川、青海、甘肃、新疆、山西、河南、河北、山东、北京、内蒙古等20多个省、自治区、直辖市,可危害蚕豆、莴苣、芹菜、茼蒿、油菜、菠菜、生菜、黄瓜、菊花、满天星、马铃薯、烟草、小麦、大麦等40多科百余种植物。上世纪末期在适生区云南等地大面积发生,局部造成毁灭性的危害。

【形态特征】 本种与美洲斑潜蝇是近似种,主要区别:

1. **雌成虫** 体长1.8~2.7毫米,体较大,头部额宽为眼宽的2/3,内、外顶鬃着生处黑色,胸部中鬃散生,前翅翅长1.7~2.3毫米,中室较大,M_{3+4}脉末端长,为次生端长的2~2.5倍。足基节黄色具黑纹,腿节基本呈黄色,但具黑色条纹,直至几乎全黑色,胫节、跗节棕黑色。

2. **幼虫** 体呈乳白色,幼虫后气门突具6~9个气孔开口。

3. **蛹** 初期呈黄色,逐渐加深至淡褐色或深褐色,比美洲斑潜蝇颜色深且体型大。后气门突起同幼虫。

【生活习性】 南美斑潜蝇在北京地区1年发生8代,在露地不能越冬。冬季日光温室芹菜、莴苣、生菜和小白菜(油菜)发生较多,盛发期为6月中旬至7月中旬,主要危害黄瓜。露地蔬菜3月中旬开始发生,盛发期和主要寄主同保护地,是这一时期田间潜叶蝇的优势种。云南昆明地区,周年发生,3~5月和10~11月为盛发期,以春季种群数量高;而在地势较高的坝区和半山区,冬春季棚室盛发,进入夏季高温雨季后,种群数量显著下降。其生活习性与美洲斑潜蝇相似,但产卵、取食、寄主和适温范围有所不同。成虫用产卵器把卵产在叶中,孵化后的幼虫在叶片上、下表皮之间潜食叶肉,嗜食中肋、叶脉,食叶成透明空斑,造成幼苗枯死,破坏性极大。该虫幼虫常沿叶脉形成潜道,幼虫还取食叶片下层的海绵组织,从叶面看潜道常不完整,有别于美洲斑潜蝇的潜道较完整。

第九章 蔬菜主要虫害

该虫比美洲斑潜蝇的寄主范围更广,与美洲斑潜蝇嗜好不同的寄主植物,包括芹菜、蚕豆、莴苣、生菜、葱、蒜、马铃薯等。其老熟幼虫多从叶片背面钻出,一般落地化蛹,在叶片或茎秆上化蛹较少。该虫喜温凉,最适温度为22℃,适宜在西南地区及北方季节性发生。

【防治方法】 南美斑潜蝇的防治技术参照美洲斑潜蝇。在适生区云南的蔬菜、花卉虫源地与露地蚕豆种植区之间,种植不敏感作物小麦、玉米等作为隔离带,阻止和延缓南美斑潜蝇迁入蚕豆田,是有效的农业防治措施。

五、叶 螨

叶螨属蛛形纲,蜱螨亚纲,真螨目,叶螨科。蔬菜叶螨发生种类多,常发性种类主要包括截形叶螨、朱砂叶螨、二斑叶螨等,其中截形、朱砂叶螨体色红色,俗称火龙、红蜘蛛等;二斑叶螨体色通常呈黄绿色。寄主植物多达50多科800多种,其中蔬菜多达35种,主要危害豆类、茄子、黄瓜、番茄、辣椒、葱和苋菜等。成、幼、若螨在叶背吸食汁液并吐丝结网,多从下部叶片开始向上发展蔓延,被害叶片初期出现许多细小白点,种群密度大时在叶背和叶柄处有叶螨吐丝结网,导致叶片失绿枯死,严重时全叶干枯脱落,甚至整株死亡,缩短结果期,严重影响蔬菜产品的产量和品质。

【形态特征】

1. 成螨 雌螨体长约0.50毫米,体椭圆形,可随寄主种类或者地区而有变化。足4对。朱砂叶螨体深红色至锈红色(有些甚至为黑色),在身体两侧有一倒"山"字形黑斑;二斑叶螨通常为淡黄色或黄绿色,身体两侧各有一黑色斑块;截形叶螨多为鲜艳的红色,有的呈现深红色,体侧有黑斑,从外形上与朱砂叶螨极难区分。雄螨比雌螨略小,体长约0.36毫米,体色常为黄绿色或橙黄色,头胸部前端近圆形,背面菱形,体后部尖削。

2. 卵 直径约0.13毫米,圆球形,初产时乳白色,后期呈乳黄色,产于叶片或丝网上。

3. 幼螨 长约0.15毫米,近圆形,色泽透明,眼红色,足3对,取食后体色变暗绿色。

4. 若螨 长约0.21毫米,有足4对,体型及体色似成螨,但个体小。

【生活习性】 发生代数随地区和气候差异而不同。北方一般1年发生12~15代,长江中下游地区发生18~20代,华南可发生20代以上。北方地区,以雌成螨在寄主的枯枝落叶、杂草根部和土缝中越冬;长江流域主要以雌成螨和卵越冬,豌豆、蚕豆、莴笋、芹菜、菠菜也是其越冬场所,温室、大棚内的蔬菜苗圃等地也是重要的越冬场所。第二年2、3月间,越冬雌成螨出蛰活动,气温10℃以上时开始繁殖。首先在田边的杂草取食、生活并繁殖1~2代,然后由杂草上陆续迁往菜田中危害。

春季棚室蔬菜栽培由于温度较高,叶螨发生较早,其来源有3个方面:在棚室中越冬、由移栽的菜苗传播和3~5月从棚室外迁入。初发生时有点片阶段,再向四周扩散。6~7月份是全年发生的猖獗期,也是蔬菜受害的主要时期。成、若螨主要靠爬行、吐丝下垂在株间蔓延,也可由农事作业由人、工具传播;在高温季节还可借风力扩散蔓延。7月末至8月上旬,由于高温的原因,种群数量会快速下降,之后维持在一个较低的密度水平上,不再造成危害,一直持续到秋季。

叶螨以两性生殖为主,也可行孤雌生殖。卵散产,多产于叶背,雌螨交配后1~3天即可产卵,1头雌螨可产卵50~100粒。不同温度下,各螨态的发育历期差异较大。在最适温度下,完成1代一般只要7~9天。高温低湿有利于繁殖。温度在25℃~28℃,空气相对湿度在30%~40%,产卵量、存活率最高。温度在

第九章 蔬菜主要虫害

20℃以下,空气相对湿度在80%以上,不利其繁殖。温度超过34℃,停止繁殖。保护地栽培蔬菜由于温度高,发生早,因而危害也比露地蔬菜重。通常保护地5~6月和8~9月时,为发生危害盛期。靠近棉田、豆田、玉米田、果树、草莓等作物的棚室蔬菜受害也重。

【防治方法】

1. 农业防治 在早春、秋末结合积肥、清洁田园及棚室周边杂草。黄瓜、辣(甜)椒、菜豆等收获后,及时清除残株败叶,用以沤肥或销毁,可以消灭部分虫源。在天气干旱时,适时适量浇水,增加田间湿度,并进行氮、磷、钾肥的配合追施,促进植株健壮,提高抗螨害能力。

2. 培育无螨苗 参照烟粉虱。

3. 生物防治 在露地茄子害螨发生密度较低时(平均低于5头/株),按10米2释放2 3袋(每袋300头)胡瓜新小绥螨,30天后叶螨和茶黄螨的虫口减退率在90%以上。近年来胡瓜新小绥螨已实现商品化生产,在蔬菜田尤其是棚室蔬菜上有扩大应用的前景。巴氏钝绥螨对叶螨卵和若螨的捕食能力明显高于对雌成螨的捕食能力,产卵盛期释放对蔬菜叶螨的控制效果好。拟长毛钝绥螨是叶螨的专性捕食性天敌,小面积试验控制效果优良,有条件的地方可以选择释放。

4. 药剂防治 加强虫情调查,当田间叶螨点片发生时即进行挑治,有螨株率在5%以上时,应立即进行普遍除治。可选用10%浏阳霉素乳油(华光霉素)1 000倍液,或20%复方浏阳霉素乳油(浏阳霉素+乐果)1 000倍液、0.3%印楝素乳油800~100倍液、1.8%阿维菌素乳油2 500~3 000倍液、2.5%联苯菊酯乳油(天王星)2 000倍液、20%甲氰菊酯乳油(灭扫利)2 000倍液、5%氟虫脲乳油(卡死克)2 000倍液、20%速螨酮可湿性粉剂3 000倍液、20%双甲脒乳油1500倍液、73%炔螨特乳油1 500~3 000倍液、

5%噻螨酮乳油1 500倍液、24%螺螨酯悬浮剂1 500~2 000倍液、15%哒螨灵乳油3 000倍液、10%溴虫腈悬浮剂2 000倍液、0.6%氧苦·内酯水剂(清源保)800~1 000倍等,防治效果较好。药剂防治时注意轮换用药,喷雾时对叶片的正反面进行均匀喷施。发生量较大的地方可选择杀成虫药剂(如阿维菌素)与杀卵药剂(如噻螨酮、螺螨酯等)混合施用,效果更好。

值得注意的是,目前许多地区二斑叶螨种群对阿维菌素抗药性极高,成为生产中的突出问题。因此,对于二斑叶螨为优势种类,而且对常规药剂产生抗药性的地区,可选择43%联苯肼酯悬浮剂稀释2 000~3 000倍液,于叶螨发生初期进行叶面喷雾,防效良好。同时,应避免单一的使用联苯肼酯,提倡与噻螨酮、溴虫腈和乙螨唑等杀螨剂轮换使用,以延缓抗药性产生。

六、侧多食跗线螨

侧多食跗线螨 *Polyphagotarsonemus latus* 又称黄茶螨、茶半跗线螨、嫩叶螨等,俗称白蜘蛛,属蛛形纲、蜱螨目,跗线螨科。1976年我国在北京菜区首次发现该种害螨,现在仍是大部分蔬菜产区的重要害螨,以长江以南、华北地区和保护地蔬菜受害严重。该螨寄主范围广,约有30多个科80多种植物,主要包括茄子、辣椒、马铃薯、番茄、菜豆、豇豆、黄瓜、丝瓜、苦瓜、萝卜、蕹菜和芹菜等蔬菜作物。以成幼螨刺吸幼芽、嫩叶、幼果汁液,有明显的趋嫩性,受害植株畸形;受害叶背呈灰褐或黄褐色,具油渍状光泽,叶缘向下卷曲;受害嫩茎、嫩枝变黄褐色,扭曲畸形,严重者植株顶部干枯;受害的蕾和花,重者不能开花、坐果;受害果果柄、萼片及果皮黄色,丧失光泽,木栓化。可使黄瓜植株生长停滞,甜(辣)椒落叶、落花、落果,植株呈"秃尖"状,果实变硬无光泽,大幅度减产。番茄叶片变窄,僵硬直立,皱缩或扭曲畸形,最后秃尖,果皮开裂、种子

第九章 蔬菜主要虫害

外露,不堪食用。茄子果实龟裂,味苦而涩,不能食用。由于该螨体型极其微小,肉眼难辨,因此,上述特征常被误认为生理病害或病毒病害,从而失去防治良机,常可使蔬菜减产损失20%~30%。

【形态特征】

1. 成螨 雌螨体长0.21毫米,椭圆形,腹部末端平截,淡黄色至橙黄色,螨体半透明、有光泽。身体分节不明显,体背部有1条纵向白带。足4对,较短,第四对足纤细,跗节末端有端毛和亚端毛,亚端毛呈刺状。雄螨略小,约0.19毫米,体近似六角形,腹部末端为圆锥形。发育成熟的雄成螨为深琥珀色,未成熟的雄成螨为淡黄色,半透明。足较长而粗壮,第三至第四对足的基节相连,第四对足胫、跗节细长,向内侧弯曲,远端1/3处有1根特别长的鞭毛,爪退化为纽扣状。

2. 卵 长约0.1毫米,椭圆形,无色透明,卵表面有纵向排列的5~6行白色瘤状突起,底面平整光滑。

3. 幼螨 长约0.11毫米,淡绿色。前体透明,末体有明显的分节。体背有一白色纵带,腹部末端呈圆锥形,有1对刚毛,足3对,行动较迟缓。

4. 若螨 长约0.15毫米,长椭圆形稍呈梭形,半透明,是一静止阶段,外面罩着幼螨的表皮,两对前足向前伸,两对后足向后伸。

【生活习性】 侧多食附线螨在南方露地1年可发生20~31代,保护地周年发生,世代重叠。上海菜区以成螨在蔬菜等作物、杂草根际和土缝越冬。塑料大棚3月上中旬可见被害状,4月底至6月初和秋季发生危害重,冬季通常不构成危害。露地蔬菜4月中下旬始见危害状,8~9月为盛发期。北京、天津等北方地区,冬季该螨不能在露地越冬,主要在温室蔬菜和苗房内繁殖危害。大棚蔬菜于5月上中旬可见到明显的被害状,一般7~9月中旬为盛发期,田间可见明显的叶片皱缩和裂果症状。上述地区10月以后气温下降很快,螨量也随之减少,冬季在加温温室可造成一定危害。

该螨自身迁移能力有限,主要靠风力、菜苗、农事操作者、农事工具等扩散蔓延。田间发生时呈核心分布,有明显的点片发生阶段,而后开始扩散。成螨较为活跃,特别是雄螨,携雌爬行频繁。该螨有强烈的趋嫩性,当取食部位组织老化时,雄螨立即携带雌若螨向新的细嫩部位转移,后者在雄螨体上蜕一次皮变为成螨后,即与雄螨交配,并在幼嫩叶上定居下来,产卵繁殖危害。因此,该螨的卵多产于叶片背面、嫩芽和刚萌发的嫩叶或幼果凹陷处,随着新梢不断抽生,害螨不断向新芽、嫩叶转移危害。该螨主要在叶背活动取食,偶尔在叶面、叶柄和梢上活动。以两性生殖为主,其后代雌螨数量显著高于雄性,也可营孤雌生殖,但未受精卵的孵化率较低,发育为雄螨。茶跗线螨发育快,从卵到雌成螨4个阶段的发育历期,在18℃、26℃和32℃条件下分别为12.1天、6.7天和4.7天。雌成螨一生平均可产卵200粒,最高可达500粒。温度25℃~30℃,空气相对湿度80%~90%有利于该螨生长发育、存活和繁殖。因此,高温、高湿的条件发生危害严重,但大雨对螨体有明显的冲刷作用。果树、花木与蔬菜混、间、套作种植的生产方式,为侧多食跗线螨提供了丰富的食源,有利于其发生。

【防治方法】 参照叶螨。棚室蔬菜定植缓苗后要经常检查,药剂防治中应做到发现一株及时挑治一片,喷药的重点是植株上部嫩叶背面、嫩茎、花器和幼果的正反面,避免向成熟果上喷药。应交替使用各种不同类型的药剂,以减缓抗药性产生;此外,氟虫脲、敌敌畏、马拉硫磷和乐果的防治效果较差,不宜使用。

七、棉铃虫

棉铃虫 *Helicoverpa armigera* 又称棉铃实夜蛾,俗称番茄蛀虫、玉米穗虫,属鳞翅目,夜蛾科。我国各省区均有分布,以华北、西北等地发生危害重。棉铃虫是多食性害虫,寄主植物多达30多科250余种,蔬菜上主要危害番茄、茄子、豆类、苋菜、大葱、大白菜和甘蓝、莴苣等。随着棚室蔬菜栽培的迅速发展,给害虫提供了良好的食料和繁衍的环境,危害也逐渐加重。幼虫以蛀食蕾、花、幼果为主,也可咬食嫩茎、叶、芽,造成落花、落蕾、落果、虫果腐烂和折茎。危害果实时多从蒂部蛀入,幼果常被吃空,大果果肉被食成孔洞,常年蛀果率在5%～10%,严重时折茎和蛀果率超过30%,减产损失在30%以上。

【形态特征】

1. 成虫 体长14～18毫米,翅展30～38毫米,雌蛾前翅褐色或灰褐色,雄蛾青灰色,前翅具暗褐色肾形纹、环形纹和波状横纹,中横线由肾形纹下斜伸至后缘,其末端达环形纹正下方,外横线斜向后伸达肾形纹正下方。后翅灰白色或褐色,翅脉黑褐色,外缘有1黑褐色宽带,其内侧无内横线,宽带中部2个灰白色斑(有的个体无)。

2. 卵 椭圆形或者馒头状,直径约0.5毫米,卵顶端有菊花瓣花纹,卵面上的纵棱达底部,有2岔或3岔。卵孔不明显,卵初产时乳白色,以后出现紫红色晕环,孵化前变深,为红褐色、紫褐色或黑色。

3. 幼虫 共6龄,少数个体为5龄或7龄。老熟时体长30～42毫米,头部黄色,有褐色网状斑纹。体色多变,常为绿色型及红褐色型,背线、亚背线和气门上线较体色深,气门侧片多呈白色,体壁较粗厚,体表小刺长而尖,前胸前2根刚毛基部连线延长通过气门,或与气门下缘相切。

4. 蛹 纺锤形,长14～25毫米,初为绿色,渐变为黄褐色。第5～7腹节背面有稀而粗的半圆形刻点,腹部末端具1对臀刺,刺基部分开。

【生活习性】 年发生代数因地而异,从辽宁、河北北部至云南1年发生3～7代,以蛹在地下2～5厘米土室中越冬。翌年4月气温达15℃时,越冬蛹开始羽化。各地番茄田的主要危害世代为第二代,常年蛀果率在5%～10%,发生严重的地块或大发生年份高达30%以上。华北地区1年发生4代,6月下旬至7月上旬是第二代幼虫危害盛期,露地和棚室番茄一般蛀果率为5%～10%,严重时可达20%～30%。8月第三代幼虫主要危害夏播茄子,发生较轻。9月至10月上中旬四代幼虫主要危害秋棚和温室番茄,严重地块蛀果率为10%。长江流域6月中下旬和8月中下旬为发生危害盛期。在上海、浙江和江苏一般以第二代、第四代危害偏重,随着保护地栽培的迅速发展,第五代在个别年份危害秋番茄也比较重。

此虫喜温喜湿,最适环境温度为25℃～28℃,空气相对湿度为75%～90%。干旱和降雨较少的年份,不利于幼虫入土化蛹和蛹的成活。其成虫昼伏夜出,羽化后需吸食花蜜补充营养,傍晚时常到开花的蜜源植物边飞翔边取食。成虫飞翔力强,对黑光灯和杨树枝把有较强趋性。雌成虫寿命10～15天,喜欢选择生长势旺盛、现蕾开花早的植株上产卵。卵散产,在番茄上约95%的卵产在植株幼嫩的顶尖至第四复叶的嫩梢、嫩叶及果柄上。雌虫的产卵数与幼虫期营养积累有很大的关系,作物开花季节长,棉铃虫得到营养充足,产卵量可增加,一头雌蛾可产卵500～1 000粒。幼虫共6龄,初孵幼虫有取食卵壳的习性,后爬至嫩叶背面阴暗处取食幼叶、嫩茎和嫩梢,稍大即危害蕾并可吐丝下垂转株危害,一般三龄后在番茄青果上蛀孔洞,危害果实时常从果实蒂部或侧面蛀入果内,取食胎座、果肉,果实内常残留许多虫粪。四龄以上幼虫有转果危害和自相残杀的习性,1头幼虫可蛀果3～5个。幼虫主要钻蛀青果,幼果常被吃空或造成腐烂而脱落,老熟幼虫多取食近成熟的果实。老熟幼虫从植株果实上落至地面,在2～5厘米表土层筑土室化蛹。下雨会增加幼虫的转果取食率,因而蛀果数随之增多。

【防治方法】

1. 农业防治 用冬耕冬灌和棚室耕作的措施直接杀死越冬蛹,或破坏蛹室,使成虫难以羽化;灭蛹,在卵盛期结合整枝、打杈等摘除虫卵,及时摘除虫果进行集中处理,可减少田间卵量,压低虫口数量;在田中、地边种植少量甜玉米诱集带,诱蛾产卵,集中消灭心叶中的幼虫。

2. 避虫和诱蛾 棚室番茄等蔬菜提倡覆盖防虫网,可基本免受棉铃虫危害。在露地菜区一般3.3公顷(约50亩)设置1盏黑光灯、高压汞灯或频振式杀虫灯诱杀成虫,减少棚室番茄的虫源。也可在成虫发生盛期,用杨树枝把捕杀成虫,把杨树或柳树的带叶枝条剪成约0.6米长,每10根扎成两头紧中间松的枝把,在黄昏时根据风向逆风斜绑在小木棍上,插于田间略高于蔬菜,每667米^{2}均匀插8~10把,每天清晨露水未干时,用塑料带套住枝把捕杀成虫。

3. 生物防治 在二代棉铃虫卵高峰后3~4天及6~8天,连续2次喷洒生物制剂Bt乳剂(含活芽孢100亿/毫升)800倍液,或10亿单位/克棉铃虫核型多角体病毒可湿性粉剂1 000倍液,对三龄前幼虫有较好的防治效果。也可在棉铃虫卵期释放赤眼蜂,每667米^{2}放蜂1.5万头,每隔3~5天释放1次,连续3~4次,卵的寄生率可达80%。

4. 药剂防治 由于棉铃虫属于钻蛀性害虫,化学药剂防治必须掌握在卵孵化盛期及低龄幼虫期(幼虫尚未蛀入果内)施药。在百株卵量达到15粒,或百株幼虫数达5头以上,应立即进行防治。据报道,目前棉铃虫已对阿维菌素、拟除虫菊酯类等杀虫剂产生了不同程度的抗性。根据当地用药历史、防治效果,合理选用药剂。可供选用的敏感药剂:5%氯虫苯甲酰胺悬浮剂1 000倍液、

15%唑虫酰胺乳油1 000～1 500倍液、10%虫螨腈悬浮剂1 000倍液、20%虫酰肼悬浮剂600～700倍液、240克/升甲氧虫酰肼悬浮剂1 500倍液、150克/升茚虫威悬浮剂2 500倍液、48%多杀霉素悬浮剂1 000倍液、2%甲氨基阿维菌素苯甲酸盐乳油1 500～2 000倍液、5%氟啶脲乳油1 000倍液等;注意与生物制剂轮换使用。

对下列药剂敏感的地区,可使用1.8%阿维菌素乳油2 000倍液、4.5%高效氯氰菊酯乳油1 000倍液、2.5%氯氟氰菊酯乳油2 000倍液、10%氯氰菊酯乳油1 500倍液、2.5%高效氯氟氰菊酯乳油2 000～4 000倍液、20%甲氰菊酯乳油2 000～2 500倍液等。视虫情需要7天后可再防治1次。施药以上午为宜,重点喷施植株顶部,在番茄第一次采摘前10天应停止使用化学农药。

八、烟青虫

烟青虫 *Helicoverpa assulta* 又称烟夜蛾、烟实夜蛾,属鳞翅目,夜蛾科。在全国各省(区)均有分布,属多食性害虫,寄主植物有蔬菜、烟草、玉米等70余种,蔬菜中以甜(辣)椒受害最重,其次危害南瓜、苋菜、甘蓝、豌豆等。以幼虫蛀食甜(辣)椒的花、果危害,常年的蛀果率为20%～30%。危害甜(辣)椒时,整个幼虫钻入果内,啃食果皮、胎座,并在果内缀丝,排留大量粪便,使果实不能食用,并降低商品价值。

【形态特征】 本种与棉铃虫是近似种,主要区别如下。烟青虫雌雄成虫均为黄褐色,前翅肾状纹、环状纹和各条横线较清晰;后翅黄褐色,外缘黑褐色带较窄,带上的白斑不明显。卵半球形,宽略大于高,卵面上的纵棱不到底部,一长一短双序式,不分岔。老熟幼虫前胸气门前的2根刚毛基部连线不与前胸气门下端相切,而是远离前胸气门下端。体壁柔薄且光滑,体表刺较短小,呈圆锥状。蛹第5～7腹节前缘的刻点小而密,腹末1对臀刺的基部似相连。

【生活习性】 该虫每年发生代数随不同地区的温度条件而改变。在华北1年2代,以蛹在土中越冬;华南1年发生5代,以蛹在7~13厘米深的土壤中作土室越冬。同一地区烟青虫比棉铃虫的发生代数少1代、发生期稍晚、成虫产卵量较少。两虫生活习性相近,但在食性和危害特点上有较大区别。棉铃虫危害番茄,不在甜(辣)椒上产卵。烟青虫主要危害甜(辣)椒,在番茄上可产卵但幼虫极少存活。甜(辣)椒生长前期,成虫多在上部叶片正面或背面产卵,后期多在果面、萼片或花瓣上产卵,一般每处只产1粒。一、二龄幼虫蛀食蕾、花,也食害嫩茎、叶和芽。三龄开始蛀果为1果1虫,仅在食料少或大发生时,1果可有2~3头幼虫各居1室,危害辣(甜)椒时整个幼虫钻入果内,啃食果皮、胎座,并在果内缀丝,排留大量粪便使果实不能食用。7~9月在棚室和露地甜(辣)椒开花、结果期,果实被蛀引起腐烂而大量落果,减产损失一般在10%以上。靠近烟草田的甜(辣)椒地块受害重。

【防治方法】 参见棉铃虫防治方法。

九、瓜 蚜

瓜蚜 Aphis gossypii 又名棉蚜,俗称腻虫、蜜虫、油汗等,属半翅目,蚜科。全国各地均有发生,寄主植物达74科285种,主要危害黄瓜、南瓜、西葫芦、西瓜、豆类、茄子、菠菜、葱和洋葱等蔬菜及棉、烟草、黄秋葵、甜瓜、哈密瓜、食用仙人掌、菜用番木瓜和甜菜等农作物。以成虫及若虫在叶背和嫩茎上吸食作物汁液。瓜苗嫩叶及生长点被害后,叶片卷缩,瓜苗萎蔫,甚至枯死。老叶受害,提前枯落,缩短结瓜期,造成减产;同时还大量排泄蜜露,诱发霉菌滋生,降低光合作用,防治失时会造成一定损失。此外,有翅蚜迁飞还能把多种杂草、蔬菜上的黄瓜花叶病毒,传播到黄瓜、番茄、甜(辣)椒上引起病毒病,造成更大的损失。

【形态特征】

1. 有翅胎生雌蚜 体长 1.2~1.9 毫米,体黄色至深绿色,口器刺吸式,触角 6 节,短于身体。前胸背板黑色,翅 2 对膜质透明。腹部多为黄绿色(夏季)或蓝黑色(春秋季),背面两侧有 3~4 对黑斑,腹部末端有腹管和尾片,腹管圆筒形,黑色,表面具瓦状纹。尾片圆锥形,近中部收缩,具刚毛 4~7 根。

2. 无翅胎生雌蚜 体长 1.5~1.9 毫米,呈卵圆形,夏季多为黄绿色,春、秋季深绿色或蓝黑色,体背有斑纹,全身微覆蜡粉。腹部末端有腹管和尾片。腹管长圆筒形,具瓦状纹,尾片同有翅胎生雌蚜。

3. 若蚜 形似成蚜,共 4 龄。老熟无翅若蚜体长 1.6 毫米左右,夏季体黄色或黄绿色,春秋季蓝灰黑色,复眼红色。有翅若蚜三龄后出现翅芽 2 对,翅芽后半部灰黄色。

4. 卵 长椭圆形,长 0.5~0.7 毫米,初产时黄绿色,后变为深黑色,有光泽。

【生活习性】 华北地区 1 年发生 10~20 余代,长江流域 20~30 代。在我国北部至长江流域,瓜蚜可在冬季加温温室、日光温室和大棚及苗房内的瓜类作物上繁殖危害,周年发生。春季和初夏由瓜苗传带、有翅蚜迁飞扩散到塑料棚和露地瓜菜上。露地条件下,瓜蚜冬季以卵在花椒、石榴、木槿、鼠李的枝条和夏枯草、紫花地丁、刺菜、苦荬菜等杂草茎部越冬,翌年春季气温达 16℃时,越冬卵孵化、繁殖,产生有翅蚜,于 4~5 月间迁飞到瓜菜和设施田内寄主繁殖危害,直到秋末冬初天气转冷时,又产生有翅蚜迁回到越冬寄主上,雄蚜和雌蚜交配产卵过冬,部分有翅蚜迁入温室,完成年生活史。瓜蚜发育快,繁殖能力强,在 10℃~30℃均可发育、繁殖,其中繁殖的适温为 16℃~22℃,温度超过 25℃~27℃,空气相对湿度达 75%以上和雨水的冲刷,不利于蚜虫的繁殖与发育。该虫在春秋季,10 余天即可完成 1 代,夏季 4~5 天 1 代,单雌产

第九章 蔬菜主要虫害

若蚜60~70头,数量增长快。随着棚室瓜类栽培的发展,造成冬春和秋季温暖的环境,7~8月覆盖遮阳网和防雨棚,环境温度略低于外界气温,又可防雨,利于瓜蚜发生危害。瓜蚜的主要危害期在春末夏初,秋季一般比春季轻。北方露地以6~7月中旬密度最大,7月中旬以后,因高温、高湿和降雨的冲刷,对蚜虫生长发育不利,危害程度减轻。通常在干旱年份、临近棉花和虫源的棚室、管理不善瓜类蔬菜上瓜蚜发生早、危害重。有翅蚜对黄色有趋性,对银灰色有负趋性,可利用黄色进行引诱,而利用银灰色进行忌避。

【防治方法】

1. 农业防治 清除瓜田、棚室附近杂草,温室苗房培育无虫苗,结合间苗清洁田园,做好冬、春季温室瓜蚜的防治工作,还可减轻黄瓜花叶病毒的危害。

2. 避蚜措施 棚室和苗房在做好田园卫生、清除残虫基础上,采用30目银灰色防虫网覆盖通风口和门窗,可以防止有翅蚜迁入棚室和苗房繁殖、危害,还可兼治多种害虫,提倡全生育期覆盖的隔离避蚜。此外,利用蚜虫对银灰色的忌避作用,可在黄瓜、番茄、甜椒等田间悬挂银灰色塑料条(或地膜条),可起到避蚜和防病毒病传播的效果。

3. 黄板诱蚜 在露地或棚室田间每667米^{2}挂20块黄色诱虫粘板,规格40厘米×25厘米,高度与植株上部持平,可双面诱捕有翅蚜达2个月之久,既可监测虫情又可起到防治作用,还可兼治粉虱类害虫。或用黄板及黄色塑料瓶等,涂抹10号机油和凡士林混合物,一般7~10天需涂抹一次,挂于田间诱蚜。

4. 药剂防治 据报道,瓜蚜产生抗药性的现象较为普遍,许多地区的瓜蚜对氰戊菊酯、溴氰菊酯、高效氯氰菊酯产生高水平抗性,对乐果、马拉硫磷、乙酰甲胺磷等表现出中等抗性。因此,选用生物活性高的药剂是科学用药的基础,抗蚜威(辟蚜雾)对瓜蚜的毒力很低,不宜用于防治瓜蚜。

(1)穴施法　黄瓜定植时每667米^{2}面积,用2%吡虫啉缓释剂1 000~2 000克加适量细土穴施,栽苗后培土、浇水,可控制黄瓜生长前期的蚜虫的发生发展。

(2)喷雾法　在蚜虫点片发生阶段及时早期防治,提倡进行局部针对性喷雾(即挑治法),避免全田普遍用药,防治效果好又省工省药。可选用25%吡蚜酮悬浮剂2 000~2 500倍液、50%吡蚜酮水分散粒剂4 000~5 000倍液、10%氟啶虫酰胺水分散粒剂1 200~2 000倍液、3%啶虫脒乳油1 500倍液、10%吡虫啉可湿性粉剂2 000倍液、25%噻虫嗪水分散粒剂5 000倍液、40%噻虫啉悬浮剂3 000~6 000倍液、4%阿维·啶虫脒乳油3 000~5 000倍液。也可选用100克/升顺式氯氰菊酯乳油5 000~10 000倍液、2.5%联苯菊酯乳油、2.5%高效氯氟氰菊酯乳油各3 000倍液,及植物源杀虫剂1%印楝素水剂、0.36%苦参碱水剂500倍液等。

不常用氰戊菊酯的地区,可喷施20%氰戊菊酯乳油2 000倍液、20%氰戊·马拉松乳油1 500倍液、21%增效氰戊·马拉松乳油3 000~4 000倍液等。提倡科学轮换用药,避免一种药剂长期使用,提高防治效果和降低农药用量。

(3)熏烟法　适于棚室瓜蚜发生较普遍时应用。30%敌敌畏烟剂每667米^2 250~300克,或10%异丙威烟剂每667米^2 300~400克,于傍晚收工前将棚室密闭,然后将烟剂分成等量的5~6份,由里向门的方向依次点燃熏烟灭蚜。或每667米^{2}棚室用80%敌敌畏乳油300~400克,洒在盛锯末的几个花盆内,用烧红的煤球点燃熏烟。不应连续、多次使用烟剂,防止蔬菜作物产生药害。喷雾和熏烟法结合应用,根据虫情,决定施药次数。

十、黄守瓜

黄守瓜 *Aulacophora indica* 俗称瓜叶虫、瓜守、黄萤、瓜萤

第九章　蔬菜主要虫害

等,属鞘翅目、叶甲科、萤叶甲亚科昆虫,曾是瓜类作物苗期的毁灭性害虫之一,也危害十字花科、豆科和茄科等蔬菜。全国各省(区)均有分布,尤其华东、华中、西南、华南等地区发生危害重。寄主植物19科69种,主要危害葫芦科的黄瓜、西瓜、甜瓜、南瓜、丝瓜等,成、幼虫均能危害,成虫取食幼苗、叶、嫩茎,造成圆形或半圆形缺刻,严重时叶肉吃光,并咬断瓜苗,管理不善会导致缺苗断垄,甚至毁苗改种。也危害幼瓜以及贴近地面生长的瓜条。幼虫以危害根部为主,可使植株断根枯死。

【形态特征】

1. 成虫　体长8～9毫米,长椭圆形甲虫,黄色,除复眼、上唇、后胸腹面、腹部腹面呈黑色外,其余皆呈橙黄色或橙红色。触角丝状,约为体长的一半,触角间隆起似脊;前胸背板长方形,中央有一弯曲深横沟,沟中段略向后弯曲。鞘翅中部以后略膨大,鞘翅上密布细刻点。雌虫鞘翅肩部有丛毛,腹端较雌虫的圆钝,尾节腹片末端呈三角形凹陷,中央则有一匙形结构。

2. 卵　长约1毫米,卵圆形,淡黄色,表面有六角形蜂窝状斑纹。

3. 幼虫　共3龄,长圆筒形,体细长;老熟时体长约12毫米,头部黄褐色,长椭圆形,胸、腹部黄白色,臀板腹面有肉质突起,上生细毛。

4. 蛹　纺锤形裸蛹,长约9毫米,乳白色至淡黄褐色。翅芽达第五腹节,头顶、腹部及尾端有粗短的刺。

【生活习性】　黄守瓜每年发生代数因地而异。北方1年发生1代,长江流域以1代为主,部分2代,华南地区多为3代,台湾南部3～4代,世代重叠。以成虫在背风向阳的杂草根际、落叶和土缝间群集越冬。翌年春天3～4月开始活动,10厘米地温达6℃时成虫开始活动,10℃时全部出蛰取食补充营养,并转移到瓜苗上危害。湖北、江苏、江西等地的危害期在4月中下旬至5月上旬,主要危害露地瓜类和小拱棚地膜栽培的西、甜瓜,集中危害3~6片真叶期的瓜苗;大棚黄瓜已进入了采瓜期可免受其害。5月成虫开始在潮湿的表土中产卵,5月中旬至6月幼虫孵出开始危害根茎,常使瓜秧萎蔫死亡。第一代成虫发生期为7月上中旬至10月,秋棚和露地瓜类苗期受害较重,7月中下旬第二代幼虫开始食根。

成虫耐热喜湿,耐热性强,在南方发生危害比北方相对更重。成虫喜阳光,日出活动,晴天上午8~10时和下午2~5时活动最盛,飞翔力强,受惊即飞,有假死性和趋黄性,阴雨天活动迟钝。成虫最喜取食嫩叶,常以身体作半径旋转绕圈咬食,故在叶片上留下环形或半环形缺刻;常咬断瓜苗的嫩茎,引起成片死苗,还可危害幼瓜。成虫寿命长,活动期可长达5~6个月,雌虫一生可多次交配,产卵4~7次,单雌产卵量最高可达1 500~2 000粒,平均每雌产卵400粒左右。成虫将卵成堆或散产于寄主根际附近湿润的土面或土缝中,卵孵化及幼虫活动均需要较高湿度。幼虫共3龄,初孵幼虫即潜入土内危害寄主的细根,三龄以后钻入主根或蛀入贴地面瓜果皮层,导致瓜苗枯死,引起果实腐烂,同时可转株危害。老熟幼虫在被害根际附近3~4厘米处的土室化蛹。该虫适宜的生长发育温度为12℃~38℃,最适环境温度为20℃~32℃,空气相对湿度在85%以上。一般降雨早、雨量多的年份发生危害较重。

【防治方法】实行以防控成虫和保苗为重点,结合药剂灌根防除幼虫的综合防治措施。

1. 农业防治 冬季结合积肥清理越冬场所,铲除杂草、清理落叶,填平土缝可减少虫源。棚室内在温床育苗,并推广地膜覆盖栽培,防止成虫产卵和幼虫危害根部。适期提早播种、提早移栽,待成虫活动取食时,瓜苗已长大,这样苗期与成虫取食期错开可明显减轻危害。在成虫产卵盛期,在露水未干时,在瓜苗及根部附近撒草木灰、石灰、糠秕、麦壳、烟草粉、木屑、锯末等,可防止成虫产卵,减少虫口密度。

2. 物理防治 棚室等保护地瓜类栽培覆盖防虫网,可阻止成虫飞入棚内产卵,减少下一代害虫数量。黄守瓜发生期内,可利用清晨成虫在叶片上不活动的时机,进行人工捕杀。露地瓜苗出土后1~2天,用纱网将幼苗罩起来阻隔成虫,待幼苗蔓长30厘米以后撤掉,保护幼苗免受危害。

3. 药剂防治 苗期比成株期受害损失大,是重点防治时期。瓜苗生长移栽前后到4~5片真叶时,视虫情及时施药。在成虫盛发期,可采用喷雾法消灭成虫和灌根法杀灭幼虫。瓜类幼苗抗药力弱,易产生药害,因此选用药剂应十分慎重。

(1) 喷雾法 苗期毒杀成虫药剂可选用10%高效氯氰菊酯乳油3 000倍液、2.5%溴氰菊酯乳油3 000~4 000倍液,或21%增效氰戊·马拉松乳油6 000倍液、50%敌敌畏乳油1 000~1 200倍等喷雾。

(2) 灌根法 在幼苗初见萎蔫时,用80%敌百虫可溶性粉剂、50%辛硫磷乳油1 000倍液、2.5%鱼藤酮乳油1 000倍液等灌根,每株药量100~200毫升,杀灭根部幼虫。

十一、瓜绢螟

瓜绢螟 *Diaphania indica* 又名瓜螟、瓜野螟,属于鳞翅目,螟蛾科。我国各地的保护地和露地均有发生,但主要分布于长江以南地区,在华东、华中、华南及西南等地区发生危害重。可危害丝瓜、苦瓜、节瓜、黄瓜、冬瓜、南瓜、葫芦、节瓜、甜瓜、西瓜等瓜类作物,以及豇豆、番茄、茄子等。20世纪70年代末80年代初期,随着瓜类栽培面积迅速发展和周年生产,给瓜绢螟提供了丰富的食料,瓜绢螟发生危害逐年加重,成为夏、秋季瓜类蔬菜的主要害虫。幼龄幼虫在叶背啃食叶肉,叶片呈灰白斑,三龄后吐丝将叶或嫩梢缀合,在其中取食,使叶片穿孔或缺刻,严重时可将叶片食光,幼虫蛀食花和幼瓜,高龄幼虫还啃食瓜皮,严重时造成瓜秧枯死,减产损失 10%～20%,影响产量和减低品质。

【形态特征】

1. 成虫 体长 11～15 毫米,翅展 25 毫米左右,头、胸褐色,腹部白色,第一、第七、第八节末端有黄褐色毛丛。前、后翅白色透明,略带紫色,前翅前缘和外缘、后翅外缘呈黑色宽带。

2. 卵 扁平,椭圆形,淡黄色,表面有网状纹。

3. 幼虫 共 5 龄,末龄幼虫体长 23～26 毫米,头部、前胸背板淡褐色,胸腹部草绿色,亚背线呈两条较宽的乳白色纵带,气门黑色,各体节有瘤状突起,并着生短毛。

4. 蛹 长约 14 毫米,深褐色,头部光整尖瘦,翅端达第六腹节。外被薄茧。

【生活习性】 华南地区 1 年发生 6 代,上海、武汉地区 1 年 4～5 代,以老熟幼虫或蛹在寄主枯枝残叶内或瓜架竹竿内或土表越冬。通常翌年 4 月底羽化,5 月幼虫开始危害。7～9 月发生数量大,世代重叠,危害严重。10 月底可在冬瓜、黄瓜、丝瓜上见到幼虫危害,11 月后进入越冬期。在浙江地区,第一代为 6 月中旬,第二代 7 月中旬,第三代在 8 月上旬至中旬,第四代在 9 月初前后,第五代在 10 月初前后。北方地区 8～9 月为盛发期,大棚可持续到 10 月。

瓜绢螟成虫白天潜伏于隐蔽场所或叶丛中,在夜间活动,稍有趋光性。成虫寿命 6～14 天,雌成虫交配后即可产卵,每头雌蛾可产卵 300～400 粒,卵多产于叶片背面,散产或数粒成堆产在一起,卵期为 5～7 天,大多在夜间孵化,初孵幼虫有分散或群集习性,首先取食叶片背面的嫩肉。幼虫很活泼,稍遇惊扰即吐丝下垂,转移地处危害。幼虫期为 9～16 天。一至三龄幼虫食量小,占幼虫期总食量的 5%,危害轻。三龄以后能吐丝把全叶或者 2～3 片叶缀成大叶苞,幼虫藏匿在叶片间,取食时伸出头胸部,四、五龄幼虫食量大增,占幼虫期总食量的95%。进入前蛹期时,亚背线消失,在被害处做白色薄茧化蛹,或在卷叶内及根际表土中化蛹。蛹期通常为6~9天。该虫的适宜温度为18℃~36℃,最适生长发育的温度为25℃~30℃,空气相对湿度为85%~100%。一般高多雨、降雨量大的年份有利于该虫发生。

【防治方法】

1. 农业防治 在幼虫发生初期,发现卷叶危害症状时及时摘除卷叶,捏死卷叶中的幼虫。采收后及时清理瓜地的残株落叶,消灭藏匿于枯藤落叶中的虫蛹,减少田间虫口密度或越冬基数,减轻翌年危害程度;与非葫芦科、茄科作物进行轮作也可减少危害。棚室在夏季换茬休闲期间,结合防治土传病害,采取高温闷棚进行土壤处理,可杀灭土中虫蛹减少虫源。

2. 物理防治 棚室蔬菜田提倡采用防虫网,防治瓜绢螟,还可兼治黄守瓜等。或于田间架设频振式或微电脑自控灭虫灯,对瓜绢螟有效,也可减少蓟马、粉虱类害虫的危害。

3. 药剂防治 由于瓜绢螟高龄幼虫食量大、抗药性较强,且有缀叶或蛀入瓜内危害的习性,生产中施药较频繁及随意加大使用药量等,造成有机磷、菊酯类杀虫剂、杀虫双、鱼藤酮等的防治效果下降。据华南有关单位测定,瓜绢螟对乐果、辛硫磷、鱼藤酮、苏云金杆菌、三氟氯氰菊酯等,产生不同程度的抗药性,合理用药非常重要。

瓜绢螟一至三龄幼虫食量小、耐药性弱,是化学药剂防治的有利时机。应根据当地的虫情预测预报,一般在成虫产卵高峰期后4~5天为防治适期。可选用下列药剂:2.5%多杀菌素悬浮剂1 000倍液、0.5%苦参碱水剂1 000倍液、10%虫螨腈悬浮剂2 000倍液、24%甲氧虫酰肼悬浮剂1 500~2 000倍液、15%茚虫威悬浮剂2 000倍液、1.8%阿维菌素乳油1 500倍液、5%氯虫苯甲酰胺悬

浮剂2 000~4 000倍液、20%氟虫双酰胺水分散粒剂2 000~4 000倍液等喷雾防治。根据虫情一般每隔7~10天喷施1次,交替轮换使用,连续防治2~3次。

不常使用或下列药剂仍然敏感的地区,可用20%氰戊菊酯3 000倍液、2.5%溴氰菊酯乳油3 000~4 000倍液、20%氰戊·马拉松乳油3 000倍液、20%杀虫双水剂500倍液、50%马拉硫磷或80%敌敌畏乳油1 000倍液、90%晶体敌百虫800~1 000倍液等,或与上述杀虫剂轮换使用。

十二、瓜实蝇

瓜实蝇 Bactrocera cucurbitae 又称为黄瓜实蝇、瓜小实蝇、瓜蜂、针蜂、瓜蛆等,属双翅目实蝇科。主要危害苦瓜、节瓜、冬瓜、南瓜、黄瓜、丝瓜、番石榴、番木瓜、笋瓜等,是南方瓜类蔬菜的重要害虫。成虫以产卵管刺入幼瓜表皮内产卵,幼虫孵化后即钻进瓜内取食,受害瓜先局部变黄、畸形,而后全瓜腐烂变臭,大量落瓜,即使不腐烂,刺伤处凝结着流胶,畸形下陷,果皮硬实,瓜味苦涩,品质下降,严重瓜果的品质和产量。随着气候变暖和瓜果类种植面积的扩大,瓜实蝇的发生危害有向北方地区扩展的趋势。该虫发生隐蔽,危害极大,常被农户忽视而造成大幅度减产,甚至会造成绝收。

【形态特征】

1. 成虫 体长8~9毫米,翅展16~18毫米。体形似蜂,黄褐色,额狭窄,两侧平行,宽度为头宽的1/4。前胸左右侧及中、后胸有黄色的纵带纹;腹部第一、第二节背板全为淡黄色或棕色,无黑斑带,第三节基部有1黑色狭带,第四节起有黑色的纵带纹。翅膜质透明,杂有暗黑色斑纹。腿节有1个不完全的棕色环纹。

2. 卵 细长,长0.8~1.3毫米,乳白色,两端尖,略弯曲圆

第九章 蔬菜主要虫害

筒形。

3. 幼虫 老熟幼虫体长 10 毫米左右,初为乳白色,蛆状,老熟幼虫乳黄色,前小后大,尾端最大,呈截形。具明显的黑色口钩。体躯第一节背面两侧各生颗粒状突起 1 个,尾端背面有相连的颗粒状突起 2 个,腹面 1 个。

4. 蛹 长约 5 毫米,初期为米黄色,后为黄褐色,圆筒形。

【**生活习性**】 长江流域部分地区 1 年发生 4～5 代,福建、广东 6～8 代,海南 9～11 代,每个世代历期 30～50 天,成虫寿命 1～2 个月,世代重叠。以蛹或成虫越冬,南方冬季在温暖晴朗天气可偶见成虫活动。越冬成虫通常于 4～5 月间开始活动,5～6 月数量逐渐增多,7～9 月为发生危害盛期,11 月底左右进入越冬期。以第一、第二代危害较重。成虫飞翔力强,具日出性,对糖、醋、酒及芳香物质有一定的趋性。通常在上午 9～11 时和下午 4～7 时最为活跃,中午天气炎热时,常静伏于瓜棚或叶背及潮湿阴凉的杂草或花卉丛中等阴凉处,阴雨天和傍晚以后不喜活动。成虫寿命 10～25 天,羽化后需要补充营养,之后多于清晨和傍晚进行交配。

瓜实蝇通常喜欢在寄主幼嫩的瓜果上产卵,在花和营养器官上产卵幼虫也能顺利发育,成虫产卵时将产卵管刺入瓜果内,卵成堆或成排地产在瓜肉中,少数散产在瓜表面上。喜在表皮尚未硬化的幼瓜基部产卵,每次产几粒至 10 余粒,产卵孔常流出透明的胶质物,封闭产卵孔。卵期较整齐,一般为 2～4 天,该虫雌成虫一生可产卵 300～1 000 粒。幼虫孵化后即在瓜内取食危害,将瓜蛀食成蜂窝状,以致腐烂、脱落。一至二龄龄幼虫蠕动爬行,无弹跳能力。老熟后从瓜中穿孔而出,从被害瓜中弹跳入土化蛹,老熟幼虫的弹跳距离垂直达 5～10 厘米,水平可达 15～25 厘米。入土化蛹深度在 2～8 厘米左右,其中以 4～6 厘米居多。经 7～14 天羽化出成虫,成虫出土羽化主要在上午,晴天为 7～9 时,阴天为 7～11 时,久晴下雨之后出土羽化最多。适宜瓜实蝇生长发育的温度

为18℃～38℃，最适宜温度为22℃～35℃，土壤含水量为20%～40%，土壤含水量超过25%时不利于化蛹，长期积水显著影响瓜实蝇种群数量。

【防治方法】

1. 农业防治 在发生危害严重的地区，于瓜果刚谢花、幼瓜生长到长2～4厘米时，成虫未产卵前用草覆盖幼果或者给幼瓜套纸袋，避免成虫产卵危害，小面积栽培田采用此方法经济环保而且有效。另外，果实套袋前喷一次农药，防治其他病虫害，确保瓜果套袋后的质量。田间发现被害瓜或落地瓜时，应及时摘除并带出田外集中处理，每3～5天收集1次脱落的烂瓜和落瓜等，喷药处理烂瓜、落瓜并将其深埋或沤肥，以防治幼虫入土化蛹。加强农业防治，覆盖地膜，防止成虫钻入表土层化蛹。

2. 毒饵诱杀成虫 用香蕉皮或菠萝皮（也可用南瓜、番薯等）煮熟发酵，取40份，加入90%敌百虫晶体0.5份（或其他农药），香精1份，加水调成糊状毒饵，直接涂抹在瓜棚篱竹上或装入容器挂于棚上，每667米^2 20～30个点，每点放25克，能有效诱杀成虫。或采用商品化的饵剂对水后喷雾或者诱集毒杀成虫。

3. 物理与生物防治 在瓜实蝇发生危害高峰期，于田间每15～20米^{2}挂置1张粘蝇纸，可有效降低虫口密度，减少危害，有效期为达15天。已经商品化的"稳黏"喷在矿泉水瓶子上，一般每667米^{2}挂4～5个瓶，略低于作物高度，可诱杀瓜实蝇的雌性和雄性成虫。生物防治可采用瓜实蝇的性诱剂，每667米^{2}瓜地悬挂12个，诱捕器距离地面100厘米，可诱捕田间雄虫，减少成虫交配的概率，一定程度上降低下一代虫源数量。

4. 药剂防治 瓜实蝇的危害主要是以幼虫钻蛀危害为主，化学农药接触到幼虫很困难。因此，在成虫盛发期，选上午或傍晚时间喷洒2.5%多杀霉素悬浮剂1 000倍液、1.8%阿维菌素乳油2 000倍液、80%敌百虫可溶粉剂1 000倍液、10%氯氰菊酯乳油

第九章 蔬菜主要虫害

2 500倍液或50%~80%敌敌畏乳油1 000倍液喷雾,2.5%高效氯氟氰菊酯乳油或2.5%溴氰菊酯乳油2 500倍液。因成虫出现期长,每5天喷1次,连续喷2~3次。同时,对落瓜附近的土面喷淋50%辛硫磷乳油800倍液,防止老熟幼虫入土化蛹或者蛹羽化。

十三、棕榈蓟马

棕榈蓟马 *Thrips palmi* 又称节瓜蓟马、瓜蓟马、棕黄蓟马,属缨翅目,蓟马科。是一种入侵性害虫,原分布于东南亚地区,20世纪70年代后期在我国广东、广西等省(自治区)发生,目前已分布在华南、华中、华东、华北、东北20多省、自治区、直辖市,主要危害节瓜、冬瓜、苦瓜、黄瓜、西瓜和番茄、茄子、辣椒,以及豆科、十字花科蔬菜和多种菜田杂草等。

成虫和若虫锉吸式口器取食寄主的嫩头、嫩叶、花和幼果的汁液,有锉吸状粗糙疤痕,同时产卵于幼嫩组织中,造成损伤,使作物生长缓慢,被害组织老化坏死。嫩梢和嫩叶僵硬缩小增厚;叶片在叶脉间留下灰色伤斑,并可连片,叶片上卷,严重时顶叶不能展开,形似"猫耳朵"状;植株矮小萎缩,发育不良或成"无头株",易与病毒病症状混淆。幼瓜和幼果畸形变小,表皮硬化变褐或开裂,造成落瓜,严重影响产量和质量。近年已成为传播瓜类、茄果类番茄斑萎病毒(TSWV)等的重要媒介,造成病毒病在局部地区流行成灾,损失更大,严重时可造成减产50%。

【形态特征】

1. 成虫 体长1毫米,体淡黄至橙黄色。头近方形,触角7节,复眼稍突出,单眼3个,红色,三角形排列,单眼间鬃1对位于单眼三角形连线外缘,即前单眼两侧各1根。后胸盾片网状纹中有1对明显的钟形感觉器,盾片上的刻纹为纵向线条纹,不形成网

目状。翅2对,细长透明,周缘有许多细长的缘毛。腹部扁长,第八节背片的后缘,有发达的栉齿状突起(或称"梳")。雄虫腹部第三至第七节腹片上各有1个腹腺域(或称雄性腺域),呈横条斑纹。

2. 卵 长约0.2毫米,长椭圆形,淡黄色,藏于被害叶上针点状白色卵痕内,卵孵化后卵痕为黄褐色。

3. 若虫 共4龄,体黄色,复眼红色,触角7节,一、二龄若虫无翅芽和单眼,行动活泼;三龄若虫(前蛹)翅芽伸达第三至第四腹节,三龄末落入表土进入四龄(伪蛹),不取食,体色金黄,触角折于头背上,胸比腹长,翅芽伸达腹部末端。

【生活习性】 广东地区1年发生20多代,广西地区17~18代,终年繁殖,世代重叠严重。3~10月主要危害棚室和露地的瓜类和茄子。在广东,5月下旬至9月为发生高峰,秋季发生危害更严重。在广西早茬毛节瓜上,4月中旬、5月中旬和6月下旬可出现3次虫口高峰期,以6月中、下旬最烈。杭州等地12月中旬至翌年3月上旬在棚室内冬季茄子、瓜菜上繁殖危害,5月下旬至10月上旬在保护地和露地菜田盛发。云南地区4~7月份是蔬菜棕榈蓟马防治的关键时期,其间有4个发生危害高峰。山东胶东地区保护地蔬菜可常年发生,7~9月是危害盛期。该虫可随菜苗及借风力、气流等途径传播扩散。

成虫活跃、善飞、怕光,多在植株未张开的嫩叶上或叶背活动。最喜蓝色、黄色次之,有趋嫩绿习性。雌虫以孤雌生殖为主,偶见两性生殖。卵散产于植株的嫩头、嫩叶及幼果的叶肉组织内,每雌可产卵30~70粒。初孵若虫群居叶片背面叶脉间取食,二龄若虫爬行迅速,扩散危害,锉吸汁液。三龄末期停止取食,行动缓慢,落入3~5厘米的表土中进入四龄(伪蛹)。成虫寿命20~50天,卵期2~9天,一至三龄若虫期3~11天,伪蛹期3~12天,随温度不同而有所变化。该虫发育适温为15℃~32℃,在2℃条件下仍能生存,但温度骤降易死亡。土壤含水量在8%~18%时,化蛹和羽化率均比较高。

【防治方法】

1. 农业防治 管理好苗床,培育无虫苗,防止蓟马传播扩散。采用营养土穴盘育苗,地膜覆盖栽培,减少成虫出土危害,能大大降低虫口。适时栽植,避开危害高峰期。加强田间肥水管理,使植株生长健壮,增强耐害力。清除田间及附近的残株、野生茄科植物和杂草,亦能减少虫源。在换茬期间进行土壤消毒或夏季高温闷棚灭虫。

2. 物理防治 在棚室蔬菜的通风口、门窗增设防虫网。此外,用紫外线阻断膜作棚膜,可有效防除棕榈蓟马,并兼治菌核病、灰霉病等。蓟马成虫对蓝色趋性最强,每667米^{2}蔬菜田均匀悬挂20片蓝色粘虫板,规格40厘米×25厘米,粘虫板的下方与植株上端平齐或略高,双面诱捕成虫效果好;也可用黄色粘板诱杀成虫。

3. 生物防治 棕榈蓟马的天敌种类较多,如小花蝽、中华微刺盲蝽及捕食螨等,对蓟马有良好的抑制作用。福建农科院商品化生产的胡瓜新小绥螨对于蓟马类害虫具有很强的捕食作用,在蔬菜田内整个生长季节中释放2~3次胡瓜新小绥螨,苗期每次释放5~10头/株,结果期每次释放20~30头/株,具有良好的长期控害作用。另外,田间应减少或避免使用对天敌杀伤力强的拟除虫菊酯类杀虫剂;多杀菌素、溴虫腈、苦参碱、杀虫双、杀虫单、巴丹等具有高效、低毒和对天敌较安全的特点,应积极选用或与其他药剂轮换使用。

4. 药剂防治 棕榈蓟马数量增长快,危害重和防治难度较大,注意不同杀虫剂和施药方法的合理轮换使用,延缓蓟马产生抗药性。

(1)灌根法 果菜类幼苗定植前后,用内吸杀虫剂噻虫嗪、溴氰虫酰胺药液灌根,见烟粉虱部分。

(2)浸泡和喷雾法 监测虫情,当每株若虫量3~5头时作为参考指标进行防治。提倡采用生长点浸泡法,即用99.1%矿物油乳剂300倍液,或2.5%多杀霉素悬浮剂1 000倍液、6%乙基多杀菌素悬浮剂2 500~3 000倍液,或10%溴虫腈悬浮剂(除尽)1 000倍液,置于小瓷盆等容器中,然后于晴天把瓜类蔬菜的生长点浸入药液中片刻,即可杀灭蓟马,既减少用药又保护天敌。喷雾防治可选用下列药剂:多杀霉素、乙基多杀菌素悬浮剂、溴虫腈稀释倍数同上。或0.3%苦参碱乳油1 000倍液、80%巴丹可溶性粉剂1 500倍液、18%杀虫双水剂300倍液、50%杀虫单可湿性粉剂300倍液、1.8%阿维菌素乳油2 500倍液、25%噻虫嗪水分散粒剂4 000~5 000倍液、10%吡虫啉可湿性粉剂3 000倍液、2.5%联苯菊酯乳油2 000倍液、16%多杀·吡虫啉悬浮剂3 000~4 000倍液等,隔5~7天防治1次,连续2~3次。

(3)熏烟法　棚室内每667米^{2}用22%敌敌畏烟剂300克,或20%异丙威烟剂250克,进行熏烟防治,对成虫和若虫有良好的防效。

十四、西花蓟马

西花蓟马 *Frankliniella occidentalis* 又称苜蓿蓟马,属缨翅目,蓟马科,是一种世界性分布的危险性入侵害虫,原产于北美洲,我国列为植物检疫对象。2000年5月台湾省、2003年6月在北京先后发现该虫的危害,其后在云南、山东等地也有发生。有关分析预测显示,中国大部分地区气候条件适合西花蓟马的发生和危害,目前已分布云南、贵州、浙江、江苏、河南、湖南、山东、天津、北京、新疆和西藏等省、自治区、直辖市,主要危害区为云南及东部沿海蔬菜、花卉生产区。

该虫危害寄主范围广,食性杂,寄主植物多达62科500余种,蔬菜作物如辣椒、番茄、黄瓜、茄子、菜豆、豌豆、生菜、芹菜、大葱以

第九章 蔬菜主要虫害

及百合、菊花、玫瑰、矮牵牛花等几乎所有的观赏类花卉均为适宜寄主,且寄主植物种类在持续增加,呈现明显的寄主谱扩张现象。该虫以成虫和一、二龄若虫的锉吸式口器取食植株的茎、叶、花、果,导致茎、果形成伤疤,被害叶片初生白色斑点后连成片,叶片正面似斑点病害,叶背则有黑色虫粪,严重时被害叶片变小、皱缩,花瓣褪色,最终可导致植株枯萎,同时还传播包括番茄斑萎病毒(TSWV)、凤仙坏死斑点病毒(INSV)在内的多种病毒,在叮食植物30分钟后即可完成病毒传播,且这2种病毒均能感染多种重要作物,造成重大减产损失。一般可导致作物损失30%~50%,严重时可达到70%,甚至可能毁产绝收。

【形态特征】

1. 成虫 体长1.2~1.7毫米,体淡黄色至棕色,细小狭长。头部触角8节,第一节淡色,第二节褐色,第4~8节褐色;具3单眼,呈三角形排列,1对复眼;单眼三角区内1对刚毛与复眼后方1对刚毛等长。前胸前缘1对角刚毛与1对前缘刚毛等长,后缘2对刚毛也与1对后缘角刚毛等长,后胸背板中央网纹简单,前缘2对刚毛着生位置几乎平行且等高;中央1对刚毛下方后缘处具1对感觉孔。缨翅2对狭窄,翅前缘缨毛显著短于后缘缨毛,前翅有2列完整连续的刚毛。腹部背板中央有"T"形褐色块,第八节背板两侧的气孔外方具两弯状微毛梳,后缘具稀疏但完整的梳状毛。雄虫体小色淡,腹部第三至第七节腹板前方具有淡褐色椭圆形的腺室,但第八节背板后缘无梳状毛。

2. 卵 肾形,白色,长0.25毫米,雌成虫将卵产于寄主的叶、花和果等组织内。

3. 若虫 一龄若虫无色透明,二龄若虫金黄色,三龄若虫白色,其末期白色,离开植物入土,蜕皮而成为早期伪蛹,出现翅芽,身体变短,触角直立;后期伪蛹的翅芽长,长度超过腹部一半,几乎达腹末端,触角向头后弯曲。伪蛹不取食,是静止阶段,受惊扰后会缓慢挪动。

【生活习性】 此虫1年发生多代,在温暖地区能以成虫和若虫在寄主作物或杂草上越冬,冷凉地区则在耐寒作物如苜蓿和冬小麦上越冬,在寒冷季节也能在枯枝落叶和土壤中存活。据预测分析,在温室和台湾、广东、海南等地可周年繁殖危害,1年发生17~22代。

西花蓟马远距离扩散主要依靠人为因素,其各虫态随盆栽种苗、花卉苗木和鲜切花等在国内、国际贸易流通,尤其是鲜切花运输及人工携带是其广泛传播蔓延的主要途径;还可由农事作业时衣物携带、运输工具和借风力扩散等方式,进行近距离或异地传播。由于该虫适应环境能力强,经过辗转运销到外埠后西花蓟马仍能存活,而且一旦传入新区,较容易定居和繁殖起来。

成虫在高温下活跃、善飞,畏阳光直射,最喜蓝色、黄色次之,有很强的趋嫩绿习性。该虫对高温和低温均具有很强的适应性,发育历期长短与所处的环境温度及寄主植物有很大关系,在通常的寄主植物上,发育迅速,且繁殖能力极强,在15℃~35℃均能发育,20℃条件下存活率最高,35℃时没有个体成功发育至成虫。在15℃下完成1代(卵到成虫羽化)29天,30℃时仅9.4天。在27℃时和寄主黄瓜上雌成虫寿命15.6天,雄虫为雌虫的一半。成虫羽化后即可交配,有多次交配产卵习性,以两性生殖为主,后代雌雄比例1:1,可营孤雌生殖,后代为雄虫。卵产在寄主植物的花、叶、幼果、果梗、花萼或嫩茎组织内产卵,最喜在花卉未展开的花苞里产卵。取食黄瓜叶片的每雌平均可产子代数49.5头,如以花粉为饲料可达228.6头。初孵若虫在孵化部位取食,二龄若虫爬行迅速,扩散危害,二龄末期从植株上落入表土,进入伪蛹阶段。

【防治方法】 应采取预防为主、综合治理的策略,协调应用植物检疫、农业、物理、生物和化学防治技术。

1. 严格植物检疫措施 由于目前该虫仅在个别省(市)发生危

害,做好植物检疫工作阻断该虫的传播扩散至关重要。禁止从疫区调运蔬菜、花卉苗木,保护广大非疫区。蔬菜生产管理人员和广大菜农,要增强植物检疫意识,不从疫区盲目引进苗木,防止人为传播扩散。西花蓟马传入新区零星发生时,应在植物检疫部门的指导下,采取铲除寄主和封锁疫区的措施。

2. 疫区的防治工作 参见棕榈蓟马有关部分。

十五、茄黄斑螟

茄黄斑螟 *Leucinodes orbonalis* 又名茄子钻心虫、茄螟、茄白翅野螟,属鳞翅目螟蛾科。主要危害茄子等茄果类蔬菜,也危害龙葵、马铃薯、豆类等蔬菜。国内分布于华中、华南、华东、西南和台湾等地。幼虫钻蛀茄子顶心、嫩梢、嫩茎、花蕾及果实,造成枝梢枯萎、落花、落果及果实腐烂。秋季该虫多蛀食茄果,在湖北、江西、浙江局部地区曾有严重危害的报道,通常"十茄九蛀",一般年份虫果率为 25%~35%,高的可达 50%~85%,且蛀孔内、外堆积虫粪,严重影响食用和商品价值。

【形态特征】

1. 成虫 体长 6.5~10 毫米,翅展 18~32 毫米。体、翅均白色,前翅有 4 个明显的大黄色斑纹,翅基部黄褐色,中室顶端下侧与后缘有 1 个红色三角形斑纹,翅顶角下方有 1 个黑色眼形斑纹,后翅中室有 1 个小黑点,后横线暗色,外缘有 2 个浅黄色斑纹。

2. 卵 长椭圆形,长约 0.7 毫米,宽约 0.4 毫米,卵的一侧边上有锯齿状刺 2~5 根,外形类似水饺状,初产时乳白色,孵化前呈灰黑色。

3. 幼虫 共 6 龄,老熟幼虫体长 15~18 毫米,初龄时黄白色,老龄时多呈粉红色。低龄幼虫黄白色,头及前胸背板黑褐色,背线褐色,各节均有 6 个黑褐色毛斑,呈两排排列,前排 4 个大,后

排 2 个小,每节两侧各有一个瘤突,上生 2 根刚毛。

4. 蛹　体长 8~9 毫米,浅黄褐色,第三至第四腹节两侧气门上方各有 1 对突起,外被深褐色不规则形茧,蛹茧坚韧,有内外两层,初为白色,渐变为深褐色或棕红色。

【生活习性】　茄黄斑螟在合肥地区 1 年发生 5 代,武汉地区 5~6 代,江西南昌 4 代,世代重叠,以老熟幼虫结薄茧附在残株枝杈上、枯卷叶中、杂草根际及土表缝隙间等处越冬。翌年 3 月开始化蛹,4 月中旬至 5 月上旬越冬代成虫开始羽化,5 月上旬至 6 月上旬羽化,一般 5 月中下旬可见到幼虫危害,此时以第一代幼虫危害夏梢及茄果为主,7~9 月发生危害最重,其中 7 月中旬至 8 月下旬最烈,即第二、第三代为主害代,尤以第三代危害秋茄最严重,10 月中下旬起幼虫逐渐滞育越冬。成虫昼伏夜出,趋光性弱,具趋嫩性。能短距离飞行,但飞行能力较弱,随被侵染果实可远距离传播。成虫活动受到风雨影响较大,风力 4 级以上或中雨,活动较少。

在 20℃~28℃条件下,该虫成虫寿命为 7~12 天,25℃条件下每头雌蛾可产卵 200 粒以上,卵多数散产于茄子植株的上、中部嫩叶的背面,少数 7~8 粒卵块产。温度高于 35℃时,产卵量极少。初孵幼虫先吃去卵壳,然后蛀入花蕾及子房或蛀入心叶、嫩梢及叶柄。三龄以上幼虫可蛀果或蛀茎,幼虫老熟后爬出蛀害果外化蛹。夏季老熟幼虫多在枯萎植株中、上部将绿叶重叠缀合化蛹其中,少数在枯叶上化蛹,秋季则多在枯萎植株下部的枯枝落叶、杂草及土缝等处化蛹。一般春茄子花、蕾、嫩梢受害重,秋茄子果实受害重,1 个茄果内常有 3~5 条幼虫,多者则达 6~7 条。该虫对温度的适应范围广,17℃~35℃都能生长发育,最适环境温度为 25℃~28℃,适宜的空气相对湿度为 80%~90%。5~10 月份高温多湿的气候条件有利于该虫发生危害。田间调查发现,茄黄斑螟对不同品种的危害程度有明显差异,长形茄品种抗(避)虫性最强,其被害株率仅为卵圆形品种的10%~20%,被害果率比圆球形降低约63.5%。

【防治方法】

1. 农业防治 在害虫发生期及时清除田间落花、剪除被害嫩梢、摘除虫蛀茄果。收获后拔除残株,清洁田园,一般于3月底前将茄秆、枯枝带出田外集中深埋或烧掉处理,可减少越冬虫源。在南方严重发生区,夏、秋季选种条形茄品种,减轻茄黄斑螟的危害。

2. 物理防治 棚室茄子夏秋季栽培,覆盖防虫网阻止成虫迁入、产卵繁殖,明显减轻危害。在茄子、豆类蔬菜面积较大的地区,于5~10月份架设黑光灯或频振式杀虫灯等来诱杀成虫,减少田间落卵量。

3. 药剂防治 在幼虫孵化高峰期钻蛀危害之前喷药防治。可选用0.3%苦参碱水剂400~800倍液、1.3%苦参碱水剂1 500~2 000倍液、15%茚虫威悬浮剂4 000倍液、2.5%多杀霉素悬浮剂1 000倍液、10%虫螨腈悬浮剂1 000~1 500倍液、24%氰氟虫腙悬浮剂600~800倍液、2.5%联苯菊酯乳油2 000~4 000倍液等、20%阿维·杀虫单微乳剂1 500倍、1.8%阿维菌素乳油2 000倍液等进行喷雾。间隔7~10天防治1~2次,注意各药剂轮换使用。

十六、马铃薯甲虫

马铃薯甲虫 Leptinotarsa decemlineata 又称马铃薯叶甲、科罗拉多马铃薯甲虫,简称科罗拉多甲虫,属鞘翅目,叶甲科,是世界的毁灭性检疫害虫。寄主主要是茄科植物,大部分是茄属,其中栽培的马铃薯是最适寄主,还可危害番茄、茄子、辣椒、烟草等。原产地是美国,1993年5月在我国新疆伊犁地区被首次发现,近20年来自西向东扩散蔓延至天山以北区域,还有扩散加快和危害加重的趋势。成虫、幼虫危害马铃薯叶片和嫩尖,初期叶片上出现大小不等的孔洞或缺刻,继续危害可把马铃薯叶片全部吃光,仅剩茎秆,尤其是在马铃薯始花期至薯块形成期受害,对产量影响非常大,严重的可造成绝收。食物匮乏时,该虫偶尔也可取食茄子、番茄和白菜等,同时还可传播马铃薯的某些病害,如褐斑病、环腐病等。防治不及时合理,产量损失可达30%～50%,严重者减产可达90%以上,甚至绝收。

【形态特征】

1. 成虫 体长9～12毫米,宽6～7毫米,卵圆形,背面隆起。体色橙黄色至橘黄色,头、胸部和腹面散布大小不同的黑斑,头宽于长,具3个斑点。眼肾形黑色。触角细长11节,长达前胸后角,第一节粗且长,第二节较三节短,1～6节为黄色,7～11节黑色。前胸背板有10多个斑点,中间2个大,两侧各生大小不等的斑点4～5个,腹部每节有斑点4个。各足跗节和膝关节黑色,鞘翅浅黄色,每条翅上有5个黑色纵条纹。雄虫最末端腹板隆起,具一凹线,雌虫则无此特征。

2. 卵 长约2毫米,长椭圆形,顶部钝尖,初产时鲜黄色,后变为橙黄色至浅红色,有光泽,多个排成块,每卵块约20～40粒卵。

3. 幼虫 有4个龄期。一、二龄幼虫暗褐色,三龄以后逐渐变成鲜黄色或橙黄色,腹部膨胀高隆,头两侧各具瘤状小眼6个和具3节的短触角1个,触角稍可伸缩。腹部两侧各有2排黑色斑点。

4. 蛹 离蛹,椭圆形,尾部略尖。体长9～12毫米,宽6～8毫米,橘黄色或淡红色。

【生活习性】 在我国新疆伊犁河谷昭苏等地1年发生1代,霍城和察布查尔等地1年发生2～3代,其中以二代为主。以成虫在地下土深7～12厘米处越冬。5月份地温15℃时开始出土活动。马铃薯甲虫的发育起点温度为5.99℃,发育适温25℃～33℃。成虫经补充营养开始交尾把卵块产在叶片背面,卵粒与叶面多呈垂直状态,每卵块含有20～60粒卵,产卵期2个月,繁殖力强,单雌产卵量平均可达1 600多粒,卵期5~7天,初孵幼虫取食叶片,幼虫期约15~35天,各龄期食量相对稳定,一龄约占3%,二龄约占4%,三龄约占19%,四龄幼虫食量占75%。主要以成虫和三至四龄幼虫暴食寄主叶片,四龄末幼虫停止取食,老熟后大量幼虫在被害株附近入土化蛹,黏性土壤中化蛹多集中在1~5厘米,沙土中多集中在1~10厘米。蛹期7~10天,羽化后出土继续危害,多雨年份发生轻。该虫的传播发生在成虫和幼虫阶段,以成虫扩散为主,幼虫扩散依靠爬行,田间扩散只发生于寄主田和植株之间转移,距离和范围较小。滞育后出土的越冬代成虫和第一代成虫很容易扩散,成虫扩散有爬行和飞行两种方式,爬行主要发生在春季和秋季,距离通常在15~100米,属于近距离扩散方式;飞行分为低空自主短距离飞行和高空随气流飞行及长距离迁飞,越冬滞育后的成虫在取食产卵后,大规模成群长距离迁飞行为是马铃薯甲虫传播扩散的主要原因。该虫随人工传播,包括随货物、包装材料和运输工具携带传播,也是扩散途径之一。来自疫区的薯块、水果、蔬菜、原木及包装材料和运载工具,均有可能携带此虫。该虫适应能力强,资料表明其成虫可借助风力主动迁飞距离可达到115千米。1993年5月刚传入时该虫仅在新疆伊犁、塔城两地州的15个县(市)发生危害,2009年已经扩散到8个地州的35个县(市)。

【防治方法】

1. 加强检疫　控制该虫蔓延的主要措施是加强检疫。严格执行调运检疫程序,加强疫情监测。对疫区调出、调入的农产品尤其是茄科寄主植物,按照调运检疫程序严格把关,防止疫区的马铃薯块茎、活体植株调出。对来自疫区的其他茄科寄主植物及包装材料按规程进行检疫和除害处理,防止马铃薯甲虫的传出和扩散蔓延。

2. 农业防治　与非寄主作物(如非茄科蔬菜)进行轮作,种植早熟品种,对控制该虫密度具明显作用;利用马铃薯甲虫的假死性和早春成虫出土零星不齐、迁移活动性较弱的特点,从 4 月下旬开始进行人工捕杀越冬成虫和捏杀叶片背面的卵块,降低虫源基数。进行秋翻冬灌,破坏马铃薯甲虫的越冬场所,提高越冬死亡率近50%,可显著降低成虫越冬虫口基数,防止其扩散蔓延。马铃薯适当推迟播期至 5 月上中旬,避开马铃薯甲虫出土危害及产卵高峰期。实施覆膜结合滴灌的栽培技术对于该虫的防治效果显著。

3. 生物防治 可喷洒 100 亿个芽孢/克苏云金杆菌可湿性粉剂 600 倍液、6%乙基多杀霉素悬浮剂 800 倍液等。越冬代成虫入土期,可喷施 300 亿个/克白僵菌可湿性粉剂(100 克/667 米^2),1 个月后僵虫率达 80%以上。在马铃薯甲虫发生严重的区域,早春提早集中种植马铃薯,形成相对集中的诱集带,进行统防、统治。

4. 药剂防治 马铃薯甲虫是世界严重的抗药性害虫之一,不合理使用杀虫剂易产生抗药性。传入新疆维吾尔自治区以来,目前已对菊酯类、有机磷类杀虫剂产生了明显的抗药性,对烟碱类杀虫剂的抗药性也有上升趋势,因此应特别注意不同杀虫剂的轮换和交替使用。

在马铃薯甲虫二代发生区,该虫田间虫口密度为 20 头/株时,可造成 60%以上的产量损失,因此药剂防治在该虫发生初期进行,可选用的药剂 48%噻虫啉悬浮剂 4 000~5 000 倍液,或 1.8%阿维菌素乳油 1 500~2 000 倍液,或 70%吡虫啉水分散粒剂 10 000 倍液,或 25%噻虫嗪水分散粒剂 4 000 倍液、20%啶虫脒可溶性液剂、10%的呋喃虫酰肼悬浮剂 600~800 倍液、200 克/升氯虫苯甲酰胺悬浮剂 3 000~4 000 倍液、40%氯虫·噻虫嗪水分散粒剂 3 000~4 000 倍液、4.5%高效氯氰菊酯乳油 1 500 倍液等,一般每代幼虫期喷药 1~2 次,间隔期为 10~15 天。

种子处理采用 70%噻虫嗪水分散粒剂(制剂)25 克,加适量水稀释后拌种薯 100 千克,持效期可达 60 天以上,可有效控制越冬代成虫和第一代幼虫的危害。

十七、马铃薯瓢虫

马铃薯瓢虫 Henosepilachna vigintioctomaculata 又称二十八星瓢虫,俗称花大姐,属鞘翅目,瓢虫科。主要分布于我国东北、西北、内蒙古、华北等地区的马铃薯产区。食性杂,主要危害马铃薯、茄子,其次是茄果类、瓜类、豆类及龙葵、野苋、曼陀罗等杂草。成、幼虫在叶背面剥食叶肉,仅残留一层表皮,形成许多不规则半透明的细凹纹,状如箩底。也能将叶吃成孔状或仅存叶脉,严重时受害叶片干枯变黑,植株干枯死亡。还能危害果实和嫩茎,被害果被啃食处形成凹纹,常常破裂,逐渐变硬,并有苦味,不堪食用,失去商品价值。

【形态特征】

1. 成虫 体长 7~8 毫米,体宽 5.0~6.5 毫米,半球形,红褐色,体背黄褐色至红褐色,密生黄灰色短毛。触角 11 节,圆杆状,末 3 节膨大。前胸背板中央有 1 个较大的剑状斑纹,两侧各有 2 个黑色小斑(有时合并成 1 个)。两鞘翅各有 14 个黑色斑,鞘翅基部第二列的 4 个黑斑不在一条直线上;两鞘翅合缝处有 1~2 对黑斑相连。

2. 卵 长约 1.4 毫米,子弹头形,表面有纵纹,初产时鲜黄色,后变黄褐色,卵块中卵粒排列较松散,中间有明显的间隙,个别卵粒倾斜。

3. 幼虫 老熟后体长 9~10 毫米,淡黄褐色,纺锤形,背面隆起,体背各节有黑色枝刺,枝刺基部有淡黑色环状纹。

4. 蛹 长约 6~8 毫米,椭圆形,淡黄色,背面有稀疏细毛及黑色斑纹,尾端包被着幼虫末次蜕的皮壳。

【生活习性】 在东北、华北等地 1 年发生 2 代,少数发生 1

代。以成虫在发生地附近的背风向阳的杂草根际、墙缝、石头、土块、屋檐等处越冬,入土深度为3~6厘米。越冬成虫一般在日平均温度达16℃以上时即开始活动,20℃则进入活动盛期,初活动成虫,一般不飞翔,只在附近杂草上取食,5~6天后才开始飞翔到周围田间,危害马铃薯或苗床中的茄子、番茄、青椒苗。6月上中旬为产卵盛期,成虫产卵于叶背,常为20~30粒直立成块。6月下旬至7月上旬为第一代幼虫严重危害期。7月中下旬为化蛹盛期,7月底至8月初为第一代成虫羽化盛期,8月中旬为第二代幼虫危害盛期。8月下旬开始化蛹,羽化的成虫在马铃薯收获后向茄子、菜豆、番茄、玉米等作物上迁移。9月中旬开始寻求越冬场所,10月上旬大部分进入越冬状态。成虫早、晚静伏,上午10时至下午4时最为活跃,午前多在叶背取食,下午4时后转向叶面取食。成虫有假死性,受惊扰时常假死坠地,并分泌有特殊臭味的黄色液体。越冬代每雌可产卵400粒左右,第一代每雌产卵240粒左右,卵期5~6天。成虫、幼虫有残食同种卵的习性。幼虫常于夜间孵化,共4龄,一龄幼虫多群集叶背危害,二龄后分散,三龄食量逐渐增大,四龄食量最大。幼虫历期15~23天,老熟幼虫在原株的叶背、茎或附近杂草上化蛹。该虫对马铃薯有较强的依赖性,其成虫、幼虫不取食马铃薯,便不能正常地发育和繁殖。其发生与环境关系亦非常密切,夏季高温对马铃薯瓢虫的生长发育、繁殖极为不利,成虫生育力下降、幼虫死亡率高,28℃以上温度条件下,卵即使孵化也不能发育至成虫。卵在空气相对湿度90%条件下孵化最为适宜,低于50%则不能孵化。成虫越冬入土过浅、冬季严寒干燥条件下死亡率高,四周荒地多的田块发生早、危害重,枝繁叶茂、较荫蔽的田块发生较重,而行距大、透光性好的田块,发生危害较轻。

【防治方法】

1. 农业防治 茄株间打杈利于改善植株营养分配和通风透

光,又能带出大量的卵、幼虫及成虫;及时清除田园的杂草和残株,处理收获后的马铃薯、茄子等残株,降低越冬虫源基数。

2. 人工捕杀 在马铃薯瓢虫大发生时期,可利用成、幼虫的假死性,在上午10时前或下午4时后,拍打植株使之坠落,并用盆盛接捕杀。成虫产卵在叶背呈块状,卵粒中间有缝隙,颜色鲜艳容易发现,及时摘除卵块,集中杀灭,可减轻危害。

3. 生物防治 可喷洒100亿个芽孢/克苏云金杆菌可湿性粉剂600倍液、6%乙基多杀霉素悬浮剂800倍液等。

3. 药剂防治 在越冬成虫发生期至第一代幼虫孵化盛期喷药,消灭在幼虫分散危害之前,效果最好。药剂可选用25%噻虫嗪水分散粒剂4 000倍液、90%晶体敌百虫晶体或50%马拉硫磷乳油1 000倍液、2.5%溴氰菊酯乳油3 000倍液、20%氰戊菊酯乳油3 000倍液、21%增效氰戊·马拉松乳油(灭杀毙)6 000倍液等喷雾使用。也可使用新型杀虫剂20%氯虫苯甲酰胺悬浮剂4 000~5 000倍液进行喷雾,特别注意要喷施到叶片背面。

十八、茄二十八星瓢虫

茄二十八星瓢虫 *Henosepilachna vigintioctopunctata* 俗称酸浆瓢虫,属鞘翅目,瓢虫科。在全国广泛分布,但主要在长江流域及其以南各省危害严重。食性杂,主要危害茄子及甜(辣)椒、番茄、马铃薯等茄科蔬菜及瓜类、豆类、酸浆等,此外还危害白菜,其中以茄子受害最重。以成虫和幼虫危害寄主,其危害特点与危害状与马铃薯瓢虫基本相同。

【形态特征】

1. 成虫 体长约6毫米,半球形,黄褐色,体表密生黄色细毛。前胸背板上有6个黑点,中间的两个常连成1个横斑;每个鞘翅上各有14个黑斑,但两鞘翅合缝处黑斑不相连,其中第二列的

4个黑斑基本呈一条直线,这点是与马铃薯瓢虫的显著区别。

2. 卵 长约1.2毫米,弹头形,淡黄色至褐色,卵块中卵粒排列较紧密。

3. 幼虫 末龄幼虫体长约7毫米,初龄淡黄色,后变白色;体表多枝刺,其基部有黑褐色环纹,枝刺白色。

4. 蛹 长约5.5毫米,椭圆形,黄白色,背面有黑色斑纹,尾端包着末龄幼虫的蜕皮。

【生活习性】 江苏、安徽等地1年发生3代,湖北等华中地区4～5代,广东地区5代,福建6代,世代重叠。越冬成虫在背风向阳的土、石、缝、杂草等或土壤中群居越冬,翌年3月下旬至4月上中旬出蛰,先在龙葵、苜蓿、枸杞、酸浆等野生茄科植物上取食,5月份再迁移到茄科作物上繁殖危害。5月上旬在马铃薯上产卵,6月上旬出现一代幼虫。越冬代虫源稀少,因此越冬代和第一代危害较轻。5～9月份茄果类、豆类等蔬菜生长茂盛,食料丰富,该虫发生数量最多,危害加剧,以茄子上种群数量最高,受害最重。该虫喜高温高湿的环境条件,生长最适温度为25℃～28℃,空气相对湿度为80%～85%,在南方各地危害期较长。10月上旬以后,成虫陆续迁入杂草、疏松土壤、树皮裂缝等处,当气温低于18℃时,进入越冬状态。其他生活习性与马铃薯瓢虫相似。

【防治方法】 参见马铃薯瓢虫的防治。

十九、豇豆荚螟

豇豆荚螟 *Maruca vitrata* 又称豆野螟、豇豆螟、豇豆钻心虫、豆荚野螟、豆卷叶螟等,属鳞翅目、螟蛾科。随着豆类蔬菜栽培面积的迅速扩大,周年生产和播种茬口的复杂化,以及气候趋暖等因子的影响,20世纪80年代以来,豇豆荚螟逐步从次要害虫上升为主要害虫,保护地和露地豆类蔬菜均可受害。国内广泛分布,主要危害区为华中、华东和华南地区。主要寄主包括豇豆、菜豆、扁豆、四季豆、豌豆、蚕豆、菜用大豆等蔬菜等。以幼虫蛀食花蕾、豆荚和豆叶,常使花蕾、花朵、嫩荚脱落。一般幼虫蛀食蕾和花的比例超过60%,蛀荚率30%以上,严重时50%,豇豆连作田块达70%以上。被害豆荚蛀孔内、外堆积粪便,受害豆荚味苦,不堪食用或霉变,严重降低产量和质量。

【形态特征】

1. 成虫 体长10～13毫米,翅展为20～26毫米,体灰褐色。前翅黄褐色,从外缘向内具大、中、小白色透明斑各1块;后翅外缘褐色,其余2/3翅面白色半透明,交界处有1条暗棕色的波状纹。停息时两翅水平展开。

2. 卵 长约0.6毫米,扁平,椭圆形,黄绿色,卵壳具六角形网状纹。

3. 幼虫 共5龄,老熟幼虫体长14～18毫米,黄绿色,头部和前胸背板褐色;中、后胸背板的前排各有黑褐色的毛片4个,各生有2根细长的刚毛,后排有褐斑2个,无刚毛。1～8腹节背面亦各有毛片6个,前4后2,但在毛片上各生有1根刚毛。

4. 蛹 体长11～13毫米,黄绿色渐变黄褐色,复眼从浅褐色变为红褐色,羽化前在褐色的翅芽上能见到成虫前翅的透明斑。蛹体外被白色的薄丝茧。

【生活习性】 华北1年发生3～4代,华中、华东1年4～6代,以蛹在土壤中越冬。华南1年发生7～10代,世代重叠严重,无明显越冬现象。此虫喜温好湿,在南方各省(区)危害严重,危害盛期通常在6月下旬到9月,武汉地区6～8月为高峰期,广州地区4～5月、10～11月危害菜豆,5～8月间则危害豇豆。成虫昼伏夜出,趋光性弱,白天常潜伏于荫蔽场所或叶丛中,夜间飞翔。需取食花蜜补充营养,产卵具有很强的选择性,多产在始花至盛花期的田内,卵多散产,平均每头雌蛾可产卵80～100粒,最喜欢产卵

在花蕾和嫩荚上,也有产于嫩荚或叶背,花蕾上卵量占总卵量的80%,嫩荚上占10%。在28℃～29℃时卵期2～3天。幼虫孵出后即蛀入花蕾或嫩荚内取食雌蕊、雄蕊,1朵被害花中一般只1头幼虫,少数2～3头,1头幼虫一生可钻蛀花蕾20～25朵。二、三龄幼虫能转株危害,亦可以随落地花再转株危害,转株时间多于早、晚进行。三龄后幼虫少数继续危害花,大部分可吐丝下垂蛀荚危害,有转荚危害习性。少数幼虫也可吐丝卷叶危害。五龄老熟幼虫吐丝下坠地面以细土、枯枝、落叶缀结土室,再在其中作茧化蛹。豇豆荚螟对温度的适应范围广,15℃～36℃都能生长发育,但喜高温高湿环境,最适宜生长发育的温度为25℃～29℃,空气相对湿度85%～100%,7～8月间完成1代需24～30天。此间如果多雨或浇水,田间湿度增加可加重发生危害程度。光滑少毛品种、豆类开花结荚期与成虫产卵盛期吻合受害均较重。

【防治方法】 由于豇豆花序多和持续开花、结荚和采收的特点,在该虫盛发期频繁使用化学农药,易造成豇豆产品农药残留量超标。因此,加强预测预报工作,合理科学使用农药,可有效防控豇豆荚螟并保障豇豆等食品安全。

1. 农业防治 加强田间管理,及时清除田间落花、落荚,摘除被蛀豆荚或被害卷叶,集中处理,减少转移危害和虫源。合理地安排茬口,避免豇豆与豆类作物进行连作,尤其要避免夏播和秋播豇豆连作,提倡豆类作物与其他作物间作物间作,可减轻豇豆荚螟的危害。收获后再进行田间的灌水灭蛹,或及时清茬、机耕整地,杀灭、深埋虫蛹。在常年重发地区可选用表面多毛的品种栽培。

2. 物理防治 设施棚内用30～40目尼龙网覆盖棚室通风口,或建立露地防虫网棚,可有效防控该虫危害。在豇豆种植面积较大的情况下,可安装频振式杀虫灯或黑光灯诱杀成虫。

3. 药剂防治 药剂防治的策略是"治花不治荚",特别注意在始花至盛花期,重点调查预测豇豆荚螟主要危害世代一、二龄幼虫高峰期,确定为药剂防治关键时期。当豇豆花被害率达15%,或荚被害率达5%或百花有虫数达10头时,应及时施药防治。可选用100亿芽孢/克苏云金杆菌可湿性粉剂800倍液,或10%溴虫腈悬浮剂2 000倍液,或25%杀虫双水剂500倍液,或15%茚虫威悬浮剂3 000倍液,20%氰戊菊酯乳油3 000~3 500倍液,10%氯氰菊酯乳油3 500~4 500倍液,2.5%溴氰菊酯乳油3 500~4 500倍液,或90%敌百虫乳油800~1 000倍液等。也可采用新型杀虫剂20%氯虫苯甲酰胺悬浮剂3 000倍液、10%溴氰虫酰胺可分散油悬浮剂1 600倍液、6%乙基多杀霉素悬浮剂3 000倍液等。药剂重点喷在蕾、花、嫩荚及落地花上,及早消灭初龄幼虫,防止扩散。喷药时间掌握在上午7~10时(花未闭合以前),可杀死蛀入花内的幼虫。连喷2~3次。

二十、豆荚螟

豆荚螟 *Maruca testulalis* 俗名豆蛀虫、豆荚蛀虫、红虫等,属鳞翅目,螟蛾科。在我国各地广泛分布,以华东、华中、华南等地区受害最重。该虫属寡食性害虫,除危害大豆外,还危害60余种豆科植物,包括豆科蔬菜作物,如豇豆和菜豆等。豆荚螟通常从荚中部蛀入,以幼虫在豆荚内蛀食豆粒,被害籽粒重则蛀空,仅剩种子柄,轻则蛀成缺刻,几乎都不能作种子,且排泄虫粪造成被害籽粒霉烂,降低产量及影响种子的质量,尤以春、夏播大豆受害最重。

【形态特征】

1. 成虫 体长10~12毫米,翅展20~24毫米,全体灰褐色。触角丝形,前翅狭长,前缘有1条明显的白色纵带,近翅基1/3处有1条金黄色宽横带;沿后翅外缘有1条褐纹。

2. 卵 椭圆形,长为0.5~0.8毫米。卵壳表面密布不规则的网状突起,初产时乳白色,后逐渐变红色,孵化前呈淡黄色。

3. 幼虫 共5龄,老熟幼虫体长14～18毫米。体色多变,初孵化时橘黄色,其后变为白色,后至绿色,老熟时背面紫红色,腹面绿色,结茧后又变为黄绿色。一至三龄幼虫前胸有"山"字形黑色斑纹,四、五龄前胸有"火"字形黑斑纹。

4. 蛹 体长9～10毫米,黄褐色。腹部末端圆钝,有6根钩刺。蛹茧长椭圆形,长约14毫米,宽约7毫米,白色丝质,外附有土粒。

【生活习性】 豆荚螟每年发生随地区及当年气候条件不同,从北到南1年发生2～8代,在长江中下游地区每年发生4～5代,各地主要以老熟幼虫在寄主植物附近土表下5～6厘米处结茧越冬,也有局部地区以蛹越冬。越冬幼虫常于3月下旬开始化蛹,4月上中旬陆续羽化出土。越冬代成虫在豌豆、绿豆或冬季豆科绿肥上产卵发育危害;第二代幼虫危害春播大豆或绿豆等其他豆科植物;第三代危害晚播春大豆、早播夏大豆及夏播豆科绿肥;第四代危害夏播大豆和早播秋大豆和早播秋大豆;第五代危害晚播夏大豆和秋大豆。通常8～9月份是发生危害盛期。末龄幼虫在10～11月份入土越冬。

成虫昼伏夜出,白天潜藏在豆株叶背、茎上或杂草上,傍晚开始活动,趋光性不强,可做短距离飞翔。成虫羽化后当日即能交尾,隔天就可产卵。成虫产卵于幼嫩叶柄、花柄、嫩芽和嫩叶背面或者豆荚上,每荚一般只产1粒卵,少数2粒以上,最多时可达10多粒。其产卵部位大多在荚上的细毛间和萼片下面,少数可产在叶柄等处。在大豆上尤其喜产在有毛的豆荚上,在绿肥和豌豆上产卵时,多产在花苞和残留的雄蕊内部而不产在荚面。初孵幼虫先在荚面爬行1～3小时,再在荚面吐丝结一白色薄丝茧(丝囊)躲藏其中,仅伸出头部逐渐咬蛀入荚,经6～8小时,咬穿荚面蛀入荚内。幼虫进入荚内后,随即分泌胶液封闭孔口,之后在豆粒内危害,三龄后才转移到豆粒间取食,四至五龄后食量增加,每天可取食 1/3~1/2 粒豆,1 头幼虫平均可吃豆 3~5 粒。在一荚内食料不足或环境不适,可以转荚危害,每一幼虫可转荚危害 1~3 次。转荚危害时,入孔处也有丝囊覆盖,脱荚孔则无,这是鉴别荚内有无幼虫危害的重要特征。大豆收获时常有部分未脱荚幼虫随之带入晒场,在周围土表下越冬。老熟幼虫咬破荚壳,入土作茧化蛹,茧外粘有土粒,称土茧。豆荚螟适宜发生的温度为 20℃~35℃,最适环境温度为 26℃~30℃,空气相对湿度在 70%~80%,土壤含水量为 10%~15%。化蛹期时如果土壤湿度很大,则蛹的死亡率高,虫口少。一般结荚期长的品种较结荚期短的品种受害重,荚毛多的品种受害更重,豆科植物连作田受害重。

【防治方法】

1. 农业防治

(1)选用抗虫品种　选用早熟丰产、结荚期短、少毛或无毛抗虫品种,以减轻豆荚螟的危害。

(2)合理布局　在豆荚螟危害严重的地区,应避免豆类作物多茬口混种,避免与绿肥等豆科植物连作或邻作,可选择玉米与大豆间作,有条件地区可实行水旱轮作,最好采用大豆与水稻轮作,可减轻豆荚螟的危害。

(3)农事作业　开花期浇水,提高土壤湿度,降低幼虫化蛹率;及时收割运出田块,使未脱荚的幼虫集中在晒场处理,同时减少田块内越冬幼虫的数量。

2. 物理防治　在豆田架设黑光灯,可诱杀成虫。

3. 生物防治　于产卵始盛期释放赤眼蜂,效果良好;老熟幼虫入土前,田间湿度高时,可施用白僵菌粉剂,每 667 米^2 用白僵菌粉剂 1.5 千克加细土 4.5 千克,均匀撒在豆田垄台上,减少化蛹幼虫的数量。

4. 药剂防治　掌握成虫盛发期和卵孵化盛期喷药。一般在大豆初花期开始连续用药 2 次,间隔 5~7 天,豇豆、菜豆现蕾和花期每10天喷1次。喷药的最佳时间在早上6～9时之前花盛开时,重点喷药部位为植株花蕾与落地谢花上。可选用80%敌百虫可溶性粉剂600～800倍液、50%杀螟硫磷乳油1 000倍液、2.5%溴氰菊酯乳油4 000倍液、5%氟啶脲乳油1 000～1 500倍液等进行喷雾防治。其他药剂参考豇豆荚螟。

二十一、豆芫菁

豆芫菁 *Epicauta gorhami* 别名白条芫菁、锯角豆芫菁,属鞘翅目,芫菁科,广泛分布于我国从南到北的许多省(区)。喜食的作物主要是大豆、菜豆、豇豆、蚕豆、花生等豆科作物,有时为危害番茄、辣椒、苋菜、菠菜、棉花、甜菜、马铃薯、茄子等。主要以成虫群集取食叶片及花瓣,影响作物的光合作用,有的取食豆粒,使其不能结实,对产量影响大。

【形态特征】

1. 成虫 体长10～19毫米,宽2.5～4.6毫米。全体黑色,被细短毛,头部略呈三角形,红色,具1对光亮的黑瘤。前胸背板中间和每个鞘翅中央各有一条灰白毛组成的宽带纵纹。鞘翅周缘镶以白色毛边。前胸背板和腹部各节腹面的后缘生有白色绒毛。雌虫触角丝状,雄虫触角栉齿状,3～7节扁平。

2. 卵 椭圆形,长约3毫米,宽约1毫米,黄白色,表面光滑。常由70～150个粒卵组成菊花状卵块。

3. 幼虫 共6龄,各龄幼虫形态不同,一龄幼虫似双尾虫,体深褐色,胸足发达;二至四龄幼虫蛴螬型,五龄(又称伪蛹)象鼻虫幼虫状,头褐色,全体被一层薄膜,光滑无毛,胸腹部乳白色。

4. 蛹 长约15毫米,灰黄色,复眼黑色;前胸背板侧缘及后缘各着生9根长刺;第1～6腹节后缘具一排刺,左、右各6根;7～8腹节左、右各5根。

第九章 蔬菜主要虫害

【生活习性】 豆芫菁在东北、华北1年发生1代,在长江流域及长江流域以南各省1年发生2代,以五龄幼虫(伪蛹)在土中越冬。次年春天脱皮发育成六龄幼虫,继之化蛹。在1代区的越冬幼虫6月中旬化蛹,成虫于6月下旬至8月中旬出现危害,8月份为严重危害时期,尤以大豆开花前后最重。2代区第一代成虫于5~6月间发生,集中危害早播大豆,以后转害茄子、番茄等蔬菜。第二代成虫危害大豆最重,以后数量逐渐减少,并转至蔬菜上危害。9月下旬至10月上中旬发生数量逐渐减少,进入越冬期。

成虫白天活动,飞行力较弱,但爬行力强,以早9时至下午6时为盛,中午最盛,在豆株叶枝上群集危害,每头成虫每天可食豆叶4~6片,喜食嫩叶、心叶和花,也危害老叶及嫩茎,吃光一株,再转移另一株危害。成虫具假死性,受惊时迅速散开或坠落地面,且能从腿节末端分泌含有芫菁素的黄色液体毒素,如触及人体皮肤,能引起红肿发疱。成虫产卵前需取食补充营养,雌成虫于土中约5厘米处产卵,每孔洞有70~150粒卵,卵粒排列成菊花状。豆芫菁成虫为植食害虫,但幼虫为肉食性,以蝗卵为食。幼虫孵出后分散觅食,是蝗虫的重要天敌。如无蝗虫卵可食,10天内则饥饿而死。一般1个蝗虫卵块可供1头幼虫食用。以四龄幼虫食量最大,五至六龄不需取食。连作地、田间及四周杂草多、地势低洼、土壤潮湿、栽培过密、夏秋季节干旱、少雨雪、翌年高温等有利于虫害的发生与发展。

【防治方法】

1. 农业防治 根据豆芫菁经幼虫在土中越冬的习性,冬季翻耕豆田,可消灭部分越冬的伪蛹。有条件地区实行水旱轮作,淹死越冬幼虫。

2. 人工捕杀 该虫成虫有群集危害习性,可于清晨用网捕成虫,集中消灭,或在成虫群集危害期人工平整垄面、垄坡,铲除田间杂草,减少成虫产卵场所。

3. 药剂防治 在成虫发生始盛期,每隔 7～10 天防治 1 次,连续防治 2～3 次。可选用 2.5% 敌百虫粉,每 667 米² 2～3 千克喷粉,或 10% 高效氯氰菊酯乳油 1 500 倍液、80% 敌百虫可溶性粉剂 600～700 倍液、50% 马拉硫磷乳油 1 000 倍液、2.5% 高效氯氟氰菊酯乳油 3 000 倍液、15% 茚虫威悬浮剂 3 000 倍液等喷雾防治。

二十二、豌豆象

豌豆象 *Bruchus pisorum* 别名豆牛、豌豆虫、蛀虫,属鞘翅目,豆象科。20 世纪 50 年代在我国开始危害,现大部分省区都有豌豆象的分布,以江苏、安徽、陕西、山东、甘肃中部地区等省受害较重。该虫寄主单一,仅危害豌豆,可随豌豆调运做远距离传播,危害严重。无论在豌豆结荚期或仓库贮藏期,均较常见,主要以幼虫危害,啃食豆粒,造成空洞甚至空壳,重量损失可达 60%,使豌豆的食用价值和发芽力都明显下降。

【形态特征】

1. 成虫 椭圆形,长 4～5 毫米,体背黑色,有光泽。前胸背板后缘中央有 1 个近卵圆形的白色毛斑,其侧缘中央的略前方有 1 个钝齿状突起,齿突尖端方向明显向后,鞘翅表面有纵行隆起线及许多由白色细毛组成的毛斑。

2. 卵 椭圆形,淡黄色,长 0.8 毫米,在较细的一端着生 2 根约 0.5 毫米长的丝状物。

3. 幼虫 共 4 龄,乳白色,头黑色,触角短小,胸足退化成圆锥形,无爪,气孔环形。老熟幼虫体长 4.5～6 毫米,黄白色,肥大,分节明显,多皱纹。体呈菜豆形向腹方略弯曲。背部隆起无背线。

4. 蛹 椭圆形,长约 5.5～6 毫米,初化蛹时为乳白色,即将羽化时,头、中胸和后胸中央部分、胸足和翅均呈褐色,腹部乳白色,近末端略呈黄褐色。前胸两侧齿状突起明显。

第九章 蔬菜主要虫害

【生活习性】 豌豆象1年发生1代,各地的发生期由北向南逐渐递早。主要以成虫在豆粒内、仓库、壁缝、包装物及野外屋檐、木柱、篱笆、树皮下等处越冬,但大部分在豆粒内,也发现少数个体以幼虫或蛹越冬。翌年春天平均温度达14℃~18℃时,春天豌豆开花期,越冬的成虫开始飞到豌豆田里取食豌豆花粉、花蜜和嫩的豆叶,经6~7天性器官发育成熟后,开始交配、产卵于豆荚上,卵在豆荚上孵化后幼虫蛀入豆粒进行危害。通常豌豆的结荚期即是豌豆象的产卵高峰期。在上海、浙江和江苏地区,每年4月上中旬越冬成虫开始活动,完成1个世代后,在7月上中旬和8月上旬羽化为成虫。

成虫具有日出性,飞翔力强,最远飞行距离为3~7千米。卵散产在嫩豌豆荚的表面,通常2粒相重叠,每一豆荚可产卵3~5粒,以植株中部的豆荚上最多(距离地面20~40厘米处),上部最少。产卵盛期约在5月中旬,产卵期可长达20多天,在日平均温度26℃~27℃条件下,产卵期为16~24天,平均每头雌虫产卵量150粒。产完卵后雌虫就死亡。卵经6~9天,孵化为幼虫。

幼虫孵化后就钻入豆粒内危害,每个豆粒内可以钻进几个幼虫,但最后仅有1头幼虫成活。幼虫期是豌豆象危害最严重的一个发育阶段,随着豌豆的生长,幼虫在豆粒内发育。幼虫期一般为40多天。老熟幼虫在豆粒内化蛹。当豌豆收获时,大部分在豆粒内的成虫还没有爬出豆粒,随豌豆而进入仓库,并继续发育危害。当蛹变为成虫后,有些成虫就在豌豆上咬一圆孔爬出来,在仓库缝隙过夏、越冬。有些则飞出仓外,到田间的隐蔽场所越冬。也有留在豆粒内以成虫越冬的。通常果柄长度超过荚长的和小荚的豌豆品种受害重。

【防治方法】 豌豆象的主要危害期,包括豌豆田间生长期和产品收获后贮藏阶段。因此,应针对两个时期,分别采取综合防治措施。

1. 农业防治 选用无虫种粒,是防治豌豆象的有效途径之一;选用早熟品种,使其开花、结荚期避开成虫产卵盛期,减轻豌豆象的危害;与非豆科作物进行轮作,清除田间和田埂杂草,消灭其越冬成虫的栖身场所。

2. 物理防治

(1)日光暴晒 豌豆采收脱粒后,选择晴天摊晒豌豆,一般厚3～5厘米,每隔半小时翻动一次,粮温升到50℃左右,保持4～6小时,豌豆采收后15天内,当豌豆含水量降至12%～14%时,套囤密闭20天,豆内豌豆象可全部窒息死亡。豌豆贮藏前,做好仓库的卫生清洁。

(2)沸水浸烫 主要适用于农村豌豆和蚕豆少量贮藏,在豆象羽化为成虫以前。将生虫的豆粒放入可沥水的竹篮或竹篓等容器中,水煮沸腾后将容器浸入25～28秒钟,边烫边搅拌,迅速取出后投入凉水中冷却,摊开晾凉,待豆粒充分干燥后再贮存,可杀死豆粒内的豌豆象(蚕豆象),且不影响豌豆(蚕豆)发芽力。用开水烫种,应掌握在豆象羽化为成虫以前和豌豆浸烫时间。

(3)低温冷冻除虫 北方冬季气温达到-10℃以下时,将贮粮摊开,一般7～10厘米厚,经12小时冷冻后,即可杀死贮粮内的害虫。如果达不到-10℃,冷冻的时间需延长。冷冻的粮食需趁冷密闭贮存。

3. 植物熏避除虫 将花椒、茴香或碾成粉末的山苍子等,任取一种,装入纱布小袋中,每袋装12～13克,一般每50千克豌豆均匀放2袋。

4. 药剂防治 分田间和贮藏两个阶段分别进行。

(1)喷雾防治 掌握在豌豆开花盛期和结荚盛期进行喷药防治。药剂可选用80%敌敌畏乳油1 000倍液、50%马拉硫磷乳油1 000倍液、90%晶体敌百虫1 000倍液、1.8%阿维菌素乳油3 000倍液、10%高效氯氰菊酯悬浮剂3 500～4 500倍液、2.5%溴氰菊酯乳油3 000倍液等进行喷雾防治,每次间隔7～10天,连续防治2～3次。

(2)药剂处理　豌豆采收15天内,将脱粒晒干后的种子,用97%马拉硫磷乳油(防虫磷)喷洒,北方粮库一般用药量为10～20克/1 000千克豌豆,南方粮库为20～30克/1 000千克。喷洒作业须严格遵守操作规程,施药的粮食须间隔1个月后才能加工食用。

二十三、蚕豆象

蚕豆象 Bruchus rufimanus 俗名豆牛,属鞘翅目,豆象科。国内遍及华东、华中、华南、西南、华北等蚕豆产区。主要危害蚕豆,还危害野豌豆、山黧豆、兵豆、鹰嘴豆、羽扇豆等。幼虫专食新鲜蚕豆豆粒,被害豆粒内部蛀成空壳,引起霉菌侵入,使豆粒发黑变苦,不能食用;如伤及胚部,则影响发芽率,质量大大降低。幼虫随豆粒收获入仓,继续在豆粒内取食危害,造成严重损失。

【形态特征】　本种与豌豆象极易混淆,主要区别如下:

1. 成虫　前胸背板侧缘的齿突在中央,齿突尖向两侧伸长。两鞘翅会合时白色毛斑呈"M"形。臀板上没有明显的黑色毛斑。后足腿节下面端部有1个短而钝的齿。

2. 卵　黄白色,较细的一端无丝状物。

3. 幼虫　背部隆起有1条红褐色背线。

4. 蛹　前胸背板及鞘翅上密生细皱纹,前胸背板两侧齿突不明显。

【生活习性】　蚕豆象1年发生1代,以成虫在豆粒内、仓库内角落、包装物缝隙以及在田间、晒场、作物遗株内、杂草或砖石下越冬。在长江流域地区,翌年春天3月下旬或4月上旬蚕豆开花时节,越冬成虫飞到蚕豆田里取食花粉、花蜜和嫩叶,并且交配产卵,

4月上旬为交尾盛期,4月中下旬为产卵盛期,5月上旬为孵化盛期。成虫最喜选择刚长出的2～3厘米长嫩青荚上产卵。卵粒散产,每荚一般着卵2～6粒,最多的达34粒。每头雌虫一生产卵35～40粒,最多为96粒。卵期7～12天。幼虫孵化后立即钻入豆荚鲜豆粒内蛀食危害,在豆荚和豆粒上留有钻蛀进去的小黑点。5月下旬至7月上旬是幼虫发生盛期。每一豆粒可以钻进去几个幼虫,随着蚕豆的生长,幼虫在豆粒内发育,一般需要70天或更长的时间后化蛹。8月为化蛹盛期,蛹期9～20天。在豆粒内发育的幼虫,随收获的蚕豆而带入仓库,并在豆粒内继续危害。老熟幼虫在豆粒内化蛹,并在粮仓内越冬。成虫寿命可达230天左右,有耐饥力和假死性,飞翔能力较强。

【防治方法】 参见豌豆象。

二十四、豌豆彩潜蝇

豌豆彩潜蝇 Chromatomyia horticola 又称豌豆潜叶蝇、豌豆植潜蝇、油菜潜叶蝇,俗称夹叶虫、叶蛆等,属双翅目,潜蝇科。分布在我国各地,主要危害豌豆、菜豆、蚕豆、豇豆、甘蓝、花椰菜、油菜、白菜、芥菜、萝卜、莴苣、番茄、马铃薯、茄子、黄瓜、大葱、洋葱和茼蒿等。雌成虫用产卵器刺破寄主叶片背面产卵,从刺孔处吸食汁液,留下圆形白色斑痕。幼虫潜食叶肉,蛀食叶肉留下上下表皮,形成蛇行弯曲的白色或灰白色隧道,并在隧道内留下颗粒状散生虫粪。虫道一般出现在叶片背面,植株下部叶片多,严重时虫道密布造成叶片干枯脱落,植株早衰生长不良,降低蔬菜产量、产品的商品价值和食用品质。

【形态特征】

1. 成虫 体长约2毫米,头部黄色,全身暗灰色有稀疏刚毛。仅具1对前翅,透明,长约3毫米,有彩虹反光。中胸近黑色,各腹

第九章 蔬菜主要虫害

节后缘及腿节末端黄色。

2. 卵 长椭圆形,乳白色,长约 0.3 毫米。

3. 幼虫 共 3 龄,蛆形,老熟幼虫黄白色,长约 3 毫米,体表光滑透明。前气门成叉状在前端伸出,后气门在腹末背面,为 1 对小突起。

4. 蛹 围蛹,长约 2 毫米,长椭圆形,黄褐色至黑褐色。

【生活习性】 豌豆彩潜蝇 1 年发生代数因地区不同而有很大差异,黑龙江 2~3 代,华北地区 4~5 代,在浙江杭州 10~12 代,福建福州 13~15 代,广东 18 代,但均以春季或春末夏初为主要危害期。在黑龙江主要危害十字花科蔬菜,5 月中下旬始见虫道,发生危害盛期在 6 月中旬。华北地区以蛹在露地被害叶片内越冬,也可在日光温室蔬菜繁殖危害。翌春 4 月中下旬成虫羽化,第一代幼虫危害豌豆、阳畦菜苗、留种十字花科蔬菜和油菜,以后随着寄主植物的增加而扩大危害对象,5~6 月是危害盛期。夏季气温升高时虫量迅速减少,有少数蛹越夏,秋季有发生,但数量较少。在浙江杭州可周年发生,世代重叠现象明显。以蛹越冬为主,大龄幼虫和成虫少量越冬。3 月随气温升虫量上升很快,4 月盛发主要危害豌豆,其次为开花的油菜以及青菜等,为全年种群数量最多、危害最重的时期。进入 6 月由于高温和春菜成熟收获,田间虫量骤减,少数在阴凉杂草上越夏。秋季随气温下降开始活动,10 月危害青菜、萝卜等蔬菜,12 月在豌豆上发生,无明显越冬现象。在福州 3~4 月形成虫口数量高峰,5 月上中旬至 8 月下旬菜田中零星发生,少数个体在沟渠、杂草等阴凉处生活,8 月下旬后危害多种秋菜,冬季继续繁殖。该虫发生危害还与当地种植制度有密切关系,在青海等地春播粒用豌豆生产基地,由于虫源多和春棚嫩荚豌豆的环境条件有利,常受到该虫严重危害,可减产 30% 以上。

成虫白天活动,吸食花蜜和叶片汁液补充营养,交配产卵,受惊吓常作螺旋状飞行。产卵多选择嫩叶背面边缘的叶肉内产卵,尤以近叶尖处为多,卵散产,一处产 1 粒,叶片被产卵器刺伤处出现灰白色小斑伤痕,每头雌蝇可产卵 50～100 粒。幼虫孵出后即蛀食叶肉,隧道随虫龄增大而加宽。老熟时先咬破表皮成羽化孔,然后在隧道末端化蛹。该虫生长、发育和繁殖适宜温暖的气候条件,雌虫比例增加,温度以 16℃～22℃ 为宜。气温在 13℃～15℃ 时,卵期 3.9 天,幼虫期 11 天,蛹期 15 天;在 23℃～28℃ 时,则分别为 2.5 天、5.2 天和 6.8 天。气温超过 35℃ 时,幼虫、蛹大量死亡,所以盛夏季节该虫较少发生。

【防治方法】

1. 农业防治 合理安排茬口,豌豆、油菜与非寄主植物进行轮作。蔬菜收获后及时进行田园清洁,处理残株败叶,铲除地边、道边等杂草,并集中处理,可减少下代及越冬的虫源基数。棚室蔬菜在夏季换茬期间,高温闷棚,消灭虫源。

2. 物理防治 在春棚嫩荚豌豆的严重发生区可覆盖防虫网,可有效阻止迁入棚内的虫源。在春季成虫发生始盛期,利用成虫的趋性,悬挂黄色粘虫板诱捕成虫效果好。也可用少量 0.05% 敌百虫可湿性粉剂加入甘薯或者胡萝卜的煮液(1.5 千克甘薯或胡萝卜加入 5 升水中,煮 30 分钟)中,制成诱杀剂,把诱剂喷洒在该虫喜食的叶菜上诱杀成虫。每隔 3～5 天喷 1 次,共喷 5～6 次。

3. 保护利用自然天敌 华北地区春季 3 月下旬开始天敌数量上升,4 月份田间自然寄生率可达 20% 以上,5～6 月可达 70% 以上,此时应充分保护利用自然天敌的控制作用。

4. 药剂防治 参考美洲斑潜蝇。

二十五、豆 蚜

豆蚜 Aphis Cracciora 又称为花生蚜、苜蓿蚜,属半翅目,蚜科。分布于西藏外的国内各省、自治区、直辖市,是花生、苜蓿、豆

第九章 蔬菜主要虫害

科等作物的重要害虫,可危害保护地和露地栽培的豇豆、菜豆、豌豆、蚕豆、扁豆、眉豆等蔬菜。以成蚜和若蚜群集于植株的嫩茎、幼芽、花器各部上,吸食其汁液,造成植株生长矮小,叶片卷缩、变黄、落蕾,豆荚停滞发育,发生严重,植株成片死亡。该虫还传播蚕豆花叶病等病毒病,危害严重,防治不及时常可造成5%~10%减产损失。

【形态特征】

1. 有翅胎生雌蚜 体长1.5~1.8毫米,黑色或黑绿色,有光泽,眼瘤发达。触角6节,第1~2节黑褐色,第3~6节黄白色,节间带褐色。第三节较长,上有感觉孔4~7个,以5~6个为多,排列成行。翅痣、翅脉均为橙黄色。各足的腿节、胫节、跗节均暗黑色,其余部分黄白色。腹部各节背面均有硬化的暗褐色横纹,第一和第七节各有1对腹侧突。腹管黑色。圆筒状,端部稍细,具覆瓦状花纹,长度为尾片的2倍。尾片黑色,上翘,两侧各有3根刚毛。

2. 无翅胎生雌蚜 体长1.8~2.0毫米,体较肥胖,黑色或紫黑色,有光泽,体被均匀且薄的蜡粉。触角6节,第1~2节、第五节末端及第六节黑色,其余部分为黄白色。第三节上无感觉孔。腹部体节分界不明显,背面具1块大形灰色的骨化斑。

3. 若蚜 分4龄。与成蚜相似,体小,灰紫色、黄褐色或黑褐色,体节明显,体被薄蜡粉,腹管、尾片均黑色。

4. 卵 长椭圆形,初产为淡黄色,后变草绿色,最后呈现黑色。

【生活习性】 豆蚜在河北、山东1年发生20代,浙江、福建、广东30余代。在我国北方地区主要以无翅若蚜以及成蚜在苜蓿、荠菜、紫花地丁等寄主上越冬,也有少量以卵在枯死寄主上越冬。当翌春气温回升至10℃时,豆蚜开始活动并繁殖几代后,4月下旬气温上升时,产生有翅蚜迁移到附近的春季豆类寄主,经夏季到秋季,10月份产生有翅蚜再回迁至越冬寄主上越冬。浙江杭州等

地,3月间越冬的成、若蚜在冬寄主上开始繁殖,4月下旬至5月上旬,当气温上升到约18℃时,在留种的紫云英和蚕豆上群集,为全年繁殖高峰。5月中下旬以后,随着植株衰老,产生大批有翅蚜迁到菜豆、夏豇豆、花生等豆科作物上滋生繁殖,6、7月间危害重。8月产生有翅蚜迁到秋豇豆、菜豆等繁殖危害,10月下旬至11月间随着气温下降和寄主衰老,产生有翅蚜迁飞到越冬寄主。

温度是影响豆蚜繁殖和活动的主要因素,适宜繁殖的温度为16℃~23℃,适宜的温度下,利于豆蚜的存活和繁殖,雌蚜寿命可长达10天以上,每头无翅胎生雌蚜可产若蚜50~100头,极易造成严重危害。低于15℃和高于25℃,繁殖会受到抑制。在适宜的温度范围内,大气湿度和降雨是决定蚜虫种群数量变动的主导因素,空气相对湿度60%~70%时,有利于大量繁殖,湿度高于80%或低于50%时,对繁殖有明显抑制作用。如遇5、6月的气候条件抑制繁殖,则当年危害极轻,反之则该虫危害早而且严重,7~8天即可完成1代,虫口密度剧增,达到危害高峰。夏季如遇雨季来临,湿度大,加上此时天敌增加,田间蚜量可明显减少。该虫对黄色有较强的趋性,对银灰色有忌避习性,且具较强的迁飞和扩散能力,该虫耐低温能力较强。在自然条件下,瓢虫、食蚜蝇、草蛉、蚜茧蜂、蜘蛛等天敌比该蚜虫发生晚,但中、后期随着数量的增多,对蚜虫数量有明显的控制作用。

【防治方法】

1. 农业防治 选择抗虫品种。冬灌可降低地面温度,恶化蚜虫越冬环境,杀死大量蚜虫。采用喷灌可以抑制蚜虫的发生、迁飞和扩散。清除田边杂草,减少杂草上的幼虫,减少虫源。

2. 物理防治 在温室大棚或者露地内悬挂黄色粘板,诱捕有翅蚜;棚室覆盖防虫网避蚜,还可兼治斑潜蝇、粉虱、蓟马等害虫。

3. 药剂防治 加强预测预报,采用黄板或黄皿诱测法,当发现有翅蚜数量突增时,结合田间调查,有蚜株(丛)率达到20%~

第九章 蔬菜主要虫害

30%,每株(丛)蚜量10~20头时施药,将有翅蚜控制在越冬寄主阶段迁飞之前。豆类蔬菜田间防治,应掌握在豆蚜点片发生阶段。可选用50%抗蚜威可湿性粉剂4 000倍液、10%吡虫啉可湿性粉剂2 500倍液、40%乐果乳油1 000倍液、25%氰戊菊酯乳油1 500~2 000倍液、3%啶虫脒乳油1 000倍液、1%印楝素水剂和0.36%苦参碱水剂各500倍液等喷雾防治。注意轮换用药,根据虫情发展,确定施药次数。

二十六、菜 蚜

菜蚜是十字花科蔬菜的蚜虫统称,包括桃蚜 *Myzus persicae*、萝卜蚜 *Lipaphis erysimi* 和甘蓝蚜 *Brevicoryne brassicae*。属半翅目,蚜科,俗名蜜虫、腻虫。桃蚜也称烟蚜,萝卜蚜亦称菜缢管蚜,均为世界性害虫,遍布全国各地,萝卜蚜是华南地区的优势种。甘蓝蚜主要分布在新疆、宁夏等西北地区及华北和东北中北部地区。桃蚜为多食性蚜虫,寄主植物达350种以上,除十字花科蔬菜外,还可危害茄子、辣椒、甜菜等;而萝卜蚜和甘蓝蚜为寡食性,均以危害十字花科蔬菜为主,前者以叶面毛多而蜡质少萝卜、白菜为主,后者喜食叶面光滑蜡质多的甘蓝和花椰菜等。成、若蚜群集蔬菜叶背吸食汁液,造成节间变短、菜株矮小、生长停滞,甚至萎缩干枯,影响包心或结球;留种菜受害不能正常抽薹、开花和结籽。还大量分泌蜜露污染蔬菜,诱发煤污病,阻碍寄主植物正常的呼吸作用和光合作用。同时,菜蚜又是多种植物病毒病的传播媒介,造成病毒病流行的危害远远大于蚜虫本身的刺吸危害。

【形态特征】

1. **桃蚜** 有翅胎生雌蚜:体长约2毫米。头部及胸部黑色,腹部绿色、黄绿色、褐色以至赤褐色。触角基部有明显的额瘤,向内倾斜,复眼赤褐色。触角6节,其第三节上有次生感觉圈9~17

个(多数为12~15个)。腹管绿色,很长,中后部稍膨大,末端有明显的缢缩。尾片绿色,有3对侧毛。无翅胎生雌蚜:体长2毫米,体绿色、橘红色或褐色。无蜡粉层。触角第三节无次生感觉圈额瘤和腹管,其他特征同有翅蚜。

2. 萝卜蚜

(1)有翅胎生雌蚜 体长1.6~1.8毫米。头部及胸部均黑色,腹部黄绿色至绿色,第一、第二节背面及腹管后各有两条淡黑色横带,有时身上覆有稀少的白色蜡粉。复眼赤褐色。中额瘤明显隆起,额瘤不明显。腹管暗绿色较短,约与触角第五节等长,中后部稍膨大,末端稍缢缩。尾片圆锥形,有长毛4~6根。

(2)无翅胎生雌蚜 体长1.8毫米,全身黄绿色,或稍覆白色蜡粉。触角无感觉圈,额瘤及腹管与有翅蚜相似。

3. 甘蓝蚜 有翅胎生雌蚜:体长约2.2毫米。头部及胸部均黑色,复眼赤褐色。腹部黄绿色,有数条不很明显的暗绿色横带,两侧各有5个黑点。全身覆有明显的白色蜡粉。无额瘤。腹管很短,远比触角第五节短,中部稍膨大。尾片有毛6~7根。无翅胎生雌蚜:体长约2.5毫米,全身暗绿色,覆盖一层较厚的蜡粉,复眼黑色。触角无感觉圈,无额瘤,腹管似有翅蚜,尾片近等边三角形,有刺突组成细瓦纹,有毛7~8根。

【生活习性】 桃蚜1年发生10余代至30~40代,由北向南代数逐渐增加,世代重叠现象严重。北方地区有季节性的转移习性,以卵在桃树等蔷薇科枝条的芽腋或枝梢的裂缝里、窖藏白菜上越冬,或以无翅胎生雌蚜在风障菠菜及温室蔬菜上越冬。翌年春天,越冬卵孵化,产有翅蚜迁飞到油菜或者十字花科蔬菜上繁殖危害,夏季迁飞到马铃薯、茄子、白菜等寄主上危害,秋季又从夏寄主上迁飞到油菜和十字花科蔬菜上危害,9~10月份迁回到越冬寄主上,产生性蚜产卵过冬。加温温室内可终年繁殖危害。各地菜蚜均以春、秋两季发生严重,形成两个危害高峰,夏季发生较少,主

第九章 蔬菜主要虫害

要是受高温不适、降雨冲刷、适宜寄主缺乏、天敌数量较多等因素的影响。桃蚜完成生活周期有2种类型：桃蚜全年在蔬菜或其他草本寄主上胎生繁殖称为不全周期型；秋末冬初迁飞到桃树上产卵越冬，温暖季节迁回蔬菜等草本寄主，称为全周期型。桃蚜在较低温度4.3℃以上即可发育，24℃为最适温度，28℃以上或低于6℃对其生长发育和繁殖不利。

萝卜蚜1年发生15～45代，在我国南方全年营孤雌胎生繁殖。长江流域每年的春秋两季是发生高峰，与桃蚜混合发生，其中秋季比春季发生危害重。华南地区除5～7月外均发生较重。北方地区可在秋白菜上产卵越冬，以无翅胎生雌蚜和卵在大田越冬菜上越冬。翌年春天孵化为干母，在越冬寄主上繁殖几代后，产生有翅蚜转到大田十字花科蔬菜作物上危害，适温范围比桃蚜更广，为15℃～26℃，在较低温度下发育速度比桃蚜更快，故北方秋菜生长后期萝卜蚜数量多于桃蚜。

甘蓝蚜1年发生10代以上，以卵在晚甘蓝及球茎甘蓝、萝卜、白菜上越冬。翌年4月越冬卵开始孵化，先在留种株上繁殖危害，再先后迁移扩散到春菜、夏菜和秋菜上，10月开始产生性蚜，交尾产卵越冬。甘蓝蚜常与桃蚜混合发生，在20℃时若蚜期为8～10天，适宜繁殖的温度为15℃～20℃，无翅成蚜产仔40～60头，低于15℃或高于20℃条件下，产仔数趋于减少。在北京地区，春末和夏季甘蓝蚜数量占优势，5月中旬至6月中旬是全年发生危害高峰，以莲座期至结球期的甘蓝受害最重。在新疆维吾尔自治区，6～7月和7～8月的早、晚甘蓝类蔬菜受害较重。

3种菜蚜均对黄色有趋性，对银灰色有忌避性。菜蚜的天敌种类很多，对抑制种群增长有一定作用。蔬菜大面积连片种植，多年连作的地块，菜蚜的发生危害重；早春气温偏高，降雨偏少，易发生重。

【防治方法】 蚜虫为病毒病的传播介体，因此控制蚜虫直接危害和预防传播病毒病的综合措施应密切结合。

1. 农业防治 做好冬、春季保护地和育苗设施的治蚜工作,减少春茬茄果类、十字花科蔬菜的蚜源和毒源。冬前蔬菜收获后及时清除残株病叶、田间及周边杂草,破坏蚜虫越冬的寄主场所。初春和秋末除草亦可减少虫源。蔬菜作物生长期及时拔除带虫较多的苗子,以减少虫口数量。适当早播,使蚜虫的发生期在植株长大以后,一定程度上可减轻蚜虫的危害。

2. 选用避蚜品种 植株体表有银白色茸毛,具良好的避蚜作用,可减轻受害,又是兼抗主要病害的丰产优质品种,如番茄中毛粉808、茸丰等,见烟粉虱部分。

3. 物理防治 育苗设施、育苗畦和棚室蔬菜栽培,覆盖40~45目的防虫网,防止蚜虫迁入。利用蚜虫对黄色的强烈趋性,棚室内悬挂黄色粘虫板。也可在露地菜田插上一些高60~80厘米、宽20厘米的木板,上涂黄油,黄板底部与植株顶部相同或者略高,诱杀有翅蚜虫,每7天可重复涂抹1次黄油。利用菜蚜对银灰色的负趋性,在蔬菜生长季节,可在大棚通风口处悬挂银灰色膜或者在田间张挂5~15厘米宽的银灰色塑料条,或插银灰色支架,或铺银灰色地膜等,可驱避蚜虫的危害。

4. 生物防治 在棚室番茄、甜(辣)椒上蚜虫发生初期,按天敌(益)与蚜虫(害)比值为1∶20,释放食蚜瘿蚊的蛹,其成虫羽化后搜寻蚜虫并在体内产卵,以幼虫寄生蚜虫控制其危害。

5. 药剂防治 各地区生产环境、生产条件及使用的农药种类、次数和方法不同,菜蚜出现的抗药性程度也有较大差别,所以应建议尽量停用多年使用、防效明显降低的农药种类,提倡新型农药每茬蔬菜使用一次,不同类型的药剂交替、轮换使用。

(1)喷雾法 菜蚜发生初期可喷洒植物源农药,如1.5%除虫菊素水乳剂400~600倍液、0.3%苦参碱水剂300~400倍液、7.5%鱼藤酮乳油1 500倍液、1%印楝素水剂500倍液等。50%

抗蚜威可湿性粉剂3 000~4 000倍液对菜蚜有特效,且不伤天敌。也可选用抗生素类和新烟碱类杀虫剂,如1.8%阿维菌素乳油4 000倍液、10%吡虫啉可湿性粉剂5 000倍液、25%噻虫嗪水分散粒剂6 000~7 000倍液、3%啶虫脒乳油1 500倍液、40%噻虫啉悬浮剂3 000~6 000倍液、10%烯啶虫胺水剂2 000~3 000倍液、10%阿维·烯啶水分散粒剂4 000~5 000倍液、20%烯啶·噻虫啉水分散粒剂3 000~5 000倍液等。新型杀虫剂22.4%螺虫乙酯悬浮剂3 000~4 000倍液,一茬蔬菜只可使用一次,残效期长,安全间隔期在60天以上。

部分对下列药剂仍然敏感的地区,还可选用:菊酯类可选用2.5%联苯菊酯乳油、2.5%高效氯氟氰菊酯乳油各3 000倍液、20%氰戊菊酯乳油2 000倍液、5%高效氯氰菊酯乳油2 000倍液等。

由于蚜虫群集在植株心叶或者叶片的皱缩部分进行危害,喷施药液需要做到周到细致,喷头向上,叶片背面也为重点喷施部位。

(2)熏烟法 可选用10%异丙威烟剂300~400克/667米²·次,或22%敌敌畏烟剂300~400克/667米²·次点燃熏烟,适宜在保护地应用。

各地菜蚜种群对杀虫剂产生的抗药性程度不一致。总体上对很多有机磷类杀虫剂(如乐果、马拉硫磷、敌敌畏等)产生高水平抗性,应避免使用。部分地区桃蚜对氰戊菊酯、高效氯氰菊酯、溴氰菊酯也产生了高水平抗性,防效显著下降,生产中应根据当地抗药性监测水平合理选择用药。蚜虫对烟碱类杀虫剂(吡虫啉、噻虫嗪等)也有抗药性报道,应慎用或者轮换用药。

二十七、小菜蛾

小菜蛾 *Plutella xylostella* 又名菜蛾,俗称两头尖、吊丝虫、小青虫等,属鳞翅目,菜蛾科。世界性害虫,国内发生普遍,但以南方各地危害严重,主要寄主有甘蓝、花椰菜、芥蓝、大白菜、萝卜、青菜、油菜、芥菜等,是十字花科蔬菜的主要害虫。随着北方种植业结构的调整,十字花科蔬菜和油菜种植面积增加,小菜蛾的食料更加丰富;棚室蔬菜栽培的迅速发展,为小菜蛾提供安全的越冬、越夏场所,有利于小菜蛾的周年发生,其发生危害呈加重趋势。幼虫危害叶片,初孵幼虫钻入叶片组织内取食下表皮和叶肉,在叶片表面形成针眼大小的疤痕,虫龄稍大啃食叶肉仅留一层表皮,在菜叶上形成一个个透明斑,俗称"开天窗"。三、四龄幼虫将菜叶吃成孔洞或缺刻,严重时全叶被吃成网状,失去食用和商品价值。蔬菜苗期又常集中危害心叶,吃去生长点,形成"秃顶苗",结球期钻蛀叶球,造成严重减产。在留种菜上危害嫩茎、幼荚和籽粒,影响结实,常年造成损失达30%～50%,严重时可达90%以上,甚至绝产,对十字花科蔬菜的产量和品质带来极大的威胁。

【形态特征】

1. 成虫 体长6～7毫米,翅展12～16毫米,灰褐色。头部黄白色,触角丝状、褐色有白纹。前后翅细长,缘毛很长,前翅中央有黄白色三度曲折的波纹。静止时触角向前伸,两翅合拢呈屋脊状,黄白色部分合并成3个连串的菱形斑纹,前翅的缘毛高高翘起,如鸡尾状。雌蛾腹部呈圆筒状。雄蛾略小,菱形斑纹明显,腹部末端圆锥状,抱握器微张开。

2. 卵 椭圆形,扁平,长约0.5毫米,宽约0.3毫米,初产时乳白色,后变淡黄色,卵壳表面光滑有光泽。

3. 幼虫 共4龄,每龄初期均以头部为最宽,随幼虫成长,体形渐变纺锤形。老熟时体长10～12毫米,体上生由稀疏长而黑的刚毛。头部黄褐色,体淡黄绿色或深绿色。前胸背板上有淡褐色小点,组成两个"U"形纹。体节明显,两头细尖,腹部第四、第五节膨大,臀足后伸,超过腹部末端,整个虫体呈纺锤形。

4. 蛹 长5～8毫米,体色多变,有绿、黄、褐、粉红等,纺锤形。接近羽化时,复眼变深,背面出现褐色纵纹,中胸气门成三角形突起,腹部气门成管状突起,无臀棘,肛门附近有钩刺3对,腹末有小钩4对。蛹体由灰白色丝质的薄茧围起,常附着在菜叶背面或茎部。

【生活习性】 小菜蛾在东北地区1年发生2~3代,华北地区4~6代,长江流域9~14代,广东、广西18~21代,海南22代,世代重叠现象严重。我国近年研究结果明确,小菜蛾的越冬北限在湖北省武汉至河南省驻马店区域,长江流域及其以南地区终年可见到各种虫态,无越冬现象;小菜蛾在东北、华北地区露地不能越冬,但在冬春季温室十字花科蔬菜及其留种株上可以存活,主要虫源由南方随季风迁飞而来。小菜蛾在不同地区的发生规律有明显差异,其始发期从南至北逐渐向后推移,全年发生消长有两个明显的危害高峰。在海南分别出现在11月中旬至12月中下旬,及翌年3月中下旬至4月中旬,广东为3~4月和8~9月;华中、华东等地在5月上旬至6月中旬,9月中下旬至10月分别有1个危害高峰,露地比棚室蔬菜受害更重。华北地区3月中下旬田间可见成虫,幼虫危害高峰期在5~6月,6~7月春茬蔬菜收获后又小菜蛾在十字花科杂草上越夏,秋茬蔬菜种植后随即迁入作物上危害,但数量和危害程度明显低于春季。

成虫昼伏夜出,白天躲在植株的荫蔽处,受到惊扰则在植株间短距离低飞。黄昏后开始活动、取食、交尾产卵。有趋光性。成虫趋于在生长旺盛、含芥子油较高的甘蓝、芥蓝、花椰菜、大白菜上产卵。卵多散产或数粒产于叶背脉间凹陷处。苗期可在茎秆和叶柄处见到大量的卵,平均每头雌蛾产卵约250粒,卵期3~11天,幼虫共4龄,初孵幼虫潜入叶肉取食,食量占整个幼虫期的3%,二至三龄取食下表皮和叶肉,在叶片上形成透明斑块,呈"开天窗",食量占19%,四龄食量大增,约占78%。幼虫很活泼,遇惊动即扭动身体、倒退、吐丝下垂,但稍待片刻又返回叶上继续取食。老熟幼虫多在叶片背面的叶脉附近结茧化蛹,也有在落地的枯叶上化蛹。成虫寿命通常为11~28天,夏季高温季节最短,仅3~5天。小菜蛾抗逆性强,成虫在0℃~10℃可存活数月,10℃~35℃可存活繁殖,幼虫在冬季平均温度0.3℃~1.7℃时的中午还能取食,生长发育与繁殖的适温为20℃~26℃。相对湿度对小菜蛾生长发育影响不大,但降雨对田间种群增长有抑制作用,春秋季节气候适宜,小菜蛾发生重。小菜蛾的天敌种类很多,对抑制种群增长有一定作用。在食物缺乏时,十字花科杂草是维持小菜蛾种群延续重要的过渡寄主植物。凡在十字花科蔬菜周年生产的菜区,通常温暖干旱少雨的年份和天气,十字花科蔬菜大面积连片种植,复种指数高,小菜蛾常暴发成灾。

【防治方法】 防治小菜蛾应兼顾露地和棚室主要蔬菜寄主间的虫源关系,采取综合防治措施,优先选用生物和物理防治措施,根据抗药性状况科学合理地选用化学药剂。

1. 农业防治 合理的耕作制度可以明显降低小菜蛾的田间种群基数,尽量避免十字花科蔬菜周年连作。合理规划,十字花科蔬菜与瓜类、豆类、茄果类、葱蒜类蔬菜轮作倒茬,或与这些蔬菜间作,对小菜蛾的转移扩散起到屏障阻隔作用,减轻小菜蛾危害。小菜蛾严重发生区,十字花科蔬菜与水稻轮作,或夏季休耕由于拆除了寄主桥梁田,对于降低秋菜小菜蛾虫源的作用非常明显。实行喷灌浇水,能够降低田间的虫口数量。收获后清洁田园,及时清除杂草及残株、菜叶,有条件的地方可采取深翻晒田等措施,减少虫源。

2. 物理防治 育苗设施覆盖防虫网,培育无虫苗。棚室叶用蔬菜栽培覆盖防虫网,可基本免受小菜蛾危害。在十字花科蔬菜区 $50×667$ 米^2 设置1盏高压汞灯、频振式杀虫灯或黑光灯诱杀成虫,以减少菜地的虫源。悬挂黄板也可诱杀小菜蛾成虫,田间改用添加植物引诱剂的黄板,对小菜蛾的诱集量显著高于普通黄板。

3. 生物防治 包括小菜蛾性诱剂、生物制剂和释放寄生蜂。

(1)性诱剂诱杀成虫 可用于虫情测报和田间诱捕防治。在成虫发生期可采用水盆诱捕法,用铁丝将胶塞型诱芯1粒吊在水盆上方,盆内注满水,加少许洗涤灵或洗衣粉,保持盆内水面距诱芯2~3厘米,每667米²面积放置3~4个诱盆,有效期20~30天。也可将诱芯固定在三角形粘胶诱捕器中诱捕雄虫。大面积连片种植的十字花科蔬菜区应用性诱剂防治效果好,可明显减少化学杀虫剂的使用次数。应注意定期更换诱芯和粘胶卡,及时向盆内补水。

(2)生物制剂 在气温20℃以上时,于低龄幼虫盛发期喷洒150亿活芽孢/毫升Bt悬浮剂500~1 000倍液,15 000 IU/毫克苏云金杆菌水分散粒剂1 000~2 000倍液倍液,3 00亿OB/毫升小菜蛾颗粒体病毒2 000倍液,或Bt生物复合病毒制剂500~1 000倍液,可收到良好的防治效果,并保护田间的蜘蛛、绒茧蜂等捕食性和寄生性天敌。

(3)释放寄生蜂 小菜蛾弯尾姬蜂、菜蛾啮小蜂是小菜蛾幼虫寄生性天敌,近年已商品化批量生产。在田间十字花科蔬菜平均幼虫1.5~2头时,或成虫羽化高峰期后5天,每667米²释放弯尾姬蜂150~200头蛹或成虫,释放点5个以上。在放蜂后15天内应停止施用任何化学杀虫剂,在放蜂区种植适宜的蜜源植物开花期,为寄生蜂提供栖息场所与蜜源,能提高寄生蜂寄生率。

4. 药剂防治 小菜蛾是世界上抗药性发展最严重和最难以防治的害虫之一,目前全国各菜区的小菜蛾对常用的杀虫剂都有较强的抗药性,总体上南方种群的抗性比北方种群发展更快速,不同药剂的抗药性水平差异很大,在华南、西南和华东十字花科蔬菜主产区抗性水平相对较高,部分药剂在华北、西北呈现抗性上升趋势。在许多地区已对菊酯类、有机磷类及氨基甲酸酯类农药产生了很高程度的抗性,尤其是对高效氯氰菊酯抗药性程度极高,因此应暂停或减少该类药剂的使用,选择其他作用机制不同的药剂,掌握卵孵化盛期至幼虫二龄期的防治适期。

(1)昆虫生长调节剂类杀虫剂 如50%丁醚脲悬浮剂800～1000倍液、5%氟虫脲乳油、5%氟啶脲乳油、5%氟虫隆乳油稀释1000～1500倍液、20%除虫脲悬浮剂600～1000倍液等,掌握在二龄幼虫盛期施药效果好,使幼虫不能脱皮而死亡,且对环境和天敌生物安全。

(2)生物源杀虫剂 如2.5%多杀霉素悬浮剂1000～1500倍液、6%乙基多杀菌素悬浮剂1500倍液、0.4%蛇床籽素乳油600倍液、0.5%苦参碱微乳剂600～1000倍液、1.3%苦参碱水剂1500～2000倍液、1.8%阿维菌素乳油1500倍液,或1%甲氨基阿维菌素苯甲酸盐乳油4000倍液等。

(3)新型杀虫剂 如20%氟虫双酰胺水分散粒剂3000～4000倍液,或20%氟苯虫酰胺水分散粒剂3000倍液,或20%氯虫苯甲酰胺悬浮剂3000～4000倍液,或15%唑虫酰胺乳油1200～2000倍液、22%氰氟虫腙悬浮剂600～800倍液、10.5%三氟甲吡醚乳油800～1200倍液、15%茚虫威水分散粒剂3000～5000倍液、10%溴虫腈悬浮剂(除尽)1000～1500倍液等。小青菜苗床灌根或喷淋,可用30%氯虫·噻虫嗪悬浮剂稀释1500～2000倍液,对小菜蛾的防效高且持效期长。

在少数边远地区,若小菜蛾对菊酯类、有机磷类杀虫剂比较敏感,可用50%二嗪磷乳油、40%丙溴磷乳油、50%巴丹可湿性粉剂800倍液,或2.5%高效氯氟氰菊酯乳油、20%甲氰菊酯乳油2500倍液,或40%菊杀乳油1000～1500倍液等,重点喷施幼苗、心叶和幼虫聚集的叶背。不要单纯使用一种或一类药剂,否则会导致小菜蛾抗性的迅速发展。如新型杀虫剂氯虫苯甲酰胺对小菜蛾防效优良,但在我国使用2年后,在南方局部菜区抗性倍数达到500～600倍,过度依赖该药、随意提高施用剂量、不合理混配是产

第九章 蔬菜主要虫害

生抗性的主要原因,应特别引起注意,提倡不同作用方式的药剂间轮换交替使用,以延缓小菜蛾抗药性的产生和发展。

二十八、菜粉蝶

菜粉蝶 Pieris rapae 又称白粉蝶、菜白蝶,幼虫称青虫或菜青虫,属鳞翅目,粉蝶科。在全国菜区都有分布。寄主植物有十字花科、菊科、旋花科、百合科、茄科、藜科、苋科等 9 科 35 种,主要危害十字花科蔬菜,尤其偏嗜含有芥子油糖苷、叶表光滑无毛的甘蓝、花椰菜和球茎甘蓝,其次是青菜、油菜、大白菜、萝卜、芫菁、药用植物板蓝根等受害比较严重。

幼虫食叶造成缺刻和孔洞,严重时可吃光叶片,仅剩叶脉和叶柄,影响植株生长发育和包心造成减产,苗期受害可整株被食光。另外,虫粪污染菜叶、叶球和球茎,降低其商品价值。幼虫取食危害时造成的伤口利于病菌侵染,同时其口器、食管携带病菌起到传播和接种作用,是诱发十字花科蔬菜软腐病、黑腐病等病害流行的原因之一,从而加重危害。此外,在我国南方蚕桑产区和种蚕场,菜粉蝶成虫还可感染、携带家蚕微孢子虫污染桑叶,是传播家蚕微粒子病的一条重要途径,对蚕桑产业尤其是蚕种生产具有毁灭性的危害。

【形态特征】

1. 成虫 体长 15~20 厘米,翅展 40~50 厘米。体色灰黑色,翅白色,鳞粉细密。前翅基部灰黑色,顶角有 1 个三角形黑斑,下方有 2 个圆形黑斑;后翅前缘距离基部 2/3 处有 1 个黑斑。

2. 卵 长约 1 毫米,呈瓶状。散产,初产时乳白色至淡黄色,后变橙黄色,表面有许多较规则的纵横隆起线,交叉成长方形网状小格。

3. 幼虫 共 5 龄,老熟时体长 25~35 毫米,初孵化时灰黄色,后变青绿色,体圆筒形,中段较肥大,体背密生细茸毛和细小黑色毛瘤。背部有一条不明显的断续黄色纵线,两侧气门线黄色,每节的线上有两个黄斑。

4. 蛹　体长18～21毫米,纺锤形,两端尖细,头部前端中央有1管状突起。背部有3条纵脊。体色常随附着物而变化,化蛹初期为青绿色,逐渐转变为灰褐色。尾部和腰间常用丝连在寄主上。

【生活习性】　菜粉蝶每年发生代数因地而异,黑龙江省3～4代,内蒙古、辽宁南部、华北北部4～5代,长江流域7～9代,华南地区12代。除海南省和华南广州等地可周年发生外,北方各地均以蛹越冬;南方地区除越冬蛹外,露地和温室、大棚内十字花科作物上也可以高龄幼虫越冬。田间越冬场所多在冬前危害田附近的屋墙、棚室设施外侧、田间作物与树干上或土缝、杂草间,少数选择在屋墙、篱笆、风障等处越冬。由于越冬场所条件不同,越冬蛹羽化期长达1～2个月,造成世代重叠现象严重。江南各地的越冬蛹羽化期为2月中旬到4月中下旬,北方地区从4月中旬到6月初。菜粉蝶喜温暖少雨的气候条件,与十字花科蔬菜栽培的适宜环境条件一致。各地的种群数量季节消长多呈双峰型,东北地区的发生危害盛期为7月和9月,华北地区5月中旬至6月和8～9月,长江中下游地区4月下旬至6月和9～10月,华南地区(如广州)多在3月前后和10～11月。进入晚秋季节,田间种群数量锐减,南方菜区若遇暖冬年份,直到12月中下旬田间还可以见到个别幼虫活动。夏季由于高温干燥及甘蓝类作物栽培面积减少,因此其发生呈现低潮。

成虫白天活动,在晴天上午9时到下午4时活动最盛,有吸食花蜜补充营养的习性,喜在开花植物上吸蜜,夜晚栖息在植株上。成虫产卵喜欢选择在含芥子油多的甘蓝、花椰菜等十字花科蔬菜寄主上产卵,卵多散产于叶片正面,每雌产卵可达100～200粒。

第九章 蔬菜主要虫害

幼虫多在清晨孵化,先吃掉卵壳,再啃食叶肉。春夏之交和秋季是幼虫主要发生期。幼虫共5龄,一至二龄幼虫多在叶背啃食叶肉残留表皮,三龄以后幼虫将叶片吃成缺刻和孔洞,一至三龄食叶量约占3%,四龄约占13%,五龄进入暴食期,约占84%。幼虫期11~22天。老熟幼虫多在叶背化蛹。低龄幼虫受惊后有吐丝下垂的习性,大龄幼虫受惊后会卷曲落地。适宜该虫幼虫生长发育的温度为10℃~34℃,最适环境温度为20℃~25℃,相对湿度为70%~90%,与十字花科蔬菜甘蓝适宜栽培的气象空气条件相一致。在32℃~34℃时,幼虫自然死亡率高。十字花科蔬菜的种植面积大小和茬口安排,对该虫的发生危害有重要影响。我国菜粉蝶的天敌资源丰富,约有百余种,自然控制作用较强。盛夏时节由于气象、寄主及天敌因素的综合作用,使其发生数量显著降低。

【防治方法】 由于菜粉蝶与小菜蛾等害虫混合发生的特点,应对多种害虫进行综合治理,防治措施参照小菜蛾,现介绍适合本种害虫的其他防治方法。

1. 农业防治 选用早熟品种:如中甘11号、8398、中甘21号、中甘192号、春甘2号、津甘8号等春甘蓝早熟品种,从定植到商品成熟50天左右,采用地膜覆盖栽培和提早定植,在5月上旬前收获。南方菜区春丰甘蓝、春魁、春早等品种越冬栽培,翌年4月下旬至5月初即可上市,均可避开第二代菜粉蝶的危害,可免于药剂防治。其他措施参照小菜蛾。

2. 生物防治

(1)保护利用天敌 在主要天敌发生期,应避免使用广谱性化学杀虫剂,优先选用微生物制剂、昆虫生长调节剂等环境友好性药剂,保护卵赤眼蜂、微红绒茧蜂、粉蝶盘绒茧蜂、凤蝶金小蜂、普通常怯寄蝇,发挥自然天敌的控害效能。

(2)人工助增释放广赤眼蜂 山西太原地区,夏甘蓝田第二代卵初期和卵盛期,平均667米^{2}面积释放广赤眼蜂3万头,放蜂后卵寄生率达到80%以上。田间幼虫期结合喷洒Bt,能有效地控制菜粉蝶对甘蓝的危害。

3. 药剂防治 20世纪50年代中期至80年代初期,由于我国农药品种单一,各地菜青虫对滴滴涕(DDT)、敌百虫、敌敌畏等产生极高水平的抗药性,及敌百虫—DDT联合抗性种群,抗性指数曾达到数千倍,使之成为"无效药剂"。80年代初期开始应用溴氰菊酯、氰戊菊酯,5~6年后北京等地菜青虫种群产生了高水平抗性。由于菜青虫生活习性等原因,目前在生产中抗药性问题不明显,可供选择的药剂种类较多。春夏季可与防治小菜蛾、甘蓝夜蛾时兼治,秋季可与防治甜菜夜蛾、斜纹夜蛾等害虫兼治。

二十九、甜菜夜蛾

甜菜夜蛾 *Spodoptera exigua* 又称贪叶蛾、玉米夜蛾、白菜褐夜蛾等,属鳞翅目,夜蛾科。随着蔬菜等经济作物栽培面积的迅速扩大、气候变暖及甜菜夜蛾抗药性的增强,分布我国30多个省、自治区、直辖市。其中,在长江流域及黄淮地区常频繁暴发,西南、西北、华北和东北南部为间歇性大发生。该虫可危害170多种寄主植物,其中蔬菜32种,主要寄主有甘蓝、白菜、花椰菜、萝卜等十字花科及葫芦科和豆科及芹菜、大葱、生姜等。低龄幼虫啃食叶肉,留下表皮成透明小斑,高龄时可将全叶吃成网状,严重时可吃光全部叶片,仅留叶脉和叶柄,导致缺苗断垄或局部蔬菜绝收;还啃食花瓣、蛀食茎秆和钻蛀甜(辣)椒、番茄果实,排泄粪便并造成果实腐烂或脱落。严重时,可造成蔬菜减产20%~40%,个别地块绝收。

【形态特征】

1. 成虫 体长8~14毫米,翅展19~30毫米,体和前翅灰褐色。前翅外缘线由一列黑色三角形小斑组成,翅面有黑白二色双

第九章 蔬菜主要虫害

线2条,并有1个环形和肾形纹,均为黄褐色;后翅银白色、半透明,翅脉和翅缘灰褐色。

2. 卵 直径0.2~0.3毫米,馒头形,白色,孵化前变为灰色,表面有放射状的隆起线,卵粒重叠成多层卵块,表面覆有白色鳞毛。

3. 幼虫 老熟时体长22~30毫米,体表光滑,体色多变,有绿色、暗绿、黄褐至黑褐色。体侧气门下线为黄白色纵带,直达腹末,不弯到臀足上去,气门后上方各有近圆形的白斑。

4. 蛹 长约12毫米,黄褐色,中胸气门位于前胸后缘部分显著外突,臀棘2根呈叉状,其腹面基部有2根短刚毛。

【生活习性】 甜菜夜蛾1年发生代数从北到南逐渐增加,华北3~4代,长江流域5~6代,广东10~11代,世代重叠。近年的研究结果表明,甜菜夜蛾在我国的越冬区,位于北回归线附近(北纬23.5°)至长江流域(北纬30°),以幼虫和蛹在土中越冬。广西、广东、海南、福建、台湾南部可周年发生,无越冬休眠现象;北方地区的虫源从南方迁飞过来。成虫有远距离迁飞习性,在春夏和夏秋之交,由常年发生区迁飞到长江流域及北方地区至辽宁南部;8月下旬9月上旬和9月下旬10月上旬,再从北方、中部和南部渐进式的迁飞,扩大分布和危害区域。从南方到北方一年中发生的始盛期逐步延后,最早为4月上旬,最迟为6月下旬,但盛发期各地大多在7~10月之间,海南在10~11月。设施蔬菜栽培的发展,为甜菜夜蛾提供了冬季食物、越冬场所、虫源和适生的环境。

甜菜夜蛾成虫昼伏夜出,有较强的趋光性,受惊吓时作短距离飞行。成虫产卵前需吸食一定的花蜜与露水,作为营养补充。该虫繁殖力强,卵成块产于寄主叶片背面、叶柄和凹头苋、马唐等杂草上,每头雌蛾可产卵100~600粒,最多达1800余粒,一般卵期3~6天,卵块多在夜间孵化。初孵幼虫吐丝结网,群集在叶背取食叶肉,受害部位呈网状半透明的白点,干燥后开裂。三龄后开始分散或吐丝转移危害,可将叶片吃成孔洞、缺刻。四龄后食量大增,昼伏夜出,五、六龄为暴食期,其食量占整个幼虫期食量的90%。发生密度高时,有成群迁移的习性;虫口密度高或食料缺乏,会出现自相残杀现象。幼虫具有假死习性,受到轻微惊扰即蜷缩身体掉落地面。幼虫畏光,通常早、晚或者阴天在地上部取食危害,白天大都藏匿于叶背或茂密植株的中下部,有时隐藏于松表土及枯枝落叶中。幼虫老熟后,钻入3~5厘米土层或在枯枝落叶中做土室化蛹。甜菜夜蛾对温度的适应范围较广,最适生长发育的温度为26℃~29℃,空气相对湿度为70%~80%。27℃时世代历期24~29天,幼虫期10~12天、预蛹和蛹期6~8天。甜菜夜蛾喜温且对高温适应性强,在高温干旱年份常猖獗成灾,降雨量大对其存活、繁殖和发生不利。寄生性、捕食性天敌和寄生菌种类较多,对抑制种群增长有一定作用,在多雨年份和田间潮湿条件下,白僵菌等的寄生率可达40%以上。

【防治方法】 根据甜菜夜蛾的迁飞习性和发生危害规律,应加强预测预报工作,采取综合防治措施。

1. 农业防治 合理规划与布局,一个地区应减少甜菜夜蛾嗜好作物的单一大面积种植;海南省推广水旱轮作,冬季种植蔬菜,4月后种植水稻,明显压低了种群数量。结合农事作业,铲除地头、地边上的杂草,消灭杂草上的卵和初龄幼虫。换茬时及时浅翻菜地,集中消灭翻出的虫、蛹;秋耕或冬灌、深翻土地,消灭部分越冬蛹,降低羽化率,减少虫源。合理进行肥水管理,培育健壮植株,增强抗虫能力。在产卵盛期及时摘除卵块和初孵幼虫群集的"虫叶",抹除卵块宜在上午进行,早晨和傍晚人工捕捉大龄幼虫。

2. 物理防治 秋季棚室蔬菜可采用防虫网栽培,在播种或定植前深翻和精细整地,消灭土壤中的蛹,预防甜菜夜蛾等多种害虫侵入。根据成虫的趋性,在糖、酒、醋混合液或是甘薯、豆饼等发酵液加少量敌百虫,设置诱集盆诱杀成虫;或用杨(柳)树枝诱集成

第九章 蔬菜主要虫害

虫,以5~7根杨(柳)树枝扎成一把,每667米^{2}插10余把,于每天早晨露水未干时捕杀诱集成虫。在菜区50×667米^{2}设置1盏黑光灯、高压汞灯或频振式杀虫灯诱杀成虫,能有效降低卵的密度和幼虫数量。

3. 生物防治

(1)性信息素诱杀 在甜菜夜蛾成虫发生期采用水盆或干式诱捕器,每667~1334米^{2}面积放置1个诱芯,诱捕雄虫干扰雌雄蛾交配,减少雌蛾产卵量,大面积连片应用可明显降低田间种群密度。不同公司生产的性诱芯产品的有效期在30~40天不等,选用更换时需注意。

(2)喷施病毒杀虫剂 在甜菜夜蛾卵盛期或初孵幼虫孵化盛期,选用30亿PIB/克甜菜夜蛾核型多角体病毒悬浮剂1 000~1 500倍液喷雾防治。

4. 药剂防治 根据近年来抗性监测的结果,我国各地的甜菜夜蛾对拟除虫菊酯及有机磷类杀虫剂、北方地区对甲氧虫酰肼和氟啶脲、南方地区对甲氨基阿维菌素苯甲酸盐的抗性水平高,建议相应采取限制使用的策略。参考菜田甜菜夜蛾幼虫量80~100头/百株的防治指标,在卵孵化盛期至二龄幼虫的盛发期,大葱田应在卵孵化盛期,选择敏感的药剂轮换使用

(1)新型杀虫剂 如22%氰氟虫腙悬浮剂600~800倍液、5%氯虫苯甲酰胺悬浮剂1 000~1 500倍液、20%氟虫双酰胺水分散粒剂3 000倍液、20%氟苯虫酰胺水分散粒剂3 000倍液、15%唑虫酰胺乳油1 000倍液、15%茚虫威悬浮剂2 000~4 000倍液和10%虫螨腈悬浮剂(溴虫腈)1 000~2 000倍液等,防治效果好且持效期长,在甜菜夜蛾大发生时可优先考虑。

(2)昆虫生长调节剂和生物制剂 如20%虫酰肼悬浮剂600~1 200倍液、2.5%多杀霉素悬浮剂500~1 000倍液、6%乙基多杀菌素悬浮剂1 500~2 000倍液等,有利于保护自然天敌。

为了延缓抗药性的产生,建议同一种药剂在每季或每茬蔬菜上使用不超过1~2次。施药宜在清晨或傍晚进行,根据虫情发展决定施药次数,通常间隔7~10天一次,连续2~3次。为了提高药液的展着和渗透的效果,提倡喷雾助剂与农药混合使用,即在药液中加入浓度0.1%的有机硅喷雾助剂Ag-64(倍效),按二次稀释法混匀后喷雾,可减少药量25%、降低药液量50%。此外,北方10月、南方11月以后,十字花科蔬菜等进入生长后期或结球期,甜菜夜蛾种群数量开始下降,而且寄生蜂、白僵菌等寄生率高,可放宽防治指标,降低施药次数或停止使用农药。

三十、斜纹夜蛾

斜纹夜蛾 *Spodoptera litura* 又称莲纹夜蛾、莲纹夜盗蛾,属鳞翅目,夜蛾科。国内各地分布广泛,以长江流域、华东、华南和西南地区为常年发生,北方地区河南、河北、山东等省间歇性发生,是一种多食性和暴发性害。已知寄主植物达百余科近400种,主要危害白菜、甘蓝等十字花科和莲藕、芋头等水生蔬菜,以及茄科、葫芦科和葱、韭、蕹菜等。幼虫取食寄主的叶片、花蕾、花及幼果,苗期被害可形成无头苗,大发生时可将蔬菜吃成光杆或仅留叶脉,可蛀入叶球及果实,引起腐烂,严重时常可造成20%~30%的减产损失。

【形态特征】

1. 成虫 体长14~20毫米,翅展35~46毫米,体暗褐色,胸部背面有灰白色丛毛,腹部背面有暗褐色丛毛。前翅灰褐色,花纹多,斑纹复杂,内横线和外横线白色、呈波浪状,中间有明显的斜阔带纹,在环形纹和肾形纹间,自前缘中部斜向后方臀角有1条明显的白色带状斜纹,其间有两条纵纹,故名斜纹夜蛾。雄蛾的白色斜纹不及雌蛾明显。后翅灰白色,无斑纹。

2. 卵 扁平的半球形,直径0.4~0.5毫米,初产黄白色,后变为暗灰色,孵化前呈紫黑色,表面有纵横脊纹。常有数十到数百粒卵叠成2~3层的卵块,卵块呈椭圆形,表面覆盖有棕黄色的疏松绒毛。

3. 幼虫 老熟时体长33~50毫米,头部黑褐色,体色因寄主和虫口密度而多变,常为土黄、青黄、灰褐、暗绿色或者黑色,体表散生小白点,从中胸至第九腹节亚背线内侧各有1对近半月形或三角形黑斑,其中以第一、七、八节黑斑最大。胸足黑色,腹足暗褐色。

4. 蛹 长16~20毫米,圆筒形,赤褐至暗褐色,腹部第4节背面前缘及第5~7节背、腹面前缘密布圆形刻点。气门黑褐色,腹部末端有1对臀刺,刺的基部分开。

【**生活习性**】 斜纹夜蛾1年发生多代,华北地区4~5代,长江流域和黄淮地区5~6代,华南地区南部9代,可周年发生。斜纹夜蛾在北方地区不能越冬,其春、夏季虫源可能是从南方迁飞而来;长江流域以南地区越冬问题尚未查明,在露地未发现越冬虫源,但在设施栽培蔬菜发现,能以低龄幼虫在植株根系附近的土中休眠越冬。华南广州可以高龄幼虫在芋头及杂草根部土中越冬。

成虫有强烈的趋光性和趋化性,对糖、醋、酒味敏感。成虫昼伏夜出,白天潜伏在叶背或土缝等阴暗处,黄昏后开始活动,飞翔力强,交配产卵。成虫多在开花植物上取食花蜜补充营养,然后才能交尾产卵。雌蛾寿命一般2~7天,每只雌蛾能产卵3~5块,每卵块有数十粒至数百粒不等,一般为300~500粒,最多的可达1 000多粒。卵多产在高大、浓绿的边际植株中部叶片的背面。初孵幼虫群集叶背卵壳周围,先食卵壳,再啃食叶肉,因食量小,被害状不易被发现。二龄后逐渐分散危害,取食叶肉残留上表皮和叶脉,被害部分呈白纱状,后变黄色。四龄以后与成虫一样,白天躲在叶下土表处或土缝里,傍晚后爬到植株上取食叶片,阴雨天白天也会出来取食危害。该虫四至六龄(个别七龄)进入暴食期,常将寄主叶片吃光,仅留主脉,若食料不足,还能成群转移他处危害。老熟幼虫在1~3厘米表土内化蛹,土壤板结时可在枯叶下化蛹,化蛹的最适土壤含水量为20%左右。该虫喜温性而又耐高温,发育最适温度为28℃~30℃,空气相对湿度75%~95%,土壤含水量20%~30%。温度28℃~30℃条件下卵期3~4天,幼虫期15~20天,蛹期6~9天。在高温(33℃~40℃)条件下也能够生活正常,不耐低温,耐寒力很弱。因此黄淮地区8~9月、长江流域7月中旬10月为发生危害盛期,而华南则在4~10月,但以7~10月危害重。南方梅雨持续时间长,降水量大的年份发生偏重。成虫具有远距离迁飞习性,如果气候适宜,极易在局部地区暴发成灾。降雨量少、高温干旱,有利于斜纹夜蛾发生。

【防治方法】

1. 农业防治 铲除田间及周边杂草,结合田间作业摘除卵块和低龄幼虫群集危害时的叶片,在田边种植诱集作物芋头,诱集雌蛾集中产卵加以灭除。蔬菜换茬时,及时耕翻晒土结合灌水,杀灭土中幼虫和蛹,减少虫源。若前茬蔬菜虫量较高,在播种出苗或移栽时,可采用毒饵法保苗,将残留的菜叶剁碎,拌上90%敌百虫晶体100倍液,以潮湿为宜,撒施于垄间或畦面,诱杀地面高龄幼虫。

2. 物理防治 夏、秋季护地覆盖防虫网和遮阳网,防止斜纹夜蛾成虫侵入棚室产卵繁殖危害。频振式诱虫灯或光灯诱杀成虫,减少田间落卵量。利用成虫的趋化性,糖醋液(糖∶酒∶醋∶水=6∶1∶3∶10)、甘薯或豆饼发酵液诱成虫,糖醋液中可加少许敌百虫诱杀成虫。利用毒饵幼虫,残留菜叶剁碎,拌上90%敌百虫晶体100倍液,以潮湿为宜,撒施于蔬菜地面,诱杀地面高龄幼虫。

3. 生物防治 我国斜纹夜蛾性信息素产品已商品化生产,已较大面积应用于虫情测报和防治。200亿PIB/克斜纹夜蛾核型多角体病毒水分散粒剂40~60克制剂/公顷(制剂),一般对水

1 000倍液,于幼虫三龄期前喷雾防治,效果良好。

4. 药剂防治 据报道,有的地区斜纹夜蛾对有机磷、氨基甲酸酯类、拟除虫菊酯杀虫剂,已产生不同程度的抗药性,生产中应适当回避使用,选择新型杀虫剂或昆虫生长调节剂和生物制剂,参见甜菜夜蛾。

需要注意的是,斜纹夜蛾对新药剂产生抗性的速度有加快的趋势,如东南沿海个别省份,在使用氯虫苯甲酰胺2~3年,斜纹夜蛾就产生了中等水平的抗药性,因此应注意轮换用药。

三十一、甘蓝夜蛾

甘蓝夜蛾 *Mamestra brassicae* 别名甘蓝夜盗蛾、夜盗虫。属鳞翅目,夜蛾科。广泛分布于国内各菜地,长江流域以北地区通常比南方发生更重。是一种多食性害虫,危害甘蓝、大白菜、萝卜、油菜、菠菜、甜菜、胡萝卜、辣椒、瓜类和茄果类、豆类等寄主作物45科120余种。主要以幼虫危害作物的叶片,初孵幼虫聚集于叶片背面卵壳周围取食危害,残留下表皮,呈"纱网"状,稍大后渐分散,可将叶片咬成小孔洞,四龄后食量大增,将叶片咬成大洞,五、六龄进入暴食期,可食光叶肉仅剩叶脉和叶柄,吃完一处再成群结队迁移危害。包心菜类常常有幼虫钻入叶球并留了不少粪便,污染叶球,还易引起腐烂,严重影响蔬菜的产量和品质。

【形态特征】

1. 成虫 体长15~25毫米,翅展30~50毫米。翅和身体为灰褐色,复眼为黑紫色,在前翅的中间部位,靠近前缘附近有1个灰黑色的环状纹和1个相邻的灰白色的肾状纹,前缘近端部有3个小白点,亚外缘线白而细,沿外缘有一列黑点,后翅灰白色,无斑纹。

2. 卵 半球形,直径0.6~0.7毫米,顶部有1个棕色乳突,表面具放射状三序纵棱,棱间具横隔。初产黄白色,孵化前紫黑色。

3. 幼虫 共6龄。末龄幼虫体长40毫米左右,初孵幼虫黑绿色,后体色多变,受气候和食料影响呈淡绿至黑褐不等。体节明显。背线、亚背线呈白点状细线,气门线及气门下线呈一灰白色宽带,体表腺体色泽分明,背腺两侧有多个呈倒"八"字形的黑色条斑,在一、二龄时前两对腹足退化,行走似尺蠖,到三龄后才长齐4对腹足。

4. 蛹 长约20毫米,赤褐或深褐色,背部中央有一深色纵带,臀棘较长,末端有两根长刺,刺端呈球状,形似大头针。

【生活习性】 甘蓝夜蛾每年发生世代数因地而异,西藏1年发生1代,黑龙江、辽宁2代,内蒙古和华北地区2~3代;上海、四川、湖南、陕西、重庆等地3~4代,各地均以蛹在作物田或周边杂草、土埂等处的土表下7~10厘米处滞育越冬。翌年气温达15℃~16℃时越冬蛹羽化出土,多不整齐,成虫常在4~6月前后出现,发生期由北向南逐渐提前。在辽宁地区为5月中旬至6月中旬,山东地区是5月上旬至6月上旬。幼虫的盛发期各地不同,东北、宁夏和新疆在6~7月和8~9月,山东分别在6月中旬至7月上旬、9月中旬至10月上旬,湖南、四川在4~5月和9~10月。

成虫昼伏夜出,对黑光灯及糖蜜趋性强,雌蛾趋光性大于雄蛾。成虫羽化后1~2天即可交配,成虫产卵期需吸食露水和蜜露以补充营养。成虫羽化当天即可交配,成虫交配从黄昏开始,午夜达到高峰,持续到次日午后。当蜜源植物多,营养充足时,产卵量高;产卵的适宜温度为21.8℃~25.2℃,温度过高或过低时,产卵量下降。雌雄可多次交配,交配后即可产卵,卵多产于生长茂盛且叶色浓绿的密集植物上,卵单层成块位于叶背,小植株上全株叶片都可着卵,大植株上多产在上、中部叶片上,每头雌虫可产4~5块,每块100~200粒。一般雌蛾寿命5~10天,单头雌蛾产卵达

800～1 500 粒。卵期一般为 4～6 天，卵的发育适温为 23℃～26℃。幼虫共 6 龄，孵化后有先吃卵壳的习性，群集叶背进行取食，二、三龄开始分散危害，食叶片成孔洞，；四龄后进入暴食期，白天藏于叶背，心叶或寄主根部附近表土中，夜间出来取食，但在植物密度大时，白天也不隐藏，以六龄期食量最大，占总食量的 80％左右，危害最严重。幼虫密度大时，具有自相残杀现象，且幼虫密度高时，体色加深，幼虫发育加速，蛹体变小，重量减轻，蛹期延长，滞育率高。幼虫发育最适温度为 20℃～25℃，历期 20～30 天。幼虫不耐低温，在—10℃条件下 2 天即全部死亡。幼虫老熟后潜入表土内作土茧化蛹，但杂草丛生处化蛹时入土较浅。蛹期一般为 10 天，越夏蛹期约 2 个月，越冬蛹可达半年以上。蛹的发育温度为 15℃～30℃之间。

甘蓝夜蛾具有间歇性和局部猖獗危害的特点，在露地和保护地均可发生，一年内常在春、秋季暴发成灾。其发生程度与气候、食物及栽培条件等因素关系密切。在冬季和早春温度和湿度适宜时，羽化期早而较整齐，易于出现暴发性灾年。甘蓝夜蛾喜温暖和偏高湿的气候，适宜生长发育的温度为 10℃～30℃，日平均温度 18℃～25℃、空气相对湿度 70％～80％最有利生长发育，温度低于 15℃或高于 30℃，空气相对湿度低于 65％或高于 85％则不利发生，所以夏季是个明显的发生低潮。该成虫从羽化到死亡均需要补充营养，其成虫羽化时，附近若有充足的蜜、露，或羽化后正赶上有大量的开花植物，都可能引起大发生。成虫喜欢在高大茂密的作物上产卵，所以肥水条件好，长势旺盛的菜地受害重。甘蓝夜蛾的天敌对其发生程度也具一定影响，主要天敌有广赤眼蜂、拟澳赤眼蜂、甘蓝夜蛾拟瘦姬蜂、甘蓝夜蛾核型多角体病毒，还有马蜂、步甲、蜘蛛等，这些天敌数量大时可以影响甘蓝夜蛾的发生程度。

【防治方法】

1. 农业防治　保护地覆盖防虫网是有效的防治措施。初孵幼

虫具有集中取食的习性,结合田间管理,人工摘除卵块和初孵幼虫食害的叶片,进行灭活处理,减少田间虫源基数。及时清除田间残枝败叶,铲除田中、地边、沟渠杂草,消灭附着或栖息的害虫,减少害虫的产卵寄主和食料。秋菜收获后技术秋耕或冬耕,破坏了蛹的越冬场所,利用机械的杀伤作用或将越冬蛹翻到地面上,被鸟啄食或冬季低温冻死,减低虫源数量。

2. 诱杀成虫 由于雌成虫产卵量大,因此诱杀成虫是一项重要措施。田间设置高压汞灯、频振式杀虫灯或黑光灯诱杀成虫;或利用成虫的趋化性,在成虫羽化期内用糖醋盆诱捕,按糖:醋:水为6:3:1的比例,再加入少量的敌百虫等药剂,放入盆内诱杀成虫。

3. 生物防治

(1)生物制剂 在幼虫三龄前,可用100亿活芽孢/克苏云金杆菌可湿性粉剂300~500倍液喷雾,选温度20℃以上晴天喷洒效果较好。或用20亿PIB/毫升甘蓝夜蛾核型多角体病毒悬浮剂,每667米^{2}制剂用量60~100毫升,一般对水稀释600~1 000倍喷雾。

(2)释放赤眼蜂 根据灯光和糖醋液诱蛾的数据,确定甘蓝夜蛾卵高峰期后1~3天,开始第一次释放澳洲赤眼蜂,每667米^{2}释放10 000头,每隔5天1次,共释放2~3次,寄生率可达70%~80%。或释放松毛虫赤眼蜂和玉米螟赤眼蜂,每667米^{2}放3个点,每个点放3 000~4 000头蜂,每隔5~7天放1次,共放4次。

4. 药剂防治 注意抓住幼龄期虫体小、群集危害、抗药性差的有利时机,在三龄幼虫以前施药防治。发生初期可结合田间管理,对点片被害株进行挑治。药剂可选用20%氯虫苯甲酰胺悬浮剂3 000~4 000倍液、20%氟虫双酰胺水分散粒剂3 000~4 000倍液、15%茚虫威水分散粒剂3 000~5 000倍液、10%溴虫腈悬浮剂1 000~1 500倍液、5%氟虫脲乳油1 000倍液、5%氟啶脲乳油

第九章　蔬菜主要虫害

1 000倍液、2.5%高效氯氟氰菊酯水剂1 500～2 500倍液、1.8%阿维菌素乳油1 500倍液等,均有良好的防治效果。根据虫情,一般7～10次,连续防治2～3次。为了避免产生抗药性,应交替轮换用药。

三十二、菜　螟

菜螟 *Hellula undalis* 又称菜心野螟、萝卜螟、甘蓝螟、白菜螟、吃心虫、钻心虫、剜心虫等,属鳞翅目和螟蛾科。广泛分布于我国各蔬菜区,在南方及沿海各省危害严重,华北各省局部地区危害加剧。主要危害十字花科白菜类、甘蓝类、芥菜类和萝卜等根菜类蔬菜,还可危害菠菜等,尤以萝卜、白菜、甘蓝受害更重。该虫是一种钻蛀性害虫,以初龄幼虫蛀食幼苗的心叶及叶片,吐丝结网,造成生长点被破坏而停止生长,或者植株萎蔫,菜苗生长,重者可致幼苗枯死,造成缺苗断垄;高龄幼虫除啃食心叶外,还可蛀食茎髓和根部,并可传播十字花科蔬菜的细菌软腐病,引致菜株腐烂死亡,导致减产。甘蓝、大白菜受害后不能正常结球或包心。

【形态特征】

1. 成虫　体长约7毫米,翅展16～20毫米;为褐色至黄褐色的小型蛾类。前翅有3条波浪状灰白色横纹和1个黑色肾形斑,斑外围有灰白色晕圈。后翅灰白色,近外缘稍带褐色。

2. 卵　长约0.3毫米,椭圆形,扁平,表面具不规则网状纹。初产时淡黄色,逐渐出现红色斑点,孵化前橙黄色。

3. 幼虫　共5龄。老熟幼虫体长12～14毫米,头黑色,胸腹部淡黄绿色至黄褐色,背上有5条灰褐色纵纹(背线、亚背线和气门上线),体节上还有许多毛瘤及细长刚毛,中后胸背上毛瘤单行横排各12个,腹末节毛瘤双行横排,前排8个,后排2个。

4. 蛹　体长7～9毫米,黄褐色,翅芽长达第四腹节的后缘。

腹部背面5条纵线隐约可见,无臀棘。腹末有刺2对,中央1对略短,末端略弯曲。茧椭圆形,丝质,外附泥土。

【生活习性】 菜螟年发生代数由北向南逐渐增加,华北地区1年3～4代,长江流域6～7代,广西柳州9代。以老熟幼虫在菜根附近土中吐丝缀合泥土和枯叶作茧越冬,少数以蛹越冬。翌年春天越冬幼虫入土6～10厘米深作茧化蛹,也有的在地面的枯枝落叶上化蛹。菜螟幼虫危害期为5～11月,以秋季危害较重。山东、河南和长江中下游地区,以8～9月危害最重;湖南、江西以8月上旬至10月上旬、广西以9月下旬至10月上旬发生危害最重。

成虫昼伏夜出,飞翔力不强,略有趋光性。卵多散产在2～3片幼苗的心叶、叶柄或外露的根上,以心叶着卵最多,常2～5粒聚在一起。成虫寿命为5～7天,也可长达11天,繁殖力强,平均每雌产卵约200粒。卵期2～5天,幼虫孵化后,大多潜入叶面表皮下,啃食叶肉;二龄后又钻出叶面,在叶上活动;三龄后多钻入菜心,先吐丝连缀心叶掩蔽网,后再钻蛀心芽和茎髓,因生长点被破坏而停止生长或形成多头苗,乃至幼苗死亡。幼虫有转移危害习性,1头幼虫可危害4～5株菜苗。5～9月幼虫期为9～16天,其余气温稍低的季节其可延长至20～50天。幼虫老熟后,多在菜根附近土表或裂缝中化蛹,少数在被害菜心内吐丝结网化蛹。预蛹期1～2天,蛹期5～10天。适宜菜螟生长发育的温度为15℃～38℃,最适环境温度为25℃～30℃,空气相对湿度为50%～60%。地势较高、土壤干燥、灌溉不及时的地块有利于菜螟发生。秋季高温干旱少雨的年份一般发生较重。十字花科蔬菜连茬栽培的田块,往往受害较重。

【防治方法】

1. 农业防治 及时春耕翻土,可以消灭部分越冬虫源。清洁田园,冬前及时清除枯枝落叶进行沤肥,杀灭越冬幼虫。秋旱年份适当调整播期,使作物的3～5片真叶期错开菜螟盛发期;幼虫发生期及时增加浇水,并利用喷灌等设施勤浇水,增加田间湿度,创造有利于菜苗生长而不利于菜螟生长发育的环境条件,抑制该虫的发生和危害。也可结合间苗、定植等农事操作拔除虫苗。

2. 生物防治 可喷洒100亿个芽孢/克苏云金杆菌可湿性粉剂600倍液、15 000单位/毫克苏云金杆菌水分散粒剂1 000～1 500倍液等。

3. 药剂防治 应掌握在幼虫的孵化始盛期、幼虫吐丝结网及蛀心前进行喷药防治。一旦幼虫钻入心叶内,药后难以取得理想的防治效果。施药部位尽量喷到菜心叶上,防治间隔期7～10天,连续喷施2～3次。喷药时间掌握在晴天,以傍晚或早晨幼虫取食时,施药效果最佳,若虫口密度大、危害严重时,可每隔5～7天用药1次,连续防治2次。可选用2.5%高效氯氟氰菊酯乳油3 000倍液、10%高效氯氟氰菊酯乳油2 500倍液、40%氰戊·马拉松乳油2 500倍液、50%巴丹可湿性粉剂1 500倍液、80%敌百虫可溶粉剂600倍液、3%甲氨基阿维菌素苯甲酸盐微乳剂2 500～3 000倍液、5%氟虫脲乳油(卡死克)2 000～2 500倍液、5%氟啶脲乳油(抑太保)2 000～2 500倍液等,喷雾防治。注意药剂的交替轮换使用。

三十三、黄曲条跳甲

黄条跳甲为世界性的十字花科蔬菜主要害虫,俗称黄条跳蚤、菜蚤子、土蹦子等,幼虫俗称白蛆,属鞘翅目、叶甲科。黄曲条跳甲 *Phyllotreta striolata* 是我国各地普遍发生的优势种,混合发生的有黄直条跳甲 *P. rectilineata*、黄狭条跳甲 *P. vittula* 和黄宽条跳甲 *P. humilis* 共4种,在广东、福建等南方地区常猖獗危害,主要寄主甘蓝、花椰菜、白菜、菜薹、萝卜、芜菁、油菜等十字花科蔬菜,但也危害瓜类、豆类等蔬菜。成、幼虫均可危害。成虫食叶成小孔洞、缺刻,严重时只留叶脉,以幼苗期最重,在留种地主要危害花蕾和嫩荚。幼虫只危害菜根,蛀食根皮,咬断须根,使叶片萎蔫枯死。可造成幼苗期缺苗断垄,甚至毁种。萝卜被害后出现许多黑斑,最后整个萝卜变黑腐烂;白菜受害后叶片变黑死亡,还传播软腐病和黑腐病。局部地区危害严重时,损失率可达60%。

【形态特征】 4种跳甲形态特征和生活习性相似,以黄曲条跳甲为例介绍。

1. 成虫 体长1.8～2.4毫米,长椭圆形,为黑色有光泽的小甲虫,前胸背板及鞘翅上散布满许多小刻点,排列成纵行,鞘翅中央各有1条黄色纵条斑,两端大,中部狭而弯曲。后足腿节膨大,善于跳跃,胫节、跗节黄褐色。

2. 卵 长约0.3毫米,椭圆形,初产时淡黄色,后变为乳白色,半透明,孵化前姜黄色。

3. 幼虫 共3龄,体乳白色或黄白色,长圆筒形。老熟时体长约4毫米,长圆筒形,尾部稍细,头部、前胸盾片和腹末臀板淡褐色,胸腹部黄白色,各节具有不明显的肉瘤,上面着生有细毛。

4. 蛹 长约2毫米,乳白色,椭圆形,羽化前呈淡褐色,头部隐于前翅下面,翅芽和足达第5腹节,腹部末端有一对叉状突起。

【生活习性】 黄曲条跳甲在我国从北向南1年发生2～8代,其中,黑龙江(及青海)2～3代,华北4～5代,华中5～7代,华南7～8代。北方和江浙地区以成虫在田间、沟边的落叶、杂草及土缝中越冬。但在长江以南冬季温暖时,越冬成虫仍可活动取食。在华南及福建漳州等地区则无越冬现象,终年都可繁殖危害。常年在3月中下旬,当温度稳定上升到10℃左右时,成虫即开始活动取食。江浙地区5月中下旬至7月上中旬和9～10月对棚室和露地蔬菜危害较重。深圳、广州4月上旬至5月下旬出现春季虫口高峰,6月上旬至8月下旬因雨季种群数量迅速减少,9月中旬至12月上旬出现秋季虫口高峰,虫口高峰一般是春季的2.5倍;

第九章 蔬菜主要虫害

12月下旬至翌年3月下旬,其种群数量维持在较低水平。

成虫活泼,善于跳跃,高温时还经常飞翔,有假死习性,对黑光灯特别敏感,对黄色也有较强的趋性。成虫有群集取食和趋嫩习性。春秋季早晚或阴天躲在叶背或土块下,在中午前后活动最盛,夏季多在早晨和傍晚活动,34℃入土蛰伏。成虫常在两叶交接处、菜心内或贴地菜叶背面取食,喜欢危害深绿色的蔬菜,如鸡毛菜类,使叶片布满稠密的椭圆形小孔洞,影响光合作用,严重时菜苗枯死。还可把留种株的嫩荚表面、果柄、嫩梢咬成疤痕或咬断。成虫寿命长,平均30~50天,长的可达1年,产卵期可延续25~45天,因此世代重叠严重。平均每雌产卵200粒左右,最多的可达500~600粒,卵散产在蔬菜根部附近湿润的土缝或细根上,含水量低的极少产卵。卵孵化时要求湿度较高,低于90%孵化率很低。

幼虫孵化后,爬到根部沿须根到主根方向危害,蛀食根的表皮等,可咬断须根,三龄幼虫可蛀入寄主主根危害,严重者造成植株地上部叶片萎蔫枯死。老熟幼虫在3~7厘米深的土中作土室化蛹,蛹期约20天。适宜黄条曲跳甲生长发育的温度是15℃~35℃,最适宜的温度是21℃~27℃,空气相对湿度是80%~100%,部分卵孵化需要有100%的相对湿度。各地均以春、秋两季发生数量多,南方春季由于多雨潮湿,明显比北方发生重,秋菜重于春菜。夏季高温季节,成虫食量剧减,繁殖率下降,并有蛰伏现象,因而发生较轻。大雨或持续降雨成虫死亡率高。一般十字花科蔬菜连作地区,终年食料不断,有利于大量繁殖,发生危害重。含水量大的壤土和黏土比沙土中该虫的发生危害更重。

【防治方法】 采取综合措施,防控成虫和幼虫结合。药剂防治成虫的参考指标为,菜苗被害率达10%~20%,平均每百株有成虫1~2头;定植后植株的被害率达20%,平均单株有成虫0.5头。根据当地跳甲对不同药剂的抗药性差异,选择有效的杀虫剂。

1. 农业防治 黄曲条跳甲是寡食性害虫，提倡与非十字花科蔬菜合理轮作，如茄果类蔬菜、葱蒜姜、莴苣、蕹菜、茼蒿、苋菜等非寄主或非嗜食作物，可明显减轻危害；实行水旱轮作效果更好。播种前深耕晒土，消灭部分幼虫和蛹。棚室蔬菜在前茬收获后深翻晒土并密闭棚室，待表土晒白后再播种或定植菜苗，造成不利于幼虫生存的条件，并可杀灭部分蛹。收获后清除田间的残枝落叶，铲除杂草，压低虫源，消除其越冬场所。

2. 物理防治 棚室蔬菜栽培覆盖40筛目防虫网，阻止成虫从露地菜田迁入。在十字花科蔬菜苗期和小白菜等的整个生长期，用竹片做成简易的小拱棚，覆盖防虫网和遮阳网（夏季），可有效预防跳甲的危害。菜田每667米²挂黄色粘板（40厘米×25厘米）30块左右，底部距地面25厘米诱捕的效果好。利用成虫的趋光性，可利用黑光灯等进行诱杀。

3. 药剂防治 应以防治土壤中幼虫为重点，与地上部防治成虫相结合。据报道，该虫对有机磷和菊酯类杀虫剂产生了不同程度的抗药性，不同菜区的抗药性水平差异较大。应结合当地的用药历史、田间防治效果的差异，选择敏感药剂。

（1）土壤处理　在播种或定植前后用撒毒土、淋施药液法处理土壤，毒杀土中幼虫和蛹。每667米²5%丁硫克百威颗粒剂2～4千克顺沟均匀撒施或穴施；30%氯虫·噻虫嗪悬浮剂稀释1 500～2 000倍液，25%噻虫嗪水分散粒剂3 000～5 000倍液，在小青菜等苗床进行灌根或喷淋，对黄条跳甲的防效优良。黄条跳甲对有机磷、菊酯类杀虫剂敏感的地区，每667米²可用3%辛硫磷颗粒剂4～5千克，或5%辛硫磷颗粒剂2～3千克顺沟均匀撒施或穴施；也可用50%辛硫磷乳油300～350克，对水5倍稀释后喷在细干土（5～10千克）上施用。也可淋施90%敌百虫结晶1 000倍液、10%氯氰菊酯乳油2 000～3 000倍液、21%氰戊·马拉松乳油3 000～4 000倍液等，淋施1～2次，要淋透。

(2)生长期叶面喷雾 可选用5%氯虫苯甲酰胺悬浮剂1 500倍液、10%溴氰虫酰胺可分散油悬浮剂1 500~2 000倍液、90%巴丹可湿性粉剂1 000~2 000倍液、28%杀虫·啶虫脒可湿性粉剂1 200~1 500倍液、42%啶虫·哒螨灵可湿性粉剂800~1 000倍液、10%啶虫·哒螨灵微乳剂1 000~1 200倍液、22.5%氯氟·啶虫脒1 500~2 500倍液、15%哒螨灵微乳油500~600倍液、24%氰氟虫腙600倍液、5%氯虫苯甲酰胺1 000倍液、1%甲氨基阿维菌素苯甲酸盐1 500~2 000倍液等。黄条跳甲对有机磷、菊酯类杀虫剂敏感的地区,可选用50%马拉硫磷乳油800倍液、90%晶体敌百虫800倍液、10%氯氰菊酯乳油1 500倍液、20%氰戊菊酯乳油2 000倍液、21%增效氰·马乳油(灭杀毙)3 000倍液等。防治成虫宜在早晨和傍晚喷洒药液,先喷田块四周,再喷田内,防止成虫逃逸;喷药作业时动作宜轻,勿惊扰成虫。

三十四、大猿叶虫

大猿叶虫 *Colaphellus bowringii* 俗称乌壳虫、白菜猿叶甲,弯腰虫(幼虫),属鞘翅目、叶甲科。20世纪50年代是全国性的十字花科蔬菜的重要害虫,随着菜田环境的变化和化学防治的发展,特别是60年代有机磷农药的推广应用,使该虫逐渐成为常发害虫的兼治对象。但是从90年代以来,开始推广杀虫双和氟啶脲等,对小猿叶虫幼虫和成虫防治效果较差或无效,猿叶虫的发生危害又呈现加重趋势,以南方丘陵山区菜田密度高虫情重,主要危害寄主为白菜、芥菜、油菜、萝卜、芥菜、雪里蕻等。初孵幼虫仅食叶肉,造成小凹斑痕,成虫和大龄幼虫把叶片咬成许多孔洞或缺刻,严重时可使叶片千疮百孔,虫粪狼藉或仅剩叶脉,降低产量和产品质量。

【形态特征】

1. 成虫 体长5毫米,宽约2.5毫米,雌虫略大于雄虫,长椭圆形,体背黑蓝色。有金属光泽,腹面黑色。头小,前胸背板及鞘翅上密布粗刻点,后翅较大,但很少飞行。雌虫略大于雄虫。

2. 卵　　长1.5毫米,宽0.6毫米,长椭圆形,初产时鲜黄色,有光泽,孵化时为橘黄色。

3. 幼虫　　老熟时体长约7.5毫米,头部黑色有光泽,胸、腹部灰黄褐色。各体节上有大小不等的黑色肉瘤20个左右,瘤上有刚毛。

4. 蛹　　6.5毫米,黄褐色或橘黄色,略呈半球形。腹部各节侧面各具黑色短小刚毛1丛,腹部末端有1对叉状突起,淡紫色。

【生活习性】　　大猿叶虫在我国1年发生1~6代,北方地区1~2代,长江流域3~4代,以成虫在土层中滞育越冬,少数在枯叶里、土缝间或石块下越冬;广东、广西5~6代,无明显越冬现象。翌年气温上升到10℃以上时,越冬成虫开始出土活动,羽化出土时地面留有明显圆形孔洞。夏季气温超过26.3℃即以成虫入土蛰伏夏眠。一年中主要在春季和秋季活动、取食和交配产卵,同时出现两个明显的危害盛期,一般出现在3~5月,北方8~10月和南方9~11月,与各地春、秋季十字花科蔬菜的主要生产季节基本一致。猿叶虫是寡食性害虫,主要危害十字花科蔬菜,嗜食大白菜、白菜、油菜、萝卜、芥菜等。

成虫白天活动但不善飞行,多在叶背栖息和取食。非滞育成虫的寿命一般为1~2个月,滞育成虫的寿命5~38个月。部分个体存在重复滞育现象。雌雄成虫一生能多次交配,大多数雌虫产卵期超过1个月,最长达67天。雌虫交配后第二天即可产卵,卵多产在根部附近的土表、叶腋、心叶或根茎部,排列成行或成块,每块有卵30余粒,一生可产卵数百粒至千余粒,最高超过2 000粒。幼虫共4龄,昼夜活动喜在心叶内群聚取食,以晚间取食最激烈。成、幼虫均有假死性,菜株有轻微振动后即缩足装死落地。成虫还有较强的耐饥饿能力,90多天不食可以继续存活。大猿叶虫的生长适温为22℃~25℃,高于28℃对其生长发育和存活不利。

【防治方法】

1. 农业防治 清洁田园,清除田间残株、落叶及杂草,集中烧毁或深埋,以减少田间虫源。十字花科蔬菜冬闲田(尤其是连作田),要耕翻1~2次,将土中越冬的成虫翻至地面,冻死、机械杀死或被鸟类啄食。重发区提倡十字花科蔬菜与其他作物(葫芦科、茄科、豆科等)轮作,以减少发生量。利用成虫在杂草中越冬的习性,在田间或田边堆积杂草,诱集越冬成虫,然后收集烧毁。

2. 人工捕杀 利用成、幼虫的假死习性,在盛发期于清晨一手拿盆,一手轻抖叶片,把虫子震落入水盆中,然后集中灭活处理。也可把水盆置于简易的木制拖板上,随着人在菜田行间的走动,虫子落于水盆中再进行处理。

3. 药剂防治 在当地十字花科蔬菜生产季节,可结合其他主要害虫药剂防治,兼治大猿叶虫。除了杀虫双等沙蚕毒素类、灭幼脲类昆虫生长调节剂外,其他杀虫剂对幼虫和成虫均有优良的防效。南方丘陵山区菜田是重点防治区域,在猿叶虫成虫盛发期、卵孵化高峰期,常用药剂有80%敌百虫可溶性粉剂800倍液,或50%马拉硫磷乳油800倍液,或10%氯氰菊酯乳油2 000~3 000倍液,或20%氰戊菊酯乳油2 000~3 000倍液,或2.5%溴氰菊酯乳油2 500~3 000倍液、20%氰戊·马拉松乳油3 000倍液,或21%增效氰·马乳油3 000倍液等。此外,还可用0.2%阿维菌素乳油1 500倍液等喷雾。

三十五、小猿叶虫

小猿叶虫 *Phaedon brassicae* 俗称火燎虫,近几年在我国南方一些地区种群逐年上升,危害日趋严重,保护地栽培迅速发展,增加了幼虫的越冬环境、繁殖代数和延长危害期,在江苏、浙江等地常猖獗危害,给十字花科蔬菜生产带来损失,以青菜、大白菜、小白菜、油菜为主,其次是萝卜、甘蓝、花椰菜危害较轻。此外,还危害莴苣、水芹、胡萝卜、洋葱、葱等。南方地区该虫常与大猿叶甲混合发生,北方地区小猿叶虫发生较多。该虫在叶菜上发生更普遍,主要危害叶片,影响蔬菜的产量和品质,严重时导致失收。

【形态特征】 本种害虫与大猿叶虫形态相似,主要区别简列如下。

1. 成虫 体长2.8~4毫米,体型长椭圆形,体蓝黑色,带绿色光泽,鞘翅刻点细密排列规则成11行,后翅退化,不能飞行。

2. 卵 稍小,约1.2毫米,长椭圆形,一端较钝,初产时为鲜黄色,后变暗黄色。

3. 幼虫 初孵幼虫淡黄色,后变黑褐色。老熟时体长6~7毫米,各体节有黑色肉瘤8个,在腹部每侧呈4个纵行,瘤上刚毛很明显,有黑色"毛刺瘤"。

4. 蛹 体长3.4~3.8毫米,近半球形,淡黄色;腹部各节没有成丛的毛,腹部末端亦没有叉状突起。

【生活习性】 南方菜区该虫常与大猿叶虫混合发生,其生活习性与大猿叶虫相似。在长江流域年发生3代,以成虫在土中和枯叶下越冬,幼虫也可在棚室寄主继续危害;广东年生5代,无明显越冬现象。2月底3月初成虫开始活动,靠爬行活动觅食。3月中旬产卵,卵散产于叶柄和叶脉上,产前咬孔,一孔一卵,横置其中。雌虫产卵期可达30天左右,虫态发育很不整齐。单雌产卵量为350~490粒,多的可达700粒。卵期约7天,3月底孵化。成虫、幼虫均危害菜叶,一般危害时间在上午5~7时和下午4~7时,阳光强时转移潜伏到菜叶的背面、菜心或者根际土缝中,阴雨天与夜间活动危害猖獗。幼虫期共有4龄,第一代约21天,其他各代7~8天。老熟幼虫入土约3厘米处筑土室化蛹,蛹期7~11天。4月份成虫和幼虫混合危害最烈,4月下旬化蛹及羽化。5月中旬气温渐高,成虫蛰伏越夏。当夏季气温不高,食料丰富时,夏眠缩短或不休眠。8月下旬又开始活动,9月上旬产卵,9~11月盛发,可见各种虫态,12月中下旬成虫枯叶下或根隙越冬,成虫寿命长约2年。在连作2年以上或阳光不足以及长势茂盛的菜田发生较重。

【防治方法】 参见大猿叶虫。此外,要精心管理苗床,气温较高时覆盖防虫网和遮阳网。小猿叶甲产卵时间较长,时间应掌握在产卵后10~15天,用生物源农药阿维菌素及其复配剂效果最佳,防效可达90%以上。也可于二、三龄幼虫的高峰期施药防治。10%吡虫啉可湿性粉剂1500倍液喷雾防治小猿叶虫,也可兼治蚜虫;或40%乐果乳油800倍液防治幼虫与成虫。虫量低时,防治菜粉蝶和小菜蛾时可兼治。严格掌握农药使用的安全间隔期。

三十六、蜗　牛

危害蔬菜的蜗牛主要有:同型巴蜗牛 *Bradybaena similaris* 和灰巴蜗牛 *B. ravida*,属软体动物门、腹足纲、柄眼目、巴蜗牛科,俗称蜒蚰螺、水牛等。全国各地广泛分布,但南方及沿江沿湖沿海潮湿地区发生量大,北方蔬菜田,尤其是棚室蔬菜田内适温高湿,因而受害呈加重趋势。蜗牛食性杂,主要危害豆科、十字花科、茄科、葫芦科、百合科等蔬菜以及粮、棉、果树等多种作物。成、幼贝以齿舌刮食幼芽、嫩叶、嫩茎,出现孔洞或缺刻。苗床内从种子萌发到子叶期被害,可被全部吃光,延误农时;幼苗受害可造成缺苗断垄,严重时成片被毁,需要重播。成株期叶片受害出现孔洞或缺刻,严重时能吃光叶片仅残存叶脉、咬断嫩茎;并排泄许多墨绿色粪粪便污染叶片,外覆一层白色黏液痕迹,污染植株,易诱发菌类侵染而导致腐烂死亡,降低蔬菜的食用性和商品性。

【形态特征】

1. 成贝　爬行时体长30~36毫米。身体分头、足和内脏囊3

部分。头上有 2 对可翻转缩入的触角,复眼在后触角顶端。口位于头部腹面,并具触唇,口腔有腭片和发达的齿舌。足在身体腹面,遮面宽适于爬行。体外有一坚硬扁圆球形螺壳,螺壳高 12 毫米、宽 16 毫米,有 5~6 个螺层。壳面黄褐色或褐红色,有稠密而细致的生长线。壳口呈马蹄形,口缘锋利。脐孔小而深,呈洞穴状。

2. 卵 圆球形,直径约 1.5 毫米,乳白色有光泽,逐渐变为淡黄色,近孵化时变为土黄色。

3. 幼贝 体较小,形似成贝。

灰巴蜗牛成贝与前种的主要区别是蜗壳宽大,壳顶尖,缝合线深,壳口呈椭圆形,脐孔狭小呈缝隙状。

【生活习性】 1~1.5 年完成 1 代,以成、幼贝在菜田、绿肥田、灌木丛及作物根部、草堆石块下及房前屋后等潮湿阴暗处越冬,壳口有白膜封闭。在南方 3 月初开始活动取食,常群栖危害,先危害蚕豆、豌豆、油菜等早春蔬菜,4 月下旬至 6 月底危害多种春菜苗。7~8 月温度高于 30℃、空气相对湿度低于 65% 时,潜伏寄主根部或土中越夏,此时蜗牛壳口有白膜封闭。如雨后湿度较大,则可活动取食。9 月随气温下降、雨水增多,蜗牛严重危害秋菜,11 月中下旬陆续越冬。在北方一般春季活动推迟 1 个月,冬眠提早 1 个月。在温室及大棚内发生早,危害期更长。蜗牛为雌雄同体,异体受精,也可自体受精繁殖。越冬成贝多在 4 月下旬至 6 月交配产卵,越冬幼贝在 8~9 月发育成熟时繁殖。一生可多次产卵,每成贝可产卵 80~235 粒,多产于潮湿疏松的土壤中或植物秸秆、枯叶下,土壤干燥或卵裸露地表则不能孵化。喜阴湿,怕光怕干燥,晴天时昼伏夜出,傍晚开始活动取食,第二天清晨停止取食,爬行处留下黏液痕迹,阴雨天可昼夜取食危害。蜗牛最适宜生长发育的温度为 15℃~25℃,空气相对湿度 90% 以上,一般春末夏初和秋季雨水多的年份以及地势平坦的沿江、沿湖、沿海菜田、杂草多和新开垦的园田及保护地内蜗牛发生密度高,危害重。当

第九章 蔬菜主要虫害

温度低于15℃或高于26℃时,活动逐渐减弱,低于5℃或高于40℃,则可能被冻死或热死。

【防治方法】

1. 农业防治 提倡地膜覆盖栽培,不仅有利于蔬菜生产,也能阻止蜗牛爬出地面,减轻危害。保护地四周要固定好塑料围裙、下部通风口覆盖防虫网,以防外部蜗牛迁入。播种前深翻晒土,及时中耕,铲除田内外除草,做好菜田排灌系统,雨后排干积水等,破坏蜗牛、野蛞蝓栖息和产卵场所。蔬菜收获后清洁田园,铲除田间杂草,进行秋冬季耕翻,使部分越冬成贝、幼贝暴露地面冻死、晒死或被天敌啄食。

2. 人工诱集捕杀 利用蜗牛昼伏夜出活动取食习性,可将树叶、杂草、菜叶等在菜田多点成堆摆放于畦或者垄间,作为诱集堆,天亮前捕捉诱集堆内蜗牛,集中消灭,可减少虫源和减轻危害。

3. 撒石灰带保苗 蜗牛爬行时靠分泌的黏液驱动腹足帮助行走,因此,选择干燥向阳田块作苗床,在苗畦或菜田的沟边、地头或垄间撒石灰带,面积667米^{2}用生石灰5~10千克,或茶枯粉3~5千克,可阻止蜗牛爬行进入并危害,还可使蜗牛将粘上的石灰带入壳内,摩擦或失水致死。一般需隔4~5天撒施几次,保苗效果良好。

4. 药剂防治 蜗牛生活隐蔽,适应能力强,遇到不良环境能迅速将腹足收缩于壳内,并分泌黏液封口,保护自己渡过不良环境,因此药剂防治比较困难。需要选择专用的杀软体动物剂,并注意施用方法和使用条件,方能保证防治效果。

(1)施用颗粒剂灭杀法 蔬菜出苗或移栽后,一般在蜗牛、野蛞蝓发生初盛期,每667米^{2}用6%四聚乙醛颗粒剂500克,拌细干土15~20千克,于傍晚均匀撒在受害植株的行间垄上;也可采取条施或点施的方法,药点(条)间距40~50厘米为宜,蜗牛、蛞蝓等接触药剂后死亡。也可用6%聚醛·甲萘威颗粒剂600~750

克拌适量细干土撒施,或用5%四聚乙醛颗粒剂480~660克,即1米^{2}用50~70颗药粒。间隔7~10天后再用1次。由于在低温和高温下蜗牛、野蛞蝓活动性减弱,使用颗粒剂在气温15℃~35℃和潮湿条件下为宜,尤其是雨后转晴的傍晚施药最佳。施药后不要在田间行走,避免把颗粒剂踩入土中,露地用药后遇大雨应补施,不宜和化肥、其他农药混用。或用30%聚醛·甲萘威粉剂250~500克,拌细干土15~20千克制成毒土撒施。

(2)饵剂诱杀法 菜田每667米^{2}用6%聚醛·甲萘威饵剂650~700克,均匀撒施在蔬菜根际土表,诱杀蜗牛效果好。

(3)喷雾法 在蜗牛、野蛞蝓大发生情况下,在下午4时以后或者清晨蜗牛蛞蝓处于地表外时,可用80%四聚乙醛可湿性粉剂1 000~1 500倍液,或者70%杀螺胺可湿性粉剂1 500~2 000倍液,进行叶面喷雾防治。

三十七、野 蛞 蝓

野蛞蝓 *Agriolimax agrestis* 是有害软体动物,俗名无壳蜓蚰螺、鼻涕虫、粘粘虫。主要分布在长江流域、西南及华北各省(区)及陕西、青海、新疆、黑龙江等地,近些年来在北方各地棚室蔬菜发生危害逐渐加重。主要危害十字花科、豆科、茄科蔬菜,菠菜,落葵、莴苣和芹菜等,成、幼体以齿舌刮食菜苗的幼芽、嫩叶、嫩茎,受害叶片被刮食呈缺刻或孔洞,果实被害后出现带状伤痕,同时造成的伤口有利于细菌的侵染,进一步加大危害,排泄的粪便及黏液也会造成蔬菜品质下降。发生严重的年份,可造成缺苗断垄,甚至连片成灾。

【形态特征】

1. 成体 体长20~25毫米,爬行时体长30~40毫米,长梭形。体柔软、光滑无外壳,体表暗黑色、暗灰色、灰红色或黄白色。

第九章 蔬菜主要虫害

头部前端有 2 对触角,暗黑色,能伸缩,下边 1 对短,约 1 毫米,称为前触角,有感觉作用;上边一对长约 4 毫米,称后触角,在右后触角的后侧方,具 1 个生殖孔。头前方有口,口腔内有 1 角质齿舌。体背前端有外套膜,为体长的 1/3,其边缘卷起,内有退化的贝壳(即盾板),上有明显的同心圆,即生长线。腹足扁平。体表具腺体能分泌黏液,黏液无色,爬行过的地方留有白色痕迹。

2. 卵 圆形或椭圆形,直径 2~2.5 毫米,韧而富有弹性,数个或数十个卵粒常由胶状物粘集成堆。白色透明可见卵核,近孵化时色变深。

3. 幼体 初孵时体长 2~2.5 毫米,30 天后达 8 毫米。淡褐色,体形同成体。

【**生活习性**】 1 年发生 1~2 代,以成体或幼体在作物根部湿土下、沟河边、草丛中及石板下冬眠。在南方翌年 3 月上旬平均温度 10℃以上时可大量活动危害,4~6 月和 9~11 月是危害高峰期。在西北地区露地 6~8 月、其他地区 8~9 月间、棚室秋冬春季危害较重。雌雄同体,异体受精,亦可同体受精繁殖。成体交配后 2~3 天产卵,每隔 1~2 天产 1 次,每雌可产 3~4 个卵堆,平均产卵 400 余粒,大部分卵产于湿度大、较隐蔽的土块缝隙中,在南方年内 4~5 月和 10 月为二次产卵盛期。南方春季卵期约为 17 天,幼体历期平均 150 余天,成体寿命 10~12 个月。成、幼体最适发生温度为 12℃~25℃,空气相对湿度 85%以上,土壤湿度 80%~90%。成体、幼体忌避光照,烈日下暴晒 2~3 小时即死亡。该虫喜阴湿,阴雨天可昼夜取食危害,干旱时昼伏夜出,夜间 10~11 时为活动取食高峰,清晨之前又陆续潜入菜田土壤缝隙中或杂草残叶等隐蔽处,对香甜和腥味有趋性。该虫耐饥力强,在食物缺乏或不良条件下较长时间不吃不动仍能继续存活。夏季高温干旱时季节潜入隐蔽处土下越夏,秋季气候凉爽后,又活动危害。阴暗潮湿的环境易于大发生,当气温 11.5~18.5℃,土壤含水量为 20%~

30%时,对其生长发育最为有利,故春季苗床里以及密度大、通风差的温室内危害最重,杂草多、管理粗放的温室内蛞蝓发生危害更重。

【防治方法】 参见蜗牛防治部分。

三十八、菠菜潜叶蝇

菠菜潜叶蝇 Pegomya exilis 又称甜菜潜叶蝇、甜菜藜泉蝇,俗称叶蛆,属双翅目,花蝇科。我国多数地区有分布,但吉林、辽宁、内蒙古、河北、山西、河南、上海、青海和新疆等地发生偏重,是春季菠菜的主要害虫,还可危害甜菜、萝卜及灰菜、春蓼等杂草。主要以幼虫蛀入菠菜、甜菜、萝卜叶片的表皮下,潜食叶肉,残留上、下表皮,呈半透明水泡状,形成较宽的隧道,且在隧道内残留很多虫粪。常数头幼虫在一张叶片内危害,造成叶片干枯,影响菠菜产量、降低食用品质,严重时可成片毁种失收。

【形态特征】

1. 成虫 体长4～6毫米的小蝇子,灰褐色。雄虫复眼间距离窄而雌虫复眼间距离宽,雄虫胸部背面为灰黄色或略呈绿色,雌虫颜色浅或略呈灰色,雄蝇前缘下面有毛,腿、胫节呈灰黄色,跗节呈黑色,后足胫节后鬃3根。

2. 卵 大小为0.9毫米×0.3毫米,长椭圆形,初产时白色,孵化前逐渐转变为米黄色,表面具长方形或多角形规则的网状纹。

3. 幼虫 共3龄,蛆状,前细后粗。幼虫初孵化时透明,老熟后长约7.5毫米,长圆形。污黄色,口钩黑色,各体节有很多皱纹,腹部末端围绕后气门有7对肉质突起。

4. 蛹 长4～5毫米,围蛹,呈椭圆形,头部较窄,尾部较平。开始为浅黄褐色,后变为红褐色,羽化前变为暗褐色。

【生活习性】 菠菜潜叶蝇1年发生2～6代,吉林、辽宁2～3

第九章　蔬菜主要虫害

代,华北地区3～4代,上海菜区保护地4～6代,均以蛹在土中滞育越冬。翌年春季初夏开始羽化、活动和产卵,沈阳地区5月下旬6月上旬春菠菜、华北地区4～5月上旬根茬菠菜,为第一代幼虫发生危害期。在新疆南部5月中旬进入产卵和第一代幼虫危害盛期,以后各代危害春栽晚菠菜、留种菠菜、甜菜和藜科杂草,8月危害秋菠菜幼苗但较轻。上海菜区3～6月发生量大,9月下旬至11月中下旬发生较轻。

成虫羽化多在清晨气温低而湿度大的时刻。成虫很活泼,卵产在叶肉偏厚的叶片背面,通常不在有潜叶虫道的叶片上产卵,常常4～5粒卵呈扇状排列,每头雌蝇可产40～100粒。卵多于傍晚孵化,初孵幼虫随即潜入叶肉危害。成虫也能在粪肥或腐殖质上产卵,幼虫取食也能完成发育。幼虫共有3龄,幼虫历期约10天,较寒冷地区可达20天。幼虫老熟后一部分在叶内化蛹,一部分从叶中脱出入土化蛹,蛹期2～3周,越冬代则全部入土化蛹,蛹期可达半年以上。菠菜潜叶蝇各个世代都有部分蛹,由于菠菜衰老和温度升高而进入滞育状态,夏季高温干旱对该虫有明显的抑制作用。而越冬蛹在春天同时羽化,所以虫口达到高峰危害重。15℃～21℃时,成虫寿命长,产卵数量较多,保护地菠菜的周年栽培导致该虫的发生日趋加重。温暖、湿润的气候有利于该虫的生长发育,地势低洼、排水不良、栽培过密、株行间通风透光差的地块发生较重。此外,不同菠菜品种、生育期与潜叶蝇发生危害程度有密切关系,尖叶品种比圆叶品种的被害率低,表现抗(避)虫性强;菠菜3叶1心期前是避虫阶段,潜叶蝇的寄生率(虫株率)低,7叶一心期后进入最感虫阶段。

【防治方法】

1. 选用抗(避)虫品种　在春季菠菜潜叶蝇发生危害盛期,栽培尖叶品种比阔叶品种,能减轻潜叶蝇的种群数量和危害。

2. 农业防治　要施用充分腐熟的粪肥,避免使用未腐熟厩

肥,以免把虫源带入田中;根茬越冬菠菜加强管理,尽可能提早收获上市,减轻受害;收获后要及时清除残茬和深翻土地灭蛹,可减少田间虫源。避免秋、冬播菠菜连茬栽培。

3. 药剂防治 应抓住春季越冬代成虫产卵盛期和卵孵化初期,选择高效、安全药剂,如50%灭蝇胺可湿性粉剂2 000~3 000倍、5%氟虫脲乳油2 000~2 500倍液、5%氟啶脲乳油2 000倍液、0.5%印楝素乳油800倍液、80%敌百虫可溶性粉剂或90%敌百虫晶体1 000倍液、50%辛硫磷乳油1 000倍液等,18%杀虫双水剂300倍液,及10%吡虫啉可湿性粉剂1 500倍液、2.5%溴氰菊酯乳油或20%氰戊菊酯乳油3 000倍液、25%喹硫磷乳油1 000倍液、1.8%阿维菌素2 500~3 000倍液、50%敌敌畏乳油1 000倍液,10~15天1次,连续防治2次。注意在采收前10~15天停止用药,并与防治蚜虫结合进行,轮换用药。

三十九、葱地种蝇

葱地种蝇 *Delia antiqua* 又称葱蛆、蒜蛆,属双翅目、花蝇科。国内主要分布于北部、中部和西部地区,危害百合科葱属蔬菜,包括大葱、小葱、圆葱、大蒜、青蒜、韭菜等,其中大蒜、洋葱受害最重,常年被害株率达20%~50%,死亡株率可达10%~20%。该虫以初孵幼虫蛀入葱、蒜等的鳞茎蛀食危害,引起地下部鳞茎腐烂,使地上部叶片枯黄、萎蔫,轻者生长不良,影响分蘖,危害严重时造成大面积的植株枯萎或者死亡。幼虫危害蒜苗时造成死苗、缺苗断垄,春天使蒜瓣腐臭失去食用价值,严重影响产量和品质。

【形态特征】

1. 成虫 为小型蝇子。体长4.5~6毫米,翅展12.0~12.5毫米。灰色至灰黄色,前翅基背毛极短小,不及盾间沟后背中毛的1/2长。腹部扁平,长椭圆形,灰黄色。雄虫复眼在单眼三角区的

第九章 蔬菜主要虫害

前方处很接近,雌虫复眼间距较宽,中足胫节的外上方有 2 根刚毛,后足胫节的内下方中央(约为全胫节长的 1/3~1/2 部分)具有成列稀疏而大致等长的短毛。

2. 卵 长椭圆形,长约 1 毫米,白色。

3. 幼虫 蛆状,成熟幼虫体长 9~10 毫米,乳白色而略带淡黄。腹部尾节有 7 对突起,各突起均不分叉,第一对高于第二对,第六对显著大于第五对。

4. 蛹 纺锤形,长 6~7 毫米,红褐色至暗褐色。

【生活习性】 东北地区 1 年发生 2~3 代,华北 3~4 代,世代明显重叠。以滞育蛹及少量幼虫在葱、蒜等根际附近 5 10 厘米深处的土中或粪堆中越冬,成虫在温室里也可越冬。翌年 4~6 月越冬蛹羽化为成虫,是全年防治成虫的关键时期。卵成堆产在葱叶、鳞茎和周围 1 厘米深的表土中,卵期 3~5 天,孵化的幼虫很快钻入鳞茎内危害形成第一代幼虫危害高峰。东北地区该虫第一代 5 月中旬至 7 月上旬,第二代 6 月中旬至 7 月下旬,第三代幼虫 7 月下旬至 10 月中旬。山东地区第一代幼虫发生盛期 5 月上中旬,第二代幼虫发生盛期 6 月上中旬,第三代幼虫发生盛期 10 月上、中旬,也是秋季主要危害时期。夏季由于田间大蒜已收获,幼虫不耐高温,地温超过 30℃时大部分幼虫在土壤中化蛹,以蛹在土壤中越夏。

成虫善飞,以晴天 9~15 时之间最活泼,下午 4 时以后至晚上栖息在土缝中,刮风和阴雨天活动减少,对未腐熟的粪肥有明显的趋性。幼虫有强烈的背光性和趋腐性,喜潮湿,常在土面下活动,且能转主危害。成虫需要补充营养,它们喜欢吸食大葱、萝卜、胡萝卜、蒲公英等植物的花蜜。卵多散产,有时也成堆产在葱叶、鳞茎等的基部和周围 1 厘米深的表土中,或产于刚出土芽鞘附近的土缝中和鞘叶缝内,每头雌虫平均产卵 100~300 粒。孵化的幼虫蛀入葱、蒜等的鳞茎内取食,常常群集危害,轻者鳞茎(蒜头)畸形

突出或蒜瓣(葱瓣)裂开,重者鳞茎(蒜头)被蛀成孔洞,引起腐烂发臭,叶片枯黄,植株逐渐凋萎,甚至成片死亡,老熟幼虫在被害株周围的土中化蛹。5厘米地温为19.5℃～24.5℃时,危害最重,土壤含水量5%～20%有利于该虫成虫羽化,幼虫在干燥及较干旱地区危害严重,而在排水不良、土壤水分较多地区则受害较轻。盖草的田块发生轻。

【防治方法】

1. 农业防治 选用无病、无伤、大小均匀的新鲜蒜种;在春天韭葱、香葱、洋葱、韭菜等萌发前,扒土晒根,可减轻受害;种蝇类对未腐熟的厩肥有趋性,施入田间的粪肥须充分腐烂;蒜蛆发生严重地块实行冬灌或春灌,必要时加入适量农药杀灭幼虫;有条件的地方,大蒜播种后可盖麦秸、蚕豆秸或花生藤,以覆盖面大、草厚效果更佳。尽量避免与韭、蒜、葱类蔬菜重茬,可与水稻、豆类等作物轮作2～3年,减轻该虫危害。

2. 物理防治 在每代成蝇的盛发期,每667米²3挂黄色诱杀板,每20～30米²挂1块,注意适时更换,具有很好的杀虫效果。

3. 诱杀成虫 用红糖∶醋∶水为1∶1∶2.5的比例作为诱液,加少量锯末和敌百虫(或噻虫胺等),放入诱集盒内,每天在成虫活动盛期打开盒盖,诱杀成虫。

4. 药剂防治 防治成虫:在成虫羽化高峰期喷药,可选用下列药剂:80%敌敌畏乳油1 500倍液、2.5%氯氰菊酯乳油2 000～2 500倍液、2.5%高效氟氯氰菊酯乳油2 500～3 000倍液、2.5%氰戊菊酯乳油3 000倍液、40%氰戊·马拉松乳油3 000～4 0000倍液喷雾,最好在一定范围内统一行动,否则喷药后成虫容易迁飞转移,达不到防治目的。田间发现被根蛆危害的植株时,可用下列药剂灌根:1.8%阿维菌素乳剂3 000倍液、75%灭蝇胺可湿性粉剂5 000倍液、50%辛硫磷乳油1 200倍液、用48%辛·蜱乳油(地蛆灵)2 000倍液,沿每丛葱根部浇灌,隔7～10天淋一次,共2～3

次。收获前10天停止用药。上述药剂轮换使用,延缓葱地种蝇抗药性的产生。

四十、韭菜迟眼蕈蚊

韭菜迟眼蕈蚊 Bradysia odoriphaga,属于双翅目,眼蕈蚊科,其幼虫俗称韭蛆。主要分布在华北、东北、西北地区及山东、湖北、浙江、四川等地,可危害韭菜、葱、蒜、圆葱、莴苣、十字花科等7科30多种蔬菜,其中以韭菜受害最重。以幼虫聚集在韭菜地下部的鳞茎和柔嫩的茎部危害,造成植株叶片瘦弱、枯黄、萎蔫断叶,严重时韭菜整畦死亡,甚至毁棚。此外,滥用高毒农药,会引起韭菜食用安全问题,威胁人们身体健康。

【形态特征】

1. 成虫 为黑色小型蚊子。体长3.3~5毫米,黑褐色。头小,弯向胸部前下方,复眼发达,在头顶左右相连接,触角丝状16节,有微毛,单眼3个。胸部粗壮,背部隆起。足细长,褐色,前足基节长,超过腿节一半。前翅淡烟色,脉褐色,前缘脉及亚前缘脉较粗,后翅退化为平衡棒。腹部细长,8~9节,雄蚊腹部末端具1对铗状抱握器。雌蚊末端细而尖,末端有1对分2节的尾须。

2. 卵 长0.24毫米,宽0.17毫米,椭圆形,一端略尖。初产时乳白色,后为暗黄色。

3. 幼虫 老熟时体长7毫米,体细长,圆筒形,全身乳白色,无足,共有13个体节,胸部3节,腹部9节。头漆黑色有光泽,坚硬,口器发达。

4. 蛹 为裸蛹,体长2.7~3毫米,长椭圆形。初期黄白色,后转黄褐色,羽化前呈灰黑色,外有椭圆形白色丝茧,较薄;头为铜黄色,有光泽。

【生活习性】 华北露地1年发生4~6代,山东6代,杭州9

代,有世代重叠现象。北方以幼虫在韭菜根茎、鳞茎内、嫩茎内及根部周围4～6厘米土中群集越冬,翌年3月下旬以后,大部分越冬幼虫上升到表土1～2厘米处化蛹,4月上、中旬羽化为成虫并交尾,这是全年防治成虫的关键时期。4～6月份进入危害盛期,5月上中旬、6月和9月中下旬分别是第一至第三代幼虫盛发期;夏季7～8月因幼虫不耐高温、植株老化和暴雨冲刷,数量和危害骤减;10月下旬以后第4代幼虫陆续入土化蛹。冬季韭蛆随韭菜根带入温室,由于保护地温湿度适宜,可全年发生和危害,以12月份至翌年2月份为危害严重期。南方常于12月中下旬幼虫越冬,翌年2月下旬开始化蛹,3月中旬为羽化高峰,呈春、秋季两个危害高峰。在四川省,危害盛期为3～5月份和10～11月份,幼虫1月份开始越冬。

  成虫善飞,水平间歇扩散距离100米左右,高度一般不超过2米。成虫喜在阴湿弱光环境下活动,上午9～11时飞翔,为交配盛期,下午4时至夜间多栖息于田间土缝中。成虫对光和腐殖质有趋性,对黄色和糖醋味有趋性。成虫羽化后即在地表及土缝中交尾、产卵;雄虫有多次交尾的习性,雌虫不经交尾也可产卵但不能孵化。雌虫交尾后1～2天开始产卵,产卵趋向寄主附近的隐蔽场所,如土缝、植株基部与土缝间的缝隙、叶鞘缝隙,卵多堆产,少数散产,在适温范围内单雌产卵量为100～300粒。

  幼虫营隐蔽式群体生活,幼虫在春秋季以水平活动为主,孵化后便分散爬行。初孵幼虫先行水平扩散,危害韭株的叶鞘、幼茎及芽,引起幼茎腐烂,叶片枯黄,而后蛀入茎内。夏季幼虫向下活动,转向根茎下部危害,随寄主腐烂而达腰部,轻者引起韭菜地上部分植株矮化、枯黄萎蔫、植株变软,导致品质变劣、产量降低;重者造成缺苗断垄、断茎并发生茎基部腐烂,引起整墩韭菜死亡。老熟幼虫多离开寄主到浅土层内做薄茧化蛹。土壤湿度是影响韭蛆孵化和成虫羽化的重要因素,3～4厘米土层含水量15%～24%,最适

第九章 蔬菜主要虫害

宜卵的孵化、幼虫存活和成虫羽化,土壤过干或过湿均不利其生长,一般沙壤土有利于韭蛆发生危害。韭蛆较耐低温,10℃即可活动,适宜温度15℃～25℃,10厘米地温13℃～24℃,土壤湿度15%～24%。在20℃卵期平均为5天,幼虫期15～18天,蛹期4～5天,雌成虫寿命为2～14天,雄虫3～12天。高温(30℃以上)高湿的环境极不利于成虫的存活和产卵。幼虫的垂直分布随土壤温度的季节变化而变化,春、秋季和棚室冬季上移,露地冬、夏季下移,造成韭蛆的季节性发生危害。

【防治方法】 韭蛆成虫活动范围较小,栖息产卵均在韭菜地内,幼虫则聚集在地下,活动危害较为隐蔽。根据其发生危害特点,可采用"防治成虫压基数,防治幼虫保全苗、成幼虫兼治相结合"的防治策略。在生产实际中防治成虫应以防治越冬代成虫为关键,时间在4月中下旬。幼虫防治适期为5月上旬和10月中下旬。

1. 农业防治 因地制宜种植优良品种,如"农大棚韭1号"和"豫韭1号"抗虫性较强。春季大棚和露地韭菜萌发前,清除田间枯叶杂草,并在行和簇间深耕松土;当早春土壤解冻时,进行扒土晾根:即用竹签剔开韭菜根际土壤,使韭蛆暴露在地皮外,接触低温和干燥空气而自然死亡。露地韭菜在春、秋季幼虫发生时,连续浇水2～3天,拱棚韭菜分别于11月下旬和翌年3月初进行灌水,每天淹没畦面,可杀灭部分幼虫,危害明显减轻。韭菜收割后,及时在地面覆盖细沙和草木灰能使地面干燥,可有效阻止成虫产卵和幼虫孵化,减少幼虫数量。施肥时以有机肥为主、化肥为辅,施用充分腐熟的有机肥,当发生蛆害时避免用粪稀和硝酸铵作追肥。根据韭蛆危害程度确定适当轮作,一般种植3～4年韭菜后可与其他作物(除葱、蒜外)轮作1次,这样不仅有利于韭菜生长,还可减轻韭蛆和其他病虫害的发生。

2. 物理防治 春季在韭蛆初发期,先用药剂进行土壤处理灭

蛆,再用除草剂灭草,露地栽培和保护地栽培可设置40～60目的防虫网,四周拉紧,盖严压实,防止韭蛆成虫、斑潜蝇侵入、危害。在棚室韭菜成虫发生期,可用糖、醋、酒、水按3∶3∶1∶10的比例配制诱杀液,每667米^{2}放4～5盆,随时添加,保持不干,诱杀韭蛆成虫。或悬挂黄板20块诱杀成虫。

3. 生物防治 昆虫病原线虫,如异小杆线虫、斯氏线虫和拟双角斯氏线虫对韭蛆的寄生效果显著;当土中线虫与韭蛆比例为15∶1时(约5头线虫/厘米^{2}时),幼虫死亡率达80%以上,可实现对韭菜迟眼蕈蚊种群的控制作用。

4. 药剂防治

(1)防治成虫 在成虫羽化盛期,可用40%辛硫磷乳油或80%敌敌畏乳油1 000倍液,2.5%溴氰菊酯乳油3 000倍液或20%氰戊菊酯乳油3 000倍液,或20%氰戊·马拉松乳油2 500倍液等,于上午9～11时喷雾。也可每667米^{2}用50%敌敌畏乳油200克,与15千克细沙充分拌匀后,于上午11时前顺垄撒施,施药时要闭棚于2小时后通风。在韭菜收割后用辛硫磷、氰戊菊酯等药剂(稀释倍数同上)喷洒畦面,直接杀死成虫。重点施药区是韭菜根茎部及周围土表,晴天上午进行喷药防治,每隔7天1次,连续防治2～3次。

(2)防治幼虫 韭菜移栽时,可用50%辛硫磷乳油1 000～1 500倍液浸根杀灭幼虫。在早春(3月上中旬)或晚秋(9月中下旬)幼虫发生期,韭菜叶尖开始发黄变软出现倒伏时,可用40%辛硫磷乳油800～1 000倍液,或80%敌百虫可溶性粉剂1 000倍液、1.8%阿维菌素乳油2 000～2 500倍液、25%灭幼脲悬浮剂1 000倍液、1.1%苦参碱粉剂500倍液、40%辛硫磷乳油800倍液与Bt乳剂(100亿活芽孢/克)400倍液混合等顺垄灌根,进行局部挑治。灌根前先扒开韭菜根部表土,去掉喷雾器喷头的旋水片后对准韭菜根部喷浇,随即覆土。也可每667米^{2}用5%辛硫磷颗粒剂2千克,掺细土15~20千克均匀撒于根部附近再覆土。或用50%辛硫磷800倍液与苏云金杆菌乳剂400倍液混后灌根,效果更好些。韭蛆发生较重时,可用1.1%苦参碱粉剂2千克,对水500升,顺垄浇根,使药液渗到韭菜鳞茎部(深5厘米),防效好且持效时间长;也可换用40%辛硫磷乳油750克。若大棚韭菜栽培面积大且蛆害严重时,应采用随水浇灌法,即辛硫磷用量加倍,配制成母液在韭菜畦口随水浇灌。应注意,喷药和灌根距采收期应至少间隔10天。

为了延缓韭蛆抗药性的产生和发展,可使用作用机制不同的复配药剂,如每667米^{2}用20%吡虫·辛硫磷乳油500~750毫升、3%高氯·吡虫啉乳油50~100毫升、1%阿维·高氯乳油100~200毫升、2%阿维·吡虫啉乳油80~120毫升等,对水200~300升进行灌根防治。禁止使用高毒农药,保障韭菜质量安全。

四十一、葱蓟马

葱蓟马 *Thrips tabaci* 又名烟蓟马、棉蓟马、瓜蓟马,属缨翅目、蓟马科。国内广泛分布,寄主植物达18个科30余种,蔬菜作物中主要危害大葱、洋葱、水葱、香葱、大蒜、韭菜等百合科蔬菜,还可危害豆科、茄果科、瓜类等。成虫、若虫以锉吸式口器危害寄主植物的心叶、嫩芽和叶片、叶鞘,植物受害后,被害部位先形成许多不规则长条形黄白色坏死斑纹,渐变为白色斑痕。危害严重时枯斑连片斑点密集成大型长斑,叶片发黄萎蔫,或扭曲畸形,叶片干枯,甚至整个植株枯萎死亡。

【形态特征】

1. 成虫 体长1.2~1.4毫米,宽0.2毫米。体色浅黄到深褐色,多数为淡褐色。复眼紫红色,成粗粒状,稍突出。触角7节,与体同色,念珠状。单眼3个,排成三角形。前胸背板宽大于长,疏生细毛。2对翅细且狭长,顶端尖锐,翅脉稀少而透明,周缘有很多细长缨毛。腹部近纺锤形,末节为圆锥形。

2. 卵 长0.2~0.3毫米,初期肾形,乳白色,逐渐变成椭圆形或卵圆形,黄白色,孵化前明显可见红色眼点。

3. 若虫 分4龄。体形似成虫,体呈浅黄色至橘黄色,一、二龄若虫无翅芽,触角6节,前伸,性活泼,行为敏捷;三、四龄若虫翅芽明显,三龄时触角向两侧伸出,四龄若虫翅芽较大,体色淡褐色,触角贴在胸部背面,不食不动,称为"伪蛹"。

【生活习性】 北方地区1年发生6~10代,长江流域8~10代,华南地区20代以上,无明显越冬期。在我国北方以成虫越冬为主,也有若虫在葱、蒜、洋葱等寄主植物的叶鞘内侧或杂草上、土块下、土缝内或枯枝落叶中越冬,也有少数以伪蛹在土中越冬。来年春天温度回升至10℃左右、葱蒜返青时,成虫、若虫开始出蛰危害,并逐渐转移到其他蔬菜上危害。一年中以4~6月份和10~11月份危害最重,夏季因气候条件不适宜,几乎全是雌虫,到秋季又开始回复正常的雌雄比例,11月下旬前后活动减弱,进入越冬期。

成虫具有较强趋性、趋嫩绿性。活泼善飞,但因体型小,飞翔距离有限,可借助风力进行扩散。成虫怕光,晴天多在背光场所集中危害,早、晚或阴天时在叶上活动取食旺盛,植物阴面虫量较多。成虫雌雄比差异很大,绝大部分为雌虫,雄虫极少,可进行两性生殖或孤雌生殖,卵产于表皮下叶组织内。单雌可产卵21~178粒,平均产卵量为50粒,最多可达171粒。雌成虫寿命8~10天。初孵化的若虫不太活泼,具有群居习性,集中在叶子基部或筒叶内危害,稍大后即分散。二龄若虫后期常转向地下,在表土中度过三、四龄阶段("前蛹"期至"伪蛹"期)。完成一代约需要20多天,在25℃~28℃条件下,卵期5~7天,若虫一至二龄6~7天,三龄(前蛹)2天,四龄(伪蛹)3~5天,成虫寿命8~10天。适宜葱蓟马生

第九章 蔬菜主要虫害

长发育的温度范围为 10℃～30℃,最适温度为 23℃～26℃,空气相对湿度为 40%～70%。气温高于 31℃ 和相对湿度低于 10% 时,若虫不能存活。温暖和较干旱的环境有利其发生危害,疏松的土壤对其发生有利;高温高湿则不利,多雨年份或多雨季节发生轻,暴风雨后虫口密度可显著下降。大雨后或田间浇水后致使土壤板结,使若虫不能入土化蛹和蛹不能孵化成虫,则不利于其发生;少量雨水对其发生则无影响。

【防治方法】

1. 农业防治 早春定期清除田间杂草和残株落叶,集中烧毁或者深埋。葱、蒜收获后,将落地的残叶清理干净,并带出田外,可减少虫源。实行轮作倒茬。播前翻耕或生长期中耕可杀死一部分虫体,并有促进蔬菜生长的作用。蓟马发生数量较多时,可增加灌水次数或灌水量,淹死一部分虫体,并提高田间湿度,造成不利于葱蓟马发生危害的生态环境。

2. 物理防治 根据葱蓟马对蓝色的趋性强,于成虫盛发期内,在田间悬挂 25 厘米×40 厘米的蓝色粘虫板,也可用黄色粘虫板,每 20～30 米^2 挂 1 块,下部与植株顶部持平,并跟随植株的生长进行调整,可诱杀成虫。

3. 药剂防治 在蓟马发生始盛期,在清晨露水未干时喷药。每隔 7～10 天喷 1 次,连喷 2 3 次。药剂可选用 1.8% 阿维菌素乳油 2 000 倍液、2.5% 多杀霉素悬浮剂 3 000 倍液、10% 吡虫啉可湿性粉剂 2 000～3 000 倍液、5% 啶虫脒乳油 3 000 倍液、70% 吡虫啉水分散粒剂 2 000～2 500 倍液、25% 噻虫嗪水分散粒剂 5 000～10 000 倍液等,有较好的防治效果。喷雾时注意保持喷头始终朝上,贴近叶片,保证喷施到叶背和叶腋处。

四十二、葱斑潜蝇

葱斑潜蝇 Liriomyza chinensis 别名葱潜叶蝇、韭菜潜叶蝇，俗称皮虫等，属双翅目，潜蝇科，国内主要分布于黑龙江、吉林、辽宁、内蒙古、宁夏、河北、山东、山西、江苏、浙江、江西、福建和新疆等地区。寄主植物集中于葱、姜、蒜、韭菜等百合科，是葱类作物上的常见害虫。以成虫取食植物叶肉，造成取食孔，幼虫在叶组织内蛀食成隧道，在叶肉内曲折穿行，潜食叶肉，仅留上下两层表皮。成熟幼虫即在蛀道内化蛹。受害叶片上可见迂回隧道，呈曲线状或乱麻状，降低植物的光合作用，影响植物正常生长，严重时造成叶片提前枯萎掉落，产量降低。特别是葱、韭叶片受害后，不仅造成严重减产，而且降低甚至丧失食用价值，其商品性也大大降低，损失严重。

【形态特征】

1. 成虫 体长 2.0～2.5 毫米，体黑色，头部黄色，头顶两侧有黑纹；复眼红黑色，周缘黄色；单眼三角区黑色；触角黄色，芒褐色。胸部黑色有绿晕，上有淡灰色粉，肩部、翅基部及胸背两侧淡黄色；小盾片黑色，腹部黑色，各关节处淡黄色或白色；足黄色；翅脉褐色，平衡棍黄色。

2. 卵 长椭圆形，长约 0.3 毫米，乳白色。

3. 幼虫 幼虫共 3 龄。初孵幼虫约 0.5 毫米，无色透明。末龄幼虫体长 4 毫米左右，淡黄色，细长圆筒形。尾部背面有后气门突 1 对，体壁半透明，绿色，内脏可从外面隐约可见。

4. 蛹 长 2.0～2.5 毫米，宽约 0.8 毫米。褐色，圆筒形略扁，后端略粗。

【生活习性】 华北地区 1 年发生 4～5 代，山东 6～7 代，以蛹在被害叶内或被害植物附近的 10 厘米以上地表土壤中越冬。翌年春季羽化,4月长、中旬始发,5月上旬为成虫发生盛期,10月下旬至11月上旬左右化蛹越冬。成虫具有日出性,很活泼,上午8~11时、下午3~5时最为活跃,飞翔于葱株间或栖息于叶筒端。阴雨天、风大时常静伏不动。成虫白天交尾产卵,每次产卵数十粒,每头雌虫一年可产卵40~116粒。卵多数散产在大葱叶筒的叶肉组织内,5~6天幼虫孵化后,即在叶内潜食,逐渐向里面钻入危害。幼虫期10~12天,老熟幼虫在叶内隧道一端化蛹,后穿破表皮化蛹。蛹期12~16天,越冬蛹为7个月。蛹羽化后穿破表皮飞出。

适宜葱斑潜蝇生长发育的温度围是10℃~30℃,最适宜的温度是18℃~26℃,土壤含水量5%~15%对蛹羽化有利,田间积水能导致幼虫和蛹的死亡,而暴风雨天气则对成虫致死率高。该虫对气温很敏感,不耐高温,春、秋季危害严重,夏季减轻。葱田连作或与百合科作物邻作及草荒严重的地块受害重。

【防治方法】

1. 农业防治　在作物生长期,发现受害叶片随时摘除,集中沤肥或掩埋。收获完毕,田间植株残体和杂草及时彻底清除,可减少虫源。深翻土壤,冬季冻死越冬蛹。与非百合科作物实行轮作、套种也可明显压低该虫发生数量。

2. 黄色粘虫板诱杀成虫

3. 药剂防治　喷药宜在早晨或傍晚,注意交替用药,最好选择兼具内吸和触杀作用的杀虫剂。如1.8%阿维菌素乳油2 000倍液、2.5%溴氰菊酯乳油2 000倍液、10%高效氯氰菊酯乳油2 000倍液、1%阿维·高氯乳油1 500倍液、25%喹硫磷乳油1 000倍液等,75%灭蝇胺可湿性粉剂4 000倍液,对幼虫高效,间隔7~10天喷1次,连喷2~3次。

附录 国家标准《农药合理使用准则》蔬菜病虫的项目和技术指标

(GB/T8321.1—200~GB/T8321.9—2009)

一、杀虫剂和杀螨剂表

农药 通用名	农药 商品名	剂型及含量	适用作物	防治对象	每667m²每次制剂施用量或稀释倍数	施药方法	每季作物最多使用次数	最后一次施药距收获的天数（安全间隔期）	实施要点说明	最高残留限量(MRL)参考值 mg/kg
阿维菌素	害极灭 Agrimec 爱比菌素 爱福丁	1.8%乳油	叶菜	小菜蛾	33~50mL	喷雾	1	7	—	0.05
			黄瓜 豆豆	美洲斑潜蝇	60~80mL		3	2 5		0.01
多杀菌素	菜喜	2.5%悬浮剂	甘蓝	小菜蛾	33.3~67mL	喷雾	3	3	—	1
定虫隆	抑太保	5%乳油	甘蓝	菜青虫 小菜蛾	40~80mL	喷雾	3	7	—	0.5
除虫脲	敌灭灵 灭幼脲	25%可湿性粉剂	甘蓝	菜青虫	50.4~62.9g	喷雾	3	7	—	1
氟苯脲	农梦特 伏虫隆	5%乳油	叶菜	菜青虫 小菜蛾	45~60mL	喷雾	2	10	避免污染水栖生物生栖地	0.5
毒死蜱	乐斯本	40.7%乳油	叶菜	菜青虫 小菜蛾	50~75mL	喷雾	3	7	—	甘蓝 1
甲基毒死蜱	甲基氯蜱硫磷,氯吡磷	40%乳油	甘蓝	菜青虫	60~80mL	喷雾	3	7	—	0.1
伏杀硫磷	佐罗纳	35%乳油	叶菜	蚜虫 菜青虫 小菜蛾	130~190mL	喷雾	2	7	—	甘蓝 1
喹硫磷	爱卡士	25%乳油	叶菜	菜青虫 斜纹夜蛾	60~80mL	喷雾	2	24	适用于甘蓝和大白菜	0.2

附 录

续表

农药			适用作物	防治对象	每667m²每次制剂施用量或稀释倍数	施药方法	每季作物最多使用次数	最后一次施药距收获的天数（安全间隔期）	实施要点说明	最高残留限量(MRL)参考值 mg/kg
通用名	商品名	剂型及含量								
丁硫克百威	好年冬	20%乳油	甘蓝	蚜虫	18.73～37.5mL	喷雾	2	7	—	0.2
			节瓜	蓟马	62.5～125mL					0.8
抗蚜威	辟蚜雾	50%可湿性粉剂	叶菜	蚜虫	10～30g	喷雾	3	11	适用于甘蓝	1
联苯菊酯	天王星	10%乳油	番茄(大棚)	白粉虱螨类	5～10mL	喷雾	3	4	—	0.5
氯氟氰菊酯	百树得	5.7%乳油	甘蓝	菜青虫	23.3～29.3mL	喷雾	2	7	—	0.5
高效氯氟氰菊酯	保得	2.5%乳油	甘蓝	菜青虫蚜虫	26.7～33.3mL	喷雾	2	7	—	0.5
高效氯氟氰菊酯	安绿宝高保	10%乳油	甘蓝	菜青虫	5～10mL	喷雾	3	3	—	1
氯氟氰菊酯	功夫	2.5%乳油	叶菜	小菜蛾菜青虫蚜虫	25～50mL	喷雾	3	7	—	0.2
氯氰菊酯	安绿宝兴棉宝赛波凯灭百可	10%乳油	叶菜	菜青虫小菜蛾	20～30mL	喷雾	3	青菜2大白菜5	适用于南方青菜和北方大白菜	1
			番茄	蚜虫棉铃虫	20～30mL		2	1	—	0.5
	赛波凯	25%乳油	叶菜	菜青虫小菜蛾	12～16mL		3	3		1
顺式氯氰菊酯	百事达快杀敌	10%乳油	叶菜	菜青虫小菜蛾蚜虫	5～10mL	喷雾	3	3		1
			黄瓜	蚜虫			2	3		0.2
溴氰菊酯	敌杀死	2.5%乳油	叶菜	菜青虫小菜蛾	20～40mL	喷雾	3	2	适用于南方青菜和北方大白菜	0.2
		25%水分散片剂	甘蓝	菜青虫	3～4g		2	3	—	0.5

· 479 ·

续表

农药 通用名	农药 商品名	剂型及含量	适用作物	防治对象	每667m² 每次制剂施用量或稀释倍数	施药方法	每季作物最多使用次数	最后一次施药距收获的天数(安全间隔期)	实施要点说明	最高残留限量(MRL)参考值 mg/kg
醚菊酯	多来宝	10%悬浮剂	甘蓝	菜青虫	30～40mL	喷雾	3	7	—	2
甲氰菊酯	灭扫利	20%乳油	叶菜	小菜蛾 菜青虫	25～30mL	喷雾	3	3	不能与碱性物质混用	0.5
氰戊菊酯	速灭杀丁	20%乳油	叶菜	菜青虫 小菜蛾	20～40mL	喷雾	3	夏季5 秋冬季12		1
顺式氰戊菊酯	来福灵(双爱士)	5%乳油	叶菜	菜青虫 小菜蛾	10～20mL	喷雾	3	3		2
氟胺氰菊酯	马扑立克	10%乳油	叶菜	菜青虫	25～50mL	喷雾	3	7		1
吡虫啉	康福多	20%浓可溶性液剂	甘蓝	菜蚜	5～10mL	喷雾	2	7	—	0.5
			番茄		15～30mL			3		
			番茄(保护地)	白粉虱	15～20mL			7		0.1
	吡虫啉	5%乳油	节瓜	蓟马	1100～1400倍液	喷雾	3	3		1
啶虫脒	莫比朗	3%乳油	黄瓜	蚜虫	2000～2500倍液	喷雾	3	2		0.5
		20%可溶粉剂			12～24 g			1		5
虫螨腈	除尽	10%悬浮剂	甘蓝	小菜蛾	33.3～50mL	喷雾	2	14		0.5
苯丁锡	托尔克	50%可湿性粉剂	番茄	红蜘蛛	20～40g	喷雾				1
四聚乙醛	嘧达	6%颗粒剂	叶菜	蜗牛 蛞蝓	467～567 g	撒施	2	7		1
氰戊·鱼藤酮(鱼藤酮+氰戊菊酯)	鱼藤氰	1.3%乳油	叶菜	蚜虫 菜青虫	100～123mL	喷雾	3	5		氰戊菊酯 1

注:自2016年12月31日起禁止毒死蜱在蔬菜上使用(2013年12月9日农业部公告第2032号)

附 录

二、杀菌剂和杀线虫剂表

农药 通用名	农药 商品名	剂型及含量	适用作物	防治对象	每667m² 每次制剂施用量或稀释倍数	施药方法	每季作物最多使用次数	最后一次施药距收获的天数（安全间隔期）	实施要点说明	最高残留限量(MRL)参考值 mg/kg
春雷霉素	春日霉素加收米	2%水剂	番茄	叶霉病	140～175 mL	喷雾	3	4	—	0.05
氢氧化铜	可杀得	77%可湿性粉剂	番茄	早疫病	134～200g	喷雾	3	3	—	0.1
琥胶肥酸铜	DT	30%悬浮剂	黄瓜	角斑病	200～233mL	喷雾	4	3	—	—
丙森锌	安泰生	70%可湿性粉剂	黄瓜	霜霉病	150～214g	喷雾	3	5	—	2
丙森锌	安泰生	70%可湿性粉剂	番茄	早疫病 晚疫病	125～214g	喷雾	3	7	—	2
代森锰锌	大生M-45 喷克	80%可湿性粉剂	番茄	早疫病	167g	喷雾	3	15	—	代森锰锌1 乙撑硫脲 0.05
代森锰锌	大生M-45 喷克	80%可湿性粉剂	西瓜	炭疽病	166～250g	喷雾	3	21	—	代森锰锌1 乙撑硫脲 0.05
代森锰锌	大生M-45 喷克	75%干悬浮剂	西瓜	炭疽病	200～240g	喷雾	3	21	—	代森锰锌1 乙撑硫脲 0.05
百菌清	达克宁	45%烟剂	黄瓜	霜霉病	110～180g	烟熏	4	3	适用于大棚和温室	5
百菌清	达克宁	75%可湿性粉剂	番茄等	早疫病	145～270g	喷雾	3	7	—	5
百菌清	达克宁	40%悬浮剂	番茄等	早疫病	150～175g	喷雾	3	3	—	1
腐霉利	速克灵	50%可湿性粉剂	黄瓜	灰霉病 菌核病	45～50g	喷雾	3	1	—	2
异菌脲	扑海因	50%悬浮剂	番茄	灰霉病 早疫病	50～100g	喷雾	3	7	—	5
乙烯菌核利	农利灵	50%可湿性粉剂	黄瓜	灰霉病	75～100g	喷雾	2	4	—	5
氟硅唑	福星	40%乳油	黄瓜	黑星病	7.5～12.5mL	喷雾	2	3	—	0.2

续表

农药			适用作物	防治对象	每667m²每次制剂施用量或稀释倍数	施药方法	每季作物最多使用次数	最后一次施药距收获的天数(安全间隔期)	实施要点说明	最高残留限量(MRL)参考值 mg/kg
通用名	商品名	剂型及含量								
咪鲜胺锰盐	施保功	50%可湿性粉剂	蘑菇	褐腐病 湿泡病	0.8~1.2g/m²/次	喷雾	2	8	均匀喷雾在培养料上	咪鲜胺 2
			黄瓜	炭疽病	37.5~75g		3	7		
氟菌唑	特富灵	30%可湿性粉剂	黄瓜	白粉病	15~20g	喷雾	2	2	—	2
嘧霉胺	施佳乐	40%悬浮剂	黄瓜	灰霉病	62.5~93.8g	喷雾	2	3	—	2
烯肟菌酯	佳斯奇	25%乳油	黄瓜	霜霉病	26.7~53.3mL	喷雾	3	3	—	1
双胍辛烷苯基磺酸盐	百可得	40%可湿性粉剂	芦笋	茎枯病	800~1000倍液	喷雾	1	5	—	0.3
噻菌灵	特克多	60%可湿性粉剂	蘑菇	真菌病害	200~400mg/kg 木屑(木屑包栽培法)	拌施	1	65	制包前将药均匀拌于木屑中	2
					400~667倍液(900~1500 mg/L)(椴木剖面栽培法)	喷雾	3	55	菌丝生长期喷于椴木剖面上(施药间隔期30天)	2
甲霜·锰锌(甲霜灵+代森锰锌)	雷多米尔·锰锌	58%可湿性粉剂	黄瓜	霜霉病	78~120g	喷雾	3	1	—	甲霜灵 0.5
噁霜·锰锌(噁霜灵+代森锰锌)	杀毒矾	64%可湿性粉剂	黄瓜	霜霉病	110~128g	喷雾	3	3	—	噁霜灵 5

附 录

续表

农药			适用作物	防治对象	每667m² 每次制剂施用量或稀释倍数	施药方法	每季作物最多使用次数	最后一次施药距收获的天数（安全间隔期）	实施要点说明	最高残留限量(MRL)参考值 mg/kg
通用名	商品名	剂型及含量								
噁酮·霜脲氰(噁唑菌酮+霜脲氰)	抑快净	52.5%水分散粒剂	黄瓜	霜霉病	23.33～35g	喷雾	3	3	—	噁唑菌酮0.3,霜脲氰0.3
霜脲·锰锌(霜脲氰+代森锰锌)	克露	72%可湿性粉剂	黄瓜	霜霉病	133.3～166.7g	喷雾	3	2	—	番茄(霜脲氰)2
锌·柠·络氨铜(络胺铜·锌柠檬酸铜+硫酸四氨络合铜+硫酸四氨络合锌)	抗枯灵抗枯宁	25.9%水剂	西瓜	枯萎病	500～600倍液(200mL/株)	灌根	3	40	—	铜20 锌50
					100mL	喷雾				
			黄瓜	炭疽病	37.5～75g		3	5	—	

注:表中最高残留限量值＊采用 GB 28260-2011

主要参考文献

[1] 张真和,李建伟. 无公害蔬菜生产技术. 北京:中国农业出版社,2002.

[2] 李明远,赵廷昌,王音. 叶用蔬菜病虫害早防快治. 北京:中国农业科学技术出版社,2006.

[3] 徐鹤林,李景富. 中国番茄. 北京:中国农业出版社,2007.

[4] 吕佩珂,苏慧兰,高振江,等. 中国现代蔬菜病虫原色图鉴. 呼和浩特:远方出版社,2008.

[5] 汪钟信,司升云,郭小宓,等. 蔬菜植保员培训教材(南方本). 北京:金盾出版社,2008.

[6] 许再福. 普通昆虫学. 北京:科学出版社,2009.

[7] 邹学校. 辣椒遗传育种学. 北京:科学出版社,2009.

[8] 柯桂兰. 中国大白菜育种学. 北京:中国农业出版社,2010.

[9] 彩万志,庞雄飞,花保祯,等. 普通昆虫学. 第2版. 北京:中国农业大学出版社,2011.

[10] 长江蔬菜杂志编辑部. 长江蔬菜杂志全文数据库(有关蔬菜病虫和抗病品种)全文数据库. 2000—2013年电子版.

[11] 中国蔬菜杂志编辑部. 中国蔬菜杂志全文数据库(有关蔬菜病虫和抗病品种)全文数据库. 2000—2013年电子版.

[12] CNKI中国学术期刊网络出版总库. 中国期刊全文数据库(有关蔬菜病虫). 2000—2013年.

[13] 国家发展改革委员会、农业部. 全国蔬菜产业发展规划(2011—2020年). 发改农经[2012]49号. 2012.

[14] 农业部农药检定所. 中国农药信息网. 2013年电子版.